高等职业教育数学
基础课程教材

Advanced Mathematics
高等数学

主编◎董尚兵

·第2版·

同济大学出版社
TONGJI UNIVERSITY PRESS
·上海·

内 容 提 要

本书根据教育部最新制定的《高职高专教育教学课程教学基本要求》和《高职教育的培养目标和人才规格》编写而成. 全书共 10 章，共计 128 学时. 具体包括：函数，极限与连续，导数与微分，微分中值定理与导数的应用，不定积分，定积分，空间解析几何初步，微分方程，行列式和矩阵与线性方程组. 根据高等数学知识学习的需要，每节末设置练习题，每章末配有适量的习题. 书末附有答案与提示，针对书中出现的希腊字母，附录有希腊字母表供读者查看.

本书适合高等职业院校、成人教育学院及同层次院校作为高等数学课程的教材使用.

图书在版编目(CIP)数据

高等数学 / 董尚兵主编. -- 2 版. -- 上海：同济大学出版社，2024. 8. -- ISBN 978-7-5765-0052-3

Ⅰ. O13

中国国家版本馆 CIP 数据核字第 2024YY4141 号

高等职业教育数学基础课程教材

高等数学(第 2 版)

主编 董尚兵

责任编辑 陈佳蔚 **责任校对** 徐逢乔 **封面设计** 渲彩轩

出版发行 同济大学出版社 www. tongjipress. com. cn
(地址：上海市四平路 1239 号 邮编：200092 电话：021-65985622)

经 销 全国各地新华书店
印 刷 启东市人民印刷有限公司
开 本 710mm×1000mm 1/16
印 张 16. 5
字 数 333 000
版 次 2024 年 8 月第 2 版
印 次 2024 年 8 月第 1 次印刷
书 号 ISBN 978-7-5765-0052-3

定 价 49. 00 元

前　言

高等数学是理工科各专业学习中必不可少的一门基础课程.在高等职业院校学生的学习过程中,高等数学又是其进一步学习后继课程的基础和必备工具,它在许多专业的学习中都起着重要作用.

为了更好地发挥"高等数学"这门课程在高等职业院校教育中的作用,编者总结多年的教学实践和经验,结合当前高等职业院校学生学习的实际情况编写了本书.按照《中华人民共和国高等教育法》的规定,专科教育应当使学生掌握本专业必备的基础理论和专门知识,具有从事本专业实际工作的基本技能和初步能力.因此,本书在编写过程中,坚持以培养学生的知识应用能力为宗旨,遵循"以应用为目的,以必需、够用为度"的原则.许多学生由于不了解"高等数学"这门课程的特点,在学习时没有引起足够的重视,导致在学习过程中出现了不少的困惑.鉴于此,本书对于概念和性质的表述,多以描述性的叙述为主,力求简练准确、浅显易懂,避免因知识抽象难懂而使学生在学习过程中举步维艰.

本书内容具有以下特点:理论方面,只对部分理论做了简要的推导证明,以降低学习难度;内容方面,涵盖一元函数微积分、空间解析几何、微分方程和线性代数四个方面;训练方面,除了每节内容后安排的练习题外,每一章末精心选配了适量的习题以巩固所学知识.

考虑到高等职业院校中大多数学生的数学基础,在编写过程中,所选的例题都是经过反复斟酌,使其具有典型性和代表性,紧扣知识点.对于练习题的安排,采取与例题题型类似和难易度适中的题目,进一步对所学的知识进行巩固;对于部分有一定难度的练习题,用 * 加以标注,在学习过程中,学生可以有选择性地去做.通过本书的学习,学生能够对高等数学的基本概念、基本理论、基本方法有一定的理解和掌握;通过适量练习题的训练,能培养学生基本的抽象思维能力、逻辑思维能力、数学计算能力、数学语言表达能力以及分析问题解决问题的能力,也能为后续课程的学习打下坚实的数学基础.

由于编者水平有限,书中如有纰漏和不足之处,敬请广大读者批评指正.

编　者

2024年5月

目　　录

第1章　函　　数

函数是微积分的研究对象，也是微积分中极为重要的概念．在高等数学中，函数的有关概念和性质对于学习微积分知识起着非常重要的作用．在中学阶段，已经学习过函数的一些概念和性质．本章将在中学已经学习过的函数知识的基础上，进一步学习函数的相关概念和性质，为下一章学习极限与连续做必要的准备．

1.1　函数的概念和性质

1.1.1　函数的概念

1. 常量与变量

自然界的任何事物都是在不断运动、变化和发展的．在这些运动变化过程中，人们经常会遇到各种不同的量，如温度、时间、速度、路程、长度、面积、重量等．这些量可以分为两类：一类称为**常量**，是指在考察的过程中始终不发生变化，只取某一个固定的数值，常用字母 a，b，c 等表示；另一类称为**变量**，是指在考察的过程中不断变化，可以取不同的数值，常用字母 x，y，z 等表示．例如，一个物体作匀速直线运动，其速度是常量，而时间与位移都是变量．

2. 函数的概念

定义1　设在某个变化过程中有两个变量 x 和 y，D 为一给定的非空数集，对于任意的 $x\in D$，依照某种对应法则 f，总有唯一确定的 y 值与之对应，称 y 是 x 的**函数**，记作 $y=f(x)$，$x\in D$．这里，x 称为**自变量**，y 称为**因变量**或**函数**，f 是**函数符号**，它表示 y 与 x 的对应法则．有时函数的符号也可用其他字母来表示，如 g，u，φ，F，G 等．

当 $x_0\in D$ 时，通过对应法则 f 有唯一确定的值 y_0 与之对应，称 y_0 为函数 $y=f(x)$ 在点 x_0 处的函数值，y_0 也可以写作 $f(x_0)$ 或 $y|_{x=x_0}$．

例1　设 $f(x)=2x^2-3x+1$，求 $f(-1)$，$f(a)$，$f(2t)$．

解　$f(-1)=2\times(-1)^2-3\times(-1)+1=6$，

$f(a)=2a^2-3a+1$，

$f(2t)=2(2t)^2-3\cdot 2t+1=8t^2-6t+1$．

非空数集 D 称为函数 $y=f(x)$ 的**定义域**，与 D 中所有 x 对应的全体函数值

的集合 M 称为函数 $y=f(x)$ 的**值域**,即 $M=\{y \mid y=f(x),\ x\in D\}$.

在实际问题中,函数的定义域应当根据变量的实际变化范围来确定. 当函数仅通过表达式表示时,函数的定义域就是使表达式有意义的自变量的取值范围构成的集合.

例 2 求 $y=\sqrt{4-x^2}+\ln|x|$ 的定义域.

解 由 $\begin{cases}4-x^2\geqslant 0,\\ x\neq 0,\end{cases}$ 解得 $-2\leqslant x<0$ 或 $0<x\leqslant 2$, 所以函数 $y=\sqrt{4-x^2}+\ln|x|$ 的定义域为 $[-2,0)\cup(0,2]$.

函数的定义域和对应法则称为函数的**两个基本要素**,把函数的值域称为**派生要素**.

若两个函数的定义域和对应法则完全相同,则称这两个函数相同或相等;否则,称这两个函数不相同或不相等.

例如,函数 $f(x)=\sqrt{x^2}$ 和 $g(x)=|x|$ 的定义域相同,且对任意的 $x\in\mathbf{R}$,都有 $\sqrt{x^2}=|x|$,故函数 $f(x)$ 与 $g(x)$ 相同. 又如,函数 $u(x)=1$ 与 $v(x)=\dfrac{x}{x}$,虽然当 $x\neq 0$ 时,$u(x)=v(x)$,但是它们的定义域不相同,故函数 $u(x)$ 与 $v(x)$ 不相同.

3. 函数常用的三种表示方法

(1) **列表法** 就是列出表格来表示自变量与因变量之间的函数关系.

列表法的优点是通过表格中已知自变量的值,直接得到与之对应的函数值;缺点是只能列出部分对应值,无法反映函数的全貌.

(2) **图象法** 就是用图象来表示自变量与因变量之间的函数关系. 例如,函数 $y=\sqrt[3]{x}$ 的图象(图 1-1).

图象法的优点是可以形象、直观地把函数关系表示出来;缺点是从图象观察得到的数量关系是近似的.

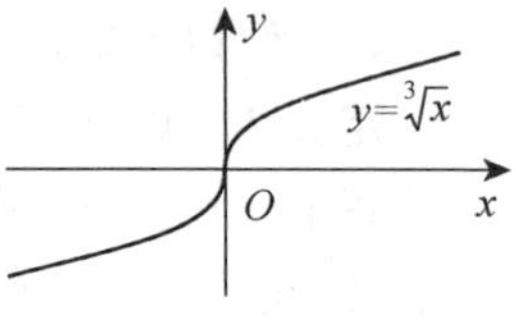

图 1-1

(3) **解析法**(又称**公式法**) 就是把自变量与因变量的对应关系用一个等式来表示,这个等式称为函数的解析表达式,简称解析式. 例如,$y=ax^2+bx+c(a\neq 0)$, $y=\sqrt{x^2-1}$ 等.

解析法的优点是能简明、清楚、准确地表示自变量与因变量之间的数量关系;缺点是抽象,不易理解,求对应值时经常要经过较复杂的运算,且在实际问题中有的函数关系不一定能用解析式表示出来.

4. 分段函数

定义 2 把定义域分成若干部分,不同部分由不同式子表示的函数称为**分段函数**. 分段函数的定义域是各段自变量取值集合的并集,值域也是各段函数值域的**并集**.

例 3　绝对值函数(图 1-2)可以表示成

$$y=|x|=\begin{cases}x, & x\geqslant 0,\\ -x, & x<0.\end{cases}$$

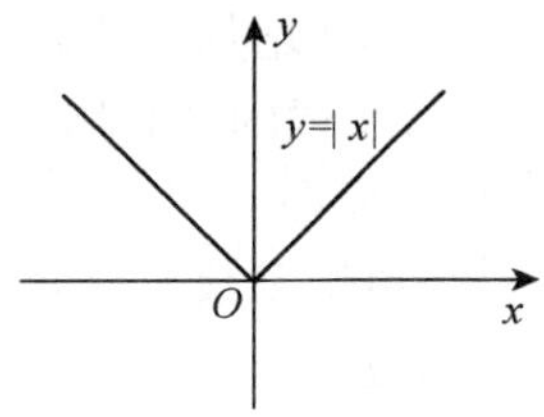

图 1-2

$x=0$ 称为函数的**分段点**,它的定义域为 $D=(-\infty,+\infty)$,值域为 $M=[0,+\infty)$.

例 4　符号函数(图 1-3)可以表示成

$$y=\operatorname{sgn} x=\begin{cases}-1, & x<0,\\ 0, & x=0,\\ 1, & x>0.\end{cases}$$

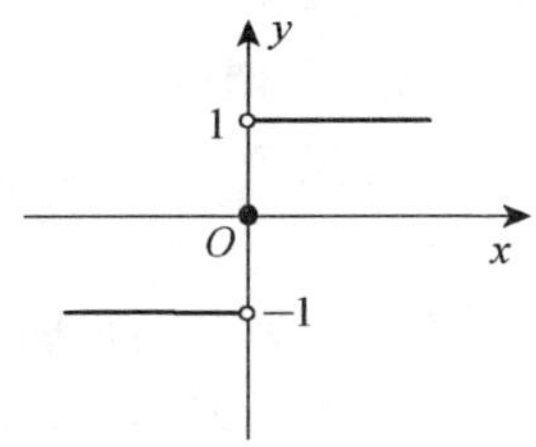

图 1-3

$x=0$ 称为函数的分段点,它的定义域为 $D=(-\infty,+\infty)$,值域为 $M=\{-1,0,1\}$.

注意　分段函数是由几个关系式合起来表示的一个函数,而不是几个函数.

1.1.2　函数的特性

给定一个函数,它会具有各种各样的特性,下面对与函数的几何图形有关的几种性质作简单介绍.

1. 有界性

定义 3　设函数 $y=f(x)$ 在数集 D 上有定义,若存在一个正数 M,对任意的 $x\in D$,恒有 $|f(x)|\leqslant M$,则称函数 $f(x)$在数集 D 上是**有界函数**;若不存在这样的正数 M,则称函数 $f(x)$在数集 D 上是**无界函数**.

有界函数图象的特点:函数 $y=f(x)$ 的图象被夹在两条平行线 $y=-M$ 和 $y=M$ 之间(图 1-4).

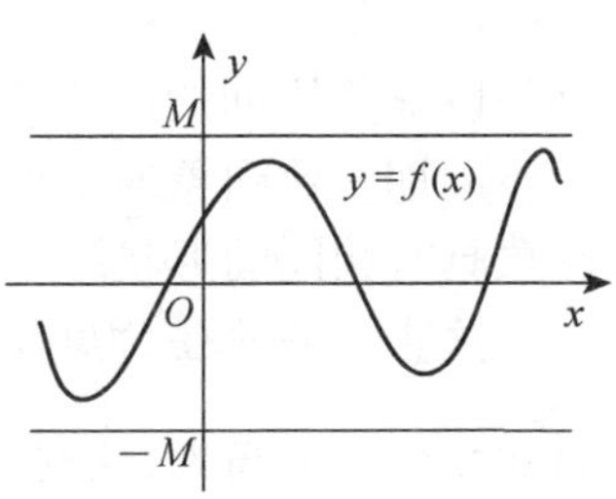

图 1-4

注意　(1) 函数 $f(x)$在数集 D 上有界,对正数 M 的取法不是唯一的. 例如,函数 $y=\sin x(x\in\mathbf{R})$,只要取 $M\geqslant 1$ 的数,总有 $|\sin x|\leqslant M$.

(2) 函数 $f(x)$是否有界与所在区间有关. 例如,函数 $y=\dfrac{1}{x}$ 在区间(1, 2)内有界,而在区间(0, 1)内无界.

2. 单调性

定义 4　设函数 $y=f(x)$ 在某个区间 D 上有定义,若对任意的 $x_1, x_2\in D$,当$x_1<x_2$时,有 $f(x_1)<f(x_2)$[或 $f(x_1)>f(x_2)$],则称函数 $f(x)$ 在区间 D 上是**单调增加**(或**单调减少**) 的.

单调增加与单调减少的函数统称为**单调函数**. 单调性与区间密切相关,使函数 $f(x)$ 单调的区间称为单调区间. 例如,函数 $y=x^2+1$ 在开区间 $(-\infty, +\infty)$ 内不单调,而在区间 $(-\infty, 0)$ 内单调减少,在区间 $(0, +\infty)$ 内单调增加.

单调函数图象的特点:单调增加函数的图象是沿 x 轴正向逐渐上升的,单调减少函数的图象是沿 x 轴正向逐渐下降的.

例如,函数 $f(x)=a^x\ (a>0$,且 $a\neq 1)$,当 $a>1$ 时,在区间 $(-\infty, +\infty)$ 内的图象单调上升;当 $0<a<1$ 时,在区间 $(-\infty, +\infty)$ 内的图象单调下降.

3. 奇偶性

定义 5 设函数 $y=f(x)$ 的定义域 D 关于原点对称,若对任意的 $x\in D$,都有 $f(-x)=-f(x)$ [或 $f(-x)=f(x)$],则称函数 $f(x)$ 为**奇函数**(或**偶函数**). 既不是奇函数又不是偶函数的函数,称为**非奇非偶函数.**

奇函数或偶函数图象的特点:一个函数为奇函数的充分必要条件是它的图象关于原点成中心对称;一个函数为偶函数的充分必要条件是它的图象关于 y 轴成轴对称.

例如,$y=x^3$, $y=\sin x$ 都是奇函数;$y=\cos x$, $y=C$ 都是偶函数;而 $y=\sin x+x^2+1$ 是非奇非偶函数. 是否存在一个函数既是奇函数又是偶函数?

4. 周期性

定义 6 设函数 $y=f(x)$ 的定义域为 D,若存在一个非零常数 T,对任意的 $x\in D$,都有 $x+T\in D$,且 $f(x+T)=f(x)$,则称函数 $f(x)$ 为**周期函数**. 显然,若 T 为函数 $f(x)$ 的一个周期,则 nT(n 为非零整数)也是函数 $y=f(x)$ 的周期.

若函数 $y=f(x)$ 的所有周期中存在一个最小的正数,则这个最小的正数称为**最小正周期**. 通常所说的周期函数的周期一般就是指最小正周期. 例如,函数 $y=\sin x$ 和 $y=\cos x$ 都是以 2π 为周期的周期函数,而函数 $y=\tan x$ 和 $y=\cot x$ 则是以 π 为周期的周期函数.

周期函数图象的特点:在函数的定义域内,每个长度为 $|T|$ 的区间上,函数的图象具有相同的形状.

注意 并非任何周期函数都有最小正周期. 例如,常数函数 $f(x)=C$ 是以任何非零常数为周期,狄利克雷(Dirichlet)函数 $D(x)=\begin{cases}1, & x\in \mathbf{Q},\\ 0, & x\in C_{\mathbf{R}}\mathbf{Q}\end{cases}$ 是以任何非零有理数为周期,故它们都没有最小正周期.

练习 1.1

1. 设 $f(x)=\dfrac{x^2+2x-3}{2^x}$,求 $f(0)$, $f(1)$, $f(x-1)$.

2. 求下列函数的定义域.

(1) $y=\ln x+\dfrac{1}{x-3}$;　　(2) $y=\dfrac{\sqrt{1-x^2}}{|x|}$.

3. 判断下列函数是否相同？为什么？

(1) $f(x)=\cos x$ 和 $g(x)=\sqrt{1-\sin^2 x}$；

(2) $f(x)=\ln x^2$ 与 $g(x)=2\ln|x|$；

(3) $f(x)=\sin 2x$ 与 $g(x)=2\sin x$.

4. 若两个函数的定义域和值域完全相同,这两个函数是否相同？试举例说明.

5. 判断下列函数的奇偶性.

(1) $y=x(1-x^2)$；

(2) $y=x^2-\sin x$；

(3) $y=\dfrac{\sin x}{x}$；

(4) $y=\ln\dfrac{1-x}{1+x}$.

1.2 反函数、三角函数与反三角函数

1.2.1 反函数

定义 1 设函数 $y=f(x)$ 的定义域为 D,值域为 M. 若对于任意的 $y\in M$,在 D 中都有唯一一个确定的且满足 $f(x)=y$ 的 x 值与之对应,则得到一个定义在 M 上以 y 为自变量、x 为因变量的新函数,称为函数 $y=f(x)$ 的**反函数**,记作 $x=f^{-1}(y)$,并称原来的函数 $y=f(x)$ 为**原(直接)函数**.

易知,反函数 $x=f^{-1}(y)$ 的定义域和值域分别是它的原函数 $y=f(x)$ 的值域和定义域. 也可以说,$y=f(x)$ 是 $x=f^{-1}(y)$ 的反函数,即它们互为反函数.

通常情况下,习惯用 x 表示自变量,用 y 表示因变量,所以将 $x=f^{-1}(y)$ 改写为 $y=f^{-1}(x)$.

一般地,函数 $y=f(x)$ 的图象与其反函数 $y=f^{-1}(x)$ 的图象关于直线 $y=x$ 对称.

若一个函数的定义域与值域之间能构成一一映射,则它必存在反函数. 显然,单调函数的定义域与值域之间能构成一一映射,故必存在反函数.

由定义容易得出求反函数的一般步骤如下：

(1) 从 $y=f(x)$ 解出 $x=f^{-1}(y)$；　　(2) 交换 x 和 y,并注明其定义域.

例 1 求下列函数的反函数.

(1) $y=3x+1\quad(x\in\mathbf{R})$；　　(2) $y=\ln x+1\quad(x>0)$.

解 (1) 由 $y=3x+1$,解得 $x=\dfrac{y-1}{3}$,

故函数 $y=3x+1(x\in\mathbf{R})$ 的反函数为 $y=\dfrac{x-1}{3}\quad(x\in\mathbf{R})$.

(2) 由 $y=\ln x+1$,解得 $x=\mathrm{e}^{y-1}$,

故函数 $y=\ln x+1(x>0)$ 的反函数为 $y=\mathrm{e}^{x-1}\quad(x\in\mathbf{R})$.

注意 虽然函数在其定义域上不一定存在反函数,但若将函数限定在定义域的某个子集上,就可能存在反函数.例如,函数 $y=x^2$ 在定义域 $\mathbf{R}$ 内不存在反函数(即任给 $y>0$ 都对应着两个不同的 $x=\pm\sqrt{y}$),但若将函数 $y=x^2$ 限定在单调区间$[0,+\infty)$上,则它存在反函数,反函数是 $y=\sqrt{x}$, $x\in[0,+\infty)$.

1.2.2 三角函数

1. 任意角的三角函数

设 α 是平面直角坐标系中的一个任意角(图1-5),在角 α 的终边 OA 上任取一点 $P(x, y)$,点 P 到坐标原点 $O(0, 0)$的距离为 $r=\sqrt{x^2+y^2}>0$,那么

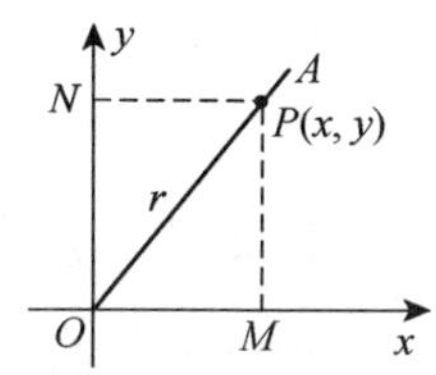

图 1-5

(1) 比值$\dfrac{y}{r}$称为 α 的正弦,记作 $\sin\alpha$,即 $\sin\alpha=\dfrac{y}{r}$;

(2) 比值$\dfrac{x}{r}$称为 α 的余弦,记作 $\cos\alpha$,即 $\cos\alpha=\dfrac{x}{r}$;

(3) 比值$\dfrac{y}{x}$称为 α 的正切,记作 $\tan\alpha$,即 $\tan\alpha=\dfrac{y}{x}$;

(4) 比值$\dfrac{x}{y}$称为 α 的余切,记作 $\cot\alpha$,即 $\cot\alpha=\dfrac{x}{y}$;

(5) 比值$\dfrac{r}{x}$称为 α 的正割,记作 $\sec\alpha$,即 $\sec\alpha=\dfrac{r}{x}$;

(6) 比值$\dfrac{r}{y}$称为 α 的余割,记作 $\csc\alpha$,即 $\csc\alpha=\dfrac{r}{y}$.

由于它们都是以角为自变量、以比值为函数值的函数,因此把以上这些函数称为**三角函数**.

2. 同角三角函数的基本关系式

由任意角的三角函数的定义可得,同角三角函数具有以下关系:

(1) 倒数关系

$\sin\alpha\cdot\csc\alpha=1$, $\cos\alpha\cdot\sec\alpha=1$, $\tan\alpha\cdot\cot\alpha=1$.

(2) 商数关系

$\dfrac{\sin\alpha}{\cos\alpha}=\tan\alpha$, $\dfrac{\cos\alpha}{\sin\alpha}=\cot\alpha$.

(3) 平方关系

$\sin^2\alpha+\cos^2\alpha=1$, $1+\tan^2\alpha=\sec^2\alpha$, $1+\cot^2\alpha=\csc^2\alpha$.

3. 三角函数的图象和性质

(1) 正弦函数 $y=\sin x$ 的定义域为$(-\infty, +\infty)$,值域为$[-1, 1]$,奇函数,周期为 2π,在整个定义域上不单调但有界(图1-6).

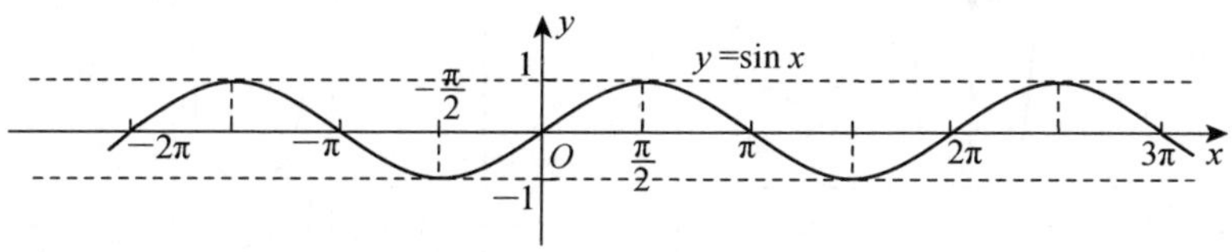

图 1-6

(2) 余弦函数 $y=\cos x$ 的定义域为 $(-\infty, +\infty)$，值域为 $[-1, 1]$，偶函数，周期为 2π，在整个定义域上不单调但有界(图 1-7).

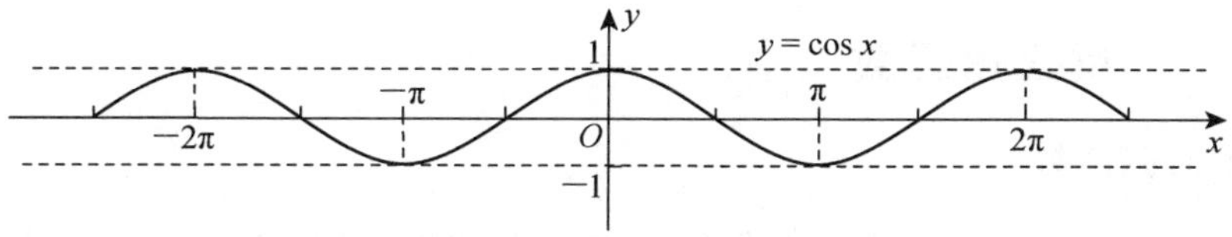

图 1-7

(3) 正切函数 $y=\tan x$ 的定义域为 $\left\{x \mid x \neq k\pi+\frac{\pi}{2}, k \in \mathbf{Z}\right\}$，值域为 $(-\infty, +\infty)$，奇函数，周期为 π，在每一个周期内单调增加且无界(图 1-8).

(4) 余切函数 $y=\cot x$ 的定义域为 $\{x \mid x \neq k\pi, k \in \mathbf{Z}\}$，值域为 $(-\infty, +\infty)$，奇函数，周期为 π，在每一个周期内单调减少且无界(图 1-9).

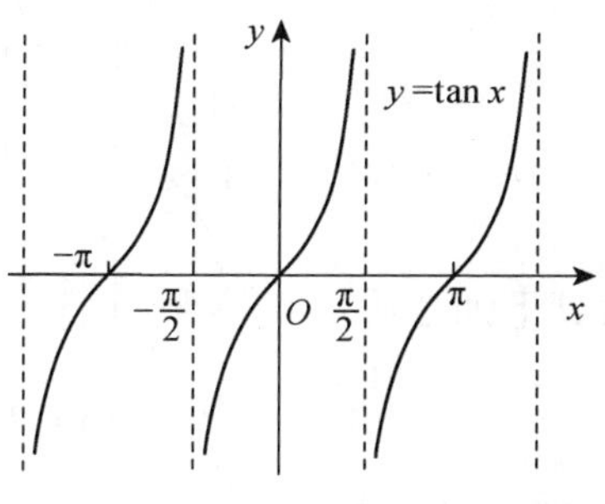

图 1-8

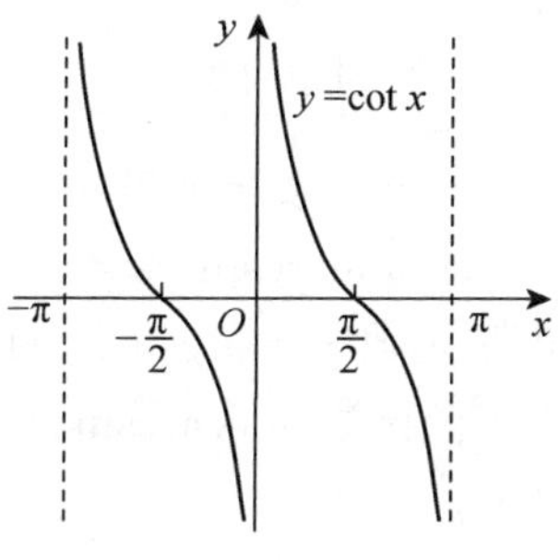

图 1-9

(5) 正割函数 $y=\sec x$ 的定义域为 $\left\{x \mid x \neq k\pi+\frac{\pi}{2}, k \in \mathbf{Z}\right\}$，值域为 $(-\infty, -1] \cup [1, +\infty)$，偶函数，周期为 2π，在每一个周期内不单调且无界(图 1-10).

(6) 余割函数 $y=\csc x$ 的定义域为 $\{x \mid x \neq k\pi, k \in \mathbf{Z}\}$，值域为 $(-\infty, -1] \cup [1, +\infty)$，奇函数，周期为 2π，在每一个周期内不单调且无界(图 1-11).

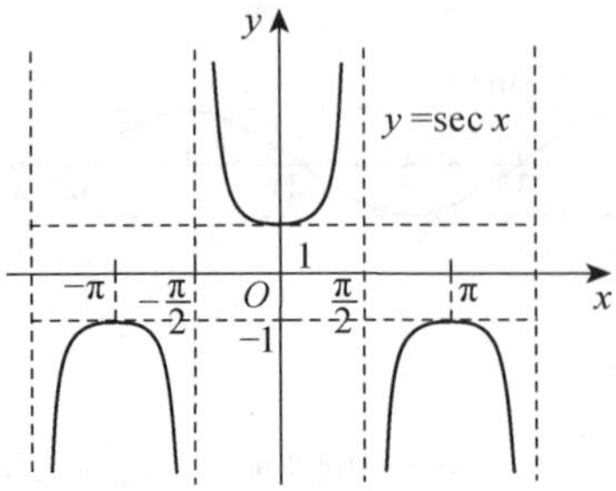

图 1-10

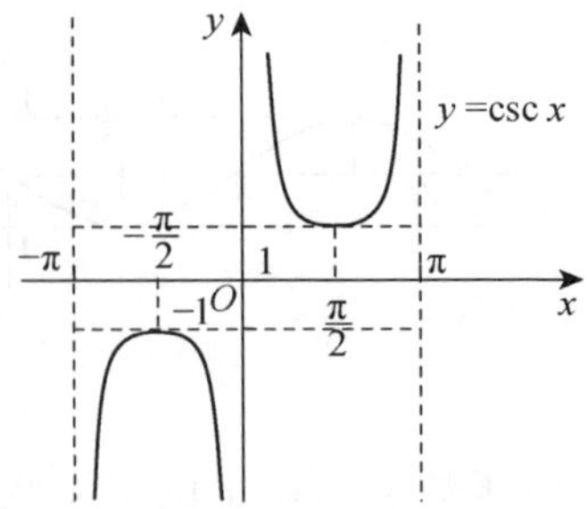

图 1-11

1.2.3 反三角函数

1. 反正弦函数

正弦函数 $y=\sin x$ 在其定义域**R**内不存在反函数,但在其子区间$\left[-\frac{\pi}{2}, \frac{\pi}{2}\right]$上单调增加.因此,正弦函数 $y=\sin x$ 在区间$\left[-\frac{\pi}{2}, \frac{\pi}{2}\right]$上存在反函数.

定义 2 函数 $y=\sin x$,$x\in\left[-\frac{\pi}{2}, \frac{\pi}{2}\right]$的反函数称为**反正弦函数**,记作$x=\arcsin y$.

用字母 x 表示自变量,用 y 表示函数,于是反正弦函数可改写成 $y=\arcsin x$,它的定义域是$[-1, 1]$,它的值域是$\left[-\frac{\pi}{2}, \frac{\pi}{2}\right]$(图 1-12).

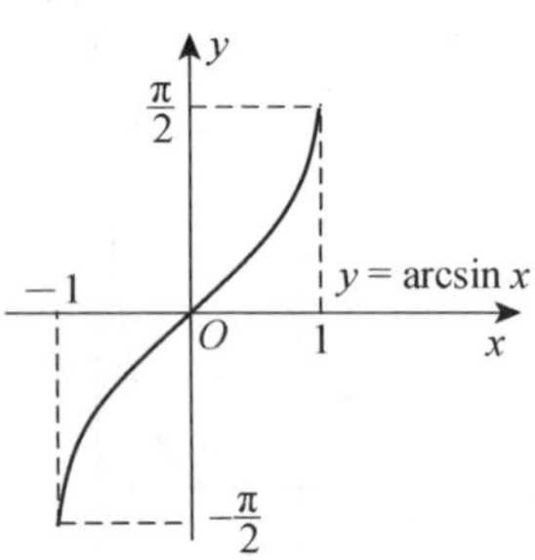

图 1-12

注意 $\arcsin x$ 表示的是一个角.根据反正弦函数的定义,可以得到 $\sin(\arcsin x)=x$,$x\in[-1, 1]$.

由反正弦函数 $y=\arcsin x$ 的图象可得到下列性质:

(1) 反正弦函数 $y=\arcsin x$ 在区间$[-1, 1]$上单调增加且有界;

(2) 反正弦函数 $y=\arcsin x$ 是奇函数,即对于任意的 $x\in[-1, 1]$,有

$$\arcsin(-x)=-\arcsin x.$$

例 2 求下列各式的值.

(1) $\arcsin\frac{\sqrt{2}}{2}$; (2) $\arcsin\left(-\frac{\sqrt{3}}{2}\right)$; (3) $\cos\left[\arcsin\left(-\frac{1}{2}\right)\right]$.

解 (1) 因为在$\left[-\frac{\pi}{2}, \frac{\pi}{2}\right]$上,$\sin\frac{\pi}{4}=\frac{\sqrt{2}}{2}$,所以 $\arcsin\frac{\sqrt{2}}{2}=\frac{\pi}{4}$.

(2) 因为在 $\left[-\frac{\pi}{2}, \frac{\pi}{2}\right]$ 上，$\sin\left(-\frac{\pi}{3}\right)=-\frac{\sqrt{3}}{2}$，所以 $\arcsin\left(-\frac{\sqrt{3}}{2}\right)=-\frac{\pi}{3}$.

(3) 因为在 $\left[-\frac{\pi}{2}, \frac{\pi}{2}\right]$ 上，$\sin\left(-\frac{\pi}{6}\right)=-\frac{1}{2}$，所以 $\arcsin\left(-\frac{1}{2}\right)=-\frac{\pi}{6}$，于是

$$\cos\left[\arcsin\left(-\frac{1}{2}\right)\right]=\cos\left(-\frac{\pi}{6}\right)=\cos\frac{\pi}{6}=\frac{\sqrt{3}}{2}.$$

2. 反余弦函数

余弦函数 $y=\cos x$ 在其定义域 **R** 内不存在反函数，但在其子区间 $[0, \pi]$ 上单调减少. 因此，余弦函数 $y=\cos x$ 在区间 $[0, \pi]$ 上存在反函数.

定义 3 函数 $y=\cos x$, $x\in[0, \pi]$ 的反函数称为**反余弦函数**，记作 $y=\arccos x$.

它的定义域是 $[-1, 1]$，值域是 $[0, \pi]$（图 1-13）.

注意 $\arccos x$ 表示的是一个角. 根据反余弦函数的定义，可以得到 $\cos(\arccos x)=x$, $x\in[-1, 1]$.

由反余弦函数 $y=\arccos x$ 的图象可得到下列性质：

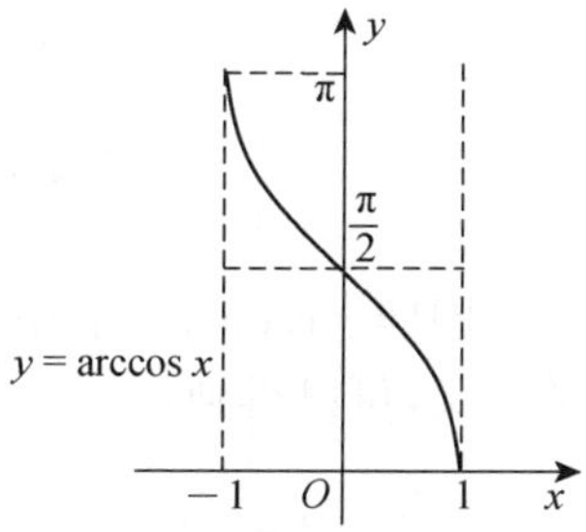

图 1-13

(1) 反余弦函数 $y=\arccos x$ 在区间 $[-1, 1]$ 上单调减少且有界；

(2) 反余弦函数 $y=\arccos x$ 是非奇非偶函数，但对任意的 $x\in[-1, 1]$，有

$$\arccos(-x)=\pi-\arccos x.$$

例 3 求下列各式的值.

(1) $\arccos\frac{\sqrt{3}}{2}$； (2) $\arccos\left(-\frac{\sqrt{2}}{2}\right)$； (3) $\arccos\left(\cos\frac{11\pi}{6}\right)$.

解 (1) 因为在 $[0, \pi]$ 上，$\cos\frac{\pi}{6}=\frac{\sqrt{3}}{2}$，所以 $\arccos\frac{\sqrt{3}}{2}=\frac{\pi}{6}$.

(2) 因为在 $[0, \pi]$ 上，$\cos\frac{3\pi}{4}=-\frac{\sqrt{2}}{2}$，所以 $\arccos\left(-\frac{\sqrt{2}}{2}\right)=\frac{3\pi}{4}$，

或 $$\arccos\left(-\frac{\sqrt{2}}{2}\right)=\pi-\arccos\frac{\sqrt{2}}{2}=\pi-\frac{\pi}{4}=\frac{3\pi}{4}.$$

(3) $\arccos\left(\cos\frac{11\pi}{6}\right)=\arccos\frac{\sqrt{3}}{2}=\frac{\pi}{6}$.

3. 反正切函数与反余切函数

定义 4 正切函数 $y=\tan x$, $x\in\left(-\frac{\pi}{2}, \frac{\pi}{2}\right)$ 的反函数称为**反正切函数**，记作 $y=\arctan x$.

它的定义域是$(-\infty, +\infty)$,值域是$\left(-\frac{\pi}{2}, \frac{\pi}{2}\right)$(图 1-14).

定义 5　余切函数 $y=\cot x$, $x\in(0, \pi)$ 的反函数称为**反余切函数**,记作 $y=\operatorname{arccot} x$.

它的定义域是$(-\infty, +\infty)$,值域是$(0, \pi)$(图 1-15).

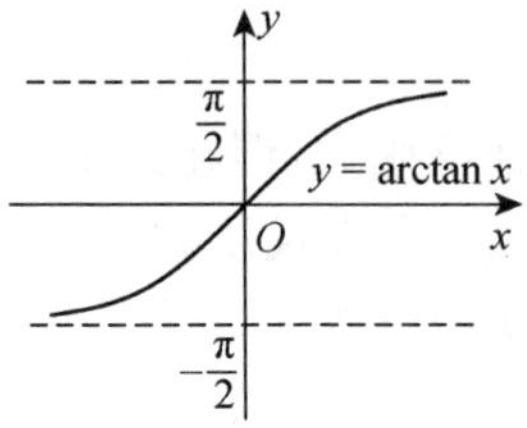

图 1-14

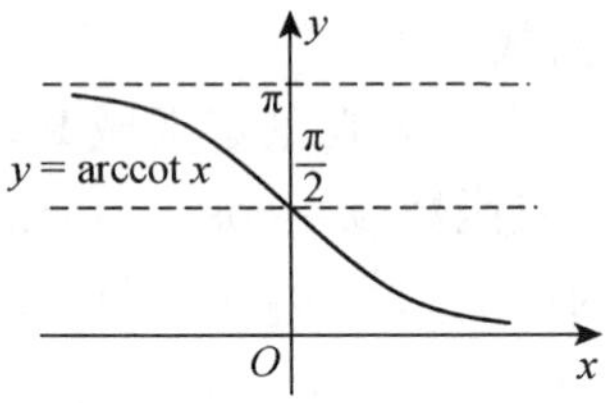

图 1-15

同样,$\arctan x$ 与 $\operatorname{arccot} x$ 都表示的是一个角. 根据反正切函数和反余切函数的定义,可以得到:

$$\tan(\arctan x)=x,\ x\in(-\infty, +\infty),\qquad \arctan x\in\left(-\frac{\pi}{2}, \frac{\pi}{2}\right);$$

$$\cot(\operatorname{arccot} x)=x,\ x\in(-\infty, +\infty),\qquad \operatorname{arccot} x\in(0, \pi).$$

从图象上可以看出,反正切函数 $y=\arctan x$ 与反余切函数$y=\operatorname{arccot} x$ 具有下列性质:

(1) 反正切函数 $y=\arctan x$ 在区间$(-\infty, +\infty)$ 内单调增加且有界;反余切函数 $y=\operatorname{arccot} x$ 在区间$(-\infty, +\infty)$ 内单调减少且有界;

(2) 反正切函数 $y=\arctan x$ 是奇函数,即对任意的 $x\in(-\infty, +\infty)$,有

$$\arctan(-x)=-\arctan x;$$

反余切函数 $y=\operatorname{arccot} x$ 是非奇非偶函数,但对任意的 $x\in(-\infty, +\infty)$,有

$$\operatorname{arccot}(-x)=\pi-\operatorname{arccot} x.$$

反正弦函数、反余弦函数、反正切函数和反余切函数统称为**反三角函数**.

例 4　求下列各式的值.

(1) $\arctan\left(-\frac{\sqrt{3}}{3}\right)$;　　(2) $\operatorname{arccot}(-1)$;　　(3) $\tan\left(\arccos\frac{\sqrt{3}}{2}\right)$.

解　(1) $\arctan\left(-\frac{\sqrt{3}}{3}\right)=-\arctan\frac{\sqrt{3}}{3}=-\frac{\pi}{6}$.

(2) $\operatorname{arccot}(-1)=\pi-\operatorname{arccot}1=\pi-\frac{\pi}{4}=\frac{3\pi}{4}$.

(3) $\tan\left(\arccos\frac{\sqrt{3}}{2}\right)=\tan\frac{\pi}{6}=\frac{\sqrt{3}}{3}$.

练习 1.2

1. 求下列函数的反函数.

(1) $y=x^3-1\quad(x\in\mathbf{R})$；　　(2) $y=\log_3(x-2)\quad(x>2)$.

2. 若一个函数存在反函数，它一定是单调函数吗？请说明理由.

3. 求下列各式的值.

(1) $\arcsin\frac{\sqrt{3}}{2}$；　　(2) $\arccos\left(-\frac{1}{2}\right)$；

(3) $\sin\left[\arcsin\left(-\frac{4}{5}\right)\right]$；　　(4) $\cos\left(\arccos\frac{1}{3}\right)$；

(5) $\arctan\frac{\sqrt{3}}{3}$；　　(6) $\operatorname{arccot}\left(-\frac{\sqrt{3}}{3}\right)$.

4*. 证明：$\sin\arccos x=\sqrt{1-x^2}$.

1.3 复合函数与初等函数

1.3.1 基本初等函数

基本初等函数是指已经学习过的常数函数、幂函数、指数函数、对数函数、三角函数和反三角函数等六大类，它们都是微积分所研究对象的基础. 三角函数和反三角函数的图象及性质见 1.2 节，下面介绍其他几类函数的图象和性质.

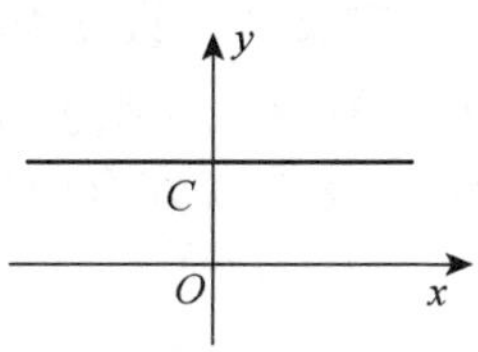

图 1-16

1. 常数函数 $y=C$（C 为常数）

如图 1-16 所示，常数函数的定义域为$(-\infty,\ +\infty)$，由于无论 x 取何值，都有 $y=C$，所以，它的图象是过点$(0,\ C)$且垂直于 y 轴的一条直线，是偶函数.

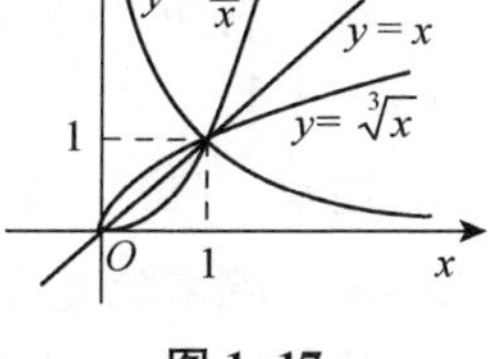

图 1-17

2. 幂函数 $y=x^a\ (a\in\mathbf{R})$

如图 1-17 所示，当 $a>0$ 时，函数的图象通过原点$(0,\ 0)$和点$(1,\ 1)$，在$(0,\ +\infty)$内单调增加且无界；当 $a<0$ 时，函数的图象不过原点，但过点$(1,\ 1)$，在$(0,\ +\infty)$内单调减少且无界；当 $a=0$ 时，函数的图象为平行于 x 轴并在 x 轴上方一个单位的一条直线[除去点$(0,\ 1)$].

3. 指数函数 $y=a^x$($a>0$, $a\neq 1$,且 a 是常数)

如图 1-18 所示,指数函数的定义域为$(-\infty, +\infty)$.无论 x 取何值,总有 $a^x>0$,且 $a^0=1$,它的图象全部在 x 轴上方,且通过点$(0, 1)$,值域为$(0, +\infty)$.

当 $a>1$ 时,函数单调增加且无界;当 $0<a<1$ 时,函数单调减少且无界.

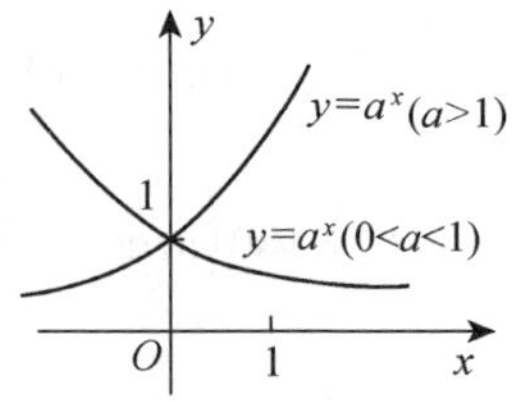

图 1-18

4. 对数函数 $y=\log_a x$($a>0$, $a\neq 1$,且 a 是常数)

如图 1-19 所示,对数函数的定义域为$(0, +\infty)$,图象全部在 y 轴右侧,值域为$(-\infty, +\infty)$.无论 a 取何值,图象都经过点$(1, 0)$.

当 $a>1$ 时,函数单调增加且无界;当 $0<a<1$ 时,函数单调减少且无界.

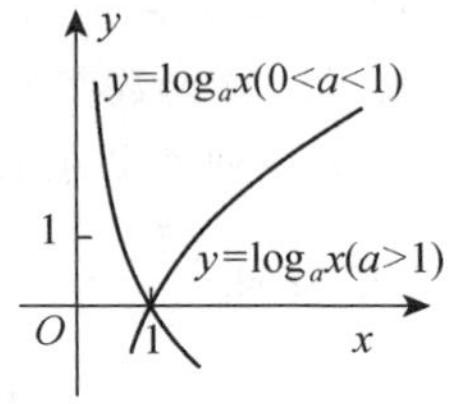

图 1-19

对数函数 $y=\log_a x$ 和指数函数 $y=a^x$ 互为反函数,它们的图象关于 $y=x$ 对称.

以无理数 e=2.718 281 828 459 045… 为底的对数函数 $y=\log_e x$ 称为自然对数函数,简记作 $y=\ln x$,它是微积分中常用的函数.

1.3.2 复合函数

1. 简单函数

定义 1 由基本初等函数经过有限次四则运算形成的函数称为**简单函数**.例如,函数 $y=x^2+1$, $y=\dfrac{\sin x}{x}$, $y=\sin x-2\ln x$ 等都是简单函数.

2. 复合函数

定义 2 设函数 $y=f(u)$ 的定义域为 D,函数 $u=\varphi(x)$ 的值域为 M,若 $D\cap M\neq\varnothing$,则 y 通过中间变量 u 可构成 x 的函数,这个函数称为是由 $y=f(u)$ 和 $u=\varphi(x)$ 复合而成的**复合函数**,记作

$$y=f[\varphi(x)],$$

其中 x 是**自变量**,函数 $y=f(u)$ 称为**外层函数**,函数 $u=\varphi(x)$ 称为**内层函数**.

例如,函数 $y=e^{\sqrt{x+1}}$, $y=\cos^3(2x+1)$, $y=\ln(1+x)$ 等都是复合函数.

例 1 设 $y=u^2$, $u=\cos x+1$,将 y 表示为 x 的复合函数.

解 将 $u=\cos x+1$ 代入 $y=u^2$,可得 y 表示为 x 的复合函数是 $y=(\cos x+1)^2$.

注意 (1) 不是任何两个函数都能复合成一个函数.例如,函数 $y=\sqrt{u}$ 和 $u=\sin x-2$ 就不能复合,因为函数 $u=\sin x-2$ 的值域$[-3, -1]$与函数 $y=\sqrt{u}$ 的定义域$[0, +\infty)$的交集是空集.

(2) 函数的复合过程是由内层函数到外层函数,逐层复合.函数的复合可以多次进行,也就是说,可以有不止一个中间变量,且能复合的这些函数也不一定都是基本初等函数.例如,函数 $y=u^2$, $u=\ln v$, $v=1+\sin x$ 可以复合成复合函数 $y=\ln^2(1+\sin x)$, u 和 v 都是中间变量.

例 2 指出下列函数是由哪些简单函数复合而成的.

(1) $y=\mathrm{e}^{\sin 2x}$; (2) $y=\arcsin\sqrt{\ln(x^2+1)}$.

解 (1) 令 $u=\sin 2x$,则 $y=\mathrm{e}^u$;令 $v=2x$,则 $u=\sin v$,于是函数 $y=\mathrm{e}^{\sin 2x}$ 是由 $y=\mathrm{e}^u$, $u=\sin v$, $v=2x$ 复合而成的.

(2) 令 $u=\sqrt{\ln(x^2+1)}$,则 $y=\arcsin u$;令 $v=\ln(x^2+1)$,则 $u=\sqrt{v}$;再令 $t=x^2+1$,则 $v=\ln t$,于是函数 $y=\arcsin\sqrt{\ln(x^2+1)}$ 是由 $y=\arcsin u$, $u=\sqrt{v}$, $v=\ln t$, $t=x^2+1$ 复合而成的.

注意 指出一个复合函数是由哪些函数复合而成的,实际上就是将复合函数进行分解.复合函数的分解是由外层函数到内层函数,逐层分解,直至每一层都是简单函数为止.

1.3.3 初等函数

定义 3 由基本初等函数经过有限次的四则运算或有限次复合步骤所构成,且能用一个解析式表示的函数称为**初等函数**;否则,称为**非初等函数**.

例如,函数 $y=\sin 3x$, $y=\dfrac{\sin x}{x^2+1}$, $y=\log_a(x+\sqrt{1+x^2})$, $y=\dfrac{\mathrm{e}^x+\mathrm{e}^{-x}}{2}$, $y=\mathrm{e}^{\sin 2x}$ 等都是初等函数.由于 $y=1+2x+3x^2+4x^3+\cdots$ 不满足有限次运算,故为非初等函数.

一般来说,分段函数不是初等函数.例如,函数 $f(x)=\begin{cases}x+1, & x\leqslant 0,\\ \cos x+\ln x, & x>0\end{cases}$ 不能用一个解析式表达,故不是初等函数;狄利克雷函数 $D(x)$ 和符号函数 $\operatorname{sgn} x$ 也都不是初等函数.又如,虽然函数 $f(x)=\begin{cases}-x, & x<0,\\ x, & x\geqslant 0\end{cases}$ 是分段函数,但是它可以用一个解析式来表示,即 $f(x)=\sqrt{x^2}$,所以它是初等函数.

练习 1.3

1. 下列函数中哪些是复合函数,哪些不是复合函数?

(1) $y=\mathrm{e}^{\cos x}$; (2) $y=\arcsin x$;

(3) $y=\ln\sin(1-x)$; (4) $y=\ln\pi+\tan x$.

2. 函数 $y=\arcsin u$, $u=1+x^2(x>0)$ 能否构成复合函数,为什么?

3. 指出下列函数是由哪些简单函数复合而成的.

(1) $y=\sin 3x$；　(2) $y=\cos^2 x$；　(3) $y=\ln\ln\ln x$.

4. 设 $h(x)=e^x$，$g(x)=x+1$，求 $g[h(x)]$，$h[g(x)]$，$g[g(x)]$.

习　题　1

1. 选择题.

(1) 设 $f(x)=x^2+bx+3$，若 $f(1)=2$，则 b 为(　　).

A. 1　　B. -1　　C. -2　　D. 2

(2) 函数 $f(x)=\sin(x^2+x)$ 是(　　).

A. 有界函数　　B. 周期函数　　C. 奇函数　　D. 偶函数

(3) 函数 $f(x)=-x^2-x+6$ 的单调增加区间是(　　).

A. $\left(-\infty,\ -\frac{1}{2}\right)$　　B. $(2,\ +\infty)$　　C. $(-\infty,\ -3)$　　D. $\left(-\frac{1}{2},\ +\infty\right)$

(4) 若函数 $f(x)$的定义域为$[-1,\ 4]$，则函数 $f(2x-1)$的定义域为(　　).

A. $\left[0,\ \frac{5}{2}\right]$　　B. $\left[-\frac{1}{2},\ 2\right]$　　C. $[-1,\ 4]$　　D. $[0,\ 3]$

2. 求下列函数的定义域.

(1) $y=\dfrac{1}{2x+1}$；　(2) $y=\arccos\sqrt{2x}$；

(3) $y=\arcsin x+\sqrt{x}$；　(4) $y=\ln\ln x$；

(5) $y=\dfrac{1}{\cos x-\sin x}$；　(6) $y=\dfrac{1}{x-3}-\sqrt{\ln x}$.

3. 设 $f(x)=\begin{cases} x^2-1, & x\leqslant 0,\\ 3^x, & x>0,\end{cases}$ 求 $f(-1)$，$f(2)$，$f[f(0)]$，$f(x-1)$.

4. 讨论下列函数的单调性.

(1) $y=1-x^3$；　(2) $y=\ln(x+1)$；　(3) $y=2^{|x|}$.

5. 判断下列函数的奇偶性.

(1) $y=\ln(x+\sqrt{x^2+1})$；　(2) $y=x\arcsin(x^2+1)$；　(3) $y=x^2\cos x$.

6. 求下列函数的最小正周期.

(1) $y=\cos 2x$；　(2) $y=\sin\dfrac{x}{2}+\sin\dfrac{x}{5}$；　(3) $y=\tan\dfrac{\pi}{3}x$.

7. 求下列函数的反函数.

(1) $y=e^{x-1}$；　(2) $y=\sqrt[3]{x+1}$；

(3) $y=\dfrac{1}{\ln x+1}$；　(4) $y=\begin{cases} x^2+1, & x>0,\\ 2x-1, & x\leqslant 0.\end{cases}$

8. 求下列各式的值.

(1) $\tan\left(\arcsin\dfrac{1}{2}\right)$；　(2) $\tan\left(\arccos\dfrac{\sqrt{2}}{2}\right)$；

(3) $\sin\left(2\arcsin\dfrac{\sqrt{3}}{2}\right)$；　(4) $\arccos\left(\cos\dfrac{3\pi}{4}\right)$.

9. 指出下列函数是由哪些简单函数复合而成的.

(1) $y=\mathrm{e}^{x^2+1}$；　(2) $y=\tan\sqrt{2x}$；

(3) $y=\ln\arccos 2x$；　(4) $y=\arcsin^2(x+1)$；

(5) $y=\mathrm{e}^{\tan(2x+\frac{\pi}{3})}$；　(6) $y=\sqrt{\ln\sqrt{x-1}}$.

10*. 台式饮水机每台售价为 60 元，成本为 40 元. 厂方为鼓励销售商大量采购，决定凡是订购量超过 100 台以上的，每多订购一台售价就降低 0.01 元，但最低价为 48 元.

(1) 将每台饮水机的实际售价 p 表示为订购量 x 的函数；

(2) 将厂方所获得的利润 q 表示为订购数量 x 的函数；

(3) 若某一销售商订购了 1 100 台，厂方可获利润多少？若订购了 1 500 台呢？

第2章 极限与连续

极限是在研究变量的变化趋势时出现的,极限概念是微积分学中非常重要的基本概念之一,极限过程也是变量变化的一种特殊过程.在高等数学中有很多重要的概念(如连续、导数、微分、积分和级数等)和方法都与极限有关,许多性质和定理都要用极限的方法来进行证明,因此掌握好极限的相关概念和求极限的方法是至关重要的.本章将学习极限的概念和相关性质,求极限的一些基本方法以及函数的连续性.

2.1 数列的极限

2.1.1 数列的概念

观察下面几列数:

(1) $\frac{1}{2}, \frac{2}{5}, \frac{3}{10}, \cdots, \frac{n}{n^2+1}, \cdots$;

(2) $\frac{1}{2}, \frac{1}{4}, \frac{1}{8}, \cdots, \frac{1}{2^n}, \cdots$;

(3) $1, -2, 3, \cdots, (-1)^{n+1}n, \cdots$;

(4) $\sqrt{3}, \sqrt{3}, \sqrt{3}, \cdots, \sqrt{3}, \cdots$;

(5) $1, 2, 3, \cdots, n, \cdots$.

可以看到,上面所给出的这几列数中,每列数中的每一个数都有自己特定的位置.像这样按照一定顺序排成的一列数称为**数列**.若一个数列的一般形式可以写成

$$x_1, x_2, x_3, \cdots, x_n, \cdots,$$

则这个数列称为**无穷数列**,简记作$\{x_n\}$.数列$\{x_n\}$中的每一个数都称为数列的项,其中第一项x_1,第二项x_2,…,第n项x_n称为数列的**一般项**(或**通项**).

上述几个数列其通项依次为$\frac{n}{n^2+1}, \frac{1}{2^n}, (-1)^{n+1}n, \sqrt{3}, n$.

数列$\{x_n\}$可以看作特殊的函数,项数是其自变量,项是项数所对应的函数值,数列的定义域是正整数集$\mathbf{N}^*$,即$x_n=f(n), n\in\mathbf{N}^*$.

若一个数列$\{x_n\}$，对于每一个正整数n，都有$x_n < x_{n+1}$(或$x_n > x_{n+1}$)，则称数列$\{x_n\}$为**单调增加(或减少)数列**. 单调增加数列和单调减少数列统称为**单调数列**.

若对于数列$\{x_n\}$，存在一个正常数M，使得对于每一项x_n，都有$|x_n| \leqslant M$，则称数列$\{x_n\}$为**有界数列**；否则，称数列$\{x_n\}$为**无界数列**.

例如，数列$\left\{\dfrac{1}{2^n}\right\}$，只需取$M=\dfrac{1}{2}$，对于每一项$x_n$，都有$|x_n| \leqslant M$.

2.1.2 数列的极限

定义 若当n无限增大时，数列$\{x_n\}$的通项x_n无限趋近于某个确定的常数A，则称A为数列$\{x_n\}$的极限，记作

$$\lim_{n\to\infty} x_n = A \quad 或 \quad x_n \to A \quad (n \to \infty).$$

数列$\{x_n\}$以A为极限，也称数列$\{x_n\}$**收敛于**A，此时数列$\{x_n\}$称为**收敛数列**；若不存在这样的常数A，则称数列$\{x_n\}$**发散**或**不收敛**，也可以说$\lim\limits_{n\to\infty} x_n$不存在.

例如，$\lim\limits_{n\to\infty}\dfrac{n}{n^2+1}=0$，$\lim\limits_{n\to\infty}\dfrac{n+(-1)^{n-1}}{n}=1$，$\lim\limits_{n\to\infty}\dfrac{1}{2^n}=0$，因而数列$\left\{\dfrac{n}{n^2+1}\right\}$，$\left\{\dfrac{n+(-1)^{n-1}}{n}\right\}$和$\left\{\dfrac{1}{2^n}\right\}$都是收敛数列；而数列$\{n\}$和$\{(-1)^{n+1}n\}$均为发散数列.

注意 所谓通项x_n无限趋近于某个确定的常数A，即$|x_n - A|$无限接近于零.

例 1 观察下列数列$\{x_n\}$当$n\to\infty$时的变化趋势，若收敛，写出其极限值.

(1) $x_n = \dfrac{1}{n}$； (2) $x_n = \dfrac{1}{3^n}$；

(3) $x_n = (-1)^{n+1}$； (4) $x_n = 3$.

解 先列出所给数列：

(1) $x_n = \dfrac{1}{n}$，即 $1, \dfrac{1}{2}, \dfrac{1}{3}, \cdots, \dfrac{1}{n}, \cdots$；

(2) $x_n = \dfrac{1}{3^n}$，即 $\dfrac{1}{3}, \dfrac{1}{3^2}, \dfrac{1}{3^3}, \cdots, \dfrac{1}{3^n}, \cdots$；

(3) $x_n = (-1)^{n+1}$，即 $1, -1, 1, \cdots, (-1)^{n+1}, \cdots$；

(4) $x_n = 3$，即 $3, 3, 3, \cdots, 3, \cdots$.

观察上述四个数列在$n\to\infty$时的变化趋势，得

(1) $\lim\limits_{n\to\infty} x_n = \lim\limits_{n\to\infty}\dfrac{1}{n}=0$； (2) $\lim\limits_{n\to\infty} x_n = \lim\limits_{n\to\infty}\dfrac{1}{3^n}=0$；

(3) $\lim\limits_{n\to\infty} x_n = \lim\limits_{n\to\infty}(-1)^{n+1}$ 不存在； (4) $\lim\limits_{n\to\infty} x_n = \lim\limits_{n\to\infty} 3 = 3$.

一般地，任何一个常数列的极限就是这个**常数本身**，即$\lim\limits_{n\to\infty} C = C$($C$为常数).

定理 1(数列极限存在的单调有界准则) 单调有界数列必有极限.

例1中的(1)(2)都是单调有界数列,故都存在极限.

定理2(两边夹准则) 若数列$\{x_n\}$,$\{y_n\}$,$\{z_n\}$满足$y_n \leqslant x_n \leqslant z_n$,且$\lim\limits_{n\to\infty} y_n = \lim\limits_{n\to\infty} z_n = A$,则$\lim\limits_{n\to\infty} x_n = A$.

例2 求$\lim\limits_{n\to\infty}\left(\dfrac{1}{\sqrt{n^2+1}}+\dfrac{1}{\sqrt{n^2+2}}+\cdots+\dfrac{1}{\sqrt{n^2+n}}\right)$.

解 因为$\dfrac{n}{\sqrt{n^2+n}} < \dfrac{1}{\sqrt{n^2+1}}+\dfrac{1}{\sqrt{n^2+2}}+\cdots+\dfrac{1}{\sqrt{n^2+n}} < \dfrac{n}{\sqrt{n^2+1}}$,

而
$$\lim_{n\to\infty}\frac{n}{\sqrt{n^2+n}} = \lim_{n\to\infty}\frac{n}{\sqrt{n^2+1}} = 1,$$

所以
$$\lim_{n\to\infty}\left(\frac{1}{\sqrt{n^2+1}}+\frac{1}{\sqrt{n^2+2}}+\cdots+\frac{1}{\sqrt{n^2+n}}\right)=1.$$

2.1.3 收敛数列的性质

性质1(唯一性) 若数列$\{x_n\}$收敛,则它的极限唯一.

性质2(有界性) 若数列$\{x_n\}$收敛,则它一定有界.

注意 有界数列不一定收敛,无界数列一定不收敛.如例1中的数列$x_n = (-1)^{n+1}$,显然有$|x_n| \leqslant 1$,但是这个数列却不收敛.

练习2.1

1. 观察下列数列$\{x_n\}$当$n\to\infty$时的变化趋势,若收敛,写出其极限值.

(1) $x_n = \dfrac{1}{n}\cos\dfrac{\pi}{n}$;　　(2) $x_n = (-1)^n \dfrac{n}{n+1}$;

(3) $x_n = \dfrac{2^n+(-1)^n}{3^n}$;　　(4) $x_n = 1-\dfrac{1}{\sqrt{n}}$.

2. 判断下列数列是否收敛于0.

(1) $\dfrac{1}{2}$, 0, $\dfrac{1}{4}$, 0, $\dfrac{1}{8}$, 0, $\dfrac{1}{16}$, 0, …;

(2) -1, $\dfrac{1}{2}$, $-\dfrac{1}{3}$, $\dfrac{1}{4}$, $-\dfrac{1}{5}$, $\dfrac{1}{6}$, $-\dfrac{1}{7}$, …;

(3) -1, 1, -2, 2, -3, 3, -4, 4, …;

(4) 1, $\dfrac{1}{\sqrt{2}}$, $\dfrac{1}{\sqrt{3}}$, $\dfrac{1}{2}$, $\dfrac{1}{\sqrt{5}}$, $\dfrac{1}{\sqrt{6}}$, $\dfrac{1}{\sqrt{7}}$, ….

3. 求下列数列的极限.

(1) $\lim\limits_{n\to\infty}\left(1+\dfrac{2}{n^3}\right)$;　　(2) $\lim\limits_{n\to\infty}(\sqrt{n+1}-\sqrt{n})$;

(3) $\lim\limits_{n\to\infty}\left[2-\dfrac{(-1)^n}{n}\right]$;　　(4) $\lim\limits_{n\to\infty}\left(\dfrac{1^2+2^2+\cdots+n^2}{n^2}-\dfrac{n}{3}\right)$.

2.2　函数的极限

2.2.1　邻域

定义 1　设 $a \in \mathbf{R}$，$\delta > 0$，开区间 $(a-\delta,\ a+\delta)$ 称为**点 a 的 δ 邻域**（图 2-1），其中 a 称为**邻域中心**，δ 称为**邻域半径**，记作 $N(a,\ \delta)$，即

$$N(a,\ \delta)=\{x \mid a-\delta<x<a+\delta\}.$$

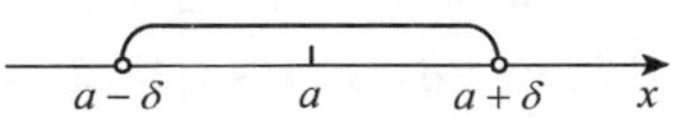

图 2-1

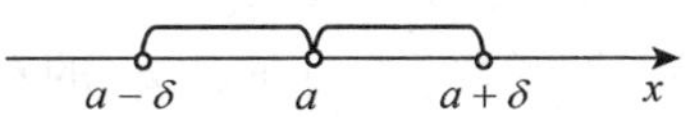

图 2-2

δ 是任一很小的正数，当不需要注明邻域半径 δ 时，常将它表示为 $N(a)$，简称**点 a 的邻域**. 不包含邻域中心 a 所形成的开区间 $(a-\delta,\ a) \cup (a,\ a+\delta)$ 称为**点 a 的 δ 去心邻域**（图 2-2），记作 $\mathring{N}(a,\ \delta)$，即

$$\mathring{N}(a,\ \delta)=\{x \mid 0<|x-a|<\delta\}.$$

同样，当不需要注明邻域半径 δ 时，也常将它表示为 $\mathring{N}(a)$，简称**点 a 的去心邻域**. 称 $(a-\delta,\ a)$ 为点 a 的**左半邻域**，称 $(a,\ a+\delta)$ 为点 a 的**右半邻域**.

2.2.2　函数的极限

1. 当 $x \to x_0$ 时，函数 $f(x)$ 的极限

记号“$x \to x_0$”表示 x 无限趋近于 x_0 且 $x \neq x_0$，或者说 $|x-x_0|$ 无限接近于零，对从哪个方向趋近没有限制.

定义 2　设函数 $f(x)$ 在点 x_0 的去心邻域 $\mathring{N}(x_0)$ 内有定义，若当 x 在该邻域内无限趋近于 x_0 时，函数 $f(x)$ 的值无限趋近于一个确定的常数 A，则称 A 为**函数 $f(x)$ 当 $x \to x_0$ 时的极限**，记作

$$\lim_{x \to x_0} f(x)=A \quad 或 \quad f(x) \to A \quad (x \to x_0).$$

又称当 $x \to x_0$ 时，函数 $f(x)$ 的极限存在；否则，称当 $x \to x_0$ 时，函数 $f(x)$ 的极限不存在.

由定义易知，$\lim\limits_{x \to x_0} x=x_0$.

例 1　设 $f(x)=\begin{cases} x^2-1, & x \neq 0, \\ 2, & x=0, \end{cases}$ 求当 $x \to 0$ 时函数 $f(x)$ 的极限.

解 如图2-3所示,当 $x\to 0$ 时,函数 $f(x)$ 的值无限趋近于 -1,即

$$\lim_{x\to 0} f(x)=\lim_{x\to 0}(x^2-1)=-1.$$

显见,$\lim\limits_{x\to 0}f(x)\neq f(0)$. 因此,极限值是否存在与 $f(x)$ 在点 x_0 处有无定义或定义的值无关.

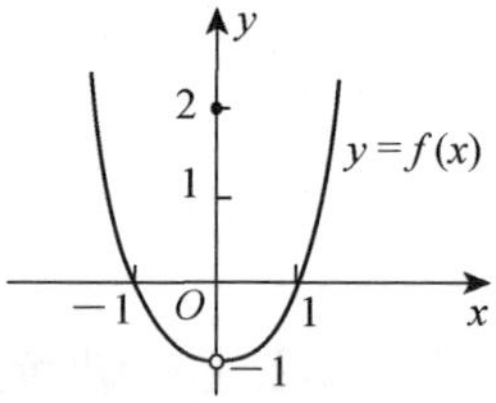

图 2-3

2. 左极限与右极限

$x\to x_0$ 在一元微积分中只包含以下两种情况:

(1) $x\to x_0^-$ 表示 x 从 x_0 的左侧(即小于 x_0 的方向)无限趋近于 x_0;

(2) $x\to x_0^+$ 表示 x 从 x_0 的右侧(即大于 x_0 的方向)无限趋近于 x_0.

定义3 设函数 $f(x)$ 在点 x_0 的左半邻域 $(x_0-\delta,\ x_0)$ 内有定义,若当 x 在该邻域内无限趋近于 x_0 时,函数 $f(x)$ 的值无限趋近于一个确定的常数 A,则称 A 为函数 $f(x)$ 当 $x\to x_0$ 时的**左极限**,记作

$$\lim_{x\to x_0^-} f(x)=A \quad 或 \quad f(x)\to A \quad (x\to x_0^-)$$

$$或 \quad f(x_0-0)=A \quad 或 \quad f(x_0^-)=A.$$

定义4 设函数 $f(x)$ 在点 x_0 的右半邻域 $(x_0,\ x_0+\delta)$ 内有定义,若当 x 在该邻域内无限趋近于 x_0 时,函数 $f(x)$ 的值无限趋近于一个确定的常数 A,则称 A 为函数 $f(x)$ 当 $x\to x_0$ 时的**右极限**,记作

$$\lim_{x\to x_0^+} f(x)=A \quad 或 \quad f(x)\to A \quad (x\to x_0^+)$$

$$或 \quad f(x_0+0)=A \quad 或 \quad f(x_0^+)=A.$$

极限与左、右极限之间的关系有如下定理.

定理1 函数 $f(x)$ 当 $x\to x_0$ 时以 A 为极限的充分必要条件是函数 $f(x)$ 当 $x\to x_0$ 时左、右极限都存在且都等于 A,即

$$\lim_{x\to x_0} f(x)=A \Leftrightarrow \lim_{x\to x_0^-} f(x)=\lim_{x\to x_0^+} f(x)=A.$$

例2 设 $f(x)=\begin{cases} x-1, & x<0, \\ x^2, & x\geqslant 0, \end{cases}$ 讨论函数 $f(x)$ 当 $x\to 0$ 时的极限.

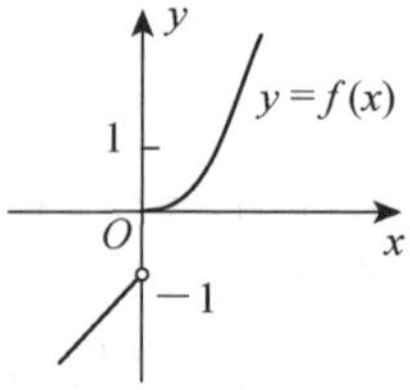

图 2-4

解 如图2-4所示,易知 $\lim\limits_{x\to 0^-} f(x)=\lim\limits_{x\to 0^-}(x-1)=-1$,

$$\lim_{x\to 0^+} f(x)=\lim_{x\to 0^+} x^2=0,$$

所以
$$\lim_{x\to 0^+} f(x)\neq\lim_{x\to 0^-} f(x),$$

故当 $x\to 0$ 时，$f(x)$的极限不存在.

3. 当 $x\to\infty$时，函数 $f(x)$的极限

记号“$x\to\infty$”表示 x 的绝对值$|x|$无限增大，它包含以下两种情况：

(1) $x\to+\infty$ 表示 x 取正值且无限增大；

(2) $x\to-\infty$ 表示 x 取负值且绝对值无限增大.

若自变量 x 不指定正负，只是$|x|$无限增大，则写成 $x\to\infty$.

定义 5　若函数 $f(x)$ 在 $|x|>a(a>0)$ 时有定义，当$|x|$无限增大时，函数 $f(x)$ 的值无限趋近于一个确定的常数 A，则称 A 为函数 $f(x)$当 $x\to\infty$时的极限，记作

$$\lim_{x\to\infty} f(x)=A \quad 或 \quad f(x)\to A \quad (x\to\infty).$$

在实际中，有时只需要考虑这两种变化中的一种情形，即函数 $f(x)$ 当 $x\to+\infty$或当 $x\to-\infty$时的极限. 若自变量 x 取正值或取负值趋于无穷，则：

若函数 $f(x)$在$(a,+\infty)(a>0)$内有定义，当 x 无限增大时，函数 $f(x)$ 的值无限趋近于一个确定的常数 A，则称 A 为函数 $f(x)$当 $x\to+\infty$时的极限，记作

$$\lim_{x\to+\infty} f(x)=A \quad 或 \quad f(x)\to A \quad (x\to+\infty).$$

若函数 $f(x)$在$(-\infty,-a)(a>0)$内有定义，当 $x<0$ 且$|x|$无限增大时，函数 $f(x)$的值无限趋近于一个确定的常数 A，则称 A 为函数 $f(x)$当 $x\to-\infty$时的极限，记作

$$\lim_{x\to-\infty} f(x)=A \quad 或 \quad f(x)\to A \quad (x\to-\infty).$$

例如，$\lim\limits_{x\to\infty}\dfrac{1}{x}=0$，$\lim\limits_{x\to+\infty}\dfrac{1}{\sqrt{x}}=0$，$\lim\limits_{x\to-\infty}e^{x}=0$.

类似地，有下面的结论：

定理 2　函数 $f(x)$ 当 $x\to\infty$ 时以 A 为极限的充分必要条件是函数 $f(x)$ 当 $x\to-\infty$ 和 $x\to+\infty$ 时的极限都等于 A，即

$$\lim_{x\to\infty} f(x)=A \Leftrightarrow \lim_{x\to+\infty} f(x)=\lim_{x\to-\infty} f(x)=A.$$

对于常数函数，恒有 $\lim C=C$.

例 3　讨论函数 $y=1+\dfrac{1}{x^2}$ 当 $x\to\infty$ 时的极限.

解　如图 2-5 所示，当 $x\to+\infty$ 时，$y=1+\dfrac{1}{x^2}\to 1$；当 $x\to-\infty$ 时，$y=1+\dfrac{1}{x^2}\to 1$.

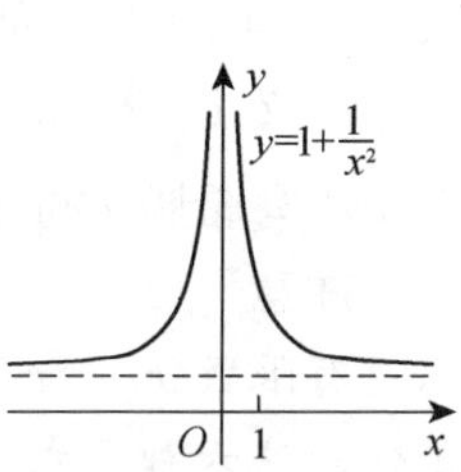

图 2-5

因此,当$|x|$无限增大时,函数 $y=1+\frac{1}{x^2}$ 无限地接近于常数1,即

$$\lim_{x\to\infty}\left(1+\frac{1}{x^2}\right)=1.$$

例4 讨论函数 $f(x)=\arctan x$ 当 $x\to\infty$ 时的极限.

解 由图1-14可知, $\lim\limits_{x\to+\infty}\arctan x=\frac{\pi}{2}$, $\lim\limits_{x\to-\infty}\arctan x=-\frac{\pi}{2}$.

由于 $\lim\limits_{x\to+\infty}\arctan x\neq\lim\limits_{x\to-\infty}\arctan x$,

所以 $\lim\limits_{x\to\infty}\arctan x$ 不存在.

练习2.2

1. 设 $f(x)=\frac{\sqrt{x^2}}{x}$,函数 $f(x)$ 在点 $x=0$ 处极限是否存在?

2. 设 $f(x)=\begin{cases}e^x, & x<0,\\ \sin x, & x\geqslant 0,\end{cases}$ 则 $\lim\limits_{x\to 0^-}f(x)=$ ________, $\lim\limits_{x\to 0^+}f(x)=$ ________.

3. 讨论函数 $f(x)=\begin{cases}x^3, & x<1,\\ x+1, & x\geqslant 1\end{cases}$ 当 $x\to 1$ 时的极限.

4. 设 $f(x)=\begin{cases}\frac{1}{\sqrt{x}}, & x>0,\\ \frac{1}{x^2+1}, & x\leqslant 0,\end{cases}$ 讨论函数 $f(x)$ 当 $x\to\infty$ 时的极限.

2.3 无穷小量与无穷大量

2.3.1 无穷小量

1. 无穷小量的概念

有一类函数在某个变化过程中,其绝对值可以无限变小,或者说它是以零为极限,这一类函数称为无穷小量.

定义1 若 $\lim\limits_{x\to a}f(x)=0$,则称函数 $f(x)$ 为 $x\to a$ 时的**无穷小量**,简称**无穷小**,常用小写希腊字母 α, β, γ 等表示.

注意 (1) 定义中所说的 $x\to a$ 包括所定义过的函数极限的六种形式,即 a 可以是有限数 x_0, x_0^-, x_0^+,也可以是 $+\infty$, $-\infty$ 或 ∞. 今后若非特殊说明,$x\to a$ 都是代表这六种形式.

(2) 定义对数列也适用,即以零为极限的数列 $\{x_n\}$ 称为 $n\to\infty$ 时的无穷小.

(3) 无穷小表示的是一个变量,无论绝对值多么小的非零常数,都不是无穷小.

(4) 由定义可知,零是无穷小,零是唯一可作为无穷小的常数.

例 1 自变量在怎样的变化过程中,下列函数为无穷小?

(1) $y=\frac{1}{2x}$; (2) $y=x-1$;

(3) $y=2^x$; (4) $y=\left(\frac{1}{2}\right)^x$.

解 (1) 因为 $\lim\limits_{x\to\infty}\frac{1}{2x}=0$, 所以$\frac{1}{2x}$为$x\to\infty$时的无穷小.

(2) 因为 $\lim\limits_{x\to 1}(x-1)=0$, 所以 $x-1$ 为 $x\to 1$ 时的无穷小.

(3) 因为 $\lim\limits_{x\to -\infty} 2^x=0$, 所以 2^x 为$x\to -\infty$时的无穷小.

(4) 因为 $\lim\limits_{x\to +\infty}\left(\frac{1}{2}\right)^x=0$, 所以$\left(\frac{1}{2}\right)^x$ 为$x\to +\infty$时的无穷小.

由例 1 可知,函数 $f(x)$是否为无穷小,与自变量 x 的变化过程有关.因此,要说某个变量是无穷小,必须指出它的变化过程.

2. 无穷小量的运算性质

在自变量的同一变化过程中,无穷小具有如下性质.

性质 1 有限个无穷小的代数和仍是无穷小.

性质 2 有界变量与无穷小的积仍是无穷小.

推论 常数与无穷小的积是无穷小.

性质 3 有限个无穷小的积仍是无穷小.

例 2 求 $\lim\limits_{x\to 0}x\sin\frac{1}{x^2}$.

解 因为 $\lim\limits_{x\to 0}x=0$,所以 x 是$x\to 0$时的无穷小.又$\left|\sin\frac{1}{x^2}\right|\leqslant 1$,知 $\sin\frac{1}{x^2}$是有界变量.根据无穷小的运算性质 2,$x\sin\frac{1}{x^2}$ 是 $x\to 0$ 时的无穷小.

故 $\lim\limits_{x\to 0}x\sin\frac{1}{x^2}=0$.

3. 无穷小量与极限的关系

定理 1 函数 $f(x)$以 A 为极限的充分必要条件是函数 $f(x)$可以表示为 A 与一个无穷小α 之和,即

$$\lim_{x\to a} f(x)=A\Leftrightarrow f(x)=A+\alpha,$$

其中

$$\lim_{x\to a}\alpha=0.$$

例如,函数 $f(x)=\dfrac{2x+1}{x-1}$,易知 $\lim\limits_{x\to\infty}f(x)=2$,且 $f(x)=2+\dfrac{3}{x-1}$,其中 $\alpha=\dfrac{3}{x-1}$ 是 $x\to\infty$ 时的无穷小.

2.3.2 无穷大量

1. 无穷大量的概念

有一类函数在某个变化过程中,其绝对值可以无限增大,称这一类函数为无穷大量.

定义 2 若当 $x\to a$ 时,函数 $f(x)$ 的绝对值无限增大,则称函数 $f(x)$ 为 $x\to a$ 时的**无穷大量**,简称**无穷大**,记作

$$\lim_{x\to a}f(x)=\infty;$$

若当 $x\to a$ 时,函数 $f(x)$ 取正值且无限增大,则称函数 $f(x)$ 为 $x\to a$ 时的**正无穷大量**,简称**正无穷大**,记作

$$\lim_{x\to a}f(x)=+\infty;$$

若当 $x\to a$ 时,函数 $f(x)$ 取负值且绝对值无限增大,则称函数 $f(x)$ 为 $x\to a$ 时的**负无穷大量**,简称**负无穷大**,记作

$$\lim_{x\to a}f(x)=-\infty.$$

由无穷大的定义知,$\dfrac{1}{x}$ 是 $x\to 0$ 时的无穷大,即 $\lim\limits_{x\to 0}\dfrac{1}{x}=\infty$;$x^x$ 是 $x\to+\infty$ 时的正无穷大,即 $\lim\limits_{x\to+\infty}x^x=+\infty$.

注意 (1) 无穷大是极限不存在的一种情形,这里借用了极限符号,它仅表示 $f(x)$ 的绝对值无限增大的一种性态,并不意味着极限存在(根据极限定义,极限值必须是一个确定的常数,而 ∞ 不是数).

(2) 正无穷大、负无穷大都是无穷大. 无穷大的定义对数列也适用.

(3) 无穷大表示的是一个变量,一个常数不论多么大,都不能作为无穷大. 因此,说某个函数是无穷大时,也必须同时指出它的变化过程. 例如,x 是 $x\to\infty$ 时的无穷大,即 $\lim\limits_{x\to\infty}x=\infty$;$\sqrt{x}$ 是 $x\to+\infty$ 时的正无穷大,即 $\lim\limits_{x\to+\infty}\sqrt{x}=+\infty$.

2. 无穷大量与无穷小量的关系

定理 2 在自变量的同一变化过程中,无穷大的倒数为无穷小,恒不为零的无穷小的倒数为无穷大.

例 3 自变量在怎样的变化过程中,下列函数为无穷大?

(1) $y=\dfrac{1}{x+1}$;　　(2) $y=x^2+1$;

(3) $y=e^x$；　　(4) $y=\ln x$.

解　(1) 因为 $\lim\limits_{x\to -1}(x+1)=0$，即当 $x\to -1$ 时，$x+1$ 为无穷小，所以 $\dfrac{1}{x+1}$ 为 $x\to -1$ 时的无穷大.

(2) 因为 $\lim\limits_{x\to\infty}\dfrac{1}{x^2+1}=0$，即当 $x\to\infty$ 时，$\dfrac{1}{x^2+1}$ 为无穷小，所以 x^2+1 为 $x\to\infty$ 时的无穷大.

(3) 因为 $\lim\limits_{x\to+\infty}\dfrac{1}{e^x}=0$，所以 e^x 为 $x\to+\infty$ 时的无穷大.

(4) 由图 2-6 可知，当 $x\to 0^+$ 时，$\ln x\to -\infty$，即

$$\lim_{x\to 0^+}\ln x=-\infty;$$

当 $x\to+\infty$ 时，$\ln x\to+\infty$，即

$$\lim_{x\to+\infty}\ln x=+\infty.$$

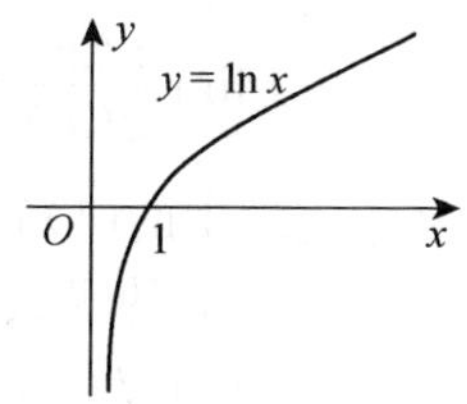

图 2-6

所以 $\ln x$ 为 $x\to 0^+$ 及 $x\to+\infty$ 时的无穷大.

练习 2.3

1. 自变量 x 在怎样的变化过程中，下列函数为无穷小？

(1) $y=2x+1$；　　(2) $y=\ln(x^2+1)$；

(3) $y=\arcsin\dfrac{1}{x}$；　　(4) $y=e^{\frac{1}{x}}$.

2. 自变量 x 在怎样的变化过程中，下列函数为无穷大？

(1) $y=\sqrt[3]{x}$；　　(2) $y=\dfrac{1}{x^2-1}$；

(3) $y=\dfrac{1}{2x-1}$；　　(4) $y=\ln\dfrac{1}{x}$.

3. 下列说法正确吗，为什么？

(1) 无穷小与无穷大之积一定是无穷大；

(2) 两个无穷大之积一定是无穷大；

(3) 无穷大与有界量之积一定是无穷大；

(4) 两个无穷大之和一定是无穷大.

4. 利用无穷小的运算性质求下列极限.

(1) $\lim\limits_{x\to\infty}\dfrac{1}{x}\arctan x$；　　(2) $\lim\limits_{x\to 0}x^2\sin\dfrac{1}{x}$.

2.4　极限的运算法则

利用极限的定义能够求一些很简单的函数极限，而在实际问题中有许多求极

限的问题却要复杂得多.本节将学习函数极限的运算法则,并运用这些法则求一些较复杂函数的极限.

定理 若 $\lim\limits_{x \to a} f(x)=A$,$\lim\limits_{x \to a} g(x)=B$, A 和 B 为有限常数,则

(1) $\lim\limits_{x \to a} [f(x) \pm g(x)]=\lim\limits_{x \to a} f(x) \pm \lim\limits_{x \to a} g(x)=A \pm B$;

(2) $\lim\limits_{x \to a} [f(x) \cdot g(x)]=\lim\limits_{x \to a} f(x) \cdot \lim\limits_{x \to a} g(x)=AB$;

特别地,$\lim\limits_{x \to a} Cf(x)=C\lim\limits_{x \to a} f(x)=CA$ (C 为常数);

(3) $\lim\limits_{x \to a} \dfrac{f(x)}{g(x)}=\dfrac{\lim\limits_{x \to a} f(x)}{\lim\limits_{x \to a} g(x)}=\dfrac{A}{B}$ $(B \neq 0)$.

定理中的(1)和(2)可推广到有限个函数的情况.

只要 x 使函数有意义,下面的等式也成立:

(1) $\lim\limits_{x \to a}[f(x)]^n=[\lim\limits_{x \to a} f(x)]^n$ $(n \in \mathbf{N}^*)$;

(2) $\lim\limits_{x \to a} \sqrt[n]{f(x)}=\sqrt[n]{\lim\limits_{x \to a} f(x)}$ $(n>1,\ n \in \mathbf{N}^*)$.

例 1 求 $\lim\limits_{x \to 2}(3x^2+2x-5)$.

解
$$\begin{aligned}\lim_{x \to 2}(3x^2+2x-5) &= \lim_{x \to 2} 3x^2+\lim_{x \to 2} 2x-\lim_{x \to 2} 5 \\ &=3(\lim_{x \to 2} x)^2+2\lim_{x \to 2} x-5 \\ &=3 \times 2^2+2 \times 2-5=11.\end{aligned}$$

一般地,设 $p(x)=a_0x^n+a_1x^{n-1}+\cdots+a_{n-1}x+a_n(a_0 \neq 0, n \in \mathbf{N})$,当 $x \to x_0$ 时,$p(x)$的极限就是多项式函数 $p(x)$在点 x_0 处的函数值,即

$$\lim_{x \to x_0} p(x)=p(x_0)=a_0x_0^n+a_1x_0^{n-1}+\cdots+a_{n-1}x_0+a_n.$$

例 2 求 $\lim\limits_{x \to 1} \dfrac{x^3-x+1}{x+3}$.

解 因为 $\lim\limits_{x \to 1}(x^3-x+1)=1$, $\lim\limits_{x \to 1}(x+3)=4 \neq 0$,

所以 $\lim\limits_{x \to 1} \dfrac{x^3-x+1}{x+3}=\dfrac{\lim\limits_{x \to 1}(x^3-x+1)}{\lim\limits_{x \to 1}(x+3)}=\dfrac{1}{4}$.

一般地,有理函数 $\dfrac{p(x)}{q(x)}$[$p(x)$, $q(x)$ 都是多项式,且 $q(x_0) \neq 0$] 当 $x \to x_0$ 时的极限等于有理函数 $\dfrac{p(x)}{q(x)}$ 在点 x_0 处的函数值,即

$$\lim_{x \to x_0} \frac{p(x)}{q(x)}=\frac{p(x_0)}{q(x_0)}.$$

例 3 求 $\lim\limits_{x \to \infty} \dfrac{x^2+1}{2x^2-x-3}$.

分析　当 $x\to\infty$时，分子、分母均为无穷大，不能直接利用商的极限法则，但可以利用分子、分母中 x 的最高次幂除之，然后求极限.

解　$$\lim_{x\to\infty}\frac{x^2+1}{2x^2-x-3}=\lim_{x\to\infty}\frac{1+\frac{1}{x^2}}{2-\frac{1}{x}-\frac{3}{x^2}}=\frac{\lim\limits_{x\to\infty}\left(1+\frac{1}{x^2}\right)}{\lim\limits_{x\to\infty}\left(2-\frac{1}{x}-\frac{3}{x^2}\right)}=\frac{1}{2}.$$

本例实际上就是将分子、分母同时除以 $x^2(x\to\infty)$这个无穷大，即化无穷大为无穷小的方法求极限，也称为无穷小量析出法.

又如 $\lim\limits_{x\to\infty}\dfrac{2x^2+1}{5x^3-2}=\lim\limits_{x\to\infty}\dfrac{\frac{2}{x}+\frac{1}{x^3}}{5-\frac{2}{x^3}}=0$，$\lim\limits_{x\to\infty}\dfrac{x^2+3}{x-2}=\lim\limits_{x\to\infty}\dfrac{1+\frac{3}{x^2}}{\frac{1}{x}-\frac{2}{x^2}}=\infty$.

一般地，当 $x\to\infty$时，有理函数的极限具有以下规律：

$$\lim_{x\to\infty}\frac{a_0x^n+a_1x^{n-1}+\cdots+a_n}{b_0x^m+b_1x^{m-1}+\cdots+b_m}=\begin{cases}0, & n<m,\\ \dfrac{a_0}{b_0}, & n=m\\ \infty, & n>m\end{cases}\text{，(其中 }a_0\neq 0,b_0\neq 0\text{).}$$

例 4　求下列函数的极限.

(1) $\lim\limits_{x\to1}\dfrac{x^2-1}{x-1}$；　　(2) $\lim\limits_{x\to1}\left(\dfrac{x^2+2x}{x^3-1}-\dfrac{1}{x-1}\right)$.

分析　在(1)中，因为 $\lim\limits_{x\to1}(x-1)=0$，所以不能直接将 $x=1$ 代入，但是可以将分子 x^2-1 分解因式，约去分子和分母中的相同因式后再求极限；在(2) 中，由于 $\lim\limits_{x\to1}(x-1)=0$，$\lim\limits_{x\to1}(x^3-1)=0$，也不能直接将 $x=1$ 代入，但是可以先将 $\dfrac{x^2+2x}{x^3-1}-\dfrac{1}{x-1}$ 通分，然后将其分子和分母分解因式，约去分子和分母中的相同因式后再求极限.

解　(1) $\lim\limits_{x\to1}\dfrac{x^2-1}{x-1}=\lim\limits_{x\to1}\dfrac{(x-1)(x+1)}{x-1}=\lim\limits_{x\to1}(x+1)=2.$

(2) $$\begin{aligned}\lim_{x\to1}\left(\frac{x^2+2x}{x^3-1}-\frac{1}{x-1}\right)&=\lim_{x\to1}\frac{x^2+2x-x^2-x-1}{x^3-1}\\&=\lim_{x\to1}\frac{x-1}{(x-1)(x^2+x+1)}\\&=\lim_{x\to1}\frac{1}{x^2+x+1}=\frac{1}{3}.\end{aligned}$$

例 5　求 $\lim\limits_{x\to0}\dfrac{\sqrt{1+x}-1}{x}$.

分析　当 $x\to0$ 时，分子和分母的极限都是零，不能直接利用商的极限法则，但是可以先对分子有理化,然后再求极限.

解 $\lim\limits_{x\to 0}\dfrac{\sqrt{1+x}-1}{x}=\lim\limits_{x\to 0}\dfrac{(\sqrt{1+x}-1)(\sqrt{1+x}+1)}{x(\sqrt{1+x}+1)}=\lim\limits_{x\to 0}\dfrac{x}{x(\sqrt{1+x}+1)}$

$$=\lim_{x\to 0}\frac{1}{\sqrt{1+x}+1}=\frac{1}{2}.$$

练习 2.4

1. 求下列极限.

(1) $\lim\limits_{x\to -1}(x^2+x+3)$;

(2) $\lim\limits_{x\to 3}(x-2)^3$;

(3) $\lim\limits_{x\to 1}\dfrac{2x+1}{x^2+1}$;

(4) $\lim\limits_{x\to \infty}\dfrac{x^3+x-2}{2x^3-x^2+1}$;

(5) $\lim\limits_{x\to \infty}\dfrac{\operatorname{arccot} x}{x}$;

(6) $\lim\limits_{x\to 1}\left(\dfrac{1}{1-x}-\dfrac{3}{1-x^3}\right)$;

(7) $\lim\limits_{x\to \infty}\left(\dfrac{x}{1-x}-\dfrac{2}{3x^2}\right)$;

(8) $\lim\limits_{x\to -2}\dfrac{2-\sqrt{2-x}}{x+2}$.

2. 求 $\lim\limits_{x\to \infty}\dfrac{x\arctan(x+1)}{x^2-1}$.

3. 已知 $\lim\limits_{x\to \infty}\dfrac{ax^2+bx}{x-1}=3$,求常数 a 与 b 的值.

2.5 两个重要极限

2.5.1 $\lim\limits_{x\to 0}\dfrac{\sin x}{x}=1$

观察当 $x\to 0^+$ 时函数的变化趋势:

x	0.5	0.1	0.05	0.04	0.03	0.02	…	$\to 0$
$\dfrac{\sin x}{x}$	0.958 5	0.998 3	0.999 6	0.999 7	0.999 8	0.999 9	…	$\to 1$

当 x 取正值趋近于 0 时,即 $x\to 0^+$,$\dfrac{\sin x}{x}\to 1$,得 $\lim\limits_{x\to 0^+}\dfrac{\sin x}{x}=1$;

当 x 取负值趋近于 0 时,即 $x\to 0^-$,有 $-x\to 0^+$,由于 $\dfrac{\sin(-x)}{-x}=\dfrac{\sin x}{x}$,于是

$$\lim_{x\to 0^-}\frac{\sin x}{x}=\lim_{-x\to 0^+}\frac{\sin(-x)}{-x}=1.$$

综上所述,得 $\lim\limits_{x\to 0}\dfrac{\sin x}{x}=1.$

说明　(1) 它主要解决含有三角函数的“$\frac{0}{0}$”型的求极限问题.

(2) 为了理解其一般形式，可形象地表示为 $\lim\limits_{\square \to 0} \frac{\sin \square}{\square}=1$ (方框□代表同一变量).

显见，　$\lim\limits_{x \to 0} \frac{x}{\sin x}=\lim\limits_{x \to 0} \frac{1}{\frac{\sin x}{x}}=1$.

例 1　求 $\lim\limits_{x \to 0} \frac{\tan x}{x}$.

分析　由 $\lim\limits_{x \to 0} \tan x=0, \lim\limits_{x \to 0} x=0$ 可知，它是含有三角函数的“$\frac{0}{0}$”型的极限.

解　$\lim\limits_{x \to 0} \frac{\tan x}{x}=\lim\limits_{x \to 0} \frac{\sin x}{x \cos x}=\lim\limits_{x \to 0} \frac{\sin x}{x} \cdot \frac{1}{\cos x}=\lim\limits_{x \to 0} \frac{\sin x}{x} \cdot \lim\limits_{x \to 0} \frac{1}{\cos x}=1$.

例 2　$\lim\limits_{x \to 0} \frac{\arcsin x}{x}$.

分析　由 $\lim\limits_{x \to 0} \arcsin x=0, \lim\limits_{x \to 0} x=0$ 可知，它是“$\frac{0}{0}$”型的极限，对于反三角函数 $\arcsin x$，可以令 $t=\arcsin x$，转化为三角函数后再利用重要极限.

解　令 $t=\arcsin x$，则 $x=\sin t$. 当 $x \to 0$ 时，有 $t \to 0$，于是

$$\lim_{x \to 0} \frac{\arcsin x}{x}=\lim_{t \to 0} \frac{t}{\sin t}=1.$$

例 3　求 $\lim\limits_{x \to 0} \frac{1-\cos x}{x^2}$.

解　$\lim\limits_{x \to 0} \frac{1-\cos x}{x^2}=\lim\limits_{x \to 0} \frac{2\sin^2 \frac{x}{2}}{x^2}=\frac{1}{2} \lim\limits_{x \to 0}\left(\frac{\sin \frac{x}{2}}{\frac{x}{2}}\right)^2=\frac{1}{2}\left(\lim\limits_{x \to 0} \frac{\sin \frac{x}{2}}{\frac{x}{2}}\right)^2=\frac{1}{2}$.

2.5.2　$\lim\limits_{x \to \infty}\left(1+\frac{1}{x}\right)^x=\mathrm{e}$

观察当 $x \to +\infty$ 时函数的变化趋势：

x	1	2	10	1 000	10 000	100 000	1 000 000	…
$\left(1+\frac{1}{x}\right)^x$	2	2.25	2.594	2.717	2.718 1	2.718 2	2.718 28	…

当 x 取正值并无限增大时，$\left(1+\frac{1}{x}\right)^x$ 是逐渐增大的，但不论 x 如何大，

$\left(1+\frac{1}{x}\right)^x$ 的值总不会超过3. 当 $x\to+\infty$ 时,可以验证 $\left(1+\frac{1}{x}\right)^x$ 是无限趋近于一个确定的无理数e(又称**欧拉数**),它的值是 $\mathrm{e}=2.718\ 281\ 828\ 459\ 045\cdots$.

当 $x\to-\infty$ 时,函数 $\left(1+\frac{1}{x}\right)^x$ 有类似的变化趋势,只是它逐渐减小而趋近于e.

综上所述,得 $\lim\limits_{x\to\infty}\left(1+\frac{1}{x}\right)^x=\mathrm{e}$.

若令 $t=\frac{1}{x}$,则 $x=\frac{1}{t}$,且当 $x\to\infty$ 时,$t\to0$,从而得 $\lim\limits_{x\to\infty}\left(1+\frac{1}{x}\right)^x=\lim\limits_{t\to0}(1+t)^{\frac{1}{t}}$,故上式可改写为

$$\lim_{t\to0}(1+t)^{\frac{1}{t}}=\mathrm{e}.$$

说明 (1) 它主要解决"1^∞"型的求极限问题.

(2) 它可形象地表示为 $\lim\limits_{\square\to\infty}\left(1+\frac{1}{\square}\right)^{\square}=\mathrm{e}$(方框□代表同一变量).

例4 求 $\lim\limits_{x\to\infty}\left(1-\frac{2}{x}\right)^x$.

分析 由 $\lim\limits_{x\to\infty}\left(1-\frac{2}{x}\right)=1$,$\lim\limits_{x\to\infty}x=\infty$ 可知,它属于"1^∞"型的极限.

解 $\lim\limits_{x\to\infty}\left(1-\frac{2}{x}\right)^x=\lim\limits_{x\to\infty}\left(1-\frac{2}{x}\right)^{-\frac{x}{2}\cdot(-2)}=\lim\limits_{x\to\infty}\left[\left(1-\frac{2}{x}\right)^{-\frac{x}{2}}\right]^{-2}=\mathrm{e}^{-2}$.

例5 求 $\lim\limits_{x\to\infty}\left(\frac{2-x}{3-x}\right)^x$.

分析 由 $\lim\limits_{x\to\infty}\frac{2-x}{3-x}=1$,$\lim\limits_{x\to\infty}x=\infty$ 可知,它属于"1^∞"型的极限.

解
$$\begin{aligned}\lim_{x\to\infty}\left(\frac{2-x}{3-x}\right)^x&=\lim_{x\to\infty}\left(1+\frac{1}{x-3}\right)^x=\lim_{x\to\infty}\left(1+\frac{1}{x-3}\right)^{x-3+3}\\&=\lim_{x\to\infty}\left(1+\frac{1}{x-3}\right)^{x-3}\cdot\lim_{x\to\infty}\left(1+\frac{1}{x-3}\right)^3\\&=\mathrm{e}\cdot1=\mathrm{e}.\end{aligned}$$

练习 2.5

1. 求下列函数的极限.

(1) $\lim\limits_{x\to0}\frac{\sin2x}{3x}$; (2) $\lim\limits_{x\to0}\frac{\arctan x}{x}$;

(3) $\lim\limits_{x\to0}(1-2x)^{\frac{1}{x}}$; (4) $\lim\limits_{x\to\infty}\left(\frac{1+x}{x}\right)^{2x}$;

(5) $\lim\limits_{x\to\infty}\left(1+\frac{2}{x}\right)^{3x+1}$；　　　　(6) $\lim\limits_{x\to\infty}\left(\frac{2x+1}{2x-1}\right)^{x}$.

2*. 证明：$\lim\limits_{x\to\infty}\left(1+\frac{a}{x}\right)^{bx+c}=e^{ab}$ (a，b，c 为常数).

3*. 已知 $\lim\limits_{x\to\infty}\left(1-\frac{2}{x}\right)^{kx+1}=e^{k-3}$，求常数 k.

2.6　无穷小的比较

由前面的学习已经知道，两个无穷小的和、差、积仍是无穷小，但是对于两个无穷小的商，却会出现不同的情况. 显然，当 $x\to 0$ 时，x，$3x$，x^2 都是无穷小. 观察下表：

x	0.1	0.01	0.001	0.000 1	…	→0
$3x$	0.3	0.03	0.003	0.000 3	…	→0
x^2	0.01	0.000 1	0.000 001	0.000 000 01	…	→0

从表中数值可以看到，当 $x\to 0$ 时，有

(1) x^2 比 $3x$ 更快地趋近于零，$3x$ 比 x^2 较慢地趋近于零；

(2) $3x$ 与 x 趋近于零的快慢虽有差别，但是差别不是很大.

同时也发现，$\lim\limits_{x\to 0}\frac{x^2}{3x}=0$，　$\lim\limits_{x\to 0}\frac{3x}{x^2}=\infty$，　$\lim\limits_{x\to 0}\frac{3x}{x}=3$.

由此可见，当 $x\to 0$ 时，三个无穷小趋近于零的速度是不一样的，且两个无穷小的商，可能是无穷小，可能是常数，也可能是无穷大. 为了比较无穷小在趋近于零时的快慢程度，下面引进无穷小阶的概念.

定义　设 α，β 是当 $x\to a$ 时的两个无穷小，且 $\beta\neq 0$.

(1) 若 $\lim\limits_{x\to a}\frac{\alpha}{\beta}=0$，则称当 $x\to a$ 时，α 是比 β **高阶的无穷小**，或称 β 是比 α **低阶的无穷小**，记作 $\alpha=o(\beta)$.

(2) 若 $\lim\limits_{x\to a}\frac{\alpha}{\beta}=A\neq 0$，则称当 $x\to a$ 时，α 与 β 是**同阶无穷小**；特别地，当 $A=1$ 时，称当 $x\to a$ 时 α 与 β 是**等价无穷小**，记作 $\alpha\sim\beta$.

注意　记号"$\alpha=o(\beta)$"并不意味着 α 与 β 的数量之间有什么相等关系，它仅表示 α 与 β 是 $x\to a$ 时的无穷小，且 α 是比 β 高阶的无穷小. 同样，记号"$\alpha\sim\beta$"也仅表示当 $x\to a$ 时，α 与 β 是等价无穷小.

例如，当 $x\to 0$ 时，x^2 是比 x 高阶的无穷小，所以 $x^2=o(x)$ $(x\to 0)$. 又如，

$\lim\limits_{x\to 0}\dfrac{\sin x}{x}=1$，$\sin x$ 与 x 是当 $x\to 0$ 时的等价无穷小，所以 $\sin x\sim x\,(x\to 0)$.

在求极限的过程中，有时会用到等价无穷小的如下性质.

定理(等价无穷小代换定理) 若当 $x\to a$ 时，$\alpha\sim\alpha'$，$\beta\sim\beta'$，且 $\lim\limits_{x\to a}\dfrac{\alpha'}{\beta'}$ 存在，则 $\lim\limits_{x\to a}\dfrac{\alpha}{\beta}$ 也存在，且 $\lim\limits_{x\to a}\dfrac{\alpha}{\beta}=\lim\limits_{x\to a}\dfrac{\alpha'}{\beta'}$.

事实上，$\lim\limits_{x\to a}\dfrac{\alpha}{\beta}=\lim\limits_{x\to a}\left(\dfrac{\alpha}{\alpha'}\cdot\dfrac{\alpha'}{\beta'}\cdot\dfrac{\beta'}{\beta}\right)=\lim\limits_{x\to a}\dfrac{\alpha}{\alpha'}\cdot\lim\limits_{x\to a}\dfrac{\alpha'}{\beta'}\cdot\lim\limits_{x\to a}\dfrac{\beta'}{\beta}=\lim\limits_{x\to a}\dfrac{\alpha'}{\beta'}$.

例 1 求 $\lim\limits_{x\to 0}\dfrac{\tan 3x}{\sin 5x}$.

解 因为当 $x\to 0$ 时，$\tan 3x\sim 3x$，$\sin 5x\sim 5x$，所以

$$\lim_{x\to 0}\frac{\tan 3x}{\sin 5x}=\lim_{x\to 0}\frac{3x}{5x}=\frac{3}{5}.$$

例 2 求 $\lim\limits_{x\to 0}\dfrac{\tan x-\sin x}{x^3}$.

解 因为当 $x\to 0$ 时，$\tan x\sim x$，$1-\cos x\sim\dfrac{1}{2}x^2$，所以

$$\lim_{x\to 0}\frac{\tan x-\sin x}{x^3}=\lim_{x\to 0}\frac{\tan x(1-\cos x)}{x^3}=\lim_{x\to 0}\frac{x\cdot\frac{x^2}{2}}{x^3}=\frac{1}{2}.$$

注意 等价无穷小代换是对分子或分母的整体代换，若分子或分母为若干个因子的乘积，则可对其中任意一个或几个无穷小因子进行等价无穷小的代换，而不会改变原式的极限. 但当分子或分母出现和式时，不能分别对和式中的一项或几项进行无穷小代换.

错解 当 $x\to 0$ 时，$\tan x\sim x$，$\sin x\sim x$，所以 $\lim\limits_{x\to 0}\dfrac{\tan x-\sin x}{x^3}=\lim\limits_{x\to 0}\dfrac{x-x}{x^3}=\lim\limits_{x\to 0}\dfrac{0}{x^3}=0$.

当 $x\to 0$ 时，有以下几个常用的等价无穷小：

$\sin x\sim x$； $e^x-1\sim x$； $\arcsin x\sim x$； $1-\cos x\sim\dfrac{1}{2}x^2$；

$\tan x\sim x$； $\ln(1+x)\sim x$； $\arctan x\sim x$； $\sqrt{1+x}-1\sim\dfrac{1}{2}x$.

例 3 求 $\lim\limits_{x\to 0}\dfrac{(x+1)(e^x-1)}{\arcsin x}$.

解 $\lim\limits_{x\to 0}\dfrac{(x+1)(e^x-1)}{\arcsin x}=\lim\limits_{x\to 0}\dfrac{(x+1)x}{x}=\lim\limits_{x\to 0}(x+1)=1$.

练习 2.6

1. 求下列函数的极限.

(1) $\lim\limits_{x\to 0}\dfrac{\sin^2 x}{3x^2}$；　　(2) $\lim\limits_{x\to 0}\dfrac{1-\cos 2x}{x\sin x}$；

(3) $\lim\limits_{x\to 0}\dfrac{\sin\sin x}{x}$；　　(4) $\lim\limits_{x\to 0}\dfrac{x^2\cos\dfrac{1}{x}}{\sin x}$.

2. 当 $x\to 0$ 时，$\arcsin x$ 与 $\sqrt[3]{x}$ 比较，哪个函数为高阶无穷小？

3. 证明：当 $x\to 0$ 时，$\sqrt{1+x}-1\sim\dfrac{1}{2}x$.

2.7　函数的连续性与间断点

2.7.1　函数的连续性

在自然界中有许多现象，如温度的变化、动植物的生长、物体的运动等都是连续的，这些现象反映在数学上就是函数的连续性. 函数的连续性也是高等数学中一个非常重要的概念.

1. 变量的增量

定义 1　设变量 u 从它的初值 u_0 变化到终值 u_1，则终值与初值之差 u_1-u_0 就称为变量 u 的**增量**，也称为 u 的**改变量**，记作 Δu，即 $\Delta u=u_1-u_0$.

增量 Δu 可以是正的，可以是负的，也可以是零. 当 $u_1>u_0$ 时，Δu 是正的；当 $u_1<u_0$ 时，Δu 是负的；当 $u_1=u_0$ 时，Δu 为零.

若函数 $y=f(x)$ 在点 x_0 的邻域 $N(x_0)$ 内有定义，当自变量 x 从 x_0 变化到 $x_0+\Delta x(\Delta x\neq 0)$ 时，函数 y 相应的从 $f(x_0)$ 变化到 $f(x_0+\Delta x)$，于是函数的增量为

$$\Delta y=f(x_0+\Delta x)-f(x_0).$$

例 1　设函数 $y=x^2-x+1$，当自变量 x 从 $x_0=1$ 变化到 $x_1=1.01$ 时，求自变量 x 的增量 Δx 与函数 y 的增量 Δy.

解　$\Delta x=x_1-x_0=1.01-1=0.01$.

$$\begin{aligned}\Delta y&=f(x_0+\Delta x)-f(x_0)=f(1+0.01)-f(1)\\&=[(1+0.01)^2-(1+0.01)+1]-(1^2-1+1)=0.0101.\end{aligned}$$

2. 函数在一点处的连续性

函数 $y=f(x)$ 在点 x_0 处连续，表现在图象上就是指曲线 $y=f(x)$ 在 $x=x_0$ 邻近是不间断的(图 2-7).

定义 2 设函数 $y=f(x)$ 在点 x_0 的邻域 $N(x_0)$ 内有定义,若当自变量 x 在点 x_0 处的增量 Δx 无限趋近于零时,相应函数的增量 Δy 也无限趋近于零,即

$$\lim_{\Delta x\to 0}\Delta y=0 \quad 或 \quad \lim_{\Delta x\to 0}[f(x_0+\Delta x)-f(x_0)]=0,$$

则称函数 $f(x)$ 在点 x_0 处**连续**,点 x_0 称为函数 $f(x)$ 的**连续点**.

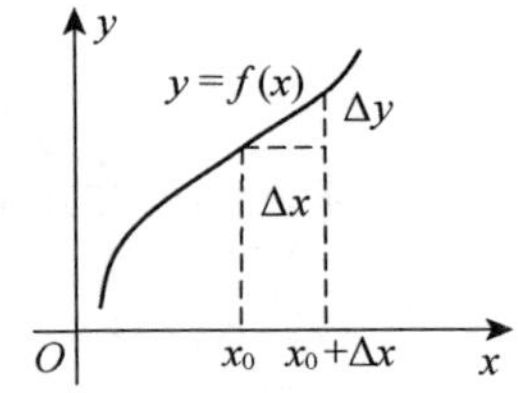

图 2-7

在定义 2 中,若令 $x=x_0+\Delta x$,则当 $\Delta x\to 0$ 时,有 $x\to x_0$. 于是 $\lim\limits_{\Delta x\to 0}\Delta y=0$ 可以改写为

$$\lim_{x\to x_0}[f(x)-f(x_0)]=0,$$

即 $\lim\limits_{x\to x_0}f(x)=f(x_0)$. 因此,函数 $f(x)$ 在点 x_0 处连续有如下定义.

定义 3 若 $\lim\limits_{x\to x_0}f(x)=f(x_0)$,则称函数 $f(x)$ 在点 x_0 处连续.

若函数 $f(x)$ 在点 x_0 处连续,要求函数 $f(x)$ 当 $x\to x_0$ 时的极限,只需求出 $f(x)$ 在点 x_0 处的函数值 $f(x_0)$ 即可.

3. 函数在区间上的连续性

定义 4 若函数 $y=f(x)$ 在开区间 (a, b) 内任何一点都连续,则称函数 $f(x)$ 在 (a, b) 内连续. 区间 (a, b) 称为函数 $y=f(x)$ 的**连续区间**.

显见,区间上的连续函数的图象在该区间上必定是一条连续不间断的曲线.

定义 5 若 $\lim\limits_{x\to x_0^-}f(x)=f(x_0)$,则称函数 $f(x)$ 在点 x_0 处**左连续**;若 $\lim\limits_{x\to x_0^+}f(x)=f(x_0)$,则称函数 $f(x)$ 在点 x_0 处**右连续**.

定理 函数 $y=f(x)$ 在点 x_0 处连续的充分必要条件是函数 $y=f(x)$ 在点 x_0 处既左连续又右连续,即

$$\lim_{x\to x_0}f(x)=f(x_0)\Leftrightarrow \lim_{x\to x_0^+}f(x)=f(x_0)=\lim_{x\to x_0^-}f(x).$$

例 2 讨论函数 $f(x)=\begin{cases}1-\cos x, & x<0,\\ \sin^2 x, & x\geqslant 0\end{cases}$ 在点 $x=0$ 处的连续性.

解 因为 $\lim\limits_{x\to 0^-}f(x)=\lim\limits_{x\to 0^-}(1-\cos x)=0$,$\lim\limits_{x\to 0^+}f(x)=\lim\limits_{x\to 0^+}\sin^2 x=0$,

所以
$$\lim_{x\to 0}f(x)=0.$$

又因为
$$f(0)=\sin^2 0=0,$$

所以
$$\lim_{x\to 0}f(x)=f(0).$$

故函数 $f(x)$ 在点 $x=0$ 处连续.

定义 6　若函数 $y=f(x)$ 在闭区间 $[a, b]$ 上有定义，在开区间 (a, b) 内连续，且 $\lim\limits_{x\to a^+} f(x)=f(a)$，$\lim\limits_{x\to b^-} f(x)=f(b)$，则称函数 $f(x)$ **在 $[a,b]$ 上连续.**

例 3　证明函数 $f(x)=x^2$ 在开区间 $(-\infty, +\infty)$ 内是连续的.

证明　任取 $x_0\in(-\infty, +\infty)$，当自变量 x 在点 x_0 处取得增量 Δx 时，相应的函数的增量为

$$\Delta y=f(x_0+\Delta x)-f(x_0)=(x_0+\Delta x)^2-x_0^2=2x_0\cdot\Delta x+(\Delta x)^2.$$

因为　$\lim\limits_{\Delta x\to 0}\Delta y=\lim\limits_{\Delta x\to 0}[2x_0\cdot\Delta x+(\Delta x)^2]=0$，

所以，函数 $f(x)=x^2$ 在任意点 x_0 处连续.

故函数 $f(x)=x^2$ 在开区间 $(-\infty, +\infty)$ 内是连续的.

一般地，**基本初等函数在其定义域内都是连续的.**

2.7.2　函数的间断点及其分类

1. 函数的间断点

定义 7　若函数 $f(x)$ 在点 x_0 的某去心邻域内有定义，且在点 x_0 处**不连续**，则称 x_0 为函数 $f(x)$ 的**间断点**(或**不连续点**).

若函数 $f(x)$ 满足下列三种情形之一：

(1) 在点 x_0 处没有定义；

(2) 在点 x_0 处有定义，但 $\lim\limits_{x\to x_0} f(x)$ 不存在；

(3) 在点 x_0 处有定义，且 $\lim\limits_{x\to x_0} f(x)$ 存在，但 $\lim\limits_{x\to x_0} f(x)\neq f(x_0)$，

则 x_0 就是函数 $f(x)$ 的**间断点**.

例如，$x=1$ 是函数 $y=\dfrac{x+2}{x-1}$ 的间断点；$x=0$ 是函数 $y=\dfrac{\sin x}{x}$ 的间断点.

2. 间断点的分类

定义 8　若 x_0 是函数 $f(x)$ 的间断点，且 $f(x_0-0)$ 与 $f(x_0+0)$ 都存在，则称 x_0 为函数 $f(x)$ 的**第一类间断点**；不是第一类间断点的任何间断点都称为**第二类间断点**.

设 x_0 为函数 $f(x)$ 的第一类间断点，若 $f(x_0-0)=f(x_0+0)$，则称 x_0 为**可去间断点**；若 $f(x_0-0)\neq f(x_0+0)$，则称 x_0 为**跳跃间断点**.

例如，$x=1$ 是函数 $y=\dfrac{x^2-1}{x-1}$ 的间断点. 因为 $\lim\limits_{x\to 1}\dfrac{x^2-1}{x-1}=\lim\limits_{x\to 1}(x+1)=2$，所以 $x=1$ 为该函数的可去间断点.

例 4　设函数 $f(x)=\begin{cases} x-1, & x<0, \\ 0, & x=0, \\ x+1, & x>0, \end{cases}$ 讨论函数 $f(x)$ 在点 $x=0$ 处的连续性.

解 如图 2-8 所示,因为

$$\lim_{x\to 0^-} f(x)=\lim_{x\to 0^-}(x-1)=-1,$$

$$\lim_{x\to 0^+} f(x)=\lim_{x\to 0^+}(x+1)=1,$$

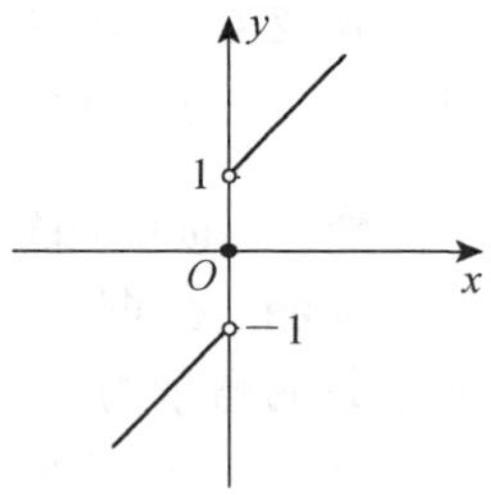

图 2-8

即 $\lim\limits_{x\to 0^-} f(x)\neq\lim\limits_{x\to 0^+} f(x)$. 所以$\lim\limits_{x\to 0} f(x)$ 不存在.

故函数 $f(x)$在点 $x=0$ 处不连续.

在例 4 中,$x=0$ 是函数 $f(x)$ 的间断点,由图可知,函数 $f(x)$的图象在点 $x=0$ 处产生跳跃现象,所以 $x=0$ 为函数$f(x)$的跳跃间断点.

若 $\lim\limits_{x\to x_0} f(x)=\infty$,则称 x_0 为函数 $f(x)$的**无穷间断点**.

例如,$x=\dfrac{\pi}{2}$是函数 $y=\tan x$ 的间断点. 因为$\lim\limits_{x\to\frac{\pi}{2}}\tan x=\infty$,所以 $x=\dfrac{\pi}{2}$为函数 $y=\tan x$ 的无穷间断点.

又如,$x=0$是函数 $y=\sin\dfrac{1}{x}$ 的间断点. 当 $x\to 0$ 时,函数 $y=\sin\dfrac{1}{x}$ 的值在-1与$+1$之间来回变动无限多次,可知$\lim\limits_{x\to 0}\sin\dfrac{1}{x}$ 不存在,所以 $x=0$ 为函数的第二类间断点,它又称为函数的**振荡间断点**.

无穷间断点和振荡间断点都属于第二类间断点.

练习 2.7

1. 设 $f(x)=2x^2-1$,当自变量 x 从 1 变化到 1.01 时,求自变量的增量和函数的增量.
2. 证明:函数 $y=3x+1$ 在点 $x=1$ 处连续.
3. 证明:函数 $f(x)=\ln x$ 在开区间$(0,+\infty)$内是连续的.
4. 函数 $f(x)=\dfrac{x^2-1}{x^2-3x+2}$ 的可去间断点是 $x=$ ________,无穷间断点是 $x=$ ________.
5. 求函数 $f(x)=\dfrac{x^2-1}{x(x-1)}$ 的间断点,并指出其类型.
6. 设 $f(x)=\begin{cases}\sin x, & x\leqslant 0,\\ 2x-1, & x>0,\end{cases}$讨论函数 $f(x)$ 在点 $x=0$ 处的连续性.

2.8 初等函数的连续性和闭区间上连续函数的性质

2.8.1 初等函数的连续性

1. 连续函数的四则运算

定理 1 若函数 $f(x)$和 $g(x)$都在点 x_0 处连续,则函数 $f(x)\pm g(x)$,

$f(x)\cdot g(x)$，$\dfrac{f(x)}{g(x)}$[$g(x_0)\neq 0$ 时]在点 x_0 处也连续.

下面仅对 $f(x)\pm g(x)$ 连续性进行证明.

事实上，由 $f(x)$和 $g(x)$都在点 x_0 处连续可知，它们都在点 x_0 处有定义，从而 $f(x)\pm g(x)$ 在点 x_0 处也有定义，且 $\lim\limits_{x\to x_0}f(x)=f(x_0)$，$\lim\limits_{x\to x_0}g(x)=g(x_0)$，由极限运算法则，有

$$\lim_{x\to x_0}[f(x)\pm g(x)]=\lim_{x\to x_0}f(x)\pm\lim_{x\to x_0}g(x)=f(x_0)\pm g(x_0).$$

故函数 $f(x)\pm g(x)$ 在点 x_0 处连续.

2. 复合函数的连续性

定理 2　设函数 $u=\varphi(x)$在点 x_0 处连续，$y=f(u)$在点 u_0 处连续，且 $u_0=\varphi(x_0)$，则复合函数 $y=f[\varphi(x)]$在点 x_0 处连续.

由定理 2 知，$\lim\limits_{x\to x_0}\varphi(x)=\varphi(x_0)$，$\lim\limits_{x\to x_0}f[\varphi(x)]=f[\varphi(x_0)]=f[\lim\limits_{x\to x_0}\varphi(x)]$.

上式表明，在满足定理条件的情况下，对复合函数求极限时，极限符号 lim 与函数符号 f 可以交换次序.

例 1　求 $\lim\limits_{x\to\frac{\pi}{2}}\ln(\sin x)$.

解　$\lim\limits_{x\to\frac{\pi}{2}}\ln(\sin x)=\ln(\sin\lim\limits_{x\to\frac{\pi}{2}}x)=\ln\left(\sin\dfrac{\pi}{2}\right)=\ln 1=0.$

例 2　求 $\lim\limits_{x\to 0}\dfrac{\ln(1+x)}{x}$.

解　$\lim\limits_{x\to 0}\dfrac{\ln(1+x)}{x}=\lim\limits_{x\to 0}\ln(1+x)^{\frac{1}{x}}=\ln[\lim\limits_{x\to 0}(1+x)^{\frac{1}{x}}]=\ln \mathrm{e}=1.$

3. 反函数的连续性

定理 3　设函数 $y=f(x)$在区间$[a,b]$上严格单调且连续，值域为$[\alpha,\beta]$，则其反函数 $x=f^{-1}(y)$在区间$[\alpha,\beta]$上也严格单调且连续.

4. 初等函数的连续性

根据定理 1 及定理 2 可得重要结论：**一切初等函数在其定义区间内都是连续的.**

这样在求初等函数在其定义区间内某点的极限时，只需求初等函数在该点的函数值即可.

例 3　求 $\lim\limits_{x\to 0}\dfrac{\sqrt{1+x^2}-1}{x}$.

解

$$\lim_{x\to 0}\frac{\sqrt{1+x^2}-1}{x}=\lim_{x\to 0}\frac{(\sqrt{1+x^2}-1)(\sqrt{1+x^2}+1)}{x(\sqrt{1+x^2}+1)}$$

$$=\lim_{x\to 0}\frac{x}{\sqrt{1+x^2}+1}=\frac{0}{2}=0.$$

例 4 若 $\lim\limits_{x\to 2}\dfrac{ax+b}{x-2}=2$，求 a 和 b 的值.

解 因为 $\lim\limits_{x\to 2}(ax+b)=2a+b$，$\lim\limits_{x\to 2}(x-2)=0$，

而 $$\lim_{x\to 2}\frac{ax+b}{x-2}=2,$$

所以 $$2a+b=0,\quad 得\quad b=-2a.$$

于是 $$\lim_{x\to 2}\frac{ax+b}{x-2}=\lim_{x\to 2}\frac{ax-2a}{x-2}=\lim_{x\to 2}\frac{a(x-2)}{x-2}=a.$$

所以 $$a=2,\quad 从而\ b=-4.$$

2.8.2 闭区间上连续函数的性质

定理 4(有界性) 若函数 $f(x)$ 在闭区间 $[a, b]$ 上连续，则它在 $[a, b]$ 上一定有界.

定理 5(最值性) 若函数 $f(x)$ 在闭区间 $[a, b]$ 上连续，则它在 $[a, b]$ 上必有最大值和最小值.

从几何上直观地看，闭区间上的连续函数的图象是包括两端点的一条不间断的曲线，因此它必定有最高点 P 和最低点 Q，P 与 Q 的纵坐标正是函数的最大值和最小值(图 2-9).

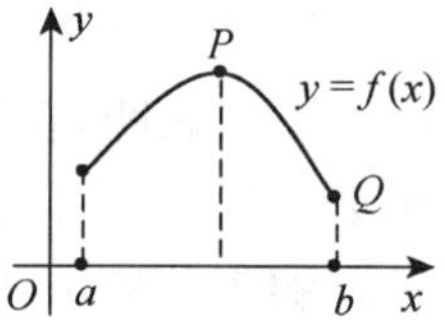

图 2-9

注意 若函数仅在开区间 (a, b) 或半闭半开的区间 $[a, b)$，$(a, b]$ 内连续，或函数在闭区间上有间断点，则函数在上述区间就不一定存在最大值或最小值.

例如，函数 $y=x$ 在开区间 (a, b) 内是连续的，但在开区间 (a, b) 内既无最大值，又无最小值(图 2-10).

定义 若 x_0 使得 $f(x)=0$，则称 x_0 为函数 $f(x)$ 的**零点**.

定理 6(零点定理) 若函数 $f(x)$ 在闭区间 $[a, b]$ 上连续，且 $f(a)$ 与 $f(b)$ 异号，则至少存在一点 $\xi\in(a, b)$，使得 $f(\xi)=0$(图 2-11).

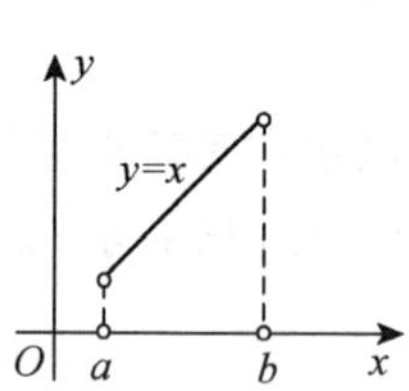

图 2-10

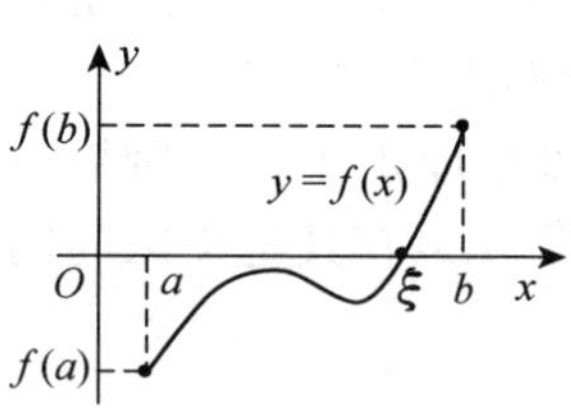

图 2-11

零点定理亦称为**方程实根的存在定理**.

定理 7(介值定理) 若函数 $f(x)$ 在闭区间 $[a, b]$ 上连续，m 和 M 分别为 $f(x)$ 在 $[a, b]$ 上的最小值与最大值，则对介于 m 和 M 之间的任意实数 C，至少存在一点 $\xi\in(a, b)$，使得 $f(\xi)=C$.

几何意义：连续曲线 $y=f(x)$ 与水平直线 $y=C$ 至少交于一点(图 2-12).

例 5　证明：方程 $x^3-4x^2+1=0$ 在区间(0,1)内至少有一个实根.

证明　设 $f(x)=x^3-4x^2+1$，显然 $f(x)$在闭区间[0,1]上连续.

又　　$f(0)=1>0$，　　$f(1)=-2<0$，

根据零点定理，至少存在一点 $\xi\in(0,1)$，使得 $f(\xi)=0$，即 $\xi^3-4\xi^2+1=0(0<\xi<1)$.

表明方程 $x^3-4x^2+1=0$ 在区间(0,1)内至少有一个实根.

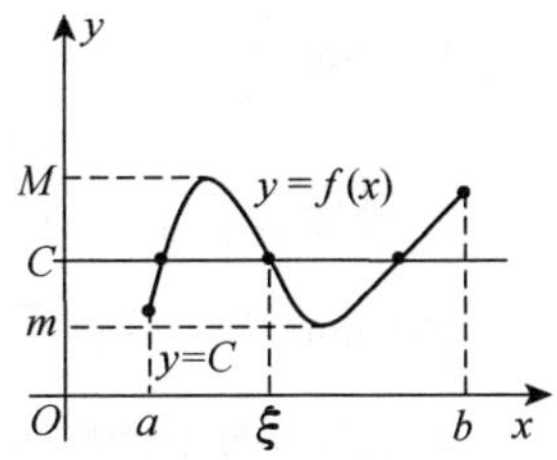

图 2-12

练习 2.8

1. 讨论函数 $f(x)=\sin\dfrac{1}{x}$ 的连续性.

2. 一切初等函数在其定义域内都是连续的吗？

3. 求下列函数的极限.

(1) $\lim\limits_{x\to\infty}e^{\frac{1}{x^2}}$；　　(2) $\lim\limits_{x\to1}\arctan x$；

(3) $\lim\limits_{x\to0}(1+2x)^{\frac{1}{x}}$；　　(4) $\lim\limits_{x\to0}\dfrac{e^x-1}{\tan x}$.

4. 求函数 $f(x)=\dfrac{\sqrt{3-x}}{\ln(x-1)}$ 的连续区间.

5. 证明：方程 $x^5+x^2-1=0$ 在区间(0,1)内至少有一个实根.

习　题　2

1. 选择题.

(1) $\lim\limits_{x\to x_0}f(x)$ 存在是函数 $f(x)$在点 x_0 处连续的(　　)条件.

A. 充分　　B. 必要　　C. 充分必要　　D. 既不充分又不必要

(2) $x=0$ 为函数 $f(x)=\dfrac{\sin 2x}{x}$ 的(　　).

A. 连续点　　B. 跳跃间断点　　C. 可去间断点　　D. 第二类间断点

2. 设 $f(x)=\begin{cases}x^2+1, & x\leqslant 0,\\ e^x, & x>0,\end{cases}$ 讨论函数 $f(x)$当 $x\to0$ 时的极限.

3. 求下列函数的极限.

(1) $\lim\limits_{n\to\infty}\dfrac{1+2+3+\cdots+n}{n^2+1}$；　　(2) $\lim\limits_{x\to0}\dfrac{\sqrt{1+x}-\sqrt{1-x}}{x}$；

(3) $\lim\limits_{x\to0}\tan x\sin\dfrac{1}{x^2}$；　　(4) $\lim\limits_{x\to\infty}\dfrac{2x+1}{3x-2}$；

(5) $\lim\limits_{x\to\infty}\dfrac{2x^2+1}{5x^4-2}$;

(6) $\lim\limits_{x\to1}\dfrac{4x^3-x}{3x^2+x}$;

(7) $\lim\limits_{x\to1}\dfrac{x^2-6x+5}{x^2-5x+4}$;

(8) $\lim\limits_{x\to2}\left(\dfrac{x^2}{x^2-4}-\dfrac{1}{x-2}\right)$;

(9) $\lim\limits_{x\to\infty}\dfrac{(x^2-1)(1+\cos x)}{x^3+x}$;

(10) $\lim\limits_{x\to+\infty}\dfrac{(x+3)^{50}}{(2x-1)^{30}(x+1)^{20}}$.

4. 求下列函数的极限.

(1) $\lim\limits_{x\to0}\dfrac{\sin 3x}{\sin 2x}$;

(2) $\lim\limits_{x\to0}\dfrac{\cos x\sin 4x}{x}$;

(3) $\lim\limits_{x\to0}\dfrac{1-\cos^2 x}{x\sin 2x}$;

(4) $\lim\limits_{x\to0}\dfrac{\ln(1+x^2)(e^x-1)}{(1-\cos x)\sin 2x}$;

(5) $\lim\limits_{x\to\infty}\left(1+\dfrac{2}{x}\right)^{\frac{3x}{2}-1}$;

(6) $\lim\limits_{x\to+\infty}\left(1-\dfrac{1}{x}\right)^{\sqrt{x}}$;

(7) $\lim\limits_{x\to0}(1+\sin x)^{\frac{1}{x}}$;

(8) $\lim\limits_{x\to\infty}\left(\dfrac{x^2}{1+x^2}\right)^{x}$.

5. 证明:当 $x\to0$ 时, $e^x-1\sim x$.

6. 求下列函数的间断点.

(1) $y=x\cos\dfrac{1}{x}$;

(2) $y=\arctan\dfrac{1}{x-1}$;

(3) $y=\dfrac{x^2-1}{x^2-3x+2}$;

(4) $y=\dfrac{1}{(x+2)^3}$.

7*. 已知 $\lim\limits_{x\to0}\dfrac{x}{f(x)}=3$,求 $\lim\limits_{x\to0}\dfrac{f(2x)}{x}$.

8. 已知 a, b 为常数, $\lim\limits_{x\to1}\dfrac{ax^2-bx+1}{x-1}=1$,求 a 和 b 的值.

9. 求下列函数的极限.

(1) $\lim\limits_{x\to0}\ln\dfrac{\sin x}{x}$;

(2) $\lim\limits_{x\to+\infty}\arccos(\sqrt{x^2+x}-x)$;

(3) $\lim\limits_{x\to0}2e^x(\tan x+1)$;

(4) $\lim\limits_{x\to a}\dfrac{\ln x-\ln a}{x-a}$;

(5) $\lim\limits_{x\to+\infty}x[\ln(x+1)-\ln x]$;

(6) $\lim\limits_{x\to\infty}\sin\left[\ln\left(1+\dfrac{x+1}{x^2}\right)\right]$.

10*. 设 $f(x)=\begin{cases}(1+2x)^{\frac{1}{x}}, & x>0,\\ a+\cos x, & x\leqslant0,\end{cases}$ 问 a 应取何值时,函数 $f(x)$ 在点 $x=0$ 处连续?

11. 证明:函数 $y=\sin x$ 在开区间 $(-\infty,+\infty)$ 内是连续的.

12. 证明:方程 $x^2e^x-x=1$ 至少有一个小于1的正根.

第3章　导数与微分

数学中研究导数、微分及其应用的部分称为微分学，导数和微分是高等数学最基本最重要的组成部分，是现代数学很多分支的基础. 本章将学习导数与微分的相关概念、公式和法则以及微分在近似计算中的简单应用.

3.1　导数的概念

3.1.1　两个实例

在研究变量的变化过程中，有时不仅需要研究变量与变量之间的对应关系(即函数关系)，变量的变化趋势(即极限)，还要研究变量变化的快慢程度. 例如，物体运动的速度和加速度、国民经济发展的速度、劳动生产率等. 这类问题通常称为变化率问题.

下面来看两个具体的实例.

实例1　变速直线运动的瞬时速度.

设一质点在坐标轴上作变速运动，每一时刻 t 质点对应的坐标为 s，则 s 是 t 的函数：$s=f(t)$，求质点运动到时刻 t_0 时的速度.

当时间从 t_0 变化到 $t_0+\Delta t$ 时，质点运动的路程为

$$\Delta s=f(t_0+\Delta t)-f(t_0),$$

质点在 t_0 到 $t_0+\Delta t$ 这段时间内运动的平均速度为

$$\bar{v}=\frac{\Delta s}{\Delta t}=\frac{f(t_0+\Delta t)-f(t_0)}{\Delta t}.$$

若时间间隔越短，即 Δt 越小，则质点运动的平均速度就越接近时刻 t_0 时的速度. 当 $\Delta t\to 0$ 时，平均速度 $\bar{v}$ 的极限值就是质点在时刻 t_0 时的速度，即

$$v(t_0)=\lim_{\Delta t\to 0}\frac{\Delta s}{\Delta t}=\lim_{\Delta t\to 0}\frac{f(t_0+\Delta t)-f(t_0)}{\Delta t},$$

称 $v(t_0)$ 为质点在时刻 t_0 时的**瞬时速度**.

实例 2　平面曲线的切线的斜率.

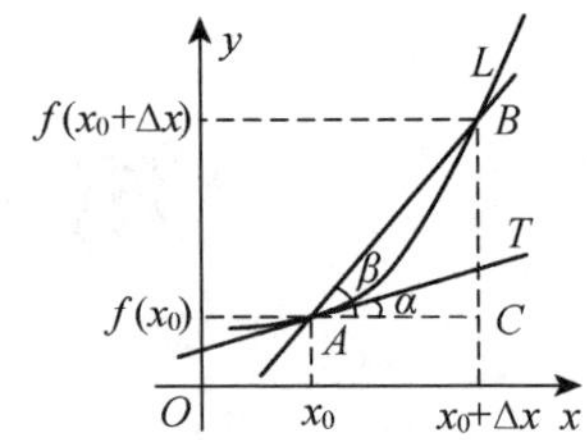

图 3-1

设方程 $y=f(x)$ 的曲线为 L,在曲线 L 上取一点 A,其坐标为 $(x_0, f(x_0))$,在曲线 L 上点 A 的附近另取一点 B,它的坐标是 $(x_0+\Delta x, f(x_0+\Delta x))$. 直线 AB 是曲线 L 的割线,它的倾斜角记作 β. 由图 3-1 可知,割线 AB 的斜率为

$$\tan\beta=\frac{CB}{AC}=\frac{\Delta y}{\Delta x}=\frac{f(x_0+\Delta x)-f(x_0)}{\Delta x}.$$

当点 B 沿着曲线 L 无限趋近于点 $A(\Delta x\to 0)$ 时,过点 A 的割线 AB 无限趋近于一个极限位置——直线 AT,直线 AT 称为曲线 L 在点 A 处的**切线**. 若记 AT 的倾斜角为 α,则 α 为 β 当 $\Delta x\to 0$ 时的极限. 若 $\alpha\neq 90°$,则可得切线 AT 的斜率为

$$k_{\mathrm{AT}}=\tan\alpha=\lim_{\Delta x\to 0}\tan\beta=\lim_{\Delta x\to 0}\frac{\Delta y}{\Delta x}=\lim_{\Delta x\to 0}\frac{f(x_0+\Delta x)-f(x_0)}{\Delta x}.$$

上述两个实例,虽然表达问题的具体内容不同,但是从本质上看,解决问题的方法完全一样,都是求函数 y 关于自变量 x 在某一点处的变化率,即当 $\Delta x\to 0$ 时的极限 $\lim\limits_{\Delta x\to 0}\frac{\Delta y}{\Delta x}$. 若极限 $\lim\limits_{\Delta x\to 0}\frac{\Delta y}{\Delta x}$ 存在,这个极限值就是函数的导数.

3.1.2　导数的定义

1. 函数在一点处的导数

定义 1　设函数 $y=f(x)$ 在点 x_0 的邻域 $N(x_0)$ 内有定义,当自变量 x 在点 x_0 处取得增量 $\Delta x[\Delta x\neq 0$, 且 $x_0+\Delta x\in N(x_0)]$ 时,相应的函数 y 取得增量 $\Delta y=f(x_0+\Delta x)-f(x_0)$,若当 $\Delta x\to 0$ 时,Δy 与 Δx 的比值 $\frac{\Delta y}{\Delta x}$ 的极限

$$\lim_{\Delta x\to 0}\frac{\Delta y}{\Delta x}=\lim_{\Delta x\to 0}\frac{f(x_0+\Delta x)-f(x_0)}{\Delta x}$$

存在,则称函数 $y=f(x)$ 在点 x_0 处**可导**,并称此极限值为函数 $y=f(x)$ 在点 x_0 处的**导数**,记作 $f'(x_0)$,即

$$f'(x_0)=\lim_{\Delta x\to 0}\frac{f(x_0+\Delta x)-f(x_0)}{\Delta x},\tag{3-1}$$

也可记作 $y'|_{x=x_0}$, $\left.\frac{\mathrm{d}y}{\mathrm{d}x}\right|_{x=x_0}$ 或 $\left.\frac{\mathrm{d}f(x)}{\mathrm{d}x}\right|_{x=x_0}$.

函数 $f(x)$ 在点 x_0 处可导,有时也说成函数 $f(x)$ 在点 x_0 处具有导数或导

数存在.

若极限 $\lim\limits_{\Delta x \to 0} \dfrac{f(x_0+\Delta x)-f(x_0)}{\Delta x}$ 不存在，则说函数 $f(x)$ 在点 x_0 处不可导或导数不存在.

在式(3-1)中，若令 $x=x_0+\Delta x$，则当 $\Delta x \to 0$ 时，有 $x \to x_0$，于是有

$$f'(x_0)=\lim_{x \to x_0} \frac{f(x)-f(x_0)}{x-x_0}. \tag{3-2}$$

例1 求 $y=x^2$ 在点 $x=1$ 处的导数.

解 当自变量 x 在点 $x=1$ 处取得增量 Δx 时，相应函数的增量为

$$\Delta y=f(1+\Delta x)-f(1)=(1+\Delta x)^2-1^2=2\Delta x+(\Delta x)^2,$$

$$\frac{\Delta y}{\Delta x}=\frac{2\Delta x+(\Delta x)^2}{\Delta x}=2+\Delta x,$$

于是，$y'|_{x=1}=\lim\limits_{\Delta x \to 0} \dfrac{\Delta y}{\Delta x}=\lim\limits_{\Delta x \to 0}(2+\Delta x)=2$.

例1也可以用式(3-2)来求，即

$$y'|_{x=1}=\lim_{x \to 1} \frac{f(x)-f(1)}{x-1}=\lim_{x \to 1} \frac{x^2-1^2}{x-1}=\lim_{x \to 1}(x+1)=2.$$

2. 左导数和右导数

定义2 若极限 $\lim\limits_{\Delta x \to 0^-} \dfrac{f(x_0+\Delta x)-f(x_0)}{\Delta x}$ 存在，其极限值称为函数 $f(x)$ 在点 x_0 处的**左导数**，记作 $f'_-(x_0)$；若极限 $\lim\limits_{\Delta x \to 0^+} \dfrac{f(x_0+\Delta x)-f(x_0)}{\Delta x}$ 存在，其极限值称为函数 $f(x)$ 在点 x_0 处的**右导数**，记作 $f'_+(x_0)$. 同样，也有

$$f'_-(x_0)=\lim_{x \to x_0^-} \frac{f(x)-f(x_0)}{x-x_0}, \quad f'_+(x_0)=\lim_{x \to x_0^+} \frac{f(x)-f(x_0)}{x-x_0}.$$

类似极限与左、右极限之间的关系，有下面的定理和定义.

定理1 函数 $y=f(x)$ 在点 x_0 处可导的充分必要条件是函数 $y=f(x)$ 在点 x_0 处的左、右导数都存在且相等，即 $f'(x_0)$ 存在 $\Leftrightarrow f'_-(x_0)$，$f'_+(x_0)$ 都存在，且 $f'_-(x_0)=f'_+(x_0)=f'(x_0)$.

定义3 若函数 $y=f(x)$ 在开区间 (a, b) 内每一点都可导，则称函数 $f(x)$ 在开区间 (a, b) 内可导.

定义4 若函数 $y=f(x)$ 在闭区间 $[a, b]$ 上有定义，在开区间 (a, b) 内每一

点都可导，且 $f'_{+}(a)$ 和 $f'_{-}(b)$ 都存在，则称函数 $f(x)$ 在闭区间 $[a, b]$ 上可导.

3. 导函数的概念

若函数 $y=f(x)$ 在开区间 (a, b) 内可导，则对区间 (a, b) 内每一个确定的值 x 都对应着唯一一个确定的导数 $f'(x)$，于是就构成了一个定义在区间 (a, b) 内的新的函数，这个新的函数称为函数 $y=f(x)$ 的**导函数**，记作

$$f'(x), \quad y', \quad \frac{\mathrm{d}y}{\mathrm{d}x} \quad 或 \quad \frac{\mathrm{d}f(x)}{\mathrm{d}x}.$$

在不发生混淆的情况下，导函数也简称为导数.

根据导函数的定义知

$$f'(x)=y'=\lim_{\Delta x\to 0}\frac{\Delta y}{\Delta x}=\lim_{\Delta x\to 0}\frac{f(x+\Delta x)-f(x)}{\Delta x}. \tag{3-3}$$

注意 (1) $f'(x)$ 是关于 x 的函数，而 $f'(x_0)$ 是一个数值.

(2) $f(x)$ 在点 x_0 处的导数 $f'(x_0)$，即导函数 $f'(x)$ 在点 x_0 处的函数值.

根据导数的定义，可得求一个函数的导数的一般步骤如下：

(1) 求函数的增量 Δy，即 $\Delta y=f(x+\Delta x)-f(x)$；

(2) 计算增量的比值，即 $\dfrac{\Delta y}{\Delta x}=\dfrac{f(x+\Delta x)-f(x)}{\Delta x}$；

(3) 求当 $\Delta x\to 0$ 时比值的极限，即

$$f'(x)=\lim_{\Delta x\to 0}\frac{\Delta y}{\Delta x}=\lim_{\Delta x\to 0}\frac{f(x+\Delta x)-f(x)}{\Delta x}.$$

例 2 求 $y=C$(C 为常数) 的导数.

解 因为 $\quad \Delta y=C-C=0, \quad \dfrac{\Delta y}{\Delta x}=\dfrac{0}{\Delta x}=0,$

所以 $\quad y'=\lim\limits_{\Delta x\to 0}\dfrac{\Delta y}{\Delta x}=\lim\limits_{\Delta x\to 0}0=0.$

即 $(C)'=0$(**常数的导数等于零**).

例 3 求 $y=x^n(n\in \mathbf{Z}^{+})$ 的导数.

解 $\Delta y=(x+\Delta x)^n-x^n=nx^{n-1}\Delta x+\mathrm{C}_n^2x^{n-2}(\Delta x)^2+\cdots+(\Delta x)^n,$

$$\frac{\Delta y}{\Delta x}=nx^{n-1}+\mathrm{C}_n^2x^{n-2}\Delta x+\cdots+(\Delta x)^{n-1},$$

从而有

$$y'=\lim_{\Delta x\to 0}\frac{\Delta y}{\Delta x}=\lim_{\Delta x\to 0}\left[nx^{n-1}+\mathrm{C}_n^2x^{n-2}\Delta x+\cdots+(\Delta x)^{n-1}\right]=nx^{n-1},$$

即 $(x^n)'=nx^{n-1}$.

一般地,幂函数 $y=x^{\alpha}(\alpha\in\mathbf{R})$ 的导数为 $(x^{\alpha})'=\alpha x^{\alpha-1}$.

例如, $(\sqrt{x})'=(x^{\frac{1}{2}})'=\frac{1}{2}x^{-\frac{1}{2}}=\frac{1}{2\sqrt{x}}$, $\left(\frac{1}{x}\right)'=(x^{-1})'=-x^{-2}=-\frac{1}{x^2}$.

例 4　求 $y=\sin x$ 的导数.

解　$\Delta y=f(x+\Delta x)-f(x)=\sin(x+\Delta x)-\sin x=2\cos\left(x+\frac{\Delta x}{2}\right)\sin\frac{\Delta x}{2}$,

$$\frac{\Delta y}{\Delta x}=\frac{2\cos\left(x+\frac{\Delta x}{2}\right)\sin\frac{\Delta x}{2}}{\Delta x}=\cos\left(x+\frac{\Delta x}{2}\right)\frac{\sin\frac{\Delta x}{2}}{\frac{\Delta x}{2}},$$

从而有

$$y'=\lim_{\Delta x\to 0}\frac{\Delta y}{\Delta x}=\lim_{\Delta x\to 0}\cos\left(x+\frac{\Delta x}{2}\right)\frac{\sin\frac{\Delta x}{2}}{\frac{\Delta x}{2}}=\lim_{\Delta x\to 0}\cos\left(x+\frac{\Delta x}{2}\right)\lim_{\Delta x\to 0}\frac{\sin\frac{\Delta x}{2}}{\frac{\Delta x}{2}}=\cos x,$$

即 $(\sin x)'=\cos x$.

类似地,可以求得 $(\cos x)'=-\sin x$.

例 5　求 $y=\log_a x(a>0,\ a\neq 1)$ 的导数.

解　$\Delta y=\log_a(x+\Delta x)-\log_a x=\log_a\left(1+\frac{\Delta x}{x}\right)$,

$$\frac{\Delta y}{\Delta x}=\frac{1}{\Delta x}\log_a\left(1+\frac{\Delta x}{x}\right)=\log_a\left(1+\frac{\Delta x}{x}\right)^{\frac{1}{\Delta x}},$$

从而有

$$y'=\lim_{\Delta x\to 0}\frac{\Delta y}{\Delta x}=\lim_{\Delta x\to 0}\log_a\left(1+\frac{\Delta x}{x}\right)^{\frac{1}{\Delta x}}=\lim_{\Delta x\to 0}\frac{1}{x}\log_a\left(1+\frac{\Delta x}{x}\right)^{\frac{x}{\Delta x}}$$

$$=\frac{1}{x}\log_a\left[\lim_{\Delta x\to 0}\left(1+\frac{\Delta x}{x}\right)^{\frac{x}{\Delta x}}\right]=\frac{1}{x}\log_a \mathrm{e}=\frac{1}{x\ln a},$$

即 $(\log_a x)'=\frac{1}{x\ln a}$.

特别地,当 $a=\mathrm{e}$ 时,有 $(\ln x)'=\frac{1}{x}$.

3.1.3　导数的几何意义

由导数的定义可知,函数 $y=f(x)$ 在点 x_0 处的导数 $f'(x_0)$ 在几何上表示曲线 $y=f(x)$ 在点 $M_0(x_0,\ f(x_0))$ 处切线的斜率(图 3-2),这就是导数的几何意义.

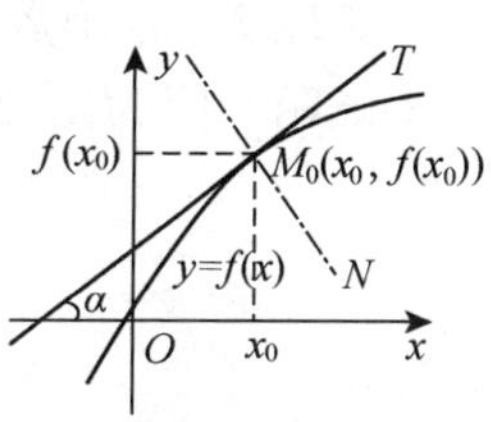

图 3-2

由导数的几何意义可得,过点 $M_0(x_0,f(x_0))$ 的切线方程为

$$y-f(x_0)=f'(x_0)(x-x_0). \tag{3-4}$$

过切点 $M_0(x_0, f(x_0))$ 且垂直于切线的直线 M_0N 称为曲线 $y=f(x)$ 在点 M_0 处的**法线**.

当切线非水平[即 $f'(x_0)\neq 0$]时,过切点 $M_0(x_0, f(x_0))$ 的法线方程为

$$y-f(x_0)=-\frac{1}{f'(x_0)}(x-x_0). \tag{3-5}$$

当切线水平[即 $f'(x_0)=0$]时,过切点 $M_0(x_0, f(x_0))$ 的切线方程和法线方程分别为

$$y=f(x_0) \quad 和 \quad x=x_0. \tag{3-6}$$

当切线垂直于 x 轴[即 $f'(x_0)$ 不存在]时,在点 $M_0(x_0, f(x_0))$ 处的切线方程和法线方程分别为

$$x=x_0 \quad 和 \quad y=f(x_0). \tag{3-7}$$

例 6 求曲线 $y=\dfrac{1}{x}$ 在点 $M(1, 1)$ 处的切线方程和法线方程.

解 过点 M 的切线的斜率为 $k=y'\Big|_{x=1}=\left(-\dfrac{1}{x^2}\right)\Big|_{x=1}=-1$, 于是所求切线方程为

$$y-1=-1\cdot(x-1),$$

即

$$x+y-2=0,$$

所求法线方程为

$$y-1=1\cdot(x-1),$$

即

$$x-y=0.$$

3.1.4 函数的可导性和连续性的关系

定理 2 若函数 $y=f(x)$ 在点 x_0 处可导,则它在点 x_0 处连续.

证明 因为函数 $y=f(x)$ 在点 x_0 处可导,由导数的定义得

$$\lim_{\Delta x\to 0}\frac{\Delta y}{\Delta x}=f'(x_0),$$

由无穷小与极限的关系知 $\dfrac{\Delta y}{\Delta x}=f'(x_0)+\alpha$ (其中 $\lim\limits_{\Delta x\to 0}\alpha=0$),

得
$$\Delta y = f'(x_0) \cdot \Delta x + \alpha \cdot \Delta x,$$
所以
$$\lim_{\Delta x \to 0} \Delta y = \lim_{\Delta x \to 0} [f'(x_0) \cdot \Delta x + \alpha \cdot \Delta x] = 0.$$

故函数 $y=f(x)$ 在点 x_0 处连续.

注意　这个定理的逆命题不一定成立，即函数 $y=f(x)$ 在点 x_0 处连续时，在点 x_0 处却不一定可导.

例如，函数 $y=\sqrt[3]{x}$ 在点 $x=0$ 处连续但不可导. 其实曲线 $y=\sqrt[3]{x}$ 在点 $(0, 0)$ 处仍存在切线，只是切线是垂直的.

例 7　讨论函数 $f(x)=|x|$ 在点 $x=0$ 处的连续性和可导性.

解　$f(x)=|x|=\begin{cases} x, & x \geqslant 0, \\ -x, & x<0, \end{cases}$ $f(0)=0$.

因为 $\lim\limits_{x \to 0^-} f(x) = \lim\limits_{x \to 0^-} (-x) = 0$，$\lim\limits_{x \to 0^+} f(x) = \lim\limits_{x \to 0^+} x = 0$，

所以 $\lim\limits_{x \to 0} f(x) = 0$，从而有 $\lim\limits_{x \to 0} f(x) = f(0)$，

因此，函数 $f(x)$ 在点 $x=0$ 处连续.

又由于
$$f'_-(0) = \lim_{x \to 0^-} \frac{f(x)-f(0)}{x-0} = \lim_{x \to 0^-} \frac{-x}{x} = -1,$$
$$f'_+(0) = \lim_{x \to 0^+} \frac{f(x)-f(0)}{x-0} = \lim_{x \to 0^+} \frac{x}{x} = 1,$$

得 $f'_-(0) \neq f'_+(0)$，

所以，函数 $f(x)$ 在点 $x=0$ 处不可导.

故函数 $f(x)=|x|$ 在点 $x=0$ 处连续不可导.

练习 3.1

1. 根据导数的定义求下列函数的导数.

(1) $f(x)=1-3x$；　　(2) $f(x)=\cos x$.

2. 求抛物线 $y=x^2$ 在点 $M(-1, 1)$ 处的切线方程和法线方程.

3. 证明：函数 $y=\sqrt[3]{x}$ 在点 $x=0$ 处连续但不可导.

4. 设 $f(x)=\begin{cases} x, & x<0, \\ \ln(x+1), & x \geqslant 0, \end{cases}$ 讨论函数 $f(x)$ 在点 $x=0$ 处的连续性和可导性.

3.2 求导方法(一)

在 3.1 节中，利用导数定义求出了几个基本初等函数的导数，然而还有一些函数的导数，虽然也可以用定义的方法求得，但是会十分烦琐. 本节介绍的函数的四则运算求导法则、复合函数的求导法则和反函数的求导法则，就能够比较简单地解

决一些较复杂的求导问题.

3.2.1 函数的四则运算求导法则

定理1 若函数 $u=u(x)$ 和 $v=v(x)$ 在点 x 处可导,则函数 $u(x)\pm v(x)$, $u(x)v(x)$, $\dfrac{u(x)}{v(x)}[v(x)\neq 0]$ 在点 x 处也可导,并且

(1) $[u(x)\pm v(x)]'=u'(x)\pm v'(x)$.

(2) $[u(x)v(x)]'=u'(x)v(x)+u(x)v'(x)$,

特别地,若 $v(x)=k$(k 为常数),则$[ku(x)]'=ku'(x)$.

(3) $\left[\dfrac{u(x)}{v(x)}\right]'=\dfrac{u'(x)v(x)-u(x)v'(x)}{v^2(x)}$[其中 $v(x)\neq 0$],

特别地,若 $u(x)=k$(k 为常数),则$\left[\dfrac{k}{v(x)}\right]'=-\dfrac{kv'(x)}{v^2(x)}$.

定理1中的法则(1)(2)可推广到任意有限个可导函数的情形. 即

若 $u_i(x)(i=1, 2, \cdots, n)$在点 x 处可导,则 $u_1(x)\pm u_2(x)\pm\cdots\pm u_n(x)$, $u_1(x)u_2(x)\cdots u_n(x)$ 在点 x 处也可导, 且

(1) $[u_1(x)\pm u_2(x)\pm\cdots\pm u_n(x)]'=u_1'(x)\pm u_2'(x)\pm\cdots\pm u_n'(x)$.

(2) $[u_1(x)u_2(x)\cdots u_n(x)]'=u_1'(x)u_2(x)\cdots u_n(x)+u_1(x)u_2'(x)\cdots u_n(x)+\cdots+u_1(x)u_2(x)\cdots u_n'(x)$.

例1 设 $y=x^3+2\sin x-\ln 3$, 求 y'.

解 $y'=(x^3+2\sin x-\ln 3)'=(x^3)'+(2\sin x)'-(\ln 3)'=3x^2+2\cos x$.

例2 求函数 $y=x\ln x-x$ 的导数.

解 $y'=(x\ln x-x)'=(x\ln x)'-(x)'=\ln x+x\cdot\dfrac{1}{x}-1=\ln x$.

例3 求函数 $y=\tan x$ 的导数.

解
$$y'=(\tan x)'=\left(\frac{\sin x}{\cos x}\right)'=\frac{(\sin x)'\cos x-\sin x(\cos x)'}{\cos^2 x}$$
$$=\frac{\cos^2 x+\sin^2 x}{\cos^2 x}=\frac{1}{\cos^2 x}=\sec^2 x,$$

即 $(\tan x)'=\sec^2 x$.

类似地,有 $(\cot x)'=-\csc^2 x$.

例4 求函数 $y=\sec x$ 的导数.

解 $y'=(\sec x)'=\left(\dfrac{1}{\cos x}\right)'=-\dfrac{(\cos x)'}{\cos^2 x}=\dfrac{\sin x}{\cos^2 x}=\sec x\tan x$,

即 $(\sec x)'=\sec x\tan x$.

类似地,有 $(\csc x)'=-\csc x\cot x$.

3.2.2　复合函数的求导法则

在求函数的导数的过程中，常常还会遇到复合函数的求导问题，下面给出复合函数的求导法则.

定理 2(链式法则)　若函数 $u=\varphi(x)$ 在点 x 处可导，函数 $y=f(u)$ 在对应点 u 处可导，则复合函数 $y=f[\varphi(x)]$ 在点 x 处也可导，且

$$\{f[\varphi(x)]\}'=f'(u)\varphi'(x) \quad 或 \quad y'_x=y'_u u'_x \quad 或 \quad \frac{\mathrm{d}y}{\mathrm{d}x}=\frac{\mathrm{d}y}{\mathrm{d}u}\cdot\frac{\mathrm{d}u}{\mathrm{d}x}.$$

证明　设自变量 x 有增量 Δx，则相应的函数 $u=\varphi(x)$ 有增量

$$\Delta u=\varphi(x+\Delta x)-\varphi(x),$$

函数 $y=f(u)$ 有增量

$$\Delta y=f(u+\Delta u)-f(u)=f[\varphi(x+\Delta x)]-f[\varphi(x)],$$

当 $\Delta u\neq 0$ 时，可以将 $\frac{\Delta y}{\Delta x}$ 写作

$$\frac{\Delta y}{\Delta x}=\frac{\Delta y}{\Delta u}\cdot\frac{\Delta u}{\Delta x},$$

由 $u=\varphi(x)$ 在点 x 可导知它必在 x 处连续，因此当 $\Delta x\to 0$ 时，$\Delta u\to 0$. 于是有

$$\lim_{\Delta x\to 0}\frac{\Delta y}{\Delta u}=\lim_{\Delta u\to 0}\frac{\Delta y}{\Delta u}=f'(u).$$

又

$$\lim_{\Delta x\to 0}\frac{\Delta u}{\Delta x}=\varphi'(x),$$

从而有

$$\begin{aligned}\lim_{\Delta x\to 0}\frac{\Delta y}{\Delta x}&=\lim_{\Delta x\to 0}\left(\frac{\Delta y}{\Delta u}\cdot\frac{\Delta u}{\Delta x}\right)=\lim_{\Delta u\to 0}\frac{\Delta y}{\Delta u}\cdot\lim_{\Delta x\to 0}\frac{\Delta u}{\Delta x}\\&=f'(u)\cdot\varphi'(x)=f'[\varphi(x)]\cdot\varphi'(x),\end{aligned}$$

即

$$\frac{\mathrm{d}y}{\mathrm{d}x}=f'[\varphi(x)]\cdot\varphi'(x).$$

当 $\Delta u=0$ 时，易证上述公式仍然成立.

这个法则可以推广到两个及两个以上的中间变量的情形.

设 $y=f(z)$，$z=z(w)$，$w=w(x)$，且在各对应点的导数都存在，则复合函数 $y=f\{z[w(x)]\}$ 在点 x 处可导，且

$$y'_x = y'_z z'_w w'_x \quad \text{或} \quad \frac{\mathrm{d}y}{\mathrm{d}x} = \frac{\mathrm{d}y}{\mathrm{d}z} \cdot \frac{\mathrm{d}z}{\mathrm{d}w} \cdot \frac{\mathrm{d}w}{\mathrm{d}x}.$$

这个公式常被称为复合函数求导的**链式法则**.

例 5 求 $y=\sin 2x$ 的导数.

解 令 $u=2x$,则 $y=\sin u$. 由复合函数的求导法则,有

$$y'_x = y'_u u'_x = \cos u \times 2 = 2\cos 2x.$$

例 6 求 $y=(2x+1)^3$ 的导数.

解 令 $u=2x+1$, 则 $y=u^3$. 由复合函数的求导法则,有

$$y'_x = y'_u u'_x = 3u^2 \times 2 = 6(2x+1)^2.$$

熟悉了链式法则后,可以不必写出中间变量,直接运用复合函数的求导法则,但是在求导的过程中必须明白每一步是对哪一个变量求导.

例 7 求函数 $y=\sin\ln\sqrt{2x+1}$ 的导数.

解 $$y' = (\sin\ln\sqrt{2x+1})' = \cos\ln\sqrt{2x+1} \cdot \frac{1}{\sqrt{2x+1}} \cdot \frac{1}{2\sqrt{2x+1}} \cdot 2$$

$$= \frac{\cos\ln\sqrt{2x+1}}{2x+1}.$$

3.2.3 反函数的求导法则

为了求指数函数(对数函数的反函数)与反三角函数(三角函数的反函数)的导数,给出反函数的求导法则.

定理 3 若单调连续函数 $x=\varphi(y)$在点 y 处可导,且 $\varphi'(y)\neq 0$,则它的反函数 $y=f(x)$在对应点 x 处也可导,且有

$$f'(x) = \frac{1}{\varphi'(y)} \quad \text{或} \quad \frac{\mathrm{d}y}{\mathrm{d}x} = \frac{1}{\dfrac{\mathrm{d}x}{\mathrm{d}y}}.$$

证明 由于 $x=\varphi(y)$ 单调连续且 $\varphi'(y)\neq 0$,所以它必存在反函数 $y=f(x)$,且 $y=f(x)$ 也单调连续.

设反函数 $y=f(x)$ 在点 x 处的增量为 $\Delta x\,(\Delta x\neq 0)$,由 $y=f(x)$ 单调可知

$$\Delta y = f(x+\Delta x) - f(x) \neq 0,$$

因而有

$$\frac{\Delta y}{\Delta x} = \frac{1}{\dfrac{\Delta x}{\Delta y}}.$$

由于函数 $y=f(x)$ 连续,所以当 $\Delta x\to 0$ 时,必有 $\Delta y\to 0$,而 $x=\varphi(y)$ 可导,于是

$$\lim_{\Delta y \to 0} \frac{\Delta x}{\Delta y} = \varphi'(y) \neq 0,$$

所以
$$\lim_{\Delta x \to 0} \frac{\Delta y}{\Delta x} = \lim_{\Delta y \to 0} \frac{1}{\frac{\Delta x}{\Delta y}} = \frac{1}{\lim\limits_{\Delta y \to 0} \frac{\Delta x}{\Delta y}} = \frac{1}{\varphi'(y)}.$$

即反函数 $y = f(x)$ 在点 x 处可导，且有 $f'(x) = \frac{1}{\varphi'(y)}$.

上述结论可简单地说成：**反函数的导数等于原函数的导数的倒数**.

例 8　求函数 $y = a^x (a > 0$，且 $a \neq 1)$ 的导数.

解　函数 $y = a^x$ 是 $x = \log_a y$ 的反函数，而函数 $x = \log_a y$ 在区间 $(0, +\infty)$ 内单调、可导，由反函数的求导法则，有

$$y' = (a^x)' = \frac{1}{(\log_a y)'_y} = \frac{1}{\frac{1}{y \ln a}} = y \ln a = a^x \ln a,$$

即
$$(a^x)' = a^x \ln a.$$

特别地，当 $a = \mathrm{e}$ 时，有 $(\mathrm{e}^x)' = \mathrm{e}^x \ln \mathrm{e} = \mathrm{e}^x$.

例 9　求函数 $y = x^\alpha (\alpha \in \mathbf{R})$ 的导数.

解　因为 $x^\alpha = \mathrm{e}^{\ln x^\alpha} = \mathrm{e}^{\alpha \ln x}$，所以 $y = \mathrm{e}^{\alpha \ln x}$ 是函数 $y = \mathrm{e}^u$ 与 $u = \alpha \ln x$ 的复合函数.

由复合函数的求导法则，有

$$y' = (x^\alpha)' = (\mathrm{e}^{\alpha \ln x})' = (\mathrm{e}^u)'_u (\alpha \ln x)'_x = \mathrm{e}^u \cdot \frac{\alpha}{x} = x^\alpha \cdot \frac{\alpha}{x} = \alpha x^{\alpha - 1},$$

即
$$(x^\alpha)' = \alpha x^{\alpha - 1} \quad (\alpha \in \mathbf{R}).$$

例 10　求函数 $y = \arcsin x$ 的导数.

解　函数 $y = \arcsin x$ 是 $x = \sin y$ 的反函数，而函数 $x = \sin y$ 在区间 $\left(-\frac{\pi}{2}, \frac{\pi}{2}\right)$ 内单调、可导，于是有

$$y' = (\arcsin x)' = \frac{1}{(\sin y)'_y} = \frac{1}{\cos y} = \frac{1}{\sqrt{1 - \sin^2 y}} = \frac{1}{\sqrt{1 - x^2}},$$

即
$$(\arcsin x)' = \frac{1}{\sqrt{1 - x^2}}.$$

类似地，有 $(\arccos x)' = -\frac{1}{\sqrt{1 - x^2}}$.

例 11　求函数 $y = \arctan x$ 的导数.

解 函数 $y=\arctan x$ 是 $x=\tan y$ 的反函数，而函数 $x=\tan y$ 在区间 $\left(-\frac{\pi}{2},\frac{\pi}{2}\right)$ 内单调、可导，于是有

$$y'=(\arctan x)'=\frac{1}{(\tan y)_y'}=\frac{1}{\sec^2 y}=\frac{1}{1+\tan^2 y}=\frac{1}{1+x^2},$$

即
$$(\arctan x)'=\frac{1}{1+x^2}.$$

类似地，有 $(\operatorname{arccot} x)'=-\frac{1}{1+x^2}$.

3.2.4 基本初等函数的导数公式

1. $(C)'=0$(C 为常数).
2. $(x^\alpha)'=\alpha x^{\alpha-1}$($\alpha$ 为实数).
3. $(\sin x)'=\cos x$，$(\cos x)'=-\sin x$，$(\tan x)'=\sec^2 x$，
   $(\cot x)'=-\csc^2 x$，$(\sec x)'=\sec x\tan x$，$(\csc x)'=-\csc x\cot x$.
4. $(a^x)'=a^x\ln a(a>0$，且 $a\neq 1)$，$(e^x)'=e^x$.
5. $(\log_a x)'=\frac{1}{x\ln a}(a>0$，且 $a\neq 1)$，$(\ln x)'=\frac{1}{x}$.
6. $(\arcsin x)'=\frac{1}{\sqrt{1-x^2}}$，$(\arccos x)'=-\frac{1}{\sqrt{1-x^2}}$，
   $(\arctan x)'=\frac{1}{1+x^2}$，$(\operatorname{arccot}x)'=-\frac{1}{1+x^2}$.

练习 3.2

1. 求下列函数的导数.

(1) $y=x(1+\sin x)$；
(2) $y=x^2\cos x+\ln\pi$；
(3) $y=\left(\sqrt{x}+\frac{1}{x}\right)\left(x-\frac{1}{\sqrt{x}}\right)$；
(4) $y=\frac{1-\sin x}{1+\cos x}$.

2. 求下列函数的导数.

(1) $y=\sqrt{1-x^2}$；
(2) $y=\ln(1+2x)$；
(3) $y=\ln\cos x$；
(4) $y=\ln\ln\ln x$；
(5) $y=\cos(3-2x)$；
(6) $y=\sin\sqrt{x+1}$；
(7) $y=\arcsin(1-x)$；
(8) $y=\operatorname{arccot} x^2$；
(9) $y=\arccos\sqrt{x}$；
(10) $y=x\arctan\frac{1}{x}$.

3. 设 $y=\ln\left(\frac{1}{x}+e^x\right)$，求 $y'|_{x=1}$.

3.3 求导方法(二)

3.3.1 隐函数的导数

有一类函数的自变量 x 与因变量 y 的对应关系是隐含在二元方程 $F(x, y)=0$ 之中的,如方程 $x^2+\sin y-1=0$. 像这种变量之间的函数关系是由二元方程 $F(x, y)=0$ 所确定的函数称为**隐函数**.

把函数 y 表示成自变量 x 的函数 $y=f(x)$,称为**显函数**. 把一个隐函数化成显函数的过程,称为**隐函数的显化**. 例如,由 $x-y^3-1=0$ 解得 $y=\sqrt[3]{x-1}$,即把隐函数化成了显函数.

对于由二元方程 $F(x, y)=0$ 所确定的隐函数的求导,若能将其显化,则可以按照前面的求导方法来求. 而对于不易显化的隐函数的求导,如由方程 $e^y-\sqrt{xy}+\sin y=0$ 所确定的隐函数就无法用显函数表示出来,又该如何求导呢?

对于由二元方程 $F(x, y)=0$ 所确定的隐函数的求导方法是:**方程两边同时对 x 求导,求导的过程中把 y 视作中间变量,得到一个含 y' 的等式,从所得等式中解出 y' 即可.**

例 1 求由方程 $x^2+2\sqrt{y}=1$ 所确定的 y 是 x 的隐函数的导数.

解 方程两边同时对 x 求导,得

$$2x+\frac{1}{\sqrt{y}}y'=0,$$

解得

$$y'=-2x\sqrt{y}.$$

例 2 求由方程 $e^y+xy-1=0$ 所确定的 y 是 x 的隐函数的导数.

解 方程两边同时对 x 求导,得

$$e^y\cdot y'+y+xy'=0,$$

解得

$$y'=-\frac{y}{x+e^y}\quad(x+e^y\neq 0).$$

例 3 求由方程 $xy+1=e^x+\ln y$ 所确定的 y 是 x 的隐函数在点 $x=0$ 处的导数.

解 方程两边同时对 x 求导,得

$$y+xy'=e^x+\frac{1}{y}\cdot y',$$

解得 $$y'=\frac{y^2-ye^x}{1-xy}.$$

当 $x=0$ 时,由 $0\cdot y+1=e^0+\ln y$,解得 $y=1$.

故方程所确定的隐函数在点 $x=0$ 处的导数为 $y'\Big|_{(0,1)}=\frac{1^2-1\cdot e^0}{1-0\cdot 1}=0$.

3.3.2 对数求导法

形如 $y=u(x)^{v(x)}[u(x)>0]$ 的函数,称为**幂指函数**.

对于由几个因子通过乘、除、乘方、开方所构成的比较复杂的函数(包括幂指函数)的求导,可以等式两边先取对数(通常取自然对数),然后用隐函数求导的方法得到 y',这种求导方法称为**对数求导法**.

例 4 设 $y=\sqrt[3]{\frac{x^2+1}{(x-2)^2(2x+3)}}$,求 y'.

解 等式两边取自然对数,得

$$\ln y=\frac{1}{3}[\ln(x^2+1)-2\ln(x-2)-\ln(2x+3)],$$

两边对 x 求导,得 $$\frac{1}{y}y'=\frac{1}{3}\left(\frac{2x}{x^2+1}-\frac{2}{x-2}-\frac{2}{2x+3}\right),$$

所以 $$y'=\frac{2}{3}\sqrt[3]{\frac{x^2+1}{(x-2)^2(2x+3)}}\left(\frac{x}{x^2+1}-\frac{1}{x-2}-\frac{1}{2x+3}\right).$$

例 5 求 $y=x^{\sin x}\ (x>0)$ 的导数.

分析 对于幂指函数的求导,一般采用的都是先两边取对数,再用隐函数的求导方法求导.

解 对 $y=x^{\sin x}$ 两边取自然对数,得

$$\ln y=\sin x\ln x,$$

上式两边对 x 求导,得 $$\frac{1}{y}y'=\cos x\ln x+\frac{\sin x}{x},$$

解得 $$y'=x^{\sin x}\left(\cos x\ln x+\frac{\sin x}{x}\right).$$

3.3.3 由参数方程所确定的函数的导数

若参数方程

$$\begin{cases}x=\varphi(t),\\ y=\psi(t)\end{cases}\quad (t\ 为参数) \tag{3-8}$$

可以确定 y 与 x 之间的函数关系,则称此函数为**由参数方程所确定的函数**.

若函数 $x=\varphi(t)$在某个定义区间上具有单调、连续的反函数 $t=\varphi^{-1}(x)$，且此反函数能与函数 $y=\psi(t)$构成复合函数，则由式(3-8)所确定的函数就可看作是由 $y=\psi(t)$和 $t=\varphi^{-1}(x)$复合而成的函数 $y=\psi[\varphi^{-1}(x)]$. 若函数 $x=\varphi(t)$，$y=\psi(t)$都可导，且 $\varphi'(t)\neq 0$，则由复合函数的求导法则与反函数的求导法则，有

$$\frac{\mathrm{d}y}{\mathrm{d}x}=\frac{\mathrm{d}y}{\mathrm{d}t}\cdot\frac{\mathrm{d}t}{\mathrm{d}x}=\frac{\frac{\mathrm{d}y}{\mathrm{d}t}}{\frac{\mathrm{d}x}{\mathrm{d}t}}=\frac{\psi'(t)}{\varphi'(t)}. \tag{3-9}$$

例 6　求由参数方程$\begin{cases}x=2\cos t,\\ y=\sin t\end{cases}$所确定的曲线在 $t=\frac{\pi}{4}$处的切线方程.

解　由式(3-9)得曲线在 $t=\frac{\pi}{4}$ 处的切线的斜率为

$$k=\left.\frac{\mathrm{d}y}{\mathrm{d}x}\right|_{t=\frac{\pi}{4}}=\left.\frac{(\sin t)'}{(2\cos t)'}\right|_{t=\frac{\pi}{4}}=\left.\frac{\cos t}{-2\sin t}\right|_{t=\frac{\pi}{4}}=-\frac{1}{2}.$$

当 $t=\frac{\pi}{4}$ 时，$x=2\cos\frac{\pi}{4}=\sqrt{2}$，$y=\sin\frac{\pi}{4}=\frac{\sqrt{2}}{2}$.

故所求曲线在 $t=\frac{\pi}{4}$处的切线方程为 $y-\frac{\sqrt{2}}{2}=-\frac{1}{2}(x-\sqrt{2})$，

即 $x+2y-2\sqrt{2}=0$.

练习 3.3

1. 求由下列方程所确定的 y 是 x 的隐函数的导数.

(1) $x^3-y^3-3xy=0$；　　(2) $\sqrt{x}+\sqrt{y}=1$；

(3) $\mathrm{e}^y-xy=0$；　　(4) $\ln y-\sin xy=0$.

2. 设 $y=\sqrt[3]{\frac{(2x+1)^2(x-1)}{x+2}}$，求 y'.

3. 求函数 $y=(\sin x)^x$ 的导数.

4. 求由参数方程 $\begin{cases}x=t^3,\\ y=1+t^2\end{cases}$ 所确定的曲线在 $t=1$ 处的切线方程.

3.4　高阶导数

定义　若函数 $y=f(x)$的导数 $y'=f'(x)$的导数存在，则称 $y'=f'(x)$的导数为函数 $y=f(x)$的**二阶导数**，记作 y''，$f''(x)$，$\frac{\mathrm{d}^2y}{\mathrm{d}x^2}$或$\frac{\mathrm{d}^2f(x)}{\mathrm{d}x^2}$，即

$$y''=(y')'=\frac{\mathrm{d}}{\mathrm{d}x}\left(\frac{\mathrm{d}y}{\mathrm{d}x}\right)=\frac{\mathrm{d}^2 y}{\mathrm{d}x^2}.$$

由定义可得二阶导数的定义式为

$$f''(x)=\lim_{\Delta x\to 0}\frac{f'(x+\Delta x)-f'(x)}{\Delta x}.$$

类似地,函数 $y=f(x)$ 的二阶导数的导数称为函数 $y=f(x)$ 的**三阶导数**,记作 y''', $f'''(x)$, $\frac{\mathrm{d}^3 y}{\mathrm{d}x^3}$ 或 $\frac{\mathrm{d}^3 f(x)}{\mathrm{d}x^3}$.

一般地,函数 $y=f(x)$ 的 $n-1$ 阶导数的导数称为函数 $y=f(x)$ 的 ***n* 阶导数**,记作 $y^{(n)}$, $f^{(n)}(x)$, $\frac{\mathrm{d}^n y}{\mathrm{d}x^n}$ 或 $\frac{\mathrm{d}^n f(x)}{\mathrm{d}x^n}$.

显然, $y^{(n)}=[y^{(n-1)}]'$, $f^{(n)}(x)=[f^{(n-1)}(x)]'$, $\frac{\mathrm{d}^n y}{\mathrm{d}x^n}=\frac{\mathrm{d}}{\mathrm{d}x}\left(\frac{\mathrm{d}^{n-1} y}{\mathrm{d}x^{n-1}}\right)$.

类似地,n 阶导数的定义式为

$$f^{(n)}(x)=\lim_{\Delta x\to 0}\frac{f^{(n-1)}(x+\Delta x)-f^{(n-1)}(x)}{\Delta x}.$$

二阶和二阶以上的导数统称为**高阶导数**. 前面学习的导数称为一阶导数. 函数 $y=f(x)$ 的各阶导数在点 x_0 处的导数值分别记作

$$f'(x_0),\ f''(x_0),\ \cdots,\ f^{(n)}(x_0)\quad 或\quad y'\Big|_{x=x_0},\ y''\Big|_{x=x_0},\ \cdots,\ y^{(n)}\Big|_{x=x_0}.$$

由定义可得函数 $y=f(x)$ 的 n 阶导数的求导方法,就是连续依次地对 x 利用一阶导数的求导公式及求导法则求导 n 次即可.

例 1 求函数 $y=x^3+x^2+1$ 的四阶导数 $y^{(4)}$.

解 $y'=(x^3+x^2+1)'=3x^2+2x$,

$y''=(y')'=(3x^2+2x)'=6x+2$,

$y'''=(y'')'=(6x+2)'=6$,

$y^{(4)}=(6)'=0$.

例 2 若函数 $f(x)$ 存在二阶导数,求函数 $y=f(\ln x)$ 的二阶导数 y''.

解 $y'=f'(\ln x)(\ln x)'=\frac{f'(\ln x)}{x}$,

$$y''=\left[\frac{f'(\ln x)}{x}\right]'=\frac{f''(\ln x)\cdot\frac{1}{x}\cdot x-f'(\ln x)\cdot 1}{x^2}=\frac{f''(\ln x)-f'(\ln x)}{x^2}.$$

例 3 求函数 $f(x)=\sin x$ 的 n 阶导数 $f^{(n)}(x)$.

解 $f'(x)=(\sin x)'=\cos x$, $\cdots$ $\sin\left(x+1\times\frac{\pi}{2}\right)$

$f''(x)=(\cos x)'=-\sin x$, $\cdots$ $\sin\left(x+2\times\frac{\pi}{2}\right)$

$f'''(x)=(-\sin x)'=-\cos x$, $\cdots$ $\sin\left(x+3\times\frac{\pi}{2}\right)$

$f^{(4)}(x)=(-\cos x)'=\sin x$, $\cdots$ $\sin\left(x+4\times\frac{\pi}{2}\right)$

$\vdots$ $\vdots$

$$f^{(n)}(x)=\left\{\sin\left[x+(n-1)\frac{\pi}{2}\right]\right\}'=\cos\left[x+(n-1)\frac{\pi}{2}\right], \quad \cdots \quad \sin\left(x+n\times\frac{\pi}{2}\right)$$

即 $(\sin x)^{(n)}=\sin\left(x+\frac{n\pi}{2}\right)$.

类似地，有 $(\cos x)^{(n)}=\cos\left(x+\frac{n\pi}{2}\right)$.

例 4 求函数 $f(x)=\ln x$ 的 n 阶导数 $f^{(n)}(x)$.

解 $f'(x)=(\ln x)'=\frac{1}{x}=(-1)^{1-1}\frac{(1-1)!}{x}$,

$$f''(x)=\left(\frac{1}{x}\right)'=-\frac{1}{x^2}=(-1)^{2-1}\frac{(2-1)!}{x^2},$$

$$f'''(x)=\left(-\frac{1}{x^2}\right)'=(-1)(-2)\frac{1}{x^3}=\frac{2}{x^3}=(-1)^{3-1}\frac{(3-1)!}{x^3},$$

$$f^{(4)}(x)=\left(\frac{2}{x^3}\right)'=2\times(-3)\frac{1}{x^4}=-\frac{6}{x^4}=(-1)^{4-1}\frac{(4-1)!}{x^4},$$

$\vdots$

$$f^{(n)}(x)=\left[(-1)^{n-2}\frac{(n-2)!}{x^{n-1}}\right]'=(-1)^{n-1}\frac{(n-1)!}{x^n},$$

即 $(\ln x)^{(n)}=(-1)^{n-1}\frac{(n-1)!}{x^n}$.

练习 3.4

1. 求下列函数的二阶导数.

(1) $y=x^4+3x^2-\ln\pi$；　(2) $y=e^{-x}\cos x$；

(3) $y=xe^{\sin x}$；　(4) $y=\sqrt{x}$.

2. 求下列函数的 n 阶导数.

(1) $f(x)=\cos x$；　(2) $f(x)=x^n$.

3*. 设隐函数 $y(x)$ 由方程 $y=\sin(x+y)$ 所确定,求 y''.

4. 求参数方程 $\begin{cases} x=3t, \\ y=2t^2 \end{cases}$ 所确定的函数的二阶导数 $\dfrac{d^2y}{dx^2}$.

3.5 微　　分

3.5.1 微分的概念

众所周知,求已知函数在特殊点处的函数值比较容易.但在实际问题中,经常会出现求已知函数在特殊点附近一点处的函数值,而求已知函数在特殊点附近一点处的函数的精确值又是相当困难的,怎么办?其实,在许多问题中,有时只需要求出它满足一定精确度要求的近似值就足够了.为此,先来看一个实际问题.

引例 一块正方形金属薄片受温度变化的影响,其边长由 x_0 变化到 $x_0+\Delta x$ 时,此薄片的面积改变了多少?

解 如图 3-3 所示,设正方形的边长为 x,面积为 S,则 S 是 x 的函数:$S=x^2$.金属薄片在温度变化前后的面积改变量为

$$\Delta S=(x_0+\Delta x)^2-(x_0)^2=2x_0\Delta x+(\Delta x)^2.$$

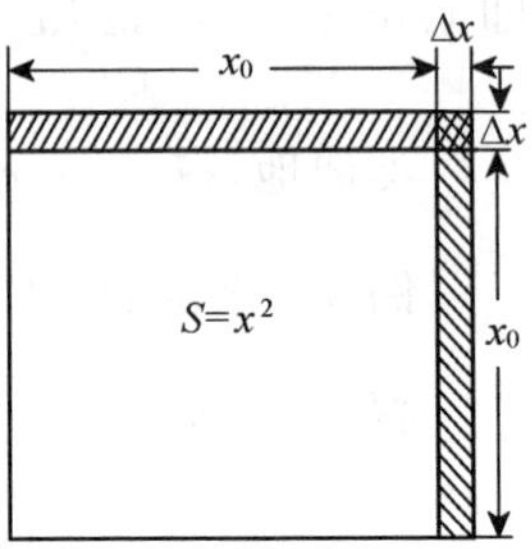

图 3-3

从上式可以看出,ΔS 可分成两个部分:一部分是 $2x_0\Delta x$,表示两个长为 x_0 宽为 Δx 的长方形面积,它是 Δx 的线性函数;另一部分是 $(\Delta x)^2$,表示边长为 Δx 的正方形的面积,当 $\Delta x\to 0$ 时,$(\Delta x)^2$ 是比 Δx 高阶的无穷小,即 $(\Delta x)^2=o(\Delta x)$.因此,当 Δx 很小时,可以用 $2x_0\Delta x$ 近似地代替 ΔS,即 $\Delta S\approx 2x_0\Delta x$.

定义 1 设函数 $y=f(x)$ 在点 x_0 的邻域 $N(x_0)$ 内有定义,若当自变量在点 x_0 处取得增量 $\Delta x\,(x_0+\Delta x\in N(x_0))$ 时,相应的函数的增量 Δy 与自变量的增量 Δx 可表示为

$$\Delta y=A\Delta x+o(\Delta x), \tag{3-10}$$

式中,A 是与 Δx 无关的常数,$o(\Delta x)$ 是比 Δx 高阶的无穷小,则称函数 $y=f(x)$ 在点 x_0 处**可微**,$A\Delta x$ 称为函数 $y=f(x)$ 在点 x_0 处的**微分**,记作 $dy|_{x=x_0}$ 或 $df(x)|_{x=x_0}$,即

$$dy|_{x=x_0}=A\Delta x \quad 或 \quad df(x)|_{x=x_0}=A\Delta x.$$

式中,$A\Delta x$ 称为式(3-10)的线性主要部分."线性"是因为 $A\Delta x$ 是 Δx 的一次函数,主要部分是因为式(3-10)的右端 $A\Delta x$ 起主要作用.

若函数 $y=f(x)$ 在点 x_0 处可微,即 $dy=A\Delta x$,那么如何确定常数 A 呢?有

如下定理.

定理 函数 $y=f(x)$ 在点 x_0 处可微的充分必要条件是函数 $y=f(x)$ 在点 x_0 处可导，且 $A=f'(x_0)$.

证明 必要性 设函数 $y=f(x)$在点 x_0 处可微，由微分的定义，有

$$\Delta y = A\Delta x + o(\Delta x),$$

其中，A 是与 Δx 无关的常数，上式两边同时除以 Δx，得

$$\frac{\Delta y}{\Delta x}=A+\frac{o(\Delta x)}{\Delta x}.$$

两边取极限，得

$$\lim_{\Delta x\to 0}\frac{\Delta y}{\Delta x}=A,$$

所以，函数 $y=f(x)$ 在点 x_0 处可导，且 $A=f'(x_0)$.

充分性 设函数 $y=f(x)$ 在点 x_0 处可导，有

$$\lim_{\Delta x\to 0}\frac{\Delta y}{\Delta x}=f'(x_0),$$

由极限与无穷小的关系，得

$$\frac{\Delta y}{\Delta x}=f'(x_0)+\alpha \quad (\text{其中}\lim_{\Delta x\to 0}\alpha=0),$$

于是 $\Delta y=f'(x_0)\Delta x+\alpha\cdot\Delta x$.

因为 $f'(x_0)$是与 Δx 无关的常数，且 $\alpha\cdot\Delta x=o(\Delta x)$，所以函数 $y=f(x)$在点 x_0 处可微.

由定理可知，一元函数 $y=f(x)$在点 x_0 处可微和可导是等价的.

通常把自变量的增量 Δx 称为**自变量的微分**，记作 $\mathrm{d}x$，即 $\mathrm{d}x=\Delta x$. 于是函数 $y=f(x)$在点 x_0 处的微分常记作 $\mathrm{d}y\Big|_{x=x_0}=f'(x_0)\mathrm{d}x$.

定义 2 若函数 $y=f(x)$在区间(a,b)内每一点处都可微，则称函数 $f(x)$在区间(a,b)内可微.

函数 $y=f(x)$ 在任意点 x 处的微分，记作 $\mathrm{d}y$ 或 $\mathrm{d}f(x)$，即 $\mathrm{d}y=f'(x)\mathrm{d}x$. 由此可得 $f'(x)=\dfrac{\mathrm{d}y}{\mathrm{d}x}$，这表明导数是函数的微分 $\mathrm{d}y$ 与自变量的微分 $\mathrm{d}x$ 的商，记作“$\dfrac{\mathrm{d}y}{\mathrm{d}x}$”，读作“$\mathrm{d}y$ 比 $\mathrm{d}x$”，故导数也称为**微商**.

微分与导数虽有密切的关系，但它们是有区别的. 导数是函数在一点处的变化率，而微分是函数在一点处由自变量的增量所引起的函数的增量的主要部分. 导数

的值只与 x 有关,而微分的值与 x 和 Δx 都有关.

例 1 求函数 $y=x^3$ 当 $x=2,\Delta x=0.01$ 时的增量及微分.

解 $\Delta y=(x+\Delta x)^3-x^3=3x^2\Delta x+3x(\Delta x)^2+(\Delta x)^3$,

$dy=(x^3)'\Delta x=3x^2\Delta x$.

于是,当 $x=2$, $\Delta x=0.01$ 时,有

$$\Delta y=3\times 2^2\times 0.01+3\times 2\times 0.01^2+0.01^3=0.120\,601,$$

$$dy\Big|_{\substack{x=2\\ \Delta x=0.01}}=3\times 2^2\times 0.01=0.12.$$

3.5.2 微分的几何意义

为了对微分的概念有一个比较直观的了解,下面来看微分的几何意义.

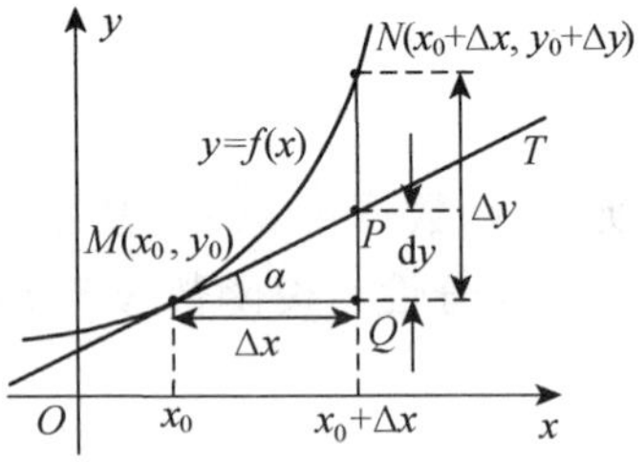

图 3-4

在函数 $y=f(x)$ 的图象上任取两点 $M(x_0, y_0)$, $N(x_0+\Delta x, y_0+\Delta y)$,过点 M, N 分别作 x 轴,y 轴的平行线,相交于点 Q,则有向线段 $MQ=\Delta x$, $QN=\Delta y$(图 3-4). 过点 M 再作曲线 $y=f(x)$ 在点 M 处的切线 MT,交 QN 于点 P,其倾斜角为 α,则有向线段 $QP=MQ\tan\alpha=\Delta x\cdot f'(x_0)=dy\Big|_{x=x_0}$.

因此,函数 $y=f(x)$ 在点 x_0 处的微分 dy,在几何上表示曲线 $y=f(x)$ 在点 $M(x_0, y_0)$ 处的切线的纵坐标的相应增量 $f'(x_0)\Delta x$.

由图 3-4 还可以看出,线段 PN 的长表示用 dy 来近似代替 Δy 所产生的误差,当 $|\Delta x|=|dx|$ 很小时,它比 $|dy|$ 要小得多.

在实际问题中,当 Δy 不易求取时,若误差允许,一般都采用 dy 来代替 Δy. 故微分在现实工作中具有极其重要的作用.

3.5.3 函数的微分公式与微分法则

从函数的微分表达式 $dy=f'(x)dx$ 可见,只要求出函数的导数,再乘以自变量的微分,就得到函数的微分. 由此可得函数的微分公式和微分法则.

1. 基本初等函数的微分公式

(1) $d(C)=0$ (C 为常数).

(2) $d(x^\alpha)=\alpha x^{\alpha-1}dx$ (α 为实数).

(3) $d(\sin x)=\cos x\,dx$, $d(\cos x)=-\sin x\,dx$,

$d(\tan x)=\sec^2 x\,dx$, $d(\cot x)=-\csc^2 x\,dx$,

$d(\sec x)=\sec x\tan x\,dx$, $d(\csc x)=-\csc x\cot x\,dx$.

(4) $d(a^x)=a^x\ln a\,dx$ $(a>0$，且 $a\neq 1)$，　$d(e^x)=e^x dx$.

(5) $d(\log_a x)=\dfrac{1}{x\ln a}dx$ $(a>0$，且 $a\neq 1)$，　$d(\ln x)=\dfrac{1}{x}dx$.

(6) $d(\arcsin x)=\dfrac{1}{\sqrt{1-x^2}}dx$，　$d(\arccos x)=-\dfrac{1}{\sqrt{1-x^2}}dx$，

$d(\arctan x)=\dfrac{1}{1+x^2}dx$，　$d(\text{arccot}\, x)=-\dfrac{1}{1+x^2}dx$.

2. 函数的和、差、积、商的微分法则

若函数 $u=u(x)$，$v=v(x)$均可微，则

(1) $d(u\pm v)=du\pm dv$.

(2) $d(uv)=v du+u dv$，

特别地，$d(Cu)=C du$(C 为常数).

(3) $d\left(\dfrac{u}{v}\right)=\dfrac{v du-u dv}{v^2}(v\neq 0)$.

3. 复合函数的微分法则

若 $y=f(u)$，$u=\varphi(x)$均可微，则复合函数 $y=f[\varphi(x)]$也可微，且微分为

$$dy=f'(u)\varphi'(x)dx=f'(u)du.$$

可见，当 u 是中间变量时，其微分形式与 u 是自变量时的情形完全一样. 因此，对于函数 $y=f(u)$，不论 u 是自变量还是中间变量，函数的微分总保持同一形式

$$dy=f'(u)du.$$

这个性质称为**一阶微分形式不变性**.

例 2 求函数 $y=x\ln x-x$ 的微分.

解 因为 $y'=(x\ln x-x)'=\ln x+x\cdot\dfrac{1}{x}-1=\ln x$，

所以 $dy=y'dx=\ln x\,dx$.

例 3 设 $y=e^x\sin x$，求 dy.

解
$$\begin{aligned}dy&=d(e^x\sin x)=\sin x\,d(e^x)+e^x d(\sin x)\\&=e^x\sin x\,dx+e^x\cos x\,dx\\&=e^x(\sin x+\cos x)dx.\end{aligned}$$

例 4 设 $y=\sin(2x^2+1)$，求 dy.

解 利用一阶微分形式不变性，有

$$\begin{aligned}dy&=\cos(2x^2+1)d(2x^2+1)=\cos(2x^2+1)\cdot 4x\,dx\\&=4x\cos(2x^2+1)dx.\end{aligned}$$

3.5.4 微分在近似计算中的应用

在实际问题中，经常会遇到一些函数关系很复杂的求近似值问题，若直接利用它们的函数关系去进行计算，将是费时和费力的，而微分却可以用极其简易的近似计算公式来化难为易.

若函数 $y=f(x)$ 在点 x_0 处可导，$f'(x_0)\neq 0$，且 $|\Delta x|$ 很小，则有近似公式

$$\Delta y \approx \mathrm{d}y,$$

即
$$\Delta y = f(x_0+\Delta x)-f(x_0)\approx f'(x_0)\Delta x, \tag{3-11}$$

于是
$$f(x_0+\Delta x)\approx f(x_0)+f'(x_0)\Delta x. \tag{3-12}$$

例 5 求 $\sin 31^\circ$ 的近似值(精确到第 4 位小数).

解 设 $f(x)=\sin x$，则 $f'(x)=\cos x$，由近似计算公式(3-12)，得

$$\sin(x_0+\Delta x)\approx \sin x_0+\cos x_0\Delta x.$$

取 $x_0=30^\circ=\dfrac{\pi}{6}$，则 $\Delta x=31^\circ-30^\circ=1^\circ=\dfrac{\pi}{180}$，于是

$$\begin{aligned}\sin 31^\circ &= \sin\left(\frac{\pi}{6}+\frac{\pi}{180}\right)\approx \sin\frac{\pi}{6}+\cos\frac{\pi}{6}\times\frac{\pi}{180}\\ &=\frac{1}{2}+\frac{\sqrt{3}}{2}\times\frac{\pi}{180}\approx 0.515\,1.\end{aligned}$$

若记 $x=x_0+\Delta x$，则 $\Delta x=x-x_0$，于是式(3-12)变为

$$f(x)\approx f(x_0)+f'(x_0)(x-x_0). \tag{3-13}$$

式(3-11)是函数增量的近似计算公式，而式(3-12)和式(3-13)就是函数 $f(x)$ 的近似计算公式.

特别地，当 $x_0=0$，且 $|x|$ 充分小，式(3-13)就是

$$f(x)\approx f(0)+f'(0)x. \tag{3-14}$$

当 $|x|$ 充分小时，由式(3-14)可以推得以下几个常用的近似计算公式：

(1) $\sin x\approx x$(x 以弧度为单位)；(2) $\tan x\approx x$(x 以弧度为单位)；

(3) $\arcsin x\approx x$；(4) $\arctan x\approx x$；

(5) $\ln(1+x)\approx x$；(6) $\mathrm{e}^x\approx 1+x$；

(7) $\dfrac{1}{1+x}\approx 1-x$；(8) $\sqrt[n]{1\pm x}\approx 1\pm\dfrac{x}{n}$[或$(1\pm x)^n\approx 1\pm nx$].

例 6 计算 $\sqrt[5]{31}$ 和 $\ln 1.001$ 的近似值.

解 当 $|x|$ 充分小时，由近似计算公式，得

$$\sqrt[5]{31}=\sqrt[5]{32\left(1-\frac{1}{32}\right)}=\sqrt[5]{32}\cdot\sqrt[5]{1-\frac{1}{32}}\approx 2\times\left(1-\frac{1}{5}\times\frac{1}{32}\right)=1.9875,$$

$$\ln 1.001=\ln(1+0.001)\approx 0.001.$$

练习 3.5

1. 求下列函数的微分.

(1) $y=x^2\tan x$；　(2) $y=e^{\sin x}$；

(3) $y=x\ln x-\arctan x$；　(4) $y=\cos x^2$.

2. 求由方程 $x^2+\sin xy-y^2=0$ 所确定的 y 是 x 的隐函数的微分.

3. 计算 $\sqrt[6]{65}$ 和 $\tan 31°$ 的近似值.

4. 若半径为 10 cm 的球的半径伸长 1 mm,球的体积约扩大多少?

习　题　3

1. 根据导数的定义求下列函数的导数.

(1) $f(x)=\sqrt{2x+1}$；　(2) $f(x)=ax+b$(a, b 为常数).

2. 设 $f(x)=\begin{cases}x^2\sin\dfrac{1}{x}, & x\neq 0,\\ 0, & x=0,\end{cases}$ 讨论函数 $f(x)$在点 $x=0$ 处的连续性和可导性.

3. 已知函数 $f(x)=\begin{cases}x^2, & x\geqslant 1,\\ ax+b, & x<1,\end{cases}$ 问 a, b 为何值时,函数 $f(x)$ 在点 $x=1$ 处可导?

4. 证明:函数 $f(x)=\begin{cases}x\arctan\dfrac{1}{x}, & x\neq 0,\\ 0, & x=0\end{cases}$ 在点 $x=0$ 处连续但不可导.

5*. 当 a 为何值时,$y=ax^2$ 与 $y=\ln x$ 相切?

6. 求下列函数的导数.

(1) $y=x^2-3x+1$；　(2) $y=x^3-2e^x+3^0$；

(3) $y=\ln(x-\cos 3x)$；　(4) $y=\arctan x^2$；

(5) $y=\sin e^x$；　(6) $y=\tan x+\sec x-1$；

(7) $y=e^{\sin\frac{1}{x}}$；　(8) $y=x^2\cos 2x$.

7. 求由下列方程所确定的 y 是 x 的隐函数的导数.

(1) $x^2+xy-2y=0$；　(2) $x\cos y-y^2=0$；

(3) $x^2y-e^x=\sin y$；　(4) $y=1+xe^y$；

(5) $x\arctan y+\ln y=1$；　(6) $y=x\sin xy$.

8. 用对数求导法求下列函数的导数.

(1) $y=\sqrt{\dfrac{x}{x-1}}$；　(2) $y=\sqrt[3]{\dfrac{x^2(1-x)}{2x+1}}$；

(3) $y=x^x\ (x>0)$；　(4) $y=(\ln x)^x$.

9. 求下列由参数方程所确定的 y 是 x 的隐函数的导数.

(1) $\begin{cases} x = 3t, \\ y = 2t^2; \end{cases}$　　(2) $\begin{cases} x = a\cos^3 t, \\ y = b\sin^3 t. \end{cases}$

10*. 设 $y = f(e^{2x} + x^3)$,求 y'.

11. 证明:过椭圆 $\dfrac{x^2}{a^2} + \dfrac{y^2}{b^2} = 1(a > 0, b > 0)$ 上一点 $M(x_0, y_0)$ 的切线方程为 $\dfrac{x_0 x}{a^2} + \dfrac{y_0 y}{b^2} = 1$.

12. 求下列函数的二阶导数.

(1) $y = 2x^3 + \ln x$;　　(2) $y = x\sin x$;

(3) $y = xe^{x^2}$;　　(4) $y = \ln(x + \sqrt{1 + x^2})$.

13*. 设 $f(x) = \begin{cases} e^x, & x < 0, \\ ax^2 + bx + c, & x \geqslant 0, \end{cases}$ 且 $f''(0)$存在,试确定常数 a, b, c 的值.

14. 求函数 $y = xe^x$ 的四阶导数 $y^{(4)}$.

15. 设 $y = \dfrac{f(\ln x)}{x}$,求 y''.

16. 求函数 $y = a^x (a > 0$,且 $a \neq 1)$的 n 阶导数.

17. 验证 $y = e^x \sin x$ 满足关系式 $y'' - 2y' + 2y = 0$.

18. 求函数 $y = x^2 - 1$ 在 $x = 1$, $\Delta x = 0.01$ 时的增量及微分.

19. 求下列函数的微分.

(1) $y = x^2 + \sin x$;　　(2) $y = xe^{x+1}$;

(3) $y = \arcsin\sqrt{x}$;　　(4) $y = \arctan e^{2x-1}$.

20. 利用微分进行近似计算.

(1) $\sin 30.18°$;　　(2) $e^{1.001}$.

第 4 章　微分中值定理与导数的应用

导数的概念是由实际问题引入的，导数在实际中的应用也是非常广泛的. 本章将利用第 3 章的导数知识研究函数单调性、极值与最值、曲线的凹凸性与拐点、渐近线等问题，同时描绘一些较为复杂的函数的图象. 为此，先介绍微分学的基本定理——微分中值定理，并给出未定式计算的洛必达法则.

4.1　微分中值定理

4.1.1　罗尔(Rolle)定理

定理 1　若函数 $f(x)$满足下列条件：

(1) 在闭区间$[a, b]$上连续；

(2) 在开区间(a, b)内可导；

(3) $f(a)=f(b)$，

则至少存在一点 $\xi \in (a, b)$，使得 $f'(\xi)=0$.

几何意义：函数 $f(x)$在闭区间$[a, b]$上有连续曲线 $y=f(x)$，在开区间(a, b)内处处存在与 y 轴不平行的切线，在闭区间$[a, b]$的两个端点 a 与 b 的函数值相等，即 $f(a)=f(b)$，则在曲线上至少存在一点[如点 $P(\xi, f(\xi))$]，且在该点的切线平行于 x 轴(图 4-1).

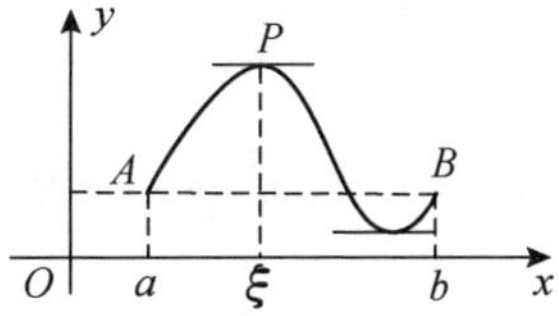

图 4-1

例 1　验证函数 $f(x)=x^2-3x+2$ 在区间$[1, 2]$上罗尔定理成立，并求出 ξ.

解　因为 $f(x)=x^2-3x+2$ 在区间$[1, 2]$上连续，$f'(x)=2x-3$ 在区间$(1, 2)$内存在，且 $f(1)=f(2)=0$，所以 $f(x)$满足定理 1 的三个条件.

令 $f'(x)=2x-3=0$，得 $x=\dfrac{3}{2}$，

故存在 $\xi=\dfrac{3}{2}$，使 $f'(\xi)=0$.

由罗尔定理可知，若函数 $y=f(x)$满足定理的三个条件，则方程 $f'(x)=0$ 在开区间(a, b)内至少有一个实根.

4.1.2 拉格朗日(Lagrange)中值定理

定理2 若函数 $f(x)$满足下列条件:

(1) 在闭区间$[a, b]$上连续;

(2) 在开区间(a, b)内可导,

则至少存在一点 $\xi\in(a, b)$,使得

$$f'(\xi)=\frac{f(b)-f(a)}{b-a}.$$

几何意义:函数 $f(x)$在闭区间$[a, b]$上有连续曲线 $y=f(x)$,在开区间(a, b)内处处存在与 y 轴不平行的切线,则在曲线上至少存在一点[如点 $P(\xi, f(\xi))$],且在该点处的切线与 AB 平行(图 4-2).

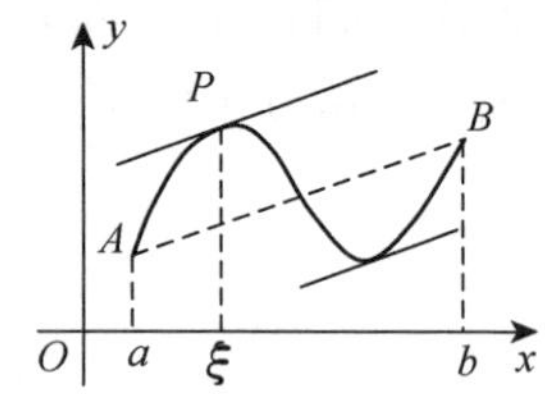

图 4-2

显见,当 $f(a)=f(b)$ 时,拉格朗日中值定理就成为罗尔定理. 因此,罗尔定理是拉格朗日中值定理的特殊情况.

例2 验证函数 $f(x)=\sqrt{x}$ 在区间$[1, 2]$上拉格朗日中值定理成立,并求 ξ.

解 因为函数 $f(x)=\sqrt{x}$ 在闭区间$[1, 2]$上连续,且 $f'(x)=\dfrac{1}{2\sqrt{x}}$ 在开区间$(1, 2)$内存在,所以函数 $f(x)$ 在闭区间$[1, 2]$上拉格朗日中值定理成立.

令 $\dfrac{f(2)-f(1)}{2-1}=f'(x)$,即 $\sqrt{2}-1=\dfrac{1}{2\sqrt{x}}$,

解得 $x=\dfrac{3+2\sqrt{2}}{4}$,所以 $\xi=\dfrac{3+2\sqrt{2}}{4}$.

例3 证明:当 $x>0$ 时,$\dfrac{x}{1+x}<\ln(1+x)<x$.

证明 设 $f(x)=\ln(1+x)$,则函数 $f(x)$在$[0, x]$上满足拉格朗日中值定理的条件,于是

$$f(x)-f(0)=f'(\xi)(x-0)\quad(0<\xi<x).$$

又 $f(0)=0$, $f'(x)=\dfrac{1}{1+x}$,于是 $\ln(1+x)=\dfrac{x}{1+\xi}$.

因为 $0<\xi<x$,所以 $1<1+\xi<1+x$,故$\dfrac{1}{1+x}<\dfrac{1}{1+\xi}<1$,

从而 $\dfrac{x}{1+x}<\dfrac{x}{1+\xi}<x$,即$\dfrac{x}{1+x}<\ln(1+x)<x$.

推论1 若函数 $f(x)$在区间(a, b)内满足 $f'(x)\equiv0$,则函数 $f(x)$在区间

(a, b)内是一个常数,即 $f(x)=C$(C 为常数).

推论 2 若对区间 (a, b) 内任意 x,均有 $f'(x) \equiv g'(x)$,则在区间(a, b)内,$f(x)-g(x)=C$(C 为常数).

由推论 2 知,若两个函数的导数恒等,则它们至多只相差一个常数.

对于更一般的情况,有下面的**柯西**(Cauchy)**中值定理**.

定理 3 若函数 $f(x)$与 $g(x)$满足下列条件:

(1) 在闭区间$[a, b]$上连续;

(2) 在开区间(a, b)内可导,且 $g'(x)\neq 0$,

则至少存在一点 $\xi\in(a, b)$,使得

$$\frac{f(b)-f(a)}{g(b)-g(a)}=\frac{f'(\xi)}{g'(\xi)}.$$

在定理 3 中,若令 $g(x)=x$,就变成了拉格朗日中值定理,所以,拉格朗日中值定理是柯西中值定理的特例.

练习 4.1

1. 求函数 $f(x)=x\sqrt{2-x}$ 在区间$[0, 2]$上满足罗尔定理的 ξ 值.
2. 验证函数 $f(x)=x^3-x^2+3x-2$ 在区间$[1, 2]$上满足拉格朗日中值定理的条件,并求出定理结论中的 ξ.
3. 证明:当 $x>0$ 时,$e^x>1+x$.

4.2 洛必达法则

在求极限时,经常会遇到两个无穷小量之比或两个无穷大量之比的极限问题,其极限可能存在也可能不存在,通常称这类极限为**未定式**,前者称为“$\frac{0}{0}$”型未定式,后者称为“$\frac{\infty}{\infty}$”型未定式.有时即使极限存在,也不能用极限运算法则来计算,怎么办呢?下面介绍一种求未定式极限的方法——洛必达(L'Hospital)法则.

4.2.1 $\frac{0}{0}$和$\frac{\infty}{\infty}$型未定式的洛必达法则

1. $\frac{0}{0}$型未定式的洛必达法则

法则 I 若函数 $f(x)$和 $g(x)$满足下列条件:

(1) $\lim\limits_{x \to x_0} f(x)=0$，$\lim\limits_{x \to x_0} g(x)=0$；

(2) 在点 x_0 的去心邻域$\mathring{N}(x_0)$ 内可导，且 $g'(x) \neq 0$；

(3) $\lim\limits_{x \to x_0} \dfrac{f'(x)}{g'(x)}=A$($A$ 可以是有限数，也可为 ∞，$+\infty$，$-\infty$)，

那么
$$\lim_{x \to x_0} \frac{f(x)}{g(x)}=\lim_{x \to x_0} \frac{f'(x)}{g'(x)}=A.$$

注意 (1) 法则Ⅰ对于 $x \to x_0^+$，$x \to x_0^-$，$x \to \infty$，$x \to \pm\infty$时的$\dfrac{0}{0}$型未定式同样适用.

(2) 若对符合法则Ⅰ条件的$\dfrac{0}{0}$型未定式使用洛必达法则后，所得极限仍满足洛必达法则Ⅰ条件的$\dfrac{0}{0}$型未定式，则可继续使用洛必达法则，即

$$\lim_{x \to x_0} \frac{f(x)}{g(x)}=\lim_{x \to x_0} \frac{f'(x)}{g'(x)}=\lim_{x \to x_0} \frac{f''(x)}{g''(x)}=\cdots$$

直到求出所需极限为止.

例 1 求 $\lim\limits_{x \to 0} \dfrac{e^x-1}{x}$. $\left(\dfrac{0}{0}\right)$

分析 $\lim\limits_{x \to 0}(e^x-1)=0$，$\lim\limits_{x \to 0} x=0$，所求极限属于 $\dfrac{0}{0}$ 型未定式. 函数 e^x-1 和 x 在点 $x=0$ 的去心邻域 $\mathring{N}(0)$ 内可导，适合洛必达法则的条件.

解 $\lim\limits_{x \to 0} \dfrac{e^x-1}{x}=\lim\limits_{x \to 0} \dfrac{(e^x-1)'}{(x)'}=\lim\limits_{x \to 0} \dfrac{e^x}{1}=1.$

例 2 求$\lim\limits_{x \to 0} \dfrac{x-\sin x}{\sin^3 x}$. $\left(\dfrac{0}{0}\right)$

解
$$\begin{aligned}\lim_{x \to 0} \frac{x-\sin x}{\sin^3 x}&=\lim_{x \to 0} \frac{(x-\sin x)'}{(\sin^3 x)'}=\lim_{x \to 0} \frac{1-\cos x}{3\sin^2 x\cos x}\\&=\lim_{x \to 0} \frac{(1-\cos x)'}{(3\sin^2 x\cos x)'}\\&=\lim_{x \to 0} \frac{\sin x}{6\sin x\cos^2 x-3\sin^3 x}\\&=\lim_{x \to 0} \frac{1}{6\cos^2 x-3\sin^2 x}=\frac{1}{6}.\end{aligned}$$

2. $\dfrac{\infty}{\infty}$型未定式的洛必达法则

法则Ⅱ 若函数 $f(x)$和 $g(x)$满足下列条件：

(1) $\lim\limits_{x \to x_0} f(x)=\infty$, $\lim\limits_{x \to x_0} g(x)=\infty$;

(2) 在点 x_0 的去心邻域 $\mathring{N}(x_0)$内可导,且 $g'(x) \neq 0$;

(3) $\lim\limits_{x \to x_0} \dfrac{f'(x)}{g'(x)}=A$($A$ 可以是有限数,也可为 ∞, $+\infty$, $-\infty$),

那么
$$\lim_{x \to x_0} \frac{f(x)}{g(x)}=\lim_{x \to x_0} \frac{f'(x)}{g'(x)}=A.$$

注意　与法则Ⅰ一样,法则Ⅱ对于 $x \to x_0^+$, $x \to x_0^-$, $x \to \infty$, $x \to \pm\infty$时的$\dfrac{\infty}{\infty}$型未定式同样适用,只要满足洛必达法则中的条件,则可继续使用洛必达法则,即
$$\lim_{x \to x_0} \frac{f(x)}{g(x)}=\lim_{x \to x_0} \frac{f'(x)}{g'(x)}=\lim_{x \to x_0} \frac{f''(x)}{g''(x)}=\cdots$$
直到求出所需极限为止.

例 3　求 $\lim\limits_{x \to \frac{\pi}{2}} \dfrac{\tan 3x}{\tan x}$.　$\left(\dfrac{\infty}{\infty}\right)$

解　$$\lim_{x \to \frac{\pi}{2}} \frac{\tan 3x}{\tan x}=\lim_{x \to \frac{\pi}{2}} \frac{3\sec^2 3x}{\sec^2 x}=\lim_{x \to \frac{\pi}{2}} \frac{3\cos^2 x}{\cos^2 3x}=\lim_{x \to \frac{\pi}{2}} \frac{6\cos x(-\sin x)}{2\cos 3x(-3\sin 3x)}$$
$$=\lim_{x \to \frac{\pi}{2}} \frac{\sin 2x}{\sin 6x}=\lim_{x \to \frac{\pi}{2}} \frac{2\cos 2x}{6\cos 6x}=\frac{1}{3}.$$

例 4　求 $\lim\limits_{x \to +\infty} \dfrac{x^n}{\ln x}$　$(n \in \mathbf{N}^*)$.　$\left(\dfrac{\infty}{\infty}\right)$

解　$$\lim_{x \to +\infty} \frac{x^n}{\ln x}=\lim_{x \to +\infty} \frac{nx^{n-1}}{\frac{1}{x}}=\lim_{x \to +\infty} nx^n=+\infty.$$

例 5　求 $\lim\limits_{x \to +\infty} \dfrac{x^n}{e^x}$　$(n \in \mathbf{N}^*)$.　$\left(\dfrac{\infty}{\infty}\right)$

解　$$\lim_{x \to +\infty} \frac{x^n}{e^x}=\lim_{x \to +\infty} \frac{nx^{n-1}}{e^x}=\lim_{x \to +\infty} \frac{n(n-1)x^{n-2}}{e^x}=\cdots=\lim_{x \to +\infty} \frac{n!}{e^x}=0.$$

4.2.2　其他未定式的计算

对于未定式极限,除了上面讨论过的两种基本形式外,还有 $0 \cdot \infty$, 1^∞, 0^0, ∞^0, $\infty-\infty$等形式求极限问题,只需通过恒等变形,归结为“$\dfrac{0}{0}$”型或“$\dfrac{\infty}{\infty}$”型就可求解.下面仅举两个例子说明.

例 6　求 $\lim\limits_{x \to 0^+} x\ln x$.　$(0 \cdot \infty)$

解 $\lim\limits_{x\to0^+}x\ln x=\lim\limits_{x\to0^+}\dfrac{\ln x}{\dfrac{1}{x}}=\lim\limits_{x\to0^+}\dfrac{(\ln x)'}{\left(\dfrac{1}{x}\right)'}=\lim\limits_{x\to0^+}\dfrac{\dfrac{1}{x}}{-\dfrac{1}{x^2}}=\lim\limits_{x\to0^+}(-x)=0.$

例7 求 $\lim\limits_{x\to1}\left(\dfrac{1}{x-1}-\dfrac{1}{\ln x}\right)$. $(\infty-\infty)$

解

$$\lim_{x\to1}\left(\frac{1}{x-1}-\frac{1}{\ln x}\right)=\lim_{x\to1}\frac{\ln x-x+1}{(x-1)\ln x}=\lim_{x\to1}\frac{\dfrac{1}{x}-1}{\ln x+\dfrac{x-1}{x}}$$

$$=\lim_{x\to1}\frac{1-x}{x\ln x+x-1}=\lim_{x\to1}\frac{-1}{\ln x+1+1}$$

$$=-\frac{1}{2}.$$

注意 在使用洛必达法则时,必须先检查所求极限是否满足洛必达法则的条件,若不满足,就不能使用洛必达法则.当然,有的极限虽然满足洛必达法则的条件,但用洛必达法则也无法求出(见练习4.2的第3题).洛必达法则的条件只是充分的,而非必要的.当使用洛必达法则后认为极限不存在时,不一定原极限就不一定存在(见练习4.2的第5题).

练习4.2

1. 用洛必达法则求下列极限.

(1) $\lim\limits_{x\to0}\dfrac{\sin 3x}{\sin 5x}$;　　(2) $\lim\limits_{x\to1}\dfrac{x^2-3x+2}{x^3-1}$;

(3) $\lim\limits_{x\to0}\dfrac{\sqrt{x+1}-1}{2x}$;　　(4) $\lim\limits_{x\to+\infty}\dfrac{\ln(x+1)}{e^x}$.

2. 用洛必达法则求下列极限.

(1) $\lim\limits_{x\to0}x\cot x$;　　(2) $\lim\limits_{x\to0}\left(\dfrac{1}{x}-\dfrac{1}{e^x-1}\right)$;

(3) $\lim\limits_{x\to+\infty}(1+x)^{\frac{1}{x}}$;　　(4) $\lim\limits_{x\to0^+}x^x$.

3. 能用洛必达法则求极限 $\lim\limits_{x\to+\infty}\dfrac{\sqrt{1+x^2}}{x}$ 吗?

4. 证明: $\lim\limits_{x\to0}(1+x)^{\frac{1}{x}}=e$.

5. 证明: $\lim\limits_{x\to0}\dfrac{x^2\sin\dfrac{1}{x}}{\sin x}$ 存在,但不能用洛必达法则求其极限.

4.3 函数单调性的判定法

讨论一个函数在某个区间的单调性、增减性等变化规律，根据函数单调性的定义来判断有时是比较困难的. 下面利用导数知识来判定函数在其定义区间上的单调性.

从几何图形上看，若曲线是上升的，其上每一点处的切线与 x 轴正向的夹角都是锐角(图 4-3)，切线的斜率大于零，表明函数 $f(x)$在相应点处的导数大于零，即 $f'(x)>0$；若曲线是下降的，其上每一点处的切线与 x 轴正向的夹角都是钝角(图 4-4)，切线的斜率小于零，表明函数 $f(x)$在相应点处的导数小于零，即 $f'(x)<0$. 于是有下面的定理.

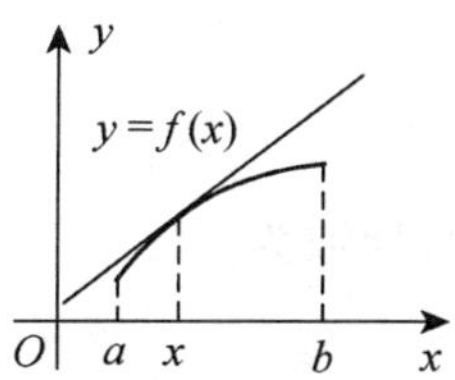

图 4-3

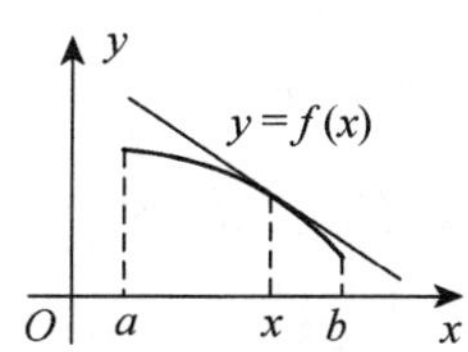

图 4-4

定理 1(函数单调性的判定法) 设函数 $f(x)$在闭区间$[a, b]$上连续，在开区间(a, b)内可导，

(1) 若在区间(a, b)内 $f'(x)>0$，则函数 $f(x)$在$[a, b]$上单调增加；

(2) 若在区间(a, b)内 $f'(x)<0$，则函数 $f(x)$在$[a, b]$上单调减少.

若把判定定理中的闭区间换成其他各种区间(包括无穷区间)，结论也成立.

证明 (1)任取 $x_1, x_2\in[a, b]$，且 $x_1<x_2$，显然，函数 $f(x)$在区间$[x_1, x_2]$上满足拉格朗日中值定理的条件，于是有

$$f(x_2)-f(x_1)=f'(\xi)(x_2-x_1) \quad (x_1<\xi<x_2).$$

由于在区间(a, b)内 $f'(x)>0$，因此 $f'(\xi)>0$，又 $x_2-x_1>0$，所以 $f(x_2)-f(x_1)>0$，即 $f(x_1)<f(x_2)$，故函数 $f(x)$在$[a, b]$上单调增加.

同理可证(2)，在区间(a, b)内，若 $f'(x)<0$，则函数 $f(x)$在$[a, b]$上单调减少.

注意 这个判定定理只是函数在区间内单调增加(或减少)的充分条件，而不是必要条件.

定义 若 x_0 使得 $f'(x)=0$，则称点 x_0 为函数 $f(x)$的**驻点**.

由图 4-5 易知，x_1，x_2 为可导函数 $f(x)$ 在闭区间 $[a, b]$ 上单调区间的分界点，且有 $f'(x_1)=f'(x_2)=0$.

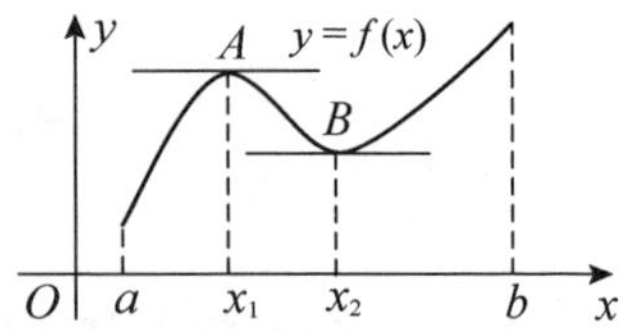

图 4-5

例 1 讨论函数 $f(x)=2x^3-9x^2+12x-3$ 的单调性.

解 函数 $f(x)$ 的定义域为 $(-\infty, +\infty)$，其导数为

$$f'(x)=6x^2-18x+12=6(x-1)(x-2).$$

令 $f'(x)=0$，得驻点 $x_1=1$，$x_2=2$.

用驻点将定义域 $(-\infty, +\infty)$ 分为三个子区间：$(-\infty, 1)$，$(1, 2)$，$(2, +\infty)$.

由于在区间 $(-\infty, 1)$ 和 $(2, +\infty)$ 内，$f'(x)>0$，所以函数 $f(x)$ 在区间 $(-\infty, 1)$ 和 $(2, +\infty)$ 内单调增加；在区间 $(1, 2)$ 内，$f'(x)<0$，所以函数 $f(x)$ 在区间 $(1, 2)$ 内单调减少.

例 2 讨论函数 $f(x)=\dfrac{x^2}{3}-\sqrt[3]{x^2}$ 的单调性.

解 函数 $f(x)$ 的定义域为 $(-\infty, +\infty)$，其导数为

$$f'(x)=\frac{2x}{3}-\frac{2}{3\sqrt[3]{x}}.$$

令 $f'(x)=0$，得驻点 $x_1=-1$，$x_2=1$. 此外，函数 $f(x)$ 还有不可导点 $x_3=0$. 用驻点和不可导点将定义域 $(-\infty, +\infty)$ 分为四个子区间：$(-\infty, -1)$，$(-1, 0)$，$(0, 1)$ 和 $(1, +\infty)$.

列表确定 $f'(x)$ 在每个子区间内的符号（“↘”表示单调下降，“↗”表示单调上升，“×”表示不存在）：

x	$(-\infty, -1)$	-1	$(-1, 0)$	0	$(0, 1)$	1	$(1, +\infty)$
$f'(x)$	$-$	0	$+$	×	$-$	0	$+$
$f(x)$	↘		↗		↘		↗

由上表可知，函数 $f(x)$ 在区间 $(-\infty, -1)$ 和 $(0, 1)$ 内是单调减少的，在区间 $(-1, 0)$ 和 $(1, +\infty)$ 内是单调增加的.

由例 1 和例 2 可知，讨论函数 $f(x)$ 的单调性的一般步骤：

(1) 确定 $f(x)$ 的考察范围（除指定范围外，一般是指函数定义域）；

(2) 求出 $f(x)$ 的一阶导数，确定在考察范围内的全部驻点和不可导点，并用驻点和不可导点将所考察范围划分成若干个子区间；

(3) 列表分析，在每个子区间内根据 $f'(x)$ 的正、负号利用单调性判定法判断函数 $f(x)$ 的单调性.

例 3　讨论函数 $f(x)=\dfrac{e^x}{1+x}$ 的单调性.

解　函数 $f(x)$ 的定义域为 $(-\infty, -1)\cup(-1, +\infty)$，其导数为

$$f'(x)=\frac{e^x(1+x)-e^x}{(1+x)^2}=\frac{xe^x}{(1+x)^2}.$$

令 $f'(x)=0$，得 $x=0$，在 $x=-1$ 处无定义且其导数也不存在. 点 $x=0$ 和 $x=-1$ 将定义域 $(-\infty, -1)\cup(-1, +\infty)$ 分为三个子区间：$(-\infty, -1)$，$(-1, 0)$，$(0, +\infty)$. 列表分析如下：

x	$(-\infty, -1)$	-1	$(-1, 0)$	0	$(0, +\infty)$
$f'(x)$	$-$	×	$-$	0	$+$
$f(x)$	↘		↘		↗

由上表可知，函数 $f(x)$ 在区间 $(-\infty, -1)$ 和 $(-1, 0)$ 内单调减少，在区间 $(0, +\infty)$ 内单调增加.

一般地，若函数 $f(x)$ 的导函数 $f'(x)$ 在某区间内只在有限个点处为零，而在其余各点处均为正(或负)时，则函数 $f(x)$ 在该区间上仍旧是单调增加(或减少)的.

例 4　讨论函数 $f(x)=e^{x^3}$ 的单调性.

解　函数 $f(x)$ 的定义域为 $(-\infty, +\infty)$，因为导数

$$f'(x)=3x^2e^{x^3}\geqslant 0,$$

且等号只在 $x=0$ 时才成立，即函数 $f(x)$ 在区间 $(-\infty, +\infty)$ 内，只有当 $x=0$ 时，$f'(x)=0$，而在其他点均有 $f'(x)>0$，所以函数 $f(x)=e^{x^3}$ 在区间 $(-\infty, +\infty)$ 内单调增加.

例 5　证明：当 $x>0$ 时，$x>\ln(1+x)$.

证明　令 $f(x)=x-\ln(x+1)$，则 $f(x)$ 在 $[0, +\infty)$ 上连续，其导数为

$$f'(x)=1-\frac{1}{1+x}=\frac{x}{1+x}.$$

当 $x>0$ 时，有 $f'(x)>0$，于是 $f(x)$ 在 $[0, +\infty)$ 上单调增加，从而当 $x>0$ 时，有 $f(x)>f(0)=0$，即 $x-\ln(1+x)>0$，故当 $x>0$ 时，$x>\ln(1+x)$.

练习 4.3

1. 求下列函数的单调区间.

(1) $y=x^2+2x-3$；　　(2) $y=\dfrac{x^3}{x-2}$；

(3) $y=x^2\ln x$；　　　　(4) $y=x^3-x^2+x-1$.

2. 讨论函数 $y=e^x-x$ 的单调性.

3. 证明：当 $x>1$ 时，$2\sqrt{x}>3-\dfrac{1}{x}$.

4.4 函数的极值与最值

由函数单调性的判定定理并结合它的图象可知，曲线在升、降转折点处形成“峰”“谷”，函数在这些点处的函数值大于或小于两侧附近各点处的函数值. 函数的这种性态以及这种点，无论在理论上还是在实际应用上都具有重要的意义.

4.4.1 函数的极值

定义 设函数 $y=f(x)$在点 x_0 的邻域 $N(x_0)$内有定义，若对该邻域内任意的 $x(x\neq x_0)$，都有 $f(x)<f(x_0)$[或 $f(x)>f(x_0)$]，则称 $f(x_0)$为函数 $f(x)$的一个**极大值(或极小值)**，点 x_0 称为 $f(x)$的**极大值点(或极小值点)**.

函数的极大值与极小值统称为函数的**极值**，极大值点与极小值点统称为**极值点**.

注意 函数的极值是一个局部概念，表明函数的极值不可能在区间的端点取得，在一个区间上可能有几个极大值和几个极小值(图 4-6). 显见，函数在取得极值处，曲线上的切线必定是水平的. 但曲线上有水平切线的地方，函数不一定能取得极值. 如在点 B 处有水平切线，但是没有极值.

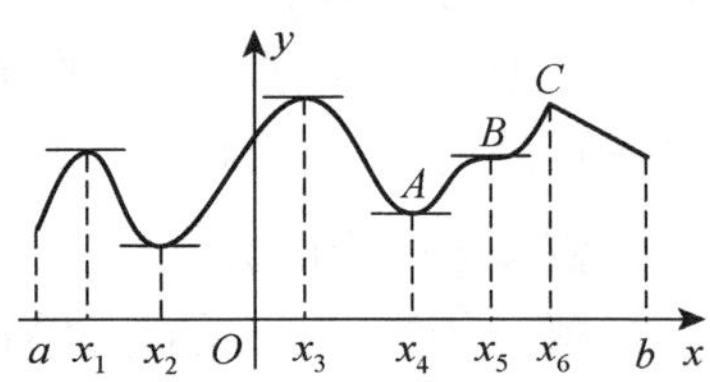

图 4-6

定理 1 (极值存在的必要条件) 设函数 $f(x)$在点 x_0 处具有导数，且在点 x_0 处取得极值，则 $f'(x_0)=0$.

定理 1 说明，可导函数的极值点必然是驻点，但驻点不一定是极值点. 例如，点 $x=0$ 是函数 $y=x^3$ 的驻点，但却不是 $y=x^3$ 的极值点.

对于一个连续函数来说，它的极值点还可能是使导数不存在的点，称这种点为尖点. 例如，点 $x=0$ 是函数 $f(x)=|x|$的极值点，却不是驻点. 因为 $f'(0)$不存在，所以它是尖点. 如图 4-6 所示，在点 C 处，函数取得极大值，但在该点不可导，没有水平切线.

因此，求函数的极值的关键是寻找极值点，而可能的极值点只能是驻点和导数不存在的点(可能是尖点). 由此有下面判定极值的充分条件.

定理 2(判定极值的第一充分条件) 设函数 $f(x)$在点 x_0 处连续，在点 x_0 的某去心邻域 $\mathring{N}(x_0)$内可导. 当 x 由小增大经过 x_0 时，

(1) 若 $f'(x)$的符号由正变负，则点 x_0 为极大值点，且 $f(x)$在点 x_0 处取得极大值；

(2) 若 $f'(x)$的符号由负变正，则点 x_0 为极小值点，且 $f(x)$在点 x_0 处取得极小值；

(3) 若 $f'(x)$不改变符号，则点 x_0 不是 $f(x)$的极值点.

由定理 2 可得求函数 $f(x)$的极值的一般步骤：

(1) 确定函数 $f(x)$的考察范围，并求出函数 $f(x)$的导数 $f'(x)$；

(2) 求出函数 $f(x)$的所有驻点及不可导点，即求出 $f'(x)=0$ 的根和使 $f'(x)$不存在的点；

(3) 列表考察 $f'(x)$的符号，利用定理 2 判定上述驻点或不可导点是否为函数的极值点，并求出极值点对应的极值.

例 1　求函数 $f(x)=x^4-2x^2$ 的极值.

解　函数 $f(x)$的定义域为$(-\infty, +\infty)$，其导数为

$$f'(x)=4x^3-4x=4x(x+1)(x-1).$$

令 $f'(x)=0$，得驻点为 $x_1=-1$，$x_2=0$，$x_3=1$，没有 $f'(x)$不存在的点. 列表分析如下：

x	$(-\infty, -1)$	-1	$(-1, 0)$	0	$(0, 1)$	1	$(1, +\infty)$
$f'(x)$	$-$	0	$+$	0	$-$	0	$+$
$f(x)$	↘	极小值	↗	极大值	↘	极小值	↗

由上表可知，函数 $f(x)$ 的极小值为 $f(-1)=f(1)=-1$，极大值为 $f(0)=0$.

例 2　求函数 $f(x)=(x-1)^3(x+1)^2$ 的极值.

解　函数 $f(x)$的定义域为$(-\infty, +\infty)$，其导数为

$$\begin{aligned} f'(x)&=3(x-1)^2(x+1)^2+2(x-1)^3(x+1)\\ &=(x+1)(x-1)^2(5x+1). \end{aligned}$$

令 $f'(x)=0$，得驻点为 $x_1=-1$，$x_2=-\frac{1}{5}$，$x_3=1$. 列表分析如下：

x	$(-\infty,-1)$	-1	$\left(-1,-\frac{1}{5}\right)$	$-\frac{1}{5}$	$\left(-\frac{1}{5},1\right)$	1	$(1,+\infty)$
$f'(x)$	$+$	0	$-$	0	$+$	0	$+$
$f(x)$	↗	极大值	↘	极小值	↗	无极值	↗

由上表可知，函数 $f(x)$ 的极大值是 $f(-1)=0$，极小值是 $f\left(-\frac{1}{5}\right)=-\frac{3\,456}{3\,125}$.

定理 3（判定极值的第二充分条件） 设函数 $f(x)$在点 x_0 处具有二阶导数，且 $f'(x_0)=0, f''(x_0)\neq 0$,则

(1) 当 $f''(x_0)<0$ 时,函数 $f(x)$在点 x_0 处取得极大值;

(2) 当 $f''(x_0)>0$ 时,函数 $f(x)$在点 x_0 处取得极小值.

注意 若 $f''(x_0)=0$,无法判断点 x_0 是否为极值点.

例 3 求函数 $f(x)=(x^2-1)^3+1$ 的极值.

解 函数 $f(x)$的定义域为$(-\infty,+\infty)$,其导数为

$$f'(x)=6x(x^2-1)^2.$$

令 $f'(x)=0$,得驻点为 $x_1=-1$, $x_2=0$, $x_3=1$. 其二阶导数为

$$f''(x)=6(x^2-1)(5x^2-1).$$

因 $f''(0)=6(0^2-1)(5\times 0^2-1)=6>0$,所以 $f(x)$ 在点 $x=0$ 处取得极小值,极小值为 $f(0)=0$.

又因为 $f''(-1)=f''(1)=0$,由定理 3 知无法判断,而在点 $x=-1$ 的左、右邻域内 $f'(x)<0$,所以 $f(x)$在点 $x=-1$ 处没有极值. 同理,$f(x)$在点 $x=1$ 处也没有极值.

例 4 求函数 $f(x)=1-(x-1)^{\frac{2}{3}}$的极值.

解 函数 $f(x)$的定义域为$(-\infty, +\infty)$,其导数为

$$f'(x)=-\frac{2}{3}\cdot\frac{1}{\sqrt[3]{x-1}}\neq 0.$$

显见,函数 $f(x)$没有驻点,且在点 $x=1$ 处的导数不存在,所以在点 $x=1$ 处可能有极值. 列表分析如下:

x	$(-\infty, 1)$	1	$(1, +\infty)$
$f'(x)$	+	不存在	−
$f(x)$	↗	极大值	↘

由上表可知,函数 $f(x)$ 在不可导点 $x=1$ 处有极大值,极大值为 $f(1)=1$.

4.4.2 函数的最值

在实际应用中,经常会遇到在一定条件下,如何使“用料最省”“效率最高”“成本最低”“路程最短”等问题. 这类问题用数学的方法进行描述,它们都可归结为求一个函数的最大值、最小值问题.

函数的最大值、最小值统称为**最值**;最大值点、最小值点统称为**最值点**.

设函数 $f(x)$在闭区间$[a, b]$上连续,则函数 $f(x)$在$[a, b]$上必取得最大值

和最小值. 于是可得求函数 $f(x)$ 在区间 $[a, b]$ 上的最值的一般步骤：

(1) 求出函数 $f(x)$ 在区间 (a, b) 内的所有驻点及不可导点；

(2) 计算函数 $f(x)$ 在驻点、不可导点及端点 a, b 处的函数值；

(3) 比较这些函数值的大小，最大者为函数的最大值，最小者为函数的最小值.

例 5　求函数 $f(x)=2x^3-3x^2+7$ 在闭区间 $[-2, 2]$ 上的最大值和最小值.

解　函数 $f(x)$ 在闭区间 $[-2, 2]$ 上连续. 其导数为

$$f'(x)=(2x^3-3x^2+7)'=6x^2-6x=6x(x-1).$$

令 $f'(x)=0$，得驻点 $x_1=0$, $x_2=1$，函数 $f(x)$ 无不可导点.

计算函数 $f(x)$ 在驻点、区间端点处的函数值：

$$f(-2)=-21,\ f(0)=7,\ f(1)=6,\ f(2)=11,$$

比较上述各值，可得函数 $f(x)$ 在区间 $[-2, 2]$ 上的最大值为 $f(2)=11$；最小值为 $f(-2)=-21$.

注意　(1) 在求函数的最值时，若函数 $f(x)$ 在闭区间 $[a, b]$ 上单调增加，则 $f(a)$ 是区间 $[a, b]$ 上的最小值，$f(b)$ 是区间 $[a, b]$ 上的最大值；若函数 $f(x)$ 在闭区间 $[a, b]$ 上单调减少，则 $f(a)$ 是区间 $[a, b]$ 上的最大值，$f(b)$ 是区间 $[a, b]$ 上的最小值.

(2) 若连续函数 $f(x)$ 在闭区间 $[a, b]$（也可以为开区间或无限区间）上仅有一个极大（小）值点，而没有其他驻点和不可导点，则此极大（小）值点就是函数 $f(x)$ 在闭区间 $[a, b]$ 上的最大（小）值点.

例 6　求函数 $f(x)=\dfrac{x}{x+1}$ 在闭区间 $[0, 2]$ 上的最值.

解　函数 $f(x)$ 在闭区间 $[0, 2]$ 上连续，其导数为

$$f'(x)=\left(\frac{x}{x+1}\right)'=\frac{1}{(x+1)^2}>0.$$

所以函数 $f(x)$ 在闭区间 $[0, 2]$ 上单调增加，最小值为 $f(0)=0$，最大值为 $f(2)=\dfrac{2}{3}$.

例 7　求函数 $f(x)=\sqrt{x}\ln x$ 在 $(0, +\infty)$ 内的最值.

解　函数 $f(x)$ 的导数为

$$f'(x)=(\sqrt{x}\ln x)'=\frac{\ln x}{2\sqrt{x}}+\sqrt{x}\cdot\frac{1}{x}=\frac{\ln x+2}{2\sqrt{x}}.$$

令 $f'(x)=0$，得唯一驻点 $x=\mathrm{e}^{-2}$，且在 $(0, +\infty)$ 内无不可导点. 列表分析如下：

x	$(0, e^{-2})$	e^{-2}	$(e^{-2}, +\infty)$
$f'(x)$	$-$	0	$+$
$f(x)$	↘	极小值	↗

由上表可知,函数 $f(x)$ 在开区间 $(0, +\infty)$ 内有且仅有一个极值点 $x=e^{-2}$,并在该点取得极小值 $f(e^{-2})=-\dfrac{2}{e}$,这个极小值就是函数 $f(x)$ 在区间 $(0, +\infty)$ 内的最小值,而没有最大值.

在实际问题中遇到的函数求最值时,可能未必尽是闭区间上的连续函数. 一般可按下述原则处理:若实际问题归结出的函数 $f(x)$ 在其考察范围上是可导的,且事先可断定最大值(或最小值)必定在所考察范围的内部取得,而 $f(x)$ 又仅有唯一的一个驻点 x_0,则可断定 $f(x)$ 的最大值(或最小值)就在点 x_0 处取得.

例 8 设有一长 8 cm,宽 5 cm 的矩形铁皮,在每个角上截去同样大小的正方形,问截去的小正方形的边长为多少时,能使剩下的铁皮折起来做成的开口盒子的容积最大?

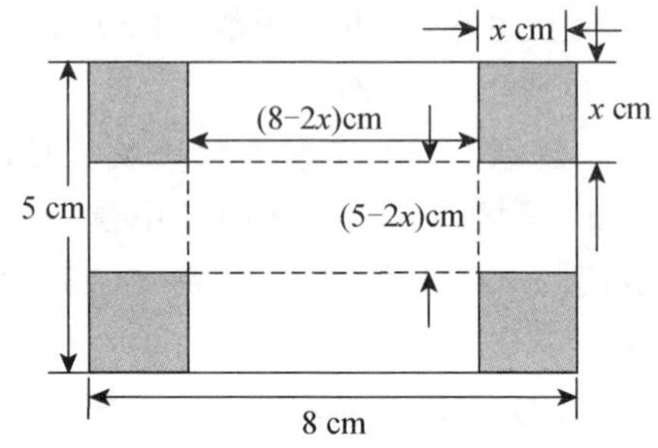

图 4-7

解 如图 4-7 所示,设截去小正方形的边长为 x cm,则开口盒子的底面长为 $(8-2x)$ cm,宽为 $(5-2x)$ cm,于是做成的开口盒子的容积 $V(x)$ 是 x 的函数,即

$$V(x)=x(8-2x)(5-2x)=4x^3-26x^2+40x,\quad x\in\left(0, \frac{5}{2}\right),$$

$$V'(x)=12x^2-52x+40=4(3x-10)(x-1).$$

令 $V'(x)=0$,可得 $x_1=\dfrac{10}{3}$, $x_2=1$,其中 $x_1=\dfrac{10}{3}$ 不在区间 $\left(0, \dfrac{5}{2}\right)$ 内,要舍去,于是函数 $V(x)$ 在区间 $\left(0, \dfrac{5}{2}\right)$ 内只有唯一的驻点 $x=1$.

又 $V''(x)=24x-52$,且 $V''(x)\big|_{x=1}=24-52=-28<0$.

所以 $x=1$ 是函数 $V(x)$ 在区间 $\left(0, \dfrac{5}{2}\right)$ 内的唯一极大值点,故当截去的小正方形的边长为 1 cm 时,做成的开口盒子的容积最大,最大容积为 18 cm^3.

练习 4.4

1. 求下列函数的极值.

(1) $f(x)=2x^3-6x^2-18x+7$;　　(2) $f(x)=x-\ln x$.

2. 求下列函数在指定区间上的最大值和最小值.

(1) $f(x)=x^4-8x^2+2$, $[-1, 3]$;　　　　(2) $f(x)=\sqrt{x}-\ln(x+1)$, $[0, 4]$.

3. 某房地产公司有 50 套公寓房可出租,当月租金定为 180 元/套时,公寓可全部租出;当月租金每增加 10 元时,租不出的公寓就增加一套,已租出的公寓月维护费用为 20 元/套,问月租金定为多少时可获得最大月收入?

4.5 曲线的凹凸性与拐点

在 4.3 节中,研究了用导数知识判定函数单调性的方法,知道了曲线的上升与下降的一般规律,但这有时并不能完全反映函数图象的实际变化. 如图 4-8 所示,函数 $y=f(x)$ 的图象始终是上升的,但却有不同的弯曲状况. 从左端点开始,先向上弯曲,通过点 $P(x_0, f(x_0))$ 后改变了弯曲方向,变为向下弯曲. 因此,在研究函数图象时,考察它的弯曲方向以及改变弯曲方向的点是完全有必要的.

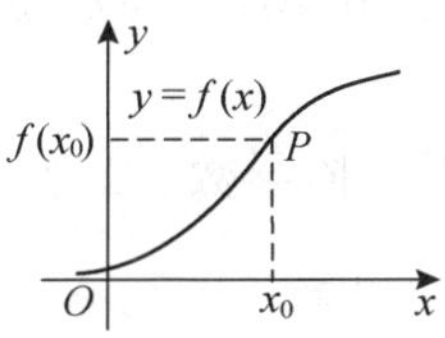

图 4-8

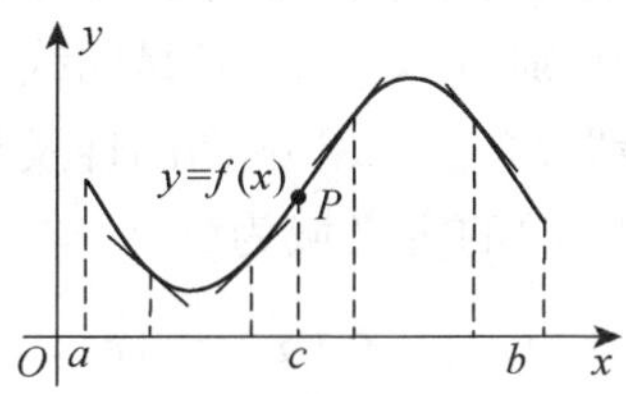

图 4-9

从图 4-9 可以看出,曲线向上弯曲的弧段位于该弧段上任意一点的切线的上方,而向下弯曲的弧段则位于该弧段上任意一点的切线的下方.

4.5.1 曲线的凹凸性及其判别法

定义 1 若在区间 (a, b) 内,曲线 $y=f(x)$ 的各点处的切线都位于曲线的下方,则称此曲线在区间 (a, b) 内是**凹**的;若在区间 (a, b) 内,曲线 $y=f(x)$ 的各点处的切线都位于曲线的上方,则称此曲线在区间 (a, b) 内是**凸**的.

定理 1(曲线凹凸性的判定法) 设函数 $y=f(x)$ 在开区间 (a, b) 内具有**二阶导数**,那么

(1) 若在 (a, b) 内 $f''(x)>0$,则曲线 $y=f(x)$ 在 (a, b) 内是凹的;

(2) 若在 (a, b) 内 $f''(x)<0$,则曲线 $y=f(x)$ 在 (a, b) 内是凸的.

例 1 判定曲线 $f(x)=\cos x$ 在 $(0, 2\pi)$ 内的凹凸性.

解 $f'(x)=-\sin x$, $f''(x)=-\cos x$.

令 $f''(x)=0$,即 $-\cos x=0$,得 $x_1=\dfrac{\pi}{2}$, $x_2=\dfrac{3\pi}{2}$.

当 $x \in \left(0, \frac{\pi}{2}\right)$ 时,$f''(x) < 0$,曲线是凸的;当 $x \in \left(\frac{\pi}{2}, \frac{3\pi}{2}\right)$ 时,$f''(x) > 0$,曲线是凹的;当 $x \in \left(\frac{3\pi}{2}, 2\pi\right)$ 时,$f''(x) < 0$,曲线是凸的.

4.5.2 拐点及其求法

定义 2 若连续曲线 $y=f(x)$ 上的点 P 是凹的曲线弧与凸的曲线弧的分界点,则称点 P 是曲线 $y=f(x)$ 的**拐点**.

由于拐点是曲线 $y=f(x)$ 上凹弧与凸弧的分界点,因而拐点左、右两侧近旁 $f''(x)$ 必然异号,于是曲线上拐点的横坐标 x_0,只能是使 $f''(x)=0$ 的点或 $f''(x)$ 不存在的点,从而可得求曲线的拐点的一般步骤:

(1) 确定函数 $f(x)$ 的考察范围(除指定范围外,一般是指函数定义域);

(2) 求出二阶导数 $f''(x)$,找出使 $f''(x)=0$ 的点及使 $f''(x)$ 不存在的点;

(3) 用上述各点从小到大依次将考察范围分成若干个子区间,考察在每个子区间内 $f''(x)$ 的符号,根据符号的变化判断各点是不是拐点. 若 $f''(x)$ 在分割点 x_0 的左、右两侧异号,则 $(x_0, f(x_0))$ 是曲线 $y=f(x)$ 的拐点,否则就不是.

例 2 求曲线 $f(x)=x^3$ 的凹凸性及拐点.

解 函数 $f(x)$ 的定义域为 $(-\infty, +\infty)$,其一阶导数、二阶导数分别为

$$f'(x)=3x^2, \quad f''(x)=6x.$$

令 $f''(x)=0$,得 $x=0$. 用 $x=0$ 将定义域 $(-\infty, +\infty)$ 分成两个子区间:$(-\infty, 0)$ 和 $(0, +\infty)$.

当 $x \in (-\infty, 0)$ 时,$f''(x) < 0$,曲线 $f(x)=x^3$ 是凸的;

当 $x \in (0, +\infty)$ 时,$f''(x) > 0$,曲线 $f(x)=x^3$ 是凹的,
故点 $(0, 0)$ 为曲线 $f(x)=x^3$ 的拐点.

例 3 求曲线 $f(x)=1+(x-2)^{\frac{1}{3}}$ 的凹凸区间与拐点.

解 函数 $f(x)$ 的定义域为 $(-\infty, +\infty)$,其一阶、二阶导数分别为

$$f'(x)=\frac{1}{3}(x-2)^{-\frac{2}{3}}, \quad f''(x)=-\frac{2}{9}(x-2)^{-\frac{5}{3}}.$$

$f''(x)$ 在区间 $(-\infty, +\infty)$ 内无零点,使 $f''(x)$ 不存在的点为 $x=2$.

列表分析如下(符号 $\cup$ 表示凹的,符号 $\cap$ 表示凸的):

x	$(-\infty, 2)$	2	$(2, +\infty)$
$f''(x)$	+	不存在	−
$f(x)$	$\cup$	拐点(2,1)	$\cap$

由上表可知,曲线 $f(x)$的凹区间为$(-\infty, 2)$,凸区间为$(2, +\infty)$,拐点为$(2, 1)$.

4.5.3 曲线的渐近线

为了比较准确地描绘函数的图象,除了知道函数的单调性、最值与极值、凹凸性与拐点外,还应该了解曲线的渐近线,以便能定性了解曲线的走向.

定义3 若曲线 C 上的动点 P 沿着曲线无限地远离原点时,点 P 与某一固定直线 L 的距离无限地趋于零,则称直线 L 为曲线 C 的**渐近线**(图4-10).

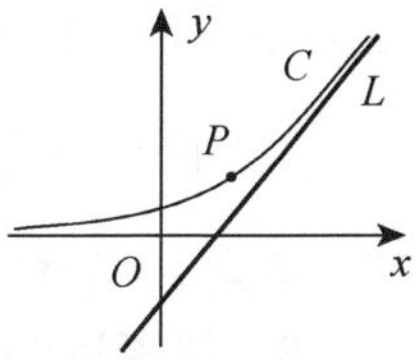

图4-10

例如,中学学习的双曲线 $\frac{x^2}{a^2}-\frac{y^2}{b^2}=1$ 就有两条渐近线 $\frac{x}{a}+\frac{y}{b}=0$ 和 $\frac{x}{a}-\frac{y}{b}=0$.

当然并不是任何曲线都有渐近线,即使有渐近线,也有水平、铅直和斜渐近线之分. 下面对水平渐近线、铅直渐近线及斜渐近线分别予以讨论.

1. 水平渐近线

定义4 若 $\lim\limits_{x\to\infty}f(x)=b$($b$ 为常数),则称直线 $y=b$ 为曲线 $y=f(x)$的一条**水平渐近线**. 例如,直线 $y=0$ 就是曲线 $f(x)=\frac{1}{x}$ 的水平渐近线.

例4 求曲线 $y=\frac{2x}{x^2+1}$ 的水平渐近线.

解 如图4-11所示,因为 $\lim\limits_{x\to\infty}\frac{2x}{1+x^2}=0$,所以,当曲线向左、右两端无限延伸时,均以 $y=0$ 为其水平渐近线.

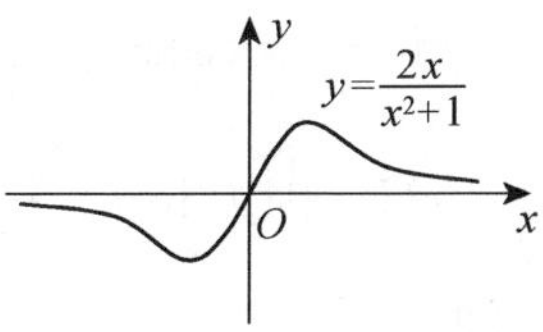

图4-11

注意 当 $x\to\infty$ 时,要求曲线的渐近线,必须分别讨论曲线当 $x\to-\infty$ 和 $x\to+\infty$ 时的渐近线.

2. 铅直渐近线

定义5 若 $\lim\limits_{x\to x_0}f(x)=\infty$,则称直线 $x=x_0$ 为曲线 $y=f(x)$ 的一条**铅直渐近线**.

例如,函数 $f(x)=\frac{x^2+1}{x^2+2x-3}=\frac{x^2+1}{(x+3)(x-1)}$,当 $x\to-3$ 和 $x\to1$ 时,均有 $f(x)\to\infty$,故 $f(x)=\frac{x^2+1}{x^2+2x-3}$ 有两条铅直渐近线 $x=-3$ 和 $x=1$.

有时可能只需考虑 $x\to x_0^-$ 或 $x\to x_0^+$. 若 $\lim\limits_{x\to x_0^-}f(x)=\infty$[或 $\lim\limits_{x\to x_0^+}f(x)=\infty$],称直线 $x=x_0$ 为曲线 $y=f(x)$ 的铅直渐近线.

例 5 求曲线 $y=\dfrac{x+1}{x-2}$ 的渐近线.

解 如图 4-12 所示,因为 $\lim\limits_{x\to 2^-}\dfrac{x+1}{x-2}=-\infty$, $\lim\limits_{x\to 2^+}\dfrac{x+1}{x-2}=+\infty$,所以当 x 从左、右两侧趋近于 2 时,曲线分别向下、向上无限延伸,且以 $x=2$ 为铅直渐近线.

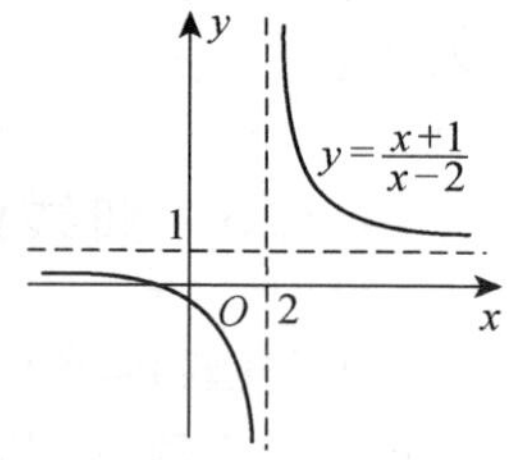

图 4-12

又因为 $\lim\limits_{x\to\infty}\dfrac{x+1}{x-2}=1$,所以当曲线向左、右两端无限延伸时,均以 $y=1$ 为其水平渐近线.

3. 斜渐近线

定义 6 若 $\lim\limits_{x\to\infty}[f(x)-(kx+b)]=0$,则直线 $y=kx+b$ 称为曲线 $y=f(x)$ 的**斜渐近线**.

关于斜渐近线,有如下定理.

定理 2 若 $f(x)$ 满足下列条件:

(1) $\lim\limits_{x\to\infty}\dfrac{f(x)}{x}=k$;

(2) $\lim\limits_{x\to\infty}[f(x)-kx]=b$,

则曲线 $y=f(x)$ 有斜渐近线 $y=kx+b$.

显见,当 $k=0$ 时,斜渐近线 $y=b$ 就成了水平渐近线.

例 6 求曲线 $f(x)=\dfrac{(x-3)^2}{2(x-1)}$ 的渐近线.

解 因为 $\lim\limits_{x\to 1^-}\dfrac{(x-3)^2}{2(x-1)}=-\infty$, $\lim\limits_{x\to 1^+}\dfrac{(x-3)^2}{2(x-1)}=+\infty$,所以 $x=1$ 是曲线的铅直渐近线.

又因为

$$k=\lim_{x\to\infty}\frac{f(x)}{x}=\lim_{x\to\infty}\frac{(x-3)^2}{2x(x-1)}=\frac{1}{2},$$

$$\begin{aligned}b&=\lim_{x\to\infty}[f(x)-kx]=\lim_{x\to\infty}\left[\frac{(x-3)^2}{2(x-1)}-\frac{x}{2}\right]\\&=\lim_{x\to\infty}\frac{x^2-6x+9-x^2+x}{2(x-1)}\\&=\lim_{x\to\infty}\frac{-5x+9}{2(x-1)}=-\frac{5}{2},\end{aligned}$$

所以,直线 $y=\dfrac{1}{2}x-\dfrac{5}{2}$,即 $x-2y=5$ 为曲线 $f(x)$ 的斜渐近线.

4.5.4 函数图形的描绘

在中学"代数"里学习过描点作图法,即通过列表、描点和连线描绘一些简单函数的图象，如反比例函数、二次函数的图象等. 但是，描点作图法有缺陷. 这是因为，描点作图法所选取的点不可能很多，在作图的过程中，极有可能会漏掉一些关键性的点，如极值点、拐点等. 另外，曲线的单调性、凹凸性等一些重要的性态也没有考察，会导致所描绘的函数图象和真实的函数图象相差很多. 现在，已经掌握了应用导数讨论函数的单调性、极值性、凹凸性、拐点、渐近线等的方法，就能够比较准确地描绘函数的图象.

一般来说，利用导数描绘函数图象的步骤如下：

(1) 确定函数 $y=f(x)$ 的考察范围(除指定范围外，一般是指函数定义域)，判断函数有无奇偶性与周期性，以确定作图范围；

(2) 考察函数图象有无渐近线，若有，将其求出；

(3) 求函数的一阶导数和二阶导数，确定单调区间与极值点以及函数的凹、凸区间与拐点；

(4) 确定函数图象上的一些特殊点，如 $y=f(x)$ 与坐标轴的交点，容易计算函数值 $f(x)$ 的一些点 $(x, f(x))$ 等，并列出表格；

(5) 综合上述分析，最后以描点法描绘出函数的图象.

例 7　描绘函数 $f(x)=\mathrm{e}^{-x^2}$ 的图象.

解　(1) 函数 $f(x)$ 的定义域是 $(-\infty, +\infty)$，函数为偶函数，所以，只要作出在 $x\geqslant 0$ 范围内的图象，再关于 y 轴作对称，即得所求函数的图象.

(2) 因为 $\lim\limits_{x\to+\infty} f(x)=0$，所以函数的图象有水平渐近线 $y=0$.

(3) $f'(x)=-2x\mathrm{e}^{-x^2}$，令 $f'(x)=0$，得 $x=0$.

$f''(x)=2(2x^2-1)\mathrm{e}^{-x^2}$，因为 $f''(0)=-2<0$，所以 0 为极大值点，极大值为 1，令 $f''(x)=0$，得 $x=\dfrac{1}{\sqrt{2}}\in[0, +\infty)$，拐点为 $\left(\dfrac{1}{\sqrt{2}}, \dfrac{1}{\sqrt{\mathrm{e}}}\right)$. 列表分析如下：

x	0	$\left(0, \frac{1}{\sqrt{2}}\right)$	$\frac{1}{\sqrt{2}}$	$\left(\frac{1}{\sqrt{2}}, +\infty\right)$
$f'(x)$	0	$-$		$-$
$f''(x)$	-2	$-$	0	$+$
$f(x)$	极大值	∩↘	拐点 $\left(\frac{1}{\sqrt{2}}, \frac{1}{\sqrt{\mathrm{e}}}\right)$	∪↘

(4) 作出函数在 $[0, +\infty)$ 上的图象，并利用对称性，绘制出全部图象(图 4-13).

该函数的图象称为**概率曲线**.

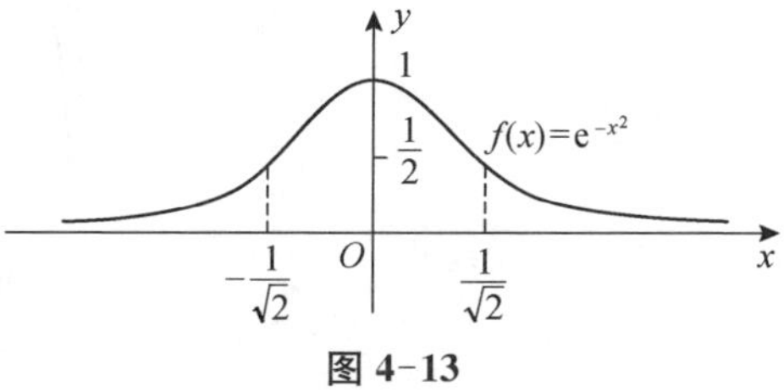

图 4-13

例 8　描绘函数 $f(x)=\dfrac{x^2}{x^2-1}$ 的图象.

解　(1) 函数的定义域是 $(-\infty,-1)\cup(-1,1)\cup(1,+\infty)$，因为函数是偶函数，所以只要作出在 $[0,1)\cup(1,+\infty)$ 范围内的图象，再关于 y 轴作轴对称图形，即得所求函数的图象.

(2) 由于 $\lim\limits_{x\to+\infty}\dfrac{x^2}{x^2-1}=1$，所以 $y=1$ 为曲线的水平渐近线；因为 $\lim\limits_{x\to1^-}\dfrac{x^2}{x^2-1}=-\infty$，$\lim\limits_{x\to1^+}\dfrac{x^2}{x^2-1}=+\infty$，所以 $x=1$ 为曲线的铅直渐近线.

(3) $f'(x)=-\dfrac{2x}{(x^2-1)^2}$，$f''(x)=\dfrac{-2(x^2-1)^2+2x\cdot2(x^2-1)2x}{(x^2-1)^4}=\dfrac{6x^2+2}{(x^2-1)^3}$. 令 $f'(x)=0$，得驻点 $x=0$；$f''(x)$ 无零点，也无二阶导数不存在的点.

(4) 列表分析如下：

x	0	$(0,1)$	$(1,+\infty)$
$f'(x)$	0	$-$	$-$
$f''(x)$	$-$	$-$	$+$
$f(x)$	极大值	$\cap\searrow$	$\cup\searrow$

(5) 计算特殊点：$f\left(\dfrac{1}{2}\right)=-\dfrac{1}{3}$，$f\left(\dfrac{3}{4}\right)=-\dfrac{9}{7}$，$f\left(\dfrac{3}{2}\right)=\dfrac{9}{5}$，$f(2)=\dfrac{4}{3}$.

(6) 描绘出函数的图象(图 4-14).

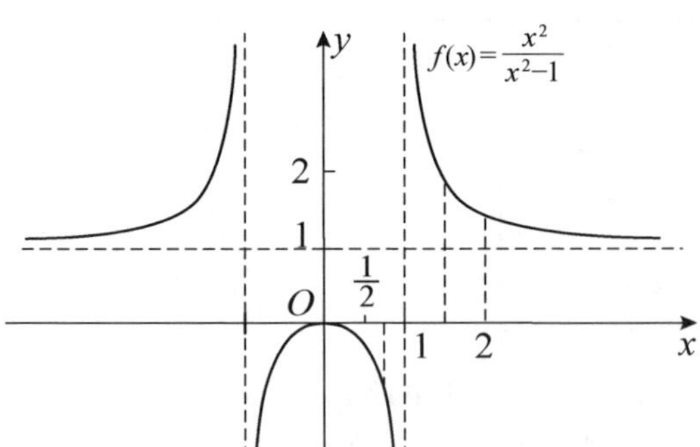

图 4-14

练习 4.5

1. 判定下列曲线的凹凸性.

(1) $y=x^4-2x^3-1$;　　(2) $y=x^3-3x$;

(3) $y=x+\dfrac{1}{x}$;　　(4) $y=\ln\sqrt{x}$.

2. 判断曲线 $y=x^4$ 是否有拐点.

3. 求曲线 $y=\sqrt[3]{x}$ 的凹凸区间和拐点.

4. 作出下列函数的图象.

(1) $y=x^3-3x+6$;　　(2) $f(x)=x^3-x^2-x+1$.

习　题　4

1. 选择题.

(1) 函数 $f(x)=\sqrt{x}$ 在[0, 1]区间上满足拉格朗日中值定理的 ξ 为(　　).

A. $\xi=\dfrac{1}{2}$　　B. $\xi=\dfrac{1}{3}$　　C. $\xi=\dfrac{1}{4}$　　D. ξ 不存在

(2) 方程 $x^3-2x^2+2x-1=0$ 的实根有(　　)个.

A. 0　　B. 1　　C. 2　　D. 3

(3) 下列函数中不具有极值点的是(　　).

A. $y=|x|$　　B. $y=x^3$　　C. $y=x^2$　　D. $y=x^{\frac{2}{3}}$

(4) 若点 x_0 是 $y=f(x)$的极值点,则点 x_0 必为(　　).

A. 驻点或不可导点　　B. 驻点

C. 不可导点　　D. 最大值或最小值点

2. 证明:$\arcsin x+\arccos x=\dfrac{\pi}{2}$, $x\in(-1, 1)$.

3. 利用洛必达法则求下列极限.

(1) $\lim\limits_{x\to 0}(1+\sin x)^{\frac{1}{x}}$;　　(2) $\lim\limits_{x\to 0}\dfrac{2\tan x-x}{x+\sin x}$;

(3) $\lim\limits_{x\to 0^+}x^{\sin x}$;　　(4) $\lim\limits_{x\to\infty}x(e^{\frac{1}{x}}-1)$.

4. 求下列函数的单调区间.

(1) $y=x^3+3x^2-1$;　　(2) $y=2x^2-\ln x$;

(3) $y=x-e^x$;　　(4) $y=\sqrt[3]{x^2}$.

5. 证明下列不等式.

(1) $\sin x+\tan x>2x, x\in\left(0, \dfrac{\pi}{2}\right)$;　　(2) $1+\dfrac{x}{2}>\sqrt{1+x}, x>0$.

6. 求下列函数的极值.

(1) $y=x+\sqrt{1-x}$;　　(2) $y=x^2e^{-x}$.

7. 已知 $f(x)=x^3+ax^2+bx$ 在 $x=1$ 处有极值-12,试确定常系数 a 与 b.

8. 求下列函数在指定区间上的最大值和最小值.

(1) $y = x^3 - 3x + 1$, $x \in [-3, 3]$;　　(2) $y = x\sqrt{x+2}$, $x \in [-2, 2]$.

9. 设有一块边长为 a 的正方形铁皮,将四个角各截去同样大小的正方形小方块,然后把四边折起,就能焊成一个无盖的铁盒子,问所截去的小正方形的边长为多少时,才能使铁盒子的容积最大?

10. 求下列曲线的凹凸区间及拐点.

(1) $y=x^3-3x^2+3x-1$;　　(2) $y=xe^{-x}$;

(3) $y=\ln(1+x^2)$;　　(4) $y=\dfrac{x}{1+x^2}$.

11*. 已知点(1, 2)为曲线 $y=ax^3+bx^2$ 的拐点,求常数 a 与 b 的值和曲线的凹凸区间.

12. 求下列曲线的渐近线.

(1) $y = \dfrac{(x+1)^2}{x-1}$;　　(2) $y = e^{\frac{1}{x}} - 1$;

(3) $y = x^2 - \dfrac{1}{x}$;　　(4) $y = x\ln(1+x)$.

13. 描绘函数 $y = \dfrac{x}{1-x^2}$ 的图象.

第5章 不定积分

前面已经学习了如何求一个函数的导数与微分的一些方法. 反过来,如果已知一个函数的导数或微分,那么该如何求这个函数呢? 这也是积分学研究的基本问题之一. 为了解决这个问题,本章引入积分学中一个重要的基本概念——不定积分. 下面将学习不定积分的概念、性质以及求不定积分的计算方法.

5.1 不定积分的概念

5.1.1 原函数

定义1 设函数 $f(x)$是定义在某区间上的已知函数,若在该区间上存在可导函数 $F(x)$,使得

$$F'(x)=f(x) \quad 或 \quad dF(x)=f(x)dx,$$

则称 $F(x)$是函数 $f(x)$在该区间上的一个**原函数**.

例如,函数 $F(x)=-\cos x$ 满足$F'(x)=\sin x$,所以 $-\cos x$ 是 $\sin x$ 的一个原函数. 不难看出,$-\cos x+1$, $-\cos x+2$, $-\cos x+C$(C 为任意常数) 等都是 $\sin x$ 的原函数.

注意 (1) 若函数 $F(x)$是 $f(x)$的一个原函数,则 $f(x)$的全体原函数就是 $F(x)+C$(C 为任意常数).

(2) 若函数 $f(x)$存在原函数,则它有无限多个原函数,且无限多个原函数彼此间仅相差一个常数. 因此,欲求函数 $f(x)$的所有原函数,只需求出 $f(x)$的一个原函数,再加上任意常数 C,就得到了函数 $f(x)$的全体原函数.

(3) 若函数 $f(x)$在某区间上连续,则在此区间上 $f(x)$一定有原函数. 由于初等函数在其定义区间内必连续,所以初等函数在其定义区间内都有原函数.

例1 写出下列函数的一个原函数.

(1) $f(x)=x^3$; (2) $f(x)=e^x$;

(3) $f(x)=-\dfrac{1}{x^2}$; (4) $f(x)=\dfrac{1}{1+x^2}$.

解 (1) 因为$\left(\dfrac{1}{4}x^4\right)'=x^3$,所以$\dfrac{1}{4}x^4$ 是 x^3 的一个原函数;

(2) 因为$(e^x)'=e^x$,所以 e^x 是 e^x 的一个原函数;

(3) 因为$\left(\frac{1}{x}\right)'=-\frac{1}{x^2}$,所以$\frac{1}{x}$是$-\frac{1}{x^2}$的一个原函数;

(4) 因为 $(\arctan x)'=\frac{1}{1+x^2}$,所以 $\arctan x$ 是$\frac{1}{1+x^2}$的一个原函数.

5.1.2 不定积分的定义

定义 2 函数 $f(x)$的全体原函数 $F(x)+C$(C 为任意常数)称为函数 $f(x)$ 的**不定积分**,记作$\int f(x)\mathrm{d}x$,即

$$\int f(x)\mathrm{d}x=F(x)+C,$$

其中,$\int$ 称为**积分号**,x 称为**积分变量**,$f(x)$称为**被积函数**,$f(x)\mathrm{d}x$ 称为**被积表达式**,C 称为**积分常数**.

注意 常数 C 必须加上,否则所求的就只是一个原函数,而不是不定积分.

在不致混淆的情况下,不定积分也简称为**积分**.求已知函数的不定积分的运算称为**积分运算**,所采用的方法称为**积分法**.

例 2 求下列不定积分.

(1) $\int x\mathrm{d}x$; (2) $\int 2\sin x\mathrm{d}x$; (3) $\int \frac{1}{x}\mathrm{d}x$.

解 (1) 因为$\left(\frac{1}{2}x^2\right)'=x$,所以$\frac{1}{2}x^2$ 是 x 的一个原函数,得

$$\int x\mathrm{d}x=\frac{1}{2}x^2+C.$$

(2) 因为$(-2\cos x)'=2\sin x$,所以$-2\cos x$ 是 $2\sin x$ 的一个原函数,得

$$\int 2\sin x\mathrm{d}x=-2\cos x+C.$$

(3) 因为当 $x>0$ 时,$(\ln x)'=\frac{1}{x}$;当 $x<0$ 时,$[\ln(-x)]'=\frac{-1}{-x}=\frac{1}{x}$,

所以
$$(\ln|x|)'=\frac{1}{x}.$$

从而得
$$\int \frac{1}{x}\mathrm{d}x=\ln|x|+C.$$

5.1.3 不定积分的几何意义

若$F(x)$是函数$f(x)$的一个原函数，则函数$f(x)$的不定积分$\int f(x)\mathrm{d}x = F(x)+C$对于每一个给定的常数$C$，$F(x)+C$表示坐标平面上的一条确定的曲线，这条曲线称为函数$f(x)$的一条**积分曲线**. 由于$C$可以取任意值，因此不定积分$\int f(x)\mathrm{d}x$在几何上表示的是由全体积分曲线所组成的**曲线族**（图5-1），其方程为$y=F(x)+C$. 曲线族中的任意一条积分曲线都可以由曲线$y=F(x)$沿y轴方向上、下平移得到. 或者说，在每一条积分曲线上横坐标相同点处的切线都是相互平行的.

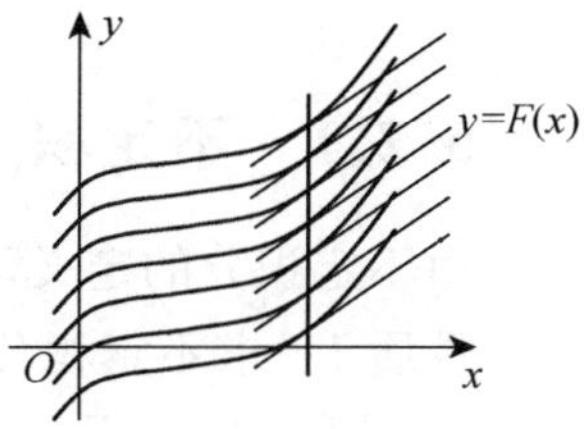

图 5-1

例 3 设曲线过点$(-1, 2)$，并且曲线上任意一点处切线的斜率等于该点的横坐标的平方，求此曲线的方程.

解 设所求曲线方程为$y=f(x)$，则过曲线上任意一点(x, y)处的切线斜率为

$$\frac{\mathrm{d}y}{\mathrm{d}x}=x^2,$$

所以，$f(x)$是x^2的一个原函数.

因为

$$\int x^2\mathrm{d}x=\frac{1}{3}x^3+C,$$

所以

$$y=\frac{1}{3}x^3+C.$$

又曲线$y=f(x)$过点$(-1, 2)$，得

$$2=\frac{1}{3}\times(-1)^3+C,$$

即

$$C=\frac{7}{3}.$$

于是所求曲线方程为

$$y=\frac{1}{3}x^3+\frac{7}{3}.$$

练习 5.1

1. 写出下列函数的一个原函数.

(1) $y=2\cos x$；　　(2) $y=-2x^3$；

(3) $y=\frac{1}{\sqrt{x}}$；　　(4) $y=\frac{1}{\sqrt{1-x^2}}$.

2. 根据不定积分的定义，验证下列等式.

(1) $\int k\mathrm{d}x = kx + C$ (k 为常数)；　　(2) $\int 2\cos 2x\,\mathrm{d}x = \sin 2x + C$.

5.2 不定积分的性质和基本积分公式

5.2.1 不定积分的性质

由不定积分的定义，易得不定积分具有下列性质.

性质 1 求不定积分与求导或微分运算之间有下列互逆关系：

(1) $\left[\int f(x)\mathrm{d}x\right]' = f(x)$ 或 $\mathrm{d}\left[\int f(x)\mathrm{d}x\right] = f(x)\mathrm{d}x$.

(2) $\int F'(x)\mathrm{d}x = F(x) + C$ 或 $\int \mathrm{d}F(x) = F(x) + C$.

即不定积分的导数或微分等于被积函数或被积表达式，一个函数的导数或微分的不定积分与这个函数相差一个常数.

性质 2 被积表达式中的非零常数因子可以提到积分号外，即

$$\int kf(x)\mathrm{d}x = k\int f(x)\mathrm{d}x \quad (k \text{ 为常数}, k \neq 0).$$

性质 3 两个函数的代数和的不定积分等于它们的不定积分的代数和，即

$$\int [f(x) \pm g(x)]\mathrm{d}x = \int f(x)\mathrm{d}x \pm \int g(x)\mathrm{d}x.$$

性质 3 可以推广到任意有限个函数的代数和的情形，即和函数可以逐项积分.

5.2.2 基本积分公式

由于求不定积分是求导数(或微分)的逆运算，根据导数基本公式可得到对应的积分公式. 即

(1) $\int k\mathrm{d}x = kx + C$ (k 为常数).

(2) $\int x^{\alpha}\mathrm{d}x = \dfrac{1}{\alpha+1}x^{\alpha+1} + C$ (α 为常数，且 $\alpha \neq -1$).

(3) $\int \dfrac{1}{x}\mathrm{d}x = \ln|x| + C$.　　(4) $\int a^x\mathrm{d}x = \dfrac{1}{\ln a}a^x + C$.

(5) $\int \mathrm{e}^x\mathrm{d}x = \mathrm{e}^x + C$.　　(6) $\int \sin x\,\mathrm{d}x = -\cos x + C$.

(7) $\int \cos x\,\mathrm{d}x = \sin x + C$.　　(8) $\int \sec^2 x\,\mathrm{d}x = \tan x + C$.

(9) $\int \csc^2 x \mathrm{d}x = -\cot x + C$.　　(10) $\int \sec x \tan x \mathrm{d}x = \sec x + C$.

(11) $\int \csc x \cot x \mathrm{d}x = -\csc x + C$.　　(12) $\int \frac{\mathrm{d}x}{\sqrt{1-x^2}} = \arcsin x + C$.

(13) $\int \frac{\mathrm{d}x}{1+x^2} = \arctan x + C$.

利用不定积分的性质和基本积分公式,可以直接计算一些比较简单的不定积分. 像这种直接利用不定积分的性质和基本积分公式求不定积分的方法称为**直接积分法**.

例 求下列不定积分.

(1) $\int (x^2 - 2x + 3)\mathrm{d}x$；　　(2) $\int (\sqrt[3]{x} + 1)^2 \mathrm{d}x$；

(3) $\int \frac{1+x+x^3}{x^2}\mathrm{d}x$；　　(4) $\int \frac{1-x^2}{1+x^2}\mathrm{d}x$；

(5) $\int \sin^2 \frac{x}{2}\mathrm{d}x$；　　(6) $\int (2\mathrm{e}^x - \sin x)\mathrm{d}x$.

解 (1) $\int (x^2 - 2x + 3)\mathrm{d}x = \int x^2 \mathrm{d}x - \int 2x \mathrm{d}x + \int 3\mathrm{d}x = \frac{1}{3}x^3 - x^2 + 3x + C$.

(2) $$\int (\sqrt[3]{x} + 1)^2 \mathrm{d}x = \int (x^{\frac{2}{3}} + 2x^{\frac{1}{3}} + 1)\mathrm{d}x = \int x^{\frac{2}{3}}\mathrm{d}x + 2\int x^{\frac{1}{3}}\mathrm{d}x + \int \mathrm{d}x$$
$$= \frac{3}{5}x^{\frac{5}{3}} + \frac{3}{2}x^{\frac{4}{3}} + x + C.$$

(3) $\int \frac{1+x+x^3}{x^2}\mathrm{d}x = \int \frac{1}{x^2}\mathrm{d}x + \int \frac{1}{x}\mathrm{d}x + \int x\mathrm{d}x = -\frac{1}{x} + \ln|x| + \frac{1}{2}x^2 + C$.

(4) $$\int \frac{1-x^2}{1+x^2}\mathrm{d}x = \int \left(\frac{2}{1+x^2} - 1\right)\mathrm{d}x = 2\int \frac{1}{1+x^2}\mathrm{d}x - \int \mathrm{d}x$$
$$= 2\arctan x - x + C.$$

(5) $$\int \sin^2 \frac{x}{2}\mathrm{d}x = \int \frac{1-\cos x}{2}\mathrm{d}x = \frac{1}{2}\int \mathrm{d}x - \frac{1}{2}\int \cos x\mathrm{d}x$$
$$= \frac{1}{2}x - \frac{1}{2}\sin x + C.$$

(6) $$\int (2\mathrm{e}^x - \sin x)\mathrm{d}x = \int 2\mathrm{e}^x\mathrm{d}x - \int \sin x\mathrm{d}x = 2\int \mathrm{e}^x\mathrm{d}x + \cos x$$
$$= 2\mathrm{e}^x + \cos x + C.$$

注意 (1) 对于和函数的逐项积分,等式右端的不定积分各含有一个任意常数,因为有限个任意常数的代数和仍然是任意常数,所以只要表达式中含有不定积分,就不必写出一个常数,只需在最后结果中写上一个常数 C 即可.

(2) 当不定积分不能直接用基本积分公式和不定积分的性质进行计算时,可先将被积函数化简或变形后再进行计算.计算的结果是否正确,只需对所求结果进行求导,看其导数是否等于被积函数.

练习 5.2

1. 在不定积分的性质 $\int kf(x)\mathrm{d}x = k\int f(x)\mathrm{d}x$ 中,为何要求 $k \neq 0$?

2. 求下列不定积分.

(1) $\int \sqrt{x\sqrt{x}}\,\mathrm{d}x$;　　(2) $\int \frac{x^4}{1+x^2}\mathrm{d}x$;

(3) $\int \cos^2\frac{x}{2}\mathrm{d}x$;　　(4) $\int \tan^2 x\,\mathrm{d}x$;

(5) $\int \frac{\cos 2x}{\sin^2 x\cos^2 x}\mathrm{d}x$;　　(6) $\int \mathrm{e}^{x+1}\mathrm{d}x$.

5.3 换元积分法

一般来说,很多不定积分可以由直接积分法求出,但是还有许多不定积分却难以用直接积分法求出,如求 $\int x\mathrm{e}^{x^2}\mathrm{d}x$, $\int \sec x\,\mathrm{d}x$ 等.本节学习另外一种积分方法——换元积分法.

5.3.1 第一换元积分法(又称凑微分法)

引例 求不定积分 $\int \mathrm{e}^{2x}\mathrm{d}x$.

分析 由于不定积分中的被积函数 e^{2x} 是一个复合函数,故不能直接利用基本积分公式 $\int \mathrm{e}^x\mathrm{d}x = \mathrm{e}^x + C$ 进行积分,但可以利用不定积分和微分的性质,进行如下变换:

$$\int \mathrm{e}^{2x}\mathrm{d}x = \frac{1}{2}\int \mathrm{e}^{2x}\mathrm{d}(2x).$$

令 $2x = u$,上述积分转化为 $\frac{1}{2}\int \mathrm{e}^u\mathrm{d}u$,这样就可以利用基本积分公式,得到

$$\frac{1}{2}\int \mathrm{e}^u\mathrm{d}u = \frac{1}{2}\mathrm{e}^u + C,$$

再将 $u = 2x$ 回代,有

$$\int \mathrm{e}^{2x}\mathrm{d}x = \frac{1}{2}\mathrm{e}^{2x} + C.$$

由$\left(\frac{1}{2}e^{2x}+C\right)'=e^{2x}$可知，上述积分结果是正确的.

引例采取的方法是引入新变量$u=\varphi(x)$，把原积分化为关于u的一个简单的积分，再套用基本积分公式求解，这种求不定积分的方法称为**第一换元积分法**（又称**凑微分法**）.

定理1 若$F'(u)=f(u)$，且$u=\varphi(x)$是x的任一可微函数，则

$$\int f[\varphi(x)]\varphi'(x)\mathrm{d}x=\left[\int f(u)\mathrm{d}u\right]_{u=\varphi(x)}=F[\varphi(x)]+C.$$

事实上，由复合函数求导法则，得

$$\frac{\mathrm{d}}{\mathrm{d}x}\{[F(\varphi(x)]+C\}=F'[u]\varphi'(x)=f(u)\varphi'(x)=f[\varphi(x)]\varphi'(x).$$

该定理表明，在基本积分公式中，将积分变量x换成任一可微函数$u=\varphi(x)$后公式仍然成立. 应用这一结论，可得第一换元积分法计算的一般过程：

$$\begin{aligned}\int g(x)\mathrm{d}x&=\int f[\varphi(x)]\varphi'(x)\mathrm{d}x=\int f[\varphi(x)]\mathrm{d}\varphi(x)=\left[\int f(u)\mathrm{d}u\right]_{u=\varphi(x)}\\&=F(u)+C=F[\varphi(x)]+C.\end{aligned}$$

例1 求$\int\cos 2x\,\mathrm{d}x$.

解 设$u=2x$，则$x=\frac{1}{2}u$，$\mathrm{d}x=\frac{1}{2}\mathrm{d}u$. 于是有

$$\begin{aligned}\int\cos 2x\,\mathrm{d}x&=\int\cos u\cdot\frac{1}{2}\mathrm{d}u=\frac{1}{2}\int\cos u\,\mathrm{d}u=\frac{1}{2}\sin u+C\\&=\frac{1}{2}\sin 2x+C.\end{aligned}$$

例2 求$\int\frac{3\mathrm{d}x}{\sqrt{1-3x}}$.

解 设$u=1-3x$，则$x=\frac{1-u}{3}$，$\mathrm{d}x=-\frac{1}{3}\mathrm{d}u$. 于是有

$$\int\frac{3\mathrm{d}x}{\sqrt{1-3x}}=-\int\frac{\mathrm{d}u}{\sqrt{u}}=-2\sqrt{u}+C=-2\sqrt{1-3x}+C.$$

注意 在对变量替换比较熟练后，可不必写出新设的积分变量，直接凑微分.

例3 求下列不定积分.

(1) $\int(2x-3)^5\mathrm{d}x$；　　(2) $\int\frac{\mathrm{d}x}{a^2+x^2}(a>0)$；

(3) $\int x e^{-x^2} dx$；　　(4) $\int \tan x dx$；

(5) $\int \frac{dx}{x^2-a^2}(a>0)$；　　(6) $\int \sec x dx$.

解 (1) $\int(2x-3)^5 dx = \int(2x-3)^5 \frac{1}{2}d(2x-3) = \frac{1}{2}\int(2x-3)^5 d(2x-3)$

$$=\frac{1}{12}(2x-3)^6+C.$$

(2) $\int \frac{dx}{a^2+x^2} = \frac{1}{a^2}\int \frac{dx}{1+\left(\frac{x}{a}\right)^2} = \frac{1}{a}\int \frac{d\left(\frac{x}{a}\right)}{1+\left(\frac{x}{a}\right)^2} = \frac{1}{a}\arctan\frac{x}{a}+C.$

(3) $\int x e^{-x^2} dx = -\frac{1}{2}\int e^{-x^2} d(-x^2) = -\frac{1}{2}e^{-x^2}+C.$

(4) $\int \tan x dx = \int \frac{1}{\cos x}\cdot \sin x dx = -\int \frac{1}{\cos x}d(\cos x) = -\ln|\cos x|+C.$

类似地，有 $\int \cot x dx = \ln|\sin x|+C.$

(5) $\int \frac{dx}{x^2-a^2} = \frac{1}{2a}\int\left(\frac{1}{x-a}-\frac{1}{x+a}\right)dx = \frac{1}{2a}\left[\int \frac{d(x-a)}{x-a} - \int \frac{d(x+a)}{x+a}\right]$

$$=\frac{1}{2a}\ln|x-a| - \frac{1}{2a}\ln|x+a|+C$$

$$=\frac{1}{2a}\ln\left|\frac{x-a}{x+a}\right|+C.$$

(6) $\int \sec x dx = \int \frac{\sec x(\sec x+\tan x)}{\sec x+\tan x}dx = \int \frac{\sec^2 x+\sec x\tan x}{\sec x+\tan x}dx$

$$=\int \frac{1}{\sec x+\tan x}d(\sec x+\tan x)$$

$$=\ln|\sec x+\tan x|+C.$$

类似地，有 $\int \csc x dx = \ln|\csc x-\cot x|+C.$

在求不定积分的过程中，凑微分时经常用到下列凑微分式子：

(1) $dx = \frac{1}{a}d(ax+b)$.　　(2) $x^{\alpha} dx = \frac{1}{\alpha+1}d(x^{\alpha+1}+b)(\alpha \neq -1)$.

(3) $\frac{1}{x}dx = d(\ln|x|+a)$.　　(4) $\frac{1}{x^2}dx = -d\left(\frac{1}{x}\right)$.

(5) $e^x dx = d(e^x)$.　　(6) $\sin x dx = -d(\cos x)$.

(7) $\cos x dx = d(\sin x)$.　　(8) $\frac{1}{1+x^2}dx = d(\arctan x)$.

(9) $\sec^2 x\,dx = d(\tan x)$. (10) $\csc^2 x\,dx = -d(\cot x)$.

(11) $\frac{1}{\sqrt{x}}dx = 2d(\sqrt{x})$. (12) $\frac{1}{\sqrt{1-x^2}}dx = d(\arcsin x)$.

5.3.2 第二换元积分法

第一换元积分法是采用新的积分变量 $u=\varphi(x)$ 求出不定积分，但还有一些不定积分，如 $\int\sqrt{a^2-x^2}\,dx$，$\int x\sqrt{2x-1}\,dx$ 等就不适合用第一换元积分法计算，可以引入变量 t，并选择适当代换 $x=\varphi(t)$，其中 $\varphi(t)$ 可导，且 $\varphi'(t)$ 连续，则可将不定积分 $\int f(x)dx$ 化为 $\int f[\varphi(t)]\varphi'(t)dt$. 若易求得 $\int f[\varphi(t)]\varphi'(t)dt = F(t)+C$，则

$$\int f(x)dx = \int f[\varphi(t)]\varphi'(t)dt = F(t)+C.$$

而 $x=\varphi(t)$ 的反函数 $t=\varphi^{-1}(x)$ 存在且可导，再将 $t=\varphi^{-1}(x)$ 代入上面的 $F(t)$，得

$$\int f(x)dx = F[\varphi^{-1}(x)]+C.$$

定理 2 设 $x=\varphi(t)$ 是单调可导函数，且 $\varphi'(t)\neq 0$，若 $f[\varphi(t)]\varphi'(t)$ 具有原函数 $F(t)$，则

$$\int f(x)dx = \int f[\varphi(t)]\varphi'(t)dt = F(t)+C = F[\varphi^{-1}(x)]+C,$$

其中，$t=\varphi^{-1}(x)$ 是 $x=\varphi(t)$ 的反函数. 这种求不定积分的方法称为**第二换元积分法**.

例 4 求 $\int\frac{\sqrt{x}}{1+\sqrt{x}}dx$.

解 令 $t=\sqrt{x}$，则 $x=t^2$，$dx=2t\,dt$. 于是

$$\begin{aligned}\int\frac{\sqrt{x}}{1+\sqrt{x}}dx &= \int\frac{t}{1+t}\cdot 2t\,dt = 2\int\frac{t^2}{1+t}dt = 2\int\frac{(t^2-1)+1}{1+t}dt \\ &= 2\int\left(t-1+\frac{1}{1+t}\right)dt = t^2-2t+2\ln(1+t)+C \\ &= x-2\sqrt{x}+2\ln(1+\sqrt{x})+C.\end{aligned}$$

例 5 求 $\int\frac{1}{\sqrt{x}+\sqrt[3]{x}}dx$.

解 为了同时消去两个根号,令 $t=\sqrt[6]{x}$,则 $x=t^6$, $\mathrm{d}x=6t^5\mathrm{d}t$, 于是

$$\int\frac{1}{\sqrt{x}+\sqrt[3]{x}}\mathrm{d}x=\int\frac{6t^5}{t^3+t^2}\mathrm{d}t=6\int\frac{t^3}{t+1}\mathrm{d}t=6\int\frac{t^3+1-1}{t+1}\mathrm{d}t$$

$$=6\int\left[(t^2-t+1)-\frac{1}{t+1}\right]\mathrm{d}t$$

$$=2t^3-3t^2+6t-6\ln(t+1)+C$$

$$=2\sqrt{x}-3\sqrt[3]{x}+6\sqrt[6]{x}-6\ln(\sqrt[6]{x}+1)+C.$$

例6 求 $\int\sqrt{a^2-x^2}\mathrm{d}x \quad (a>0)$.

解 令 $x=a\sin t\left(-\frac{\pi}{2}<t<\frac{\pi}{2}\right)$,则 $\sqrt{a^2-x^2}=a\cos t$,且 $\mathrm{d}x=a\cos t\mathrm{d}t$,于是

$$\int\sqrt{a^2-x^2}\mathrm{d}x=\int a^2\cos^2 t\mathrm{d}t=a^2\int\frac{1+\cos 2t}{2}\mathrm{d}t=\frac{a^2}{2}t+\frac{a^2}{4}\sin 2t+C.$$

而由 $x=a\sin t$,得 $\sin t=\frac{x}{a}$, $\cos t=\frac{\sqrt{a^2-x^2}}{a}$,从而

$$t=\arcsin\frac{x}{a},\quad \sin 2t=\frac{2x\sqrt{a^2-x^2}}{a^2},$$

所以 $\int\sqrt{a^2-x^2}\mathrm{d}x=\frac{a^2}{2}\arcsin\frac{x}{a}+\frac{x\sqrt{a^2-x^2}}{2}+C$.

例7 求 $\int\frac{1}{(a^2+x^2)^{\frac{3}{2}}}\mathrm{d}x \quad (a>0)$.

解 令 $x=a\tan t\ \left(-\frac{\pi}{2}<t<\frac{\pi}{2}\right)$,则 $\mathrm{d}x=a\sec^2 t\mathrm{d}t$, 于是

$$\int\frac{1}{(a^2+x^2)^{\frac{3}{2}}}\mathrm{d}x=\int\frac{a\sec^2 t}{a^3\sec^3 t}\mathrm{d}t=\frac{1}{a^2}\int\cos t\mathrm{d}t=\frac{1}{a^2}\sin t+C.$$

由 $x=a\tan t$,得 $\tan t=\frac{x}{a}$,从而 $\sin t=\frac{x}{\sqrt{a^2+x^2}}$.

所以 $\int\frac{1}{(a^2+x^2)^{\frac{3}{2}}}\mathrm{d}x=\frac{x}{a^2\sqrt{a^2+x^2}}+C$.

第二换元积分法常用于被积函数中含有根式的情形,常用的几种变量代换归纳如下:

(1) 被积函数为 $f(\sqrt[m_1]{x}, \sqrt[m_2]{x})$,令 $t=\sqrt[m]{x}$,其中 m 为 m_1, m_2 的最小公倍数;

(2) 被积函数为 $f(\sqrt[n]{ax+b})$，令 $t=\sqrt[n]{ax+b}$；

(3) 被积函数为 $f(\sqrt{a^2-x^2})$，令 $x=a\sin t$（或令 $x=a\cos t$）；

(4) 被积函数为 $f(\sqrt{a^2+x^2})$，令 $x=a\tan t$（或令 $x=a\cot t$）；

(5) 被积函数为 $f(\sqrt{x^2-a^2})$，令 $x=a\sec t$（或令 $x=a\csc t$）.

上述例子中有的结果，在解题中可以当作公式使用. 为了使用方便，再补充一部分公式，列举如下：

(1) $\int \tan x\,dx=-\ln|\cos x|+C$；

(2) $\int \cot x\,dx=\ln|\sin x|+C$；

(3) $\int \sec x\,dx=\ln|\sec x+\tan x|+C$；

(4) $\int \csc x\,dx=\ln|\csc x-\cot x|+C$；

(5) $\int \frac{dx}{a^2+x^2}=\frac{1}{a}\arctan\frac{x}{a}+C\quad(a>0)$；

(6) $\int \frac{dx}{a^2-x^2}=\frac{1}{2a}\ln\left|\frac{a+x}{a-x}\right|+C\quad(a>0)$；

(7) $\int \frac{dx}{x^2-a^2}=\frac{1}{2a}\ln\left|\frac{x-a}{x+a}\right|+C\quad(a>0)$；

(8) $\int \frac{dx}{\sqrt{a^2-x^2}}=\arcsin\frac{x}{a}+C\quad(a>0)$；

(9) $\int \frac{dx}{\sqrt{x^2\pm a^2}}=\ln|x+\sqrt{x^2\pm a^2}|+C\quad(a>0)$；

(10) $\int \sqrt{a^2-x^2}\,dx=\frac{a^2}{2}\arcsin\frac{x}{a}+\frac{x\sqrt{a^2-x^2}}{2}+C\quad(a>0)$；

(11) $\int \sqrt{a^2+x^2}\,dx=\frac{x}{2}\sqrt{a^2+x^2}+\frac{a^2}{2}\ln(x+\sqrt{a^2+x^2})+C\quad(a>0)$；

(12) $\int \sqrt{x^2-a^2}\,dx=\frac{x}{2}\sqrt{x^2-a^2}-\frac{a^2}{2}\ln|x+\sqrt{x^2-a^2}|+C\quad(a>0)$.

练习 5.3

1. 求下列不定积分.

(1) $\int \frac{dx}{3x+2}$；

(2) $\int \sqrt{1-2x}\,dx$；

(3) $\int \sin^3 x\,dx$；

(4) $\int 2x e^{x^2}\,dx$.

2. 求下列不定积分.

(1) $\int \frac{x-1}{\sqrt{2x+1}}\mathrm{d}x$;　　(2) $\int \frac{\mathrm{d}x}{2+\sqrt{x-1}}$;

(3) $\int \frac{\mathrm{d}x}{x\sqrt{x^2-1}}$;　　(4) $\int 2\mathrm{e}^x\sqrt{1-\mathrm{e}^{2x}}\,\mathrm{d}x$.

5.4 分部积分法

前面是利用直接积分法和换元积分法求函数的不定积分,但是还有一些不定积分,如 $\int x\ln x\,\mathrm{d}x$, $\int \arcsin x\,\mathrm{d}x$ 等利用直接积分法或换元积分法是无法求出的.因此需另外引入一种求不定积分的方法——**分部积分法**.

设函数 $u=u(x)$, $v=v(x)$ 具有连续导数.由两个函数乘积的微分公式,有

$$\mathrm{d}(uv)=v\mathrm{d}u+u\mathrm{d}v,$$

即

$$u\mathrm{d}v=\mathrm{d}(uv)-v\mathrm{d}u.$$

对上式两边积分,得

$$\int u\mathrm{d}v=uv-\int v\mathrm{d}u.$$

上式称为**分部积分公式**.利用分部积分公式求积分的方法称为**分部积分法**.

这一公式说明,分部积分法可以将求 $\int u\mathrm{d}v$ 的积分问题转化为求 $\int v\mathrm{d}u$ 的积分问题.

例1　求 $\int \ln x\,\mathrm{d}x$.

解　设 $u=\ln x$, $\mathrm{d}v=\mathrm{d}x$,则 $\mathrm{d}u=\frac{1}{x}\mathrm{d}x$, $v=x$,于是

$$\int \ln x\,\mathrm{d}x=x\ln x-\int x\cdot\frac{1}{x}\mathrm{d}x=x\ln x-x+C.$$

例2　求 $\int x\cos x\,\mathrm{d}x$.

解　设 $u=x$, $\mathrm{d}v=\cos x\,\mathrm{d}x$,则 $\mathrm{d}u=\mathrm{d}x$, $v=\sin x$,所以

$$\int x\cos x\,\mathrm{d}x=\int x\,\mathrm{d}(\sin x)=x\sin x-\int \sin x\,\mathrm{d}x=x\sin x+\cos x+C.$$

若令 $u=\cos x$, $\mathrm{d}v=x\,\mathrm{d}x$,则 $\mathrm{d}u=-\sin x\,\mathrm{d}x$, $v=\frac{x^2}{2}$,于是

$$\int x\cos x\,\mathrm{d}x=\int\cos x\,\mathrm{d}\left(\frac{1}{2}x^2\right)=\frac{1}{2}x^2\cos x+\int\frac{1}{2}x^2\sin x\,\mathrm{d}x.$$

显见，上面令 $u=\cos x$，$\mathrm{d}v=x\,\mathrm{d}x$ 的求法不可取，因为积分$\int\frac{1}{2}x^2\sin x\,\mathrm{d}x$ 反而比$\int x\cos x\,\mathrm{d}x$ 更难求了. 因此，分部积分法的关键在于适当地选取 u 和 $\mathrm{d}v$，那么该如何选取 v 和 $\mathrm{d}v$ 呢?

由以上两例可以看出，应用分部积分法求积分时，选取 u 和 $\mathrm{d}v$ 的原则如下：

(1) v 容易直接求得； (2) $\int v\mathrm{d}u$ 比$\int u\mathrm{d}v$ 容易计算.

掌握了分部积分法后，不必写出设 u 和 $\mathrm{d}v$ 的过程，而是直接应用分部积分公式. 在一些较复杂的积分问题中，可能要多次应用分部积分法.

例 3 求$\int x^2\mathrm{e}^x\mathrm{d}x$.

解
$$\begin{aligned}\int x^2\mathrm{e}^x\mathrm{d}x&=\int x^2\mathrm{d}(\mathrm{e}^x)=x^2\mathrm{e}^x-2\int x\mathrm{e}^x\mathrm{d}x\\&=x^2\mathrm{e}^x-2\int x\,\mathrm{d}(\mathrm{e}^x)=x^2\mathrm{e}^x-2x\mathrm{e}^x+2\int\mathrm{e}^x\mathrm{d}x\\&=(x^2-2x+2)\mathrm{e}^x+C.\end{aligned}$$

例 4 求$\int\mathrm{e}^x\sin x\,\mathrm{d}x$.

解
$$\begin{aligned}\int\mathrm{e}^x\sin x\,\mathrm{d}x&=\int\sin x\,\mathrm{d}(\mathrm{e}^x)=\mathrm{e}^x\sin x-\int\mathrm{e}^x\cos x\,\mathrm{d}x\\&=\mathrm{e}^x\sin x-\int\cos x\,\mathrm{d}(\mathrm{e}^x)\\&=\mathrm{e}^x\sin x-\mathrm{e}^x\cos x-\int\mathrm{e}^x\sin x\,\mathrm{d}x.\end{aligned}$$

上式右端第三项$\int\mathrm{e}^x\sin x\,\mathrm{d}x$ 恰是所求的不定积分，将其移项至左边后，左边就是 $2\int\mathrm{e}^x\sin x\,\mathrm{d}x$，而此时右边已不含积分项，必须加上一个常数，于是

$$2\int\mathrm{e}^x\sin x\,\mathrm{d}x=\mathrm{e}^x(\sin x-\cos x)+C_0,$$

所以
$$\int\mathrm{e}^x\sin x\,\mathrm{d}x=\frac{1}{2}\mathrm{e}^x(\sin x-\cos x)+C.$$

注意 (1)移项后，等式的右端已不含积分项，必须加上任意常数 C_0，而最后结果中的 $C=\frac{1}{2}C_0$.

(2) 第二次应用分部积分法时，u 与 $\mathrm{d}v$ 的选取要与第一次保持一致，否则将回到原积分.

(3) 当被积函数为两种不同类型函数的乘积时,应用分部积分法求不定积分,对 u 的选取一般来说遵循下列顺序:

反三角函数⟶对数函数⟶幂函数⟶三角函数或指数函数.

简单地说,就是五个字:反、对、幂、三、指.

(4) 有些不定积分,需要将不定积分的换元法与分部积分法兼用才能求得最终结果.

例 5 求 $\int \arctan\sqrt{x}\,\mathrm{d}x$.

解 令 $\sqrt{x}=t$,则 $x=t^2$, $\mathrm{d}x=2t\,\mathrm{d}t$,于是

$$\begin{aligned}\int \arctan\sqrt{x}\,\mathrm{d}x &= 2\int t\arctan t\,\mathrm{d}t\\ &= \int \arctan t\,\mathrm{d}(t^2) \qquad\qquad (\text{用分部积分法})\\ &= t^2\arctan t-\int\frac{t^2}{1+t^2}\mathrm{d}t\\ &= t^2\arctan t-\int\left(1-\frac{1}{1+t^2}\right)\mathrm{d}t\\ &= t^2\arctan t-t+\arctan t+C\\ &= x\arctan\sqrt{x}-\sqrt{x}+\arctan\sqrt{x}+C.\end{aligned}$$

例 6 求 $\int \sin\sqrt{x}\,\mathrm{d}x$.

解 令 $\sqrt{x}=t$,则 $x=t^2$, $\mathrm{d}x=2t\,\mathrm{d}t$,于是

$$\begin{aligned}\int \sin\sqrt{x}\,\mathrm{d}x &= \int \sin t\cdot 2t\,\mathrm{d}t=2\int t\,\mathrm{d}(-\cos t)\\ &= -2t\cos t+2\int\cos t\,\mathrm{d}t\\ &= -2t\cos t+2\sin t+C\\ &= -2\sqrt{x}\cos\sqrt{x}+2\sin\sqrt{x}+C.\end{aligned}$$

例 5、例 6 都是同时用到了换元积分法和分部积分法才得出结果. 当然求初等函数的不定积分的方法不是唯一的,并且伴随着一定的技巧,可见求不定积分比求导数要困难的多. 另外,还有一些初等函数虽然在其定义区间内存在原函数,但是它们的原函数并不能用初等函数表示出来. 例如,$\int\frac{\sin x}{x}\mathrm{d}x$,$\int\frac{\cos x}{x}\mathrm{d}x$,$\int\frac{\mathrm{e}^x}{x}\mathrm{d}x$,$\int\frac{x^n\,\mathrm{d}x}{\ln x}(n\neq-1)$,$\int\sin x^2\,\mathrm{d}x$,$\int\cos x^2\,\mathrm{d}x$,$\int\sin^m x\,\mathrm{d}x\,(m\notin\mathbf{Z})$,$\int\mathrm{e}^{-x^2}\mathrm{d}x$,$\int\sqrt{1+x^3}\,\mathrm{d}x$,

$\int \frac{1}{\sqrt{x^4+a}} dx\ (a \neq 0)$ 等不定积分的原函数都是非初等函数,因此这些不定积分就“积不出来”.

练习 5.4

1. 求下列不定积分.

(1) $\int x e^{-x} dx$;　　(2) $\int x \ln x dx$;

(3) $\int e^x \sin 2x dx$;　　(4) $\int x \arctan x dx$.

2. 求下列不定积分.

(1) $\int e^{\sqrt{x}} dx$;　　(2) $\int \frac{\arctan\sqrt{x}}{\sqrt{x}(1+x)} dx$.

习　题　5

1. 填空题.

(1) $1+\sin x$ 的一个原函数是________.

(2) $dx =$ ________ $d(1-2x)$.

(3) $\int f'(2x) dx =$ ________.

(4) 已知 $\left[\int f(x) dx\right]' = 1+\ln x$,则 $f(x) =$ ________.

2. 选择题.

(1) 下列函数对中是同一函数的原函数是(　　).

A. $\sqrt{x+1}$ 和 $2\sqrt{x+1}$　　B. $\sin x$ 和 $-\cos x$

C. $\sin^2 x - \cos^2 x$ 和 $2\cos^2 x$　　D. $\ln(2x^2+2)$ 和 $\ln(x^2+1)+1$

(2) 下列等式正确的是(　　).

A. $\frac{d}{dx}\int f(x) dx = f(x)$　　B. $\int df(x) = f(x)$

C. $\int f'(x) dx = f(x)$　　D. $d\int f(x) dx = f(x)$

(3) 若 $f'(x)$为连续函数,则 $\int f'(2x) dx =$ (　　).

A. $f(2x)+C$　　B. $f(x)+C$

C. $\frac{1}{2}f(2x)+C$　　D. $2f(2x)+C$

(4) 已知 $x^2\ln x$ 是函数 $f(x)$ 在区间 $(0,+\infty)$ 内的一个原函数,则 $\int \frac{f'(x)}{x} dx =$ (　　).

A. $\ln^2 x - x^2 + C$　　B. $x - x^2\ln x + C$

C. $\ln^2 x + 3\ln x + C$　　D. $\ln^2 x - x + C$

3. 计算下列不定积分.

(1) $\int \frac{2x^2}{x^2+1}dx$;

(2) $\int \frac{x^2-1}{\sqrt{x}}dx$;

(3) $\int(\sqrt{x}+1)\left(\sqrt{x}-\frac{1}{\sqrt{x}}\right)dx$;

(4) $\int \frac{x\,dx}{\sqrt{x^2+1}}$;

(5) $\int \sin x\cos x\,dx$;

(6) $\int \frac{1+\cos x}{x+\sin x}dx$;

(7) $\int x^2\ln x\,dx$;

(8) $\int \frac{\sqrt{x-1}}{x}dx$;

(9) $\int \frac{dx}{1+\sqrt{x+1}}$;

(10) $\int \cos(\ln x)dx$;

(11) $\int x^2 e^{-x}dx$;

(12) $\int e^{-x}\cos x\,dx$;

(13) $\int x^2\sin x\,dx$;

(14) $\int \frac{dx}{x(x^2+1)}$;

(15) $\int \frac{dx}{x^2-5x+6}$;

(16) $\int \frac{x^2e^x\,dx}{(x+2)^2}$;

(17) $\int \frac{x\arccos x}{\sqrt{1-x^2}}dx$;

(18) $\int \frac{xe^x}{\sqrt{e^x-1}}dx$.

4*. 设 $\frac{\cos x}{x}$ 为函数 $f(x)$ 的一个原函数,求 $\int xf'(x)dx$.

5*. 已知 $f(x)=\frac{1}{x}e^x$,求 $\int xf''(x)dx$.

第6章　定　积　分

定积分也是积分学中一个重要的基本概念,它与不定积分既有区别,又有联系.定积分在数学、物理、工程学等多个领域都有着广泛的应用.通过对定积分的研究和运用,可以解决许多实际问题,并推动科学技术的发展.下面分别以曲边梯形的面积和变速直线运动的路程为例引入定积分的概念,介绍定积分的一些性质、计算方法以及在几何问题中的简单应用.

6.1　定积分的概念

6.1.1　两个引例

1. 曲边梯形的面积

设函数 $y=f(x)[f(x)\geqslant 0]$ 在区间 $[a, b]$ 上连续,则由连续曲线 $y=f(x)$, x 轴与直线 $x=a$, $x=b$ 所围成的平面图形称为曲边梯形(图 6-1).由于曲边梯形的高 $f(x)$ 在区间 $[a, b]$ 上是不断变化的,故不能利用矩形面积公式直接计算,那么该如何计算曲边梯形的面积呢?

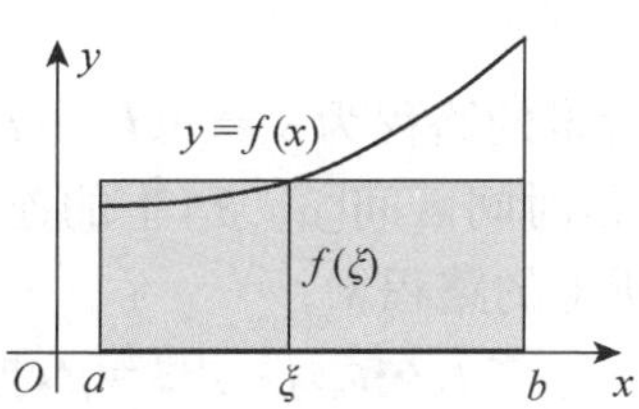

图 6-1

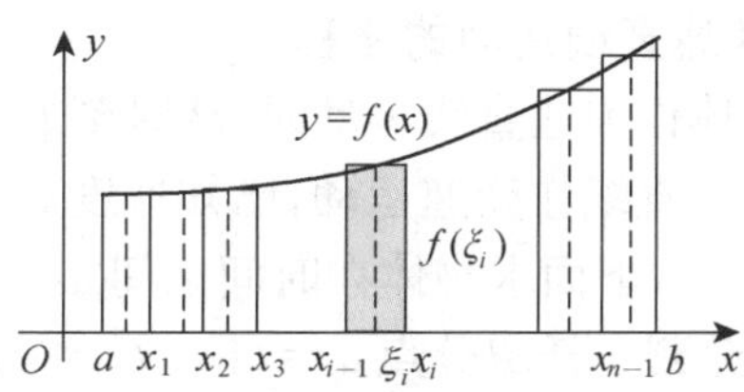

图 6-2

为了便于计算曲边梯形的面积,把区间 $[a, b]$ 划分为若干个小区间(图 6-2),由于 $f(x)$ 在 $[a, b]$ 上是连续变化,在很小的一段区间上的变化很小,因此每一小区间上的曲边梯形都可以近似地看作矩形,矩形的高就取该小区间上某点的函数值.这样,每一小区间上的曲边梯形面积都近似地等于该小区间上小矩形的面积.所有这些小矩形面积之和就是曲边梯形面积的近似值.若把区间 $[a, b]$ 无限细分,使每一小区间长度无限趋近于零,则所有小矩形面积之和的极限就可定义为该曲边梯形的面积.

计算曲边梯形面积可具体归结为如下四步：

(1) **分割** 任取分点 $a=x_0<x_1<x_2<\cdots<x_{n-1}<x_n=b$，把区间 $[a, b]$ 分成 n 个小区间：

$$[x_0, x_1], [x_1, x_2], \cdots, [x_{i-1}, x_i], \cdots, [x_{n-1}, x_n]$$

其中第 i 个小区间长度为 $\Delta x_i=x_i-x_{i-1}(i=1, 2, \cdots, n)$.

过各个分点作垂直于 x 轴的直线，把整个曲边梯形分成 n 个小曲边梯形，并记它们的面积分别为

$$\Delta S_1, \Delta S_2, \cdots, \Delta S_i, \cdots, \Delta S_n.$$

(2) **取近似** 在每一小区间 $[x_{i-1}, x_i]$ 上任取一点 $\xi_i(i=1, 2, \cdots, n)$，以 Δx_i 为底边，$f(\xi_i)$ 为高作小矩形，用其面积近似代替小曲边梯形的面积为

$$\Delta S_i \approx f(\xi_i)\Delta x_i \quad (i=1, 2, \cdots, n).$$

(3) **求近似和** 把 n 个小矩形面积相加(即阶梯形面积)就得到曲边梯形面积 S 的近似值为

$$S \approx f(\xi_1)\Delta x_1+f(\xi_2)\Delta x_2+\cdots+f(\xi_n)\Delta x_n=\sum_{i=1}^{n} f(\xi_i)\Delta x_i.$$

(4) **取极限** 令小区间中的长度最大值为 $\lambda=\max\{\Delta x_i\}(i=1, 2, \cdots, n)$，当 $\lambda \to 0$ 时，和式 $\sum\limits_{i=1}^{n} f(\xi_i)\Delta x_i$ 的极限就是所求的曲边梯形的面积 S 的精确值，即

$$S=\lim_{\lambda \to 0}\sum_{i=1}^{n} f(\xi_i)\Delta x_i.$$

2. 变速直线运动的路程

当物体作匀速直线运动时，从时刻 t_1 到 t_2 所走的路程为 $s=v(t_2-t_1)$，现设一物体沿一直线作变速运动，已知速度 $v=v(t)$ 是时间区间 $[\alpha, \beta]$ 上的连续函数，且 $v(t)>0$，下面求物体在时间区间 $[\alpha, \beta]$ 上所走的路程 s.

(1) **分割** 任取分点 $\alpha=t_0<t_1<t_2<\cdots t_{i-1}<t_i\cdots t_{n-1}<t_n=\beta$，把时间区间 $[\alpha, \beta]$ 分成 n 个小区间，即

$$[\alpha, \beta]=[t_0, t_1]\cup[t_1, t_2]\cup\cdots\cup[t_{i-1}, t_i]\cup\cdots\cup[t_{n-1}, t_n],$$

记第 i 个小区间 $[t_{i-1}, t_i]$ 的长度为 $\Delta t_i=t_i-t_{i-1}(i=1, 2, \cdots, n)$.

(2) **取近似** 在小区间 $[t_{i-1}, t_i]$ 上(认为运动是匀速的)用其中任一时刻 τ_i 的速度 $v(\tau_i)$ 近似代替变化的速度 $v(t)$，即 $v(t)\approx v(\tau_i)$，$t\in[t_{i-1}, t_i]$，物体在第 i 时间段内所走的路程记为 $\Delta s_i(i=1, 2, \cdots, n)$，从而得到 Δs_i 的近似值为

$$\Delta s_i \approx v(\tau_i)\Delta t_i \quad (i=1, 2, \cdots, n).$$

(3) **求近似和** 将 n 段时间上的路程近似值相加,得到在时间区间$[\alpha, \beta]$上的总路程的近似值为

$$s \approx \sum_{i=1}^{n} v(\tau_i)\Delta t_i.$$

(4) **取极限** 当对时间区间$[\alpha, \beta]$的分割无限变细时,误差就无限变小. 记最大的小区间长度为 $\lambda = \max\{\Delta t_i\}$ $(i=1, 2, \cdots, n)$,当 $\lambda \to 0$ 时,和式$\sum\limits_{i=1}^{n} v(\tau_i)\Delta t_i$ 的极限就是路程 s 的精确值,即

$$s = \lim_{\lambda \to 0}\sum_{i=1}^{n} v(\tau_i) \cdot \Delta t_i.$$

上述两例就是定积分概念的实际背景,尽管它们分别来自几何和物理,其实际的具体含义相差甚远,但是从数学的角度看,解决问题的方法和思路是一样的,因而可以归结为同一结构和式的极限,进而抽象出了定积分的概念.

6.1.2 定积分的定义

定义 设函数 $f(x)$在区间$[a, b]$上有界,在$[a, b]$上任意插入$(n-1)$个分点,满足

$$a = x_0 < x_1 < x_2 < \cdots < x_{n-1} < x_n = b,$$

它们把区间$[a, b]$分成 n 个小区间:

$$[x_0, x_1], [x_1, x_2], \cdots, [x_{n-1}, x_n],$$

第 i 个小区间的长度为 $\Delta x_i = x_i - x_{i-1}$ $(i=1, 2, \cdots, n)$,记$\lambda = \max\limits_{l \leqslant i \leqslant n}\{\Delta x_i\}$. 在每个小区间$[x_{i-1}, x_i]$上任取一点 ξ_i $(i=1, 2, \cdots, n)$,作乘积 $f(\xi_i)\Delta x_i$ 的和式为

$$S_n = \sum_{i=1}^{n} f(\xi_i)\Delta x_i,$$

称和式 S_n 为积分和. 若不论对$[a, b]$怎样分法,也不论在小区间$[x_{i-1}, x_i]$上的点 ξ_i 怎样取法,当 $\lambda \to 0$ 时,积分和 S_n 总趋近于一个确定的极限值,则称函数 $f(x)$ 在区间$[a, b]$上可积,此极限值就称为函数 $f(x)$ 在区间$[a, b]$上的**定积分**(简称**积分**),记作$\int_a^b f(x)\mathrm{d}x$,即

$$\int_a^b f(x)\mathrm{d}x = \lim_{\lambda \to 0}\sum_{i=1}^{n} f(\xi_i)\Delta x_i,$$

其中,$f(x)$称为**被积函数**,$[a, b]$称为**积分区间**,a 称为**积分下限**,b 称为**积分上限**,x 称为**积分变量**,$f(x)\mathrm{d}x$ 称为**被积表达式**. 符号“$\int_a^b f(x)\mathrm{d}x$”读作“$f(x)$ 从 a

到 b 的定积分”.

由定积分的定义知引例1所述曲边梯形的面积 S 就是函数 $f(x)$ 在区间 $[a, b]$ 上的定积分,即

$$S=\int_a^b f(x)\mathrm{d}x.$$

而以速度 $v(t)$ 作变速直线运动的物体,从时刻 $t=\alpha$ 到 $t=\beta(\alpha<\beta)$ 所走的路程 s 即为

$$s=\int_\alpha^\beta v(t)\mathrm{d}t.$$

注意 (1) 函数 $f(x)$ 在区间 $[a, b]$ 上的定积分是积分和的极限.若这一极限存在,则它是一个确定的常量,且它只与被积函数 $f(x)$ 和积分区间 $[a, b]$ 有关,而与积分变量使用字母的选取无关,即

$$\int_a^b f(x)\mathrm{d}x=\int_a^b f(t)\mathrm{d}t.$$

(2) 在定积分的定义中,总是假设 $a<b$.若 $b<a$,规定

$$\int_a^b f(x)\mathrm{d}x=-\int_b^a f(x)\mathrm{d}x,$$

即互换积分的上限和下限,定积分一定要变号.

若 $a=b$,则由上式可得

$$\int_a^a f(x)\mathrm{d}x=0.$$

究竟什么样的函数才是可积的呢?

定理1(可积的充分条件) 若函数 $f(x)$ 在区间 $[a, b]$ 上连续或只有有限个第一类间断点时,则函数 $f(x)$ 在区间 $[a, b]$ 上的定积分存在(也称可积).

因为初等函数在其定义区间内都是连续的,所以一切初等函数在其定义区间内都是可积的.

定理2(可积的必要条件) 若函数 $f(x)$ 在区间 $[a, b]$ 上可积,则函数 $f(x)$ 在区间 $[a, b]$ 上一定有界.

显然,若函数 $f(x)$ 在区间 $[a, b]$ 上无界,则函数 $f(x)$ 在 $[a, b]$ 上不可积.

例1 利用定积分定义计算 $\int_0^1 x^2\mathrm{d}x$.

解 函数 $f(x)=x^2$ 在区间 $[0, 1]$ 上连续,故可积.由于积分与区间 $[0, 1]$ 的分法及 ξ_i 的取法无关,为了便于计算,把区间 $[0, 1]$ 分成 n 等份,分点为 $x_i=\dfrac{i}{n}(i=$

1, 2, …, $n-1$), 每个小区间的长度均为 $\Delta x_i = x_i - x_{i-1} = \frac{1}{n}$ ($i=1, 2, \cdots, n$), 取 $\xi_i = x_i (i=1, 2, \cdots, n)$, 于是

$$\begin{aligned}\sum_{i=1}^{n} f(\xi_i)\Delta x_i &= \sum_{i=1}^{n} \xi_i^2 \Delta x_i = \sum_{i=1}^{n} x_i^2 \Delta x_i = \sum_{i=1}^{n}\left(\frac{i}{n}\right)^2 \frac{1}{n} = \frac{1}{n^3}\sum_{i=1}^{n} i^2 \\ &= \frac{1}{n^3}\cdot\frac{1}{6}n(n+1)(2n+1) \\ &= \frac{1}{6}\left(1+\frac{1}{n}\right)\left(2+\frac{1}{n}\right).\end{aligned}$$

当 $\lambda \to 0$(即 $n \to \infty$) 时, 由定积分的定义得

$$\int_0^1 x^2 \mathrm{d}x = \lim_{\lambda \to 0}\sum_{i=1}^{n}\xi_i^2 \Delta x_i = \lim_{n\to\infty}\frac{1}{6}\left(1+\frac{1}{n}\right)\left(2+\frac{1}{n}\right) = \frac{1}{3}.$$

6.1.3 定积分的几何意义

在曲边梯形的面积问题中,设曲边梯形的面积为 S.

(1) 若 $f(x) \geqslant 0$ 时, 曲边梯形位于 x 轴上方,定积分的值在几何上表示的就是曲边梯形的面积,即

$$\int_a^b f(x)\mathrm{d}x = S.$$

(2) 若 $f(x) \leqslant 0$, 则曲边梯形位于 x 轴下方(图 6-3),定积分的值在几何上表示的就是曲边梯形的面积的负值,即

$$\int_a^b f(x)\mathrm{d}x = -S.$$

(3) 若 $f(x)$在区间$[a, b]$上有正有负,则函数 $f(x)$的图象某些部分在 x 轴上方,另一部分在 x 轴下方(图 6-4),此时定积分的值在几何上表示的就是曲线 $y=f(x)$ 在 x 轴上方各部分与下方各部分面积的代数和,即

$$\int_a^b f(x)\mathrm{d}x = S_1 - S_2 + S_3.$$

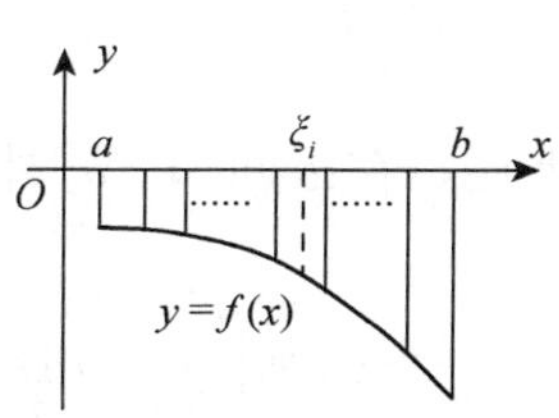

图 6-3

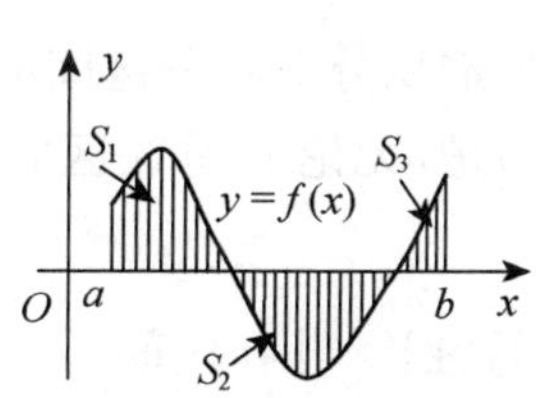

图 6-4

例 2　利用定积分的几何意义,求 $\int_0^1 2x\,\mathrm{d}x$ 的值.

解　如图 6-5 所示,由定积分的几何意义可知,$\int_0^1 2x\,\mathrm{d}x$ 等于图中直角三角形的面积 S. 所以

$$S=\int_0^1 2x\,\mathrm{d}x=\frac{1}{2}\times 1\times 2=1.$$

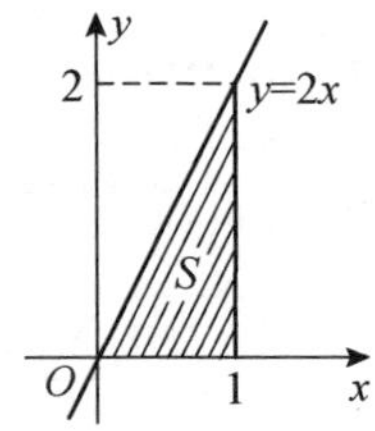

图 6-5

6.1.4　定积分的性质

由于理论和实际计算的需要,给出定积分的下述性质,其中所涉及的函数在讨论的区间上都是可积的.

性质 1　被积函数中的常数因子可以提到积分号前,即

$$\int_a^b kf(x)\mathrm{d}x=k\int_a^b f(x)\mathrm{d}x \quad (k\ \text{为常数}).$$

性质 2　两个函数的代数和的定积分等于它们的定积分的代数和,即

$$\int_a^b [f(x)\pm g(x)]\mathrm{d}x=\int_a^b f(x)\mathrm{d}x\pm\int_a^b g(x)\mathrm{d}x.$$

证明

$$\begin{aligned}\int_a^b [f(x)\pm g(x)]\mathrm{d}x&=\lim_{\lambda\to 0}\sum_{i=1}^n [f(\xi_i)\pm g(\xi_i)]\Delta x_i\\&=\lim_{\lambda\to 0}\sum_{i=1}^n f(\xi_i)\Delta x_i\pm\lim_{\lambda\to 0}\sum_{i=1}^n g(\xi_i)\Delta x_i\\&=\int_a^b f(x)\mathrm{d}x\pm\int_a^b g(x)\mathrm{d}x.\end{aligned}$$

性质 2 可以推广到任意有限多个函数代数和的情况,即

$$\int_a^b \sum_{i=1}^n f_i(x)\mathrm{d}x=\sum_{i=1}^n\int_a^b f_i(x)\mathrm{d}x \quad (n\in\mathbf{N}^*).$$

性质 3　若函数 $f(x)$ 在 $[a, b]$ 上可积,且 $a<c<b$,则

$$\int_a^b f(x)\mathrm{d}x=\int_a^c f(x)\mathrm{d}x+\int_c^b f(x)\mathrm{d}x.$$

性质 3 称为定积分对积分区间的可加性.

需要说明的是,无论 c 是在区间 $[a, b]$ 上还是在区间 $[a, b]$ 外,这一性质均成立.

性质 4(保号性)　若在区间 $[a, b]$ 上,$f(x)\geqslant 0$,则 $\int_a^b f(x)\mathrm{d}x\geqslant 0$.

推论 1(保序性)　若在区间 $[a, b]$ 上,恒有 $f(x)\leqslant g(x)$,则

$$\int_a^b f(x)\mathrm{d}x \leqslant \int_a^b g(x)\mathrm{d}x.$$

推论 2(绝对值可积性)　若函数 $f(x)$ 在 $[a, b]$ 上可积，则 $|f(x)|$ 也在 $[a, b]$ 上可积，且

$$\left|\int_a^b f(x)\mathrm{d}x\right| \leqslant \int_a^b |f(x)|\mathrm{d}x.$$

性质 5　若在区间 $[a, b]$ 上，$f(x) \equiv 1$，则 $\int_a^b \mathrm{d}x = b-a$.

性质 6　若在区间 $[a, b]$ 上函数 $f(x)$ 的最大值和最小值分别为 M 和 m，则

$$m(b-a) \leqslant \int_a^b f(x)\mathrm{d}x \leqslant M(b-a).$$

性质 7(定积分中值定理)　若函数 $f(x)$ 在闭区间 $[a, b]$ 上连续，则在开区间 (a, b) 内至少存在一点 ξ，使得

$$\int_a^b f(x)\mathrm{d}x = f(\xi)(b-a),\quad \xi \in (a, b).$$

证明　因为函数 $f(x)$ 在闭区间 $[a, b]$ 上连续，所以 $f(x)$ 在 $[a, b]$ 上有最大值 M 和最小值 m，由性质 6，有

$$m(b-a) \leqslant \int_a^b f(x)\mathrm{d}x \leqslant M(b-a).$$

用 $b-a$ 除上式，得　$m \leqslant \dfrac{1}{b-a}\int_a^b f(x)\mathrm{d}x \leqslant M.$

由闭区间上连续函数的介值定理知，存在 $\xi \in (a, b)$，使得

$$f(\xi) = \frac{1}{b-a}\int_a^b f(x)\mathrm{d}x,$$

即　$\int_a^b f(x)\mathrm{d}x = f(\xi)(b-a),\quad \xi \in (a, b).$

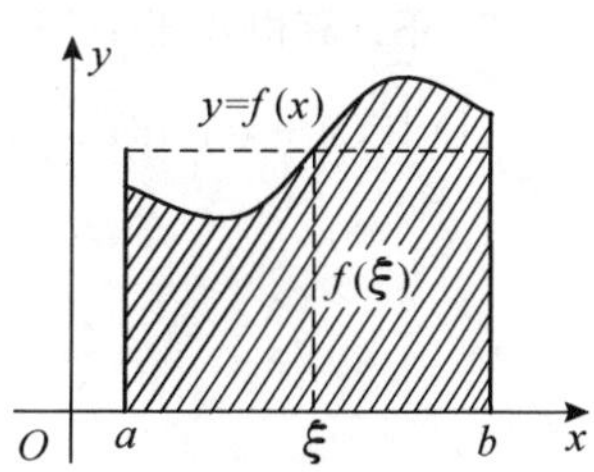

图 6-6

这一性质的几何意义是：由曲线 $y=f(x)$，x 轴和直线 $x=a$，$x=b$ 所围成的曲边梯形的面积等于区间 $[a, b]$ 上某个矩形的面积，这个矩形的底是区间 $[a, b]$，其高为区间 (a, b) 内某一点 ξ 处的函数值 $f(\xi)$(图 6-6).

由性质 7 得到的 $f(\xi) = \dfrac{1}{b-a}\int_a^b f(x)\mathrm{d}x$，称为函数 $f(x)$ 在区间 $[a, b]$ 上的平均值.

例 3　不计算积分，比较下列各组积分值的大小.

(1) $\int_0^1 x\,dx$ 和$\int_0^1 x^3\,dx$；　　(2) $\int_{-\frac{\pi}{2}}^0 \sin x\,dx$ 和$\int_0^{\frac{\pi}{2}} \sin x\,dx$.

解 (1) 因为在$[0, 1]$上，$x \geqslant x^3$，所以$\int_0^1 x\,dx \geqslant \int_0^1 x^3\,dx$.

(2) 因为在$\left[-\frac{\pi}{2}, 0\right]$上，$\sin x \leqslant 0$，所以$\int_{-\frac{\pi}{2}}^0 \sin x\,dx \leqslant 0$；在$\left[0, \frac{\pi}{2}\right]$上，$\sin x \geqslant 0$，所以$\int_0^{\frac{\pi}{2}} \sin x\,dx \geqslant 0$，从而有

$$\int_{-\frac{\pi}{2}}^0 \sin x\,dx \leqslant \int_0^{\frac{\pi}{2}} \sin x\,dx.$$

例 4 估计定积分$\int_1^3 (x^2+1)\,dx$ 的值的范围.

解 设$f(x)=x^2+1$，显然$f(x)$在$[1, 3]$上连续，故必有最大值和最小值.

因为　$f'(x)=2x>0,\ x \in [1, 3]$，

所以　$f(x)=x^2+1$ 在$[1, 3]$上单调增加，其最大值和最小值分别为

$$M=f(3)=10,\quad m=f(1)=2,$$

于是
$$2\times(3-1) \leqslant \int_1^3 (x^2+1)\,dx \leqslant 10\times(3-1),$$

即
$$4 \leqslant \int_1^3 (x^2+1)\,dx \leqslant 20.$$

练习 6.1

1. 根据定积分的几何意义求下列积分的值.

(1) $\int_0^2 \sqrt{4-x^2}\,dx$；　　(2) $\int_{-1}^1 |x|\,dx$.

2*. 利用定积分的定义计算定积分$\int_0^1 x^3\,dx$.

3. 不计算积分，估计下列积分的值.

(1) $\int_1^2 (x-\sqrt{x})\,dx$；　　(2) $\int_0^1 e^x\,dx$.

6.2 微积分基本公式

若函数$f(x)$在区间$[a, b]$上可积，由 6.1 节的例 1 知，利用定积分的定义来计算$\int_a^b f(x)\,dx$ 是相当麻烦的，若被积函数表达式比较复杂，计算起来将更麻烦. 因此，必须用另外的方法来替换用定义求定积分.

为此,先引入一个新的概念——积分上限函数,其次介绍牛顿-莱布尼茨公式.

6.2.1 积分上限函数

设函数 $f(x)$ 在区间 $[a, b]$ 上连续,对于任意的 $x \in [a, b]$,必有 $f(x)$ 在区间 $[a, x]$ 上也连续,从而 $f(x)$ 在区间 $[a, x]$ 上也可积,即定积分 $\int_a^x f(x)\mathrm{d}x$ 存在.

注意 这里的积分上限 x 与被积表达式 $f(x)\mathrm{d}x$ 中的积分变量 x 是两个不同的概念,在求积分时(或说在积分过程中),上限 x 是固定不变的,而积分变量 x 是在下限与上限之间变化的.为了区别,将积分变量 x 改写为 t,记作 $\int_a^x f(t)\mathrm{d}t$.

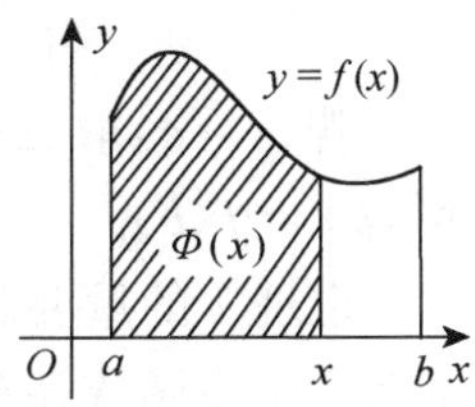

图 6-7

如图 6-7 所示,当 x 在区间 $[a, b]$ 上变动时,对于每一个 x 值,定积分 $\int_a^x f(t)\mathrm{d}t$ 都有唯一一个确定的对应值,因此它是定义在 $[a, b]$ 上的一个新的函数,记作 $\Phi(x)$,即

$$\Phi(x)=\int_a^x f(t)\mathrm{d}t, \quad x \in [a, b].$$

称 $\Phi(x)$ 为**积分上限函数或变上限函数**.

定理 1 若函数 $f(x)$ 在区间 $[a, b]$ 上连续,则积分上限函数

$$\Phi(x)=\int_a^x f(t)\mathrm{d}t$$

在 $[a, b]$ 上可导,且其导数等于被积函数在积分上限 x 处的值,即

$$\Phi'(x)=\frac{\mathrm{d}}{\mathrm{d}x}\int_a^x f(t)\mathrm{d}t=f(x), \quad a \leqslant x \leqslant b.$$

证明 设 $x \in (a, b)$,当自变量在点 x 处有改变量 $\Delta x\,[x+\Delta x \in (a, b)]$ 时,相应的函数 $\Phi(x)$ 在点 $x+\Delta x$ 处的函数值为

$$\Phi(x+\Delta x)=\int_a^{x+\Delta x} f(t)\mathrm{d}t,$$

从而
$$\begin{aligned}\Delta\Phi &=\Phi(x+\Delta x)-\Phi(x)=\int_a^{x+\Delta x} f(t)\mathrm{d}t-\int_a^x f(t)\mathrm{d}t \\ &=\int_a^x f(t)\mathrm{d}t+\int_x^{x+\Delta x} f(t)\mathrm{d}t-\int_a^x f(t)\mathrm{d}t \\ &=\int_x^{x+\Delta x} f(t)\mathrm{d}t.\end{aligned}$$

由积分中值定理可得

$\Delta\Phi = f(\xi)\Delta x \quad (\xi$ 在 x 及 $x+\Delta x$ 之间),

于是

$$\frac{\Delta\Phi}{\Delta x} = f(\xi).$$

当 $\Delta x \to 0$ 时,有 $x+\Delta x \to x$,从而 $\xi \to x$. 由于函数 $f(x)$ 在区间 $[a, b]$ 上连续,所以

$$\Phi'(x) = \lim_{\Delta x \to 0} \frac{\Delta\Phi}{\Delta x} = \lim_{\xi \to x} f(\xi) = f(x).$$

若 $x=a$,取 $\Delta x>0$,则可证 $\Phi'_+(a)=f(a)$;若 $x=b$,取 $\Delta x<0$,则同理可证 $\Phi'_-(b)=f(b)$.

定理 1 的重要意义在于:一方面肯定了连续函数的原函数是存在的,从而证明了第 5 章原函数存在的结论(因为它是在被积函数连续的条件下获得的证明);另一方面初步揭示了积分学中的定积分与原函数之间的联系.

推论 若函数 $f(x)$ 在区间 $[a, b]$ 上连续,则函数 $\Phi(x)=\int_a^x f(t)\mathrm{d}t$ 是 $f(x)$ 在 $[a, b]$ 上的一个原函数.

例 1 计算 $\int_x^0 \mathrm{e}^{-t}\sin t\,\mathrm{d}t$ 的导数.

分析 由定理 1 可知,要求 $\int_x^0 \mathrm{e}^{-t}\sin t\,\mathrm{d}t$ 的导数,首先必须交换其上、下限,再求其导数,根据换限必换号可得 $\int_x^0 \mathrm{e}^{-t}\sin t\,\mathrm{d}t = -\int_0^x \mathrm{e}^{-t}\sin t\,\mathrm{d}t$.

解 $\dfrac{\mathrm{d}}{\mathrm{d}x}\int_x^0 \mathrm{e}^{-t}\sin t\,\mathrm{d}t = \dfrac{\mathrm{d}}{\mathrm{d}x}\left(-\int_0^x \mathrm{e}^{-t}\sin t\,\mathrm{d}t\right) = -\dfrac{\mathrm{d}}{\mathrm{d}x}\left(\int_0^x \mathrm{e}^{-t}\sin t\,\mathrm{d}t\right) = -\mathrm{e}^{-x}\sin x.$

例 2 求 $\lim\limits_{x\to 0}\dfrac{1}{x^2}\int_0^x \ln(1+t)\mathrm{d}t$.

解 当 $x\to 0$ 时,此极限为 $\dfrac{0}{0}$ 型未定式,利用洛必达法则,有

$$\lim_{x\to 0}\frac{1}{x^2}\int_0^x \ln(1+t)\mathrm{d}t = \lim_{x\to 0}\frac{\ln(1+x)}{2x} = \frac{1}{2}\lim_{x\to 0}\ln(1+x)^{\frac{1}{x}} = \frac{1}{2}.$$

例 3 计算 $\dfrac{\mathrm{d}}{\mathrm{d}x}\int_0^{x^2}\cos t\,\mathrm{d}t$.

解 设 $u=x^2$,则

$$\int_0^{x^2}\cos t\,\mathrm{d}t = \int_0^u \cos t\,\mathrm{d}t = P(u).$$

由此可知，$\int_0^{x^2}\cos t\,dt=P(u)$ 是 x 的复合函数，利用复合函数求导法则，得

$$\begin{aligned}\frac{d}{dx}\int_0^{x^2}\cos t\,dt&=\frac{d}{dx}[P(u)]=P'(u)\cdot\frac{du}{dx}\\&=\frac{d}{du}\int_0^{u}\cos t\,dt\cdot\frac{d}{dx}(x^2)\\&=\cos u\cdot 2x=2x\cos x^2.\end{aligned}$$

一般地，若函数 $\varphi(x)$ 可导，则

$$\left[\int_a^{\varphi(x)}f(t)\,dt\right]'=f[\varphi(x)]\varphi'(x).$$

6.2.2 牛顿-莱布尼茨公式

定理 2 设 $f(x)$ 在区间 $[a,b]$ 上连续，$F(x)$ 是 $f(x)$ 的一个原函数，则

$$\int_a^b f(x)\,dx=F(b)-F(a).$$

证明 因为 $F(x)$ 是 $f(x)$ 的一个原函数，而积分上限函数 $\Phi(x)=\int_a^x f(t)\,dt$ 也是 $f(x)$ 的一个原函数，于是

$$\int_a^x f(t)\,dt=F(x)+C.$$

令 $x=a$，有
$$\int_a^a f(t)\,dt=F(a)+C,$$

由 $\int_a^a f(t)\,dt=0$，可得 $C=-F(a)$.

于是有
$$\int_a^x f(t)\,dt=F(x)-F(a).$$

在上式中，令 $x=b$，得

$$\int_a^b f(t)\,dt=F(b)-F(a),$$

即
$$\int_a^b f(x)\,dx=F(b)-F(a).$$

为了方便，通常把 $F(b)-F(a)$ 记为 $F(x)\Big|_a^b$，所以定理 2 又可写成

$$\int_a^b f(x)\,dx=F(x)\Big|_a^b=F(b)-F(a).$$

上式称为**牛顿-莱布尼茨**(Newton-Leibniz)**公式**，又称**微积分基本公式**.

这一定理巧妙地把定积分的计算问题与不定积分联系起来,有效地提供了定积分的计算方法. 也就是说,要计算函数 $f(x)$ 在区间 $[a, b]$ 上的定积分,只需求出 $f(x)$ 在区间 $[a, b]$ 上的一个原函数 $F(x)$,然后计算 $F(b)-F(a)$ 就可以了.

例 4 计算 $\int_1^2 3x^2\mathrm{d}x$.

解 因为 x^3 是 $3x^2$ 的一个原函数,所以

$$\int_1^2 3x^2\mathrm{d}x = x^3\Big|_1^2 = 2^3 - 1^3 = 7.$$

例 5 计算 $\int_0^2 (2x-5)\mathrm{d}x$.

解 $\int_0^2 (2x-5)\mathrm{d}x = (x^2-5x)\Big|_0^2 = -6.$

例 6 计算 $\int_0^{\frac{\pi}{2}} \left|\frac{1}{2}-\cos x\right|\mathrm{d}x$.

解 由于 $\left|\frac{1}{2}-\cos x\right| = \begin{cases} \cos x - \frac{1}{2}, & 0 \leqslant x \leqslant \frac{\pi}{3}, \\ \frac{1}{2} - \cos x, & \frac{\pi}{3} \leqslant x \leqslant \frac{\pi}{2}. \end{cases}$

根据定积分对积分区间的可加性,得

$$\begin{aligned}\int_0^{\frac{\pi}{2}} \left|\frac{1}{2}-\cos x\right|\mathrm{d}x &= \int_0^{\frac{\pi}{3}}\left(\cos x - \frac{1}{2}\right)\mathrm{d}x + \int_{\frac{\pi}{3}}^{\frac{\pi}{2}}\left(\frac{1}{2}-\cos x\right)\mathrm{d}x \\ &= \left(\sin x - \frac{1}{2}x\right)\Big|_0^{\frac{\pi}{3}} + \left(\frac{1}{2}x - \sin x\right)\Big|_{\frac{\pi}{3}}^{\frac{\pi}{2}} \\ &= \left(\frac{\sqrt{3}}{2}-\frac{\pi}{6}\right) + \left(\frac{\pi}{4}-1\right) - \left(\frac{\pi}{6}-\frac{\sqrt{3}}{2}\right) \\ &= \sqrt{3} - 1 - \frac{\pi}{12}.\end{aligned}$$

当被积函数为分段函数或含绝对值符号时,应利用定积分对积分区间的可加性把积分区间分为若干个子区间,分别在各子区间上求定积分,从而求得原定积分.

注意 在运用牛顿-莱布尼茨公式时,若被积函数 $f(x)$ 在积分区间 $[a, b]$ 上不满足可积条件,则不能利用该公式.

练习 6.2

1. 已知 $F(x) = \int_0^x \sin t\mathrm{d}t$,求 $F'(x)$ 和 $F'\left(\frac{\pi}{6}\right)$.

2. 求下列函数的导数.

(1) $\Phi(x)=\int_0^x \sin^3(t+1)\mathrm{d}t$；

(2) $\Phi(x)=\int_0^x \ln t\mathrm{d}t$；

(3) $\Phi(x)=\int_x^1 (2t-t^2)\mathrm{d}t$；

(4) $\Phi(x)=\int_x^{x^2} \sin t^2\mathrm{d}t$.

3. 求下列定积分.

(1) $\int_0^1 2x\mathrm{d}x$；

(2) $\int_1^e \frac{1}{x}\mathrm{d}x$；

(3) $\int_0^{\frac{\pi}{2}} (\sin x+\cos x)\mathrm{d}x$；

(4) $\int_0^2 \frac{x^3}{x^2+1}\mathrm{d}x$.

6.3 定积分的积分方法

在第5章已经学习了用换元法求已知函数的原函数，在某些条件下换元法也可以用来计算定积分.

6.3.1 定积分的换元法

定理1 设函数 $f(x)$ 在区间 $[a, b]$ 上连续，函数 $x=\varphi(t)$ 满足下列条件：

(1) $x=\varphi(t)$ 在区间 $[\alpha, \beta]$ 上有连续导数 $\varphi'(t)$；

(2) 当 t 在区间 $[\alpha, \beta]$ 上变化时，$x=\varphi(t)$ 的值从 $\varphi(\alpha)=a$ 单调地变到 $\varphi(\beta)=b$，则有

$$\int_a^b f(x)\mathrm{d}x=\int_\alpha^\beta f[\varphi(t)]\varphi'(t)\mathrm{d}t.$$

上式称为定积分的**换元积分公式**.

证明 因为 $f(x)$ 在区间 $[a, b]$ 上连续，所以 $f(x)$ 在 $[a, b]$ 上可积. 设 $f(x)$ 的一个原函数为 $F(x)$，由牛顿-莱布尼茨公式，有

$$\int_a^b f(x)\mathrm{d}x=F(x)\Big|_a^b=F(b)-F(a).$$

由条件(1)和(2)，函数 $f[\varphi(t)]\varphi'(t)$ 在区间 $[\alpha, \beta]$ 上可积，其原函数为 $F[\varphi(t)]$. 这是因为

$$\frac{\mathrm{d}}{\mathrm{d}t}F[\varphi(t)]=F'[\varphi(t)]\varphi'(t)=f[\varphi(t)]\varphi'(t).$$

因此，有

$$\int_\alpha^\beta f[\varphi(t)]\varphi'(t)\mathrm{d}t=F[\varphi(t)]\Big|_\alpha^\beta=F[\varphi(\beta)]-F[\varphi(\alpha)]=F(b)-F(a).$$

于是，有
$$\int_a^b f(x)\mathrm{d}x=\int_\alpha^\beta f[\varphi(t)]\varphi'(t)\mathrm{d}t.$$

注意 在应用定积分定理1的换元积分公式时，用 $x=\varphi(t)$ 把原积分变量 x 换为新变量 t，积分限也由 a 和 b 换为新变量 t 的积分限 α 和 β，即换元必换限，而不用代回原积分变量 x，这与不定积分的换元积分法是不同的.

例1 计算 $\int_0^{\frac{\pi}{2}}\sin^2 x\cos x\,\mathrm{d}x$.

解 $$\int_0^{\frac{\pi}{2}}\sin^2 x\cos x\,\mathrm{d}x=\int_0^{\frac{\pi}{2}}\sin^2 x(\sin x)'\mathrm{d}x=\int_0^{\frac{\pi}{2}}\sin^2 x\,\mathrm{d}(\sin x)$$
$$=\left(\frac{1}{3}\sin^3 x\right)\Big|_0^{\frac{\pi}{2}}=\frac{1}{3}.$$

例2 计算 $\int_2^4\frac{\mathrm{d}x}{x\sqrt{x-1}}$.

解 令 $\sqrt{x-1}=t$，则 $x=t^2+1$，$\mathrm{d}x=2t\,\mathrm{d}t$.

当 $x=2$ 时，$t=1$；当 $x=4$ 时，$t=\sqrt{3}$，于是
$$\int_2^4\frac{\mathrm{d}x}{x\sqrt{x-1}}=\int_1^{\sqrt{3}}\frac{2t\,\mathrm{d}t}{t(t^2+1)}=2\int_1^{\sqrt{3}}\frac{\mathrm{d}t}{t^2+1}=2\arctan t\Big|_1^{\sqrt{3}}$$
$$=\frac{2\pi}{3}-\frac{\pi}{2}=\frac{\pi}{6}.$$

例3 计算 $\int_0^{\ln 2}\sqrt{\mathrm{e}^x-1}\,\mathrm{d}x$.

解 令 $\sqrt{\mathrm{e}^x-1}=t$，则 $x=\ln(t^2+1)$，$\mathrm{d}x=\frac{2t}{t^2+1}\mathrm{d}t$.

当 $x=0$ 时，$t=0$；当 $x=\ln 2$ 时，$t=1$，于是
$$\int_0^{\ln 2}\sqrt{\mathrm{e}^x-1}\,\mathrm{d}x=\int_0^1 t\cdot\frac{2t}{t^2+1}\mathrm{d}t=2\int_0^1\left(1-\frac{1}{t^2+1}\right)\mathrm{d}t=2(t-\arctan t)\Big|_0^1$$
$$=2-\frac{\pi}{2}.$$

例4 设函数 $f(x)$ 在区间 $[-a,a]$ 上连续，则

(1) 当 $f(x)$ 为偶函数时，$\int_{-a}^a f(x)\mathrm{d}x=2\int_0^a f(x)\mathrm{d}x$；

(2) 当 $f(x)$ 为奇函数时，$\int_{-a}^a f(x)\mathrm{d}x=0$.

证明 由定积分的可加性，有
$$\int_{-a}^a f(x)\mathrm{d}x=\int_{-a}^0 f(x)\mathrm{d}x+\int_0^a f(x)\mathrm{d}x. \tag{6-1}$$

对于等号右端的第一项：令 $x=-t$，则 $\mathrm{d}x=-\mathrm{d}t$. 当 $x=-a$ 时，$t=a$；当 $x=0$ 时，$t=0$，于是

$$\int_{-a}^{0} f(x)\mathrm{d}x = -\int_{a}^{0} f(-t)\mathrm{d}t = -\int_{a}^{0} f(-x)\mathrm{d}x = \int_{0}^{a} f(-x)\mathrm{d}x. \qquad (6-2)$$

(1) 若 $f(x)$ 为偶函数,即 $f(-x)=f(x)$,由式(6-2)有

$$\int_{-a}^{0} f(x)\mathrm{d}x = \int_{0}^{a} f(-x)\mathrm{d}x = \int_{0}^{a} f(x)\mathrm{d}x.$$

于是,式(6-1)可化为

$$\int_{-a}^{a} f(x)\mathrm{d}x = \int_{0}^{a} f(x)\mathrm{d}x + \int_{0}^{a} f(x)\mathrm{d}x = 2\int_{0}^{a} f(x)\mathrm{d}x.$$

(2) 若 $f(x)$ 为奇函数,即 $f(-x)=-f(x)$,由式(6-2)有

$$\int_{-a}^{0} f(x)\mathrm{d}x = \int_{0}^{a} f(-x)\mathrm{d}x = -\int_{0}^{a} f(x)\mathrm{d}x.$$

于是,式(6-1)可化为

$$\int_{-a}^{a} f(x)\mathrm{d}x = -\int_{0}^{a} f(x)\mathrm{d}x + \int_{0}^{a} f(x)\mathrm{d}x = 0.$$

本例的结果可以作为定理使用. 在计算对称区间上的定积分时,若能判定被积函数的奇偶性,利用这一结果可使计算简化.

例 5 计算 $\int_{-2}^{2} x\sqrt{4-x^2}\,\mathrm{d}x$.

解 因为积分区间$[-2, 2]$为对称区间,且被积函数 $x\sqrt{4-x^2}$ 在该区间上为奇函数,于是

$$\int_{-2}^{2} x\sqrt{4-x^2}\,\mathrm{d}x = 0.$$

6.3.2 定积分的分部积分法

利用不定积分的分部积分法和牛顿-莱布尼茨公式,可得下面的定理.

定理 2 若函数 $u(x)$, $v(x)$在区间$[a, b]$上具有连续导数,则

$$\int_{a}^{b} u\,\mathrm{d}v = (uv)\Big|_{a}^{b} - \int_{a}^{b} v\,\mathrm{d}u.$$

上式为定积分的**分部积分公式**.

例 6 求 $\int_{0}^{\frac{\pi}{4}} x\cos 2x\,\mathrm{d}x$.

解
$$\begin{aligned}\int_{0}^{\frac{\pi}{4}} x\cos 2x\,\mathrm{d}x &= \frac{1}{2}\int_{0}^{\frac{\pi}{4}} x\,\mathrm{d}(\sin 2x) = \frac{1}{2}\left[(x\sin 2x)\Big|_{0}^{\frac{\pi}{4}} - \int_{0}^{\frac{\pi}{4}} \sin 2x\,\mathrm{d}x\right] \\ &= \frac{1}{2}\left(\frac{\pi}{4} + \frac{1}{2}\cos 2x\Big|_{0}^{\frac{\pi}{4}}\right) = \frac{\pi}{8} - \frac{1}{4}.\end{aligned}$$

例 7 求 $\int_0^1 x\mathrm{e}^x\mathrm{d}x$.

解 $\int_0^1 x\mathrm{e}^x\mathrm{d}x=\int_0^1 x\mathrm{d}\mathrm{e}^x=x\mathrm{e}^x\Big|_0^1-\int_0^1\mathrm{e}^x\mathrm{d}x=\mathrm{e}-\mathrm{e}^x\Big|_0^1=1.$

例 8 求 $\int_0^1\arctan\sqrt{x}\,\mathrm{d}x$.

解 令 $\sqrt{x}=t$,则 $x=t^2$, $\mathrm{d}x=\mathrm{d}(t^2)$. 当 $x=0$ 时,$t=0$;当 $x=1$ 时,$t=1$, 于是

$$\begin{aligned}\int_0^1\arctan\sqrt{x}\,\mathrm{d}x&=\int_0^1\arctan t\,\mathrm{d}(t^2)=t^2\arctan t\Big|_0^1-\int_0^1 t^2\mathrm{d}(\arctan t)\\&=\frac{\pi}{4}-\int_0^1\left(1-\frac{1}{1+t^2}\right)\mathrm{d}t=\frac{\pi}{4}-(t-\arctan t)\Big|_0^1\\&=\frac{\pi}{2}-1.\end{aligned}$$

练习 6.3

1. 求下列定积分.

(1) $\int_2^5\frac{x+1}{\sqrt{x-1}}\mathrm{d}x$;　(2) $\int_0^1 x\sqrt{1-x^2}\,\mathrm{d}x$;

(3) $\int_0^1\frac{\mathrm{d}x}{1+\sqrt[3]{x}}$;　(4) $\int_0^{\frac{\pi}{2}}\cos^3x\sin x\,\mathrm{d}x$;

(5) $\int_0^1\frac{1}{1+\mathrm{e}^x}\mathrm{d}x$;　(6) $\int_{-1}^1 x\sqrt{1-\cos x}\,\mathrm{d}x$.

2. 求下列定积分.

(1) $\int_0^1\ln(x+1)\mathrm{d}x$;　(2) $\int_0^1\mathrm{e}^{\sqrt{x}}\mathrm{d}x$;

(3) $\int_0^{\frac{1}{2}}\arcsin x\,\mathrm{d}x$;　(4) $\int_0^{\frac{\pi}{2}}x^2\cos x\,\mathrm{d}x$.

3. 计算 $\int_{\frac{1}{\mathrm{e}}}^{\mathrm{e}}|\ln x|\,\mathrm{d}x$.

6.4 定积分的应用——求平面图形的面积

在 6.1 节中,已经知道由曲线 $y=f(x)[f(x)\geqslant 0]$,x 轴和直线 $x=a$, $x=b$ 所围成的曲边梯形的面积为 $S=\int_a^b f(x)\mathrm{d}x$, 下面讨论更为一般的情况.

设函数 $f(x)$, $g(x)$ 在区间$[a, b]$上连续,并且在$[a, b]$上有

$$0\leqslant g(x)\leqslant f(x),\quad x\in[a, b],$$

则曲线 $f(x)$，$g(x)$ 与直线 $x=a$，$x=b$ 所围成的图形(图 6-8)面积 S 就是两个曲边梯形面积的差，于是

$$S=\int_a^b f(x)\mathrm{d}x-\int_a^b g(x)\mathrm{d}x=\int_a^b[f(x)-g(x)]\mathrm{d}x. \tag{6-3}$$

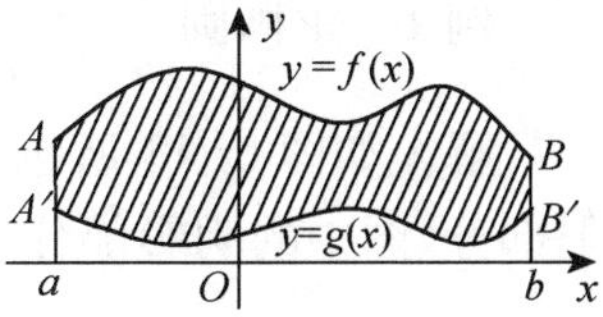

图 6-8

上式也适用于曲线 $f(x)$，$g(x)$不全在 x 轴上方的情形. 例如在图 6-9 中，若将 x 轴向上平移 c 个单位，使两条曲线位于新 x 轴上、下方，在新坐标系中的曲线方程为 $y=f(x)-c$ 和 $y=g(x)-c$，则该图形的面积为

$$S=\int_a^b[f(x)-c]\mathrm{d}x-\int_a^b[g(x)-c]\mathrm{d}x=\int_a^b[f(x)-g(x)]\mathrm{d}x. \tag{6-4}$$

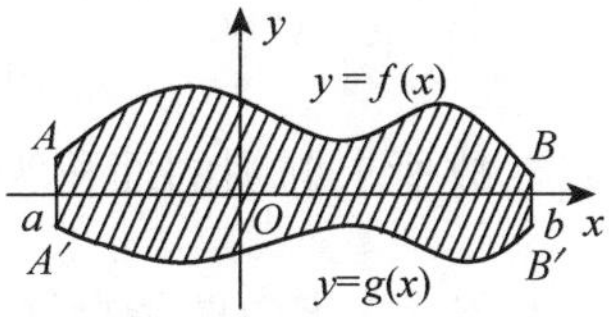

图 6-9

特别地，当 $f(x)\leqslant 0\ (x\in[a,b])$ 时，由曲线 $y=f(x)$，x 轴与直线 $x=a$，$x=b$ 所围成的图形面积(图 6-10)为

$$S=\int_a^b[0-f(x)]\mathrm{d}x=-\int_a^b f(x)\mathrm{d}x. \tag{6-5}$$

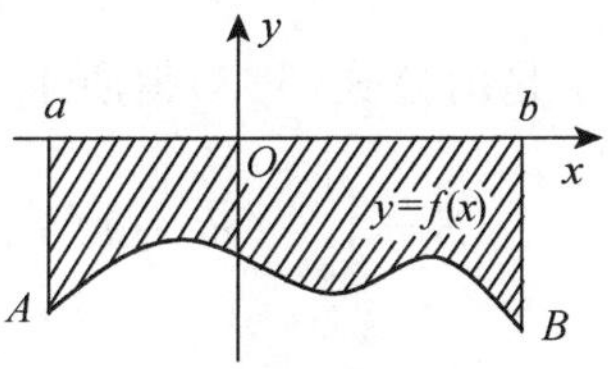

图 6-10

若平面图形是由区间$[a,b]$上的两条相交连续曲线 $y=f(x)$与 $y=g(x)$及两条直线 $x=a$ 与 $x=b$ 所围成(图 6-11)，则它的面积为

$$S=\int_a^b|f(x)-g(x)|\mathrm{d}x. \tag{6-6}$$

类似地，由连续曲线 $x=\varphi(y)$，$x=\psi(y)[\varphi(y)\geqslant\psi(y)]$ 与直线 $y=c$，$y=d$ 所围成的平面图形的面积(图 6-12)为

$$S=\int_c^d[\varphi(y)-\psi(y)]\mathrm{d}y. \tag{6-7}$$

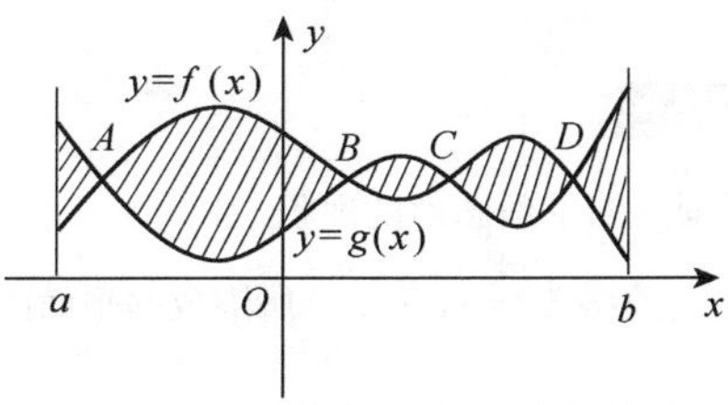

图 6-11

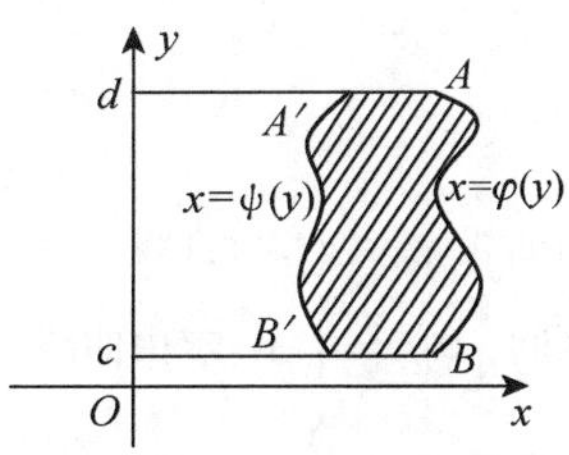

图 6-12

例 1 求椭圆 $\frac{x^2}{a^2}+\frac{y^2}{b^2}=1(a>0,\ b>0)$ 的面积.

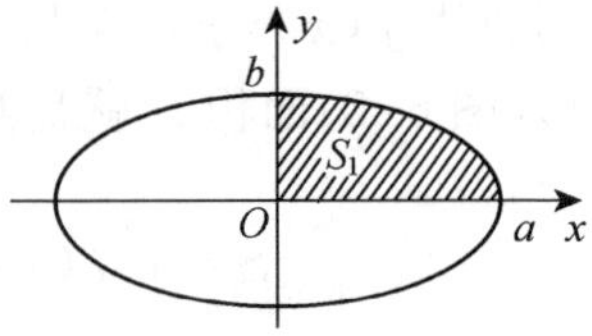

图 6-13

解 如图 6-13 所示,椭圆的面积 S 是它的第一象限部分(图中的阴影部分)面积 S_1 的 4 倍. 由于椭圆在第一象限部分的表达式为 $y=\frac{b}{a}\sqrt{a^2-x^2}$, $x\in[0,\ a]$, 所以

$$S_1=\int_0^a \frac{b}{a}\sqrt{a^2-x^2}\,\mathrm{d}x=\frac{b}{a}\left(\frac{a^2}{2}\arcsin\frac{x}{a}+\frac{x\sqrt{a^2-x^2}}{2}\right)\Big|_0^a=\frac{\pi ab}{4}.$$

故所求椭圆的面积为 $S=4S_1=4\times\frac{\pi ab}{4}=\pi ab$.

例 2 求由两条抛物线 $y=\sqrt{x}$, $y=x^2$ 所围成的平面图形的面积.

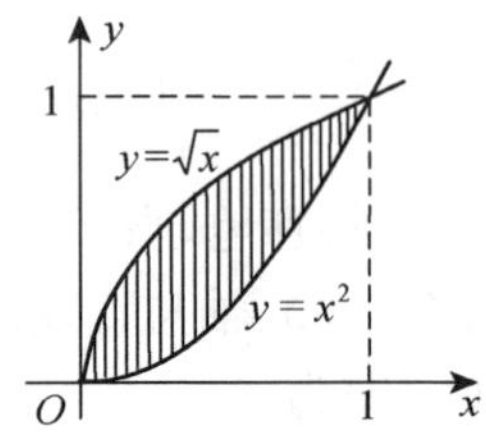

图 6-14

解 解方程组 $\begin{cases}y=\sqrt{x},\\ y=x^2,\end{cases}$ 得交点坐标为(0, 0), (1, 1). 于是由公式(6-3)得所求平面图形(图 6-14)的面积为

$$S=\int_0^1(\sqrt{x}-x^2)\,\mathrm{d}x=\left(\frac{2}{3}x^{\frac{3}{2}}-\frac{1}{3}x^3\right)\Big|_0^1=\frac{1}{3}.$$

例 3 求由曲线 $y=\frac{1}{x}$ 与直线 $y=x$, $y=2$ 所围成的平面图形的面积.

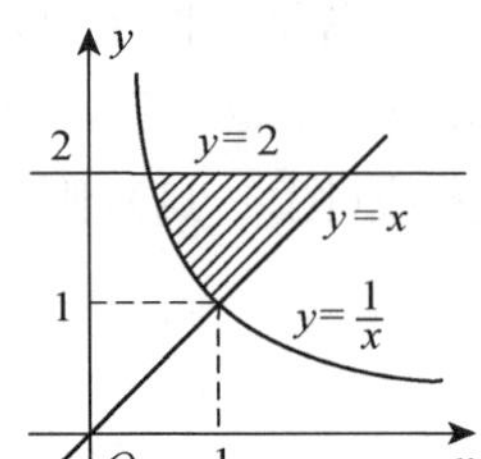

图 6-15

解 解方程组 $\begin{cases}y=\frac{1}{x},\\ y=x,\end{cases}$ 得交点坐标为(1, 1),并由 $y=\frac{1}{x}$, $y=x$,得其反函数为 $x=\frac{1}{y}$, $x=y$. 于是由公式(6-7)得所求平面图形(图 6-15)的面积为

$$S=\int_1^2\left(y-\frac{1}{y}\right)\mathrm{d}y=\left(\frac{1}{2}y^2-\ln y\right)\Big|_1^2=2-\frac{1}{2}-\ln 2=\frac{3}{2}-\ln 2.$$

练习 6.4

1. 求由曲线 $y=x^2$ 与直线 $y=x+2$ 所围成的平面图形的面积.
2. 在区间 $\left[0,\ \frac{\pi}{2}\right]$ 上,求由曲线 $y=\sin x$ 与直线 $y=1$, $x=0$ 所围成的平面图形的面积.
3. 求由曲线 $y=\frac{1}{x}$ 与直线 $y=x$, $x=2$ 所围成的平面图形的面积.

6.5 广义积分

前面所学习的积分是以积分区间为有限区间和被积函数是有界函数(特别是连续函数)为前提的,但是在实际问题中,经常会遇到不是有限区间而是无限区间的情形,因此需要将有限区间上的定积分的概念加以推广,这就形成了一个新的概念——广义积分,而前面所学的定积分称为常义积分.

6.5.1 无穷区间上的广义积分

定义1 设函数 $f(x)$ 在区间 $[a, +\infty)$ 上连续,取 $b>a$,称极限

$$\lim_{b\to+\infty}\int_a^b f(x)\,\mathrm{d}x$$

为函数 $f(x)$ 在无穷区间 $[a, +\infty)$ 上的**广义积分**,记作 $\int_a^{+\infty} f(x)\,\mathrm{d}x$,即

$$\int_a^{+\infty} f(x)\,\mathrm{d}x=\lim_{b\to+\infty}\int_a^b f(x)\,\mathrm{d}x.$$

若上式右边极限存在,则称广义积分 $\int_a^{+\infty} f(x)\,\mathrm{d}x$ 收敛;若极限不存在,则称广义积分 $\int_a^{+\infty} f(x)\,\mathrm{d}x$ 发散.

类似地,设函数 $f(x)$ 在区间 $(-\infty, b]$ 上连续,取 $a<b$,称极限

$$\lim_{a\to-\infty}\int_a^b f(x)\,\mathrm{d}x$$

为函数 $f(x)$ 在无穷区间 $(-\infty, b]$ 上的广义积分,记作 $\int_{-\infty}^b f(x)\,\mathrm{d}x$,即

$$\int_{-\infty}^b f(x)\,\mathrm{d}x=\lim_{a\to-\infty}\int_a^b f(x)\,\mathrm{d}x.$$

若上式右边的极限存在,则称广义积分 $\int_{-\infty}^b f(x)\,\mathrm{d}x$ 收敛;若极限不存在,则称广义积分 $\int_{-\infty}^b f(x)\,\mathrm{d}x$ 发散.

连续函数 $f(x)$ 在区间 $(-\infty, +\infty)$ 内的广义积分为

$$\int_{-\infty}^{+\infty} f(x)\,\mathrm{d}x=\int_{-\infty}^{C} f(x)\,\mathrm{d}x+\int_C^{+\infty} f(x)\,\mathrm{d}x,$$

其中 C 为任意实数(通常取 $C=0$). 当上式右端两个广义积分都收敛时,广义积分 $\int_{-\infty}^{+\infty} f(x)\,\mathrm{d}x$ 是收敛的;否则,是发散的.

例1 计算$\int_1^{+\infty}\frac{1}{x^2}\mathrm{d}x$.

解 $\int_1^{+\infty}\frac{1}{x^2}\mathrm{d}x=\lim\limits_{b\to+\infty}\int_1^b\frac{1}{x^2}\mathrm{d}x=\lim\limits_{b\to+\infty}\left[-\frac{1}{x}\right]_1^b=\lim\limits_{b\to+\infty}\left(-\frac{1}{b}+1\right)=1.$

由定义可知,求广义积分的方法是先计算定积分,再计算极限.为了书写方便,常省略极限记号,形式地把∞当成一个"数",直接利用牛顿-莱布尼茨公式计算.即若函数$F(x)$是$f(x)$的一个原函数,则

$$\int_a^{+\infty}f(x)\mathrm{d}x=[F(x)]_a^{+\infty}=\lim_{x\to+\infty}F(x)-F(a).$$

类似地,有
$$\int_{-\infty}^{b}f(x)\mathrm{d}x=[F(x)]_{-\infty}^{b}=F(b)-\lim_{x\to-\infty}F(x),$$
$$\int_{-\infty}^{+\infty}f(x)\mathrm{d}x=[F(x)]_{-\infty}^{+\infty}=\lim_{x\to+\infty}F(x)-\lim_{x\to-\infty}F(x).$$

例2 计算$\int_{-\infty}^{+\infty}\frac{1}{1+x^2}\mathrm{d}x$.

解
$$\begin{aligned}\int_{-\infty}^{+\infty}\frac{1}{1+x^2}\mathrm{d}x&=[\arctan x]_{-\infty}^{+\infty}=\lim_{x\to+\infty}\arctan x-\lim_{x\to-\infty}\arctan x\\&=\frac{\pi}{2}-\left(-\frac{\pi}{2}\right)=\pi.\end{aligned}$$

例3 计算$\int_0^{+\infty}x\mathrm{e}^{-x}\mathrm{d}x$.

解
$$\begin{aligned}\int_0^{+\infty}x\mathrm{e}^{-x}\mathrm{d}x&=-\int_0^{+\infty}x\,\mathrm{d}(\mathrm{e}^{-x})=-[x\mathrm{e}^{-x}]_0^{+\infty}+\int_0^{+\infty}\mathrm{e}^{-x}\mathrm{d}x\\&=-\lim_{x\to+\infty}x\mathrm{e}^{-x}-\mathrm{e}^{-x}\Big|_0^{+\infty}=-\lim_{x\to+\infty}\frac{x}{\mathrm{e}^x}-\lim_{x\to+\infty}\mathrm{e}^{-x}+1\\&=-\lim_{x\to+\infty}\frac{1}{\mathrm{e}^x}+1=1.\end{aligned}$$

例4 证明广义积分$\int_a^{+\infty}\frac{1}{x^p}\mathrm{d}x\,(a>0)$,当$p>1$时,收敛;当$p\leqslant1$时,发散.

证明 当$p=1$时,$\int_a^{+\infty}\frac{1}{x^p}\mathrm{d}x=\int_a^{+\infty}\frac{1}{x}\mathrm{d}x=[\ln x]_a^{+\infty}=+\infty$;

当$p\neq1$,$\int_a^{+\infty}\frac{1}{x^p}\mathrm{d}x=\left[\frac{x^{1-p}}{1-p}\right]_a^{+\infty}=\begin{cases}+\infty, & p<1,\\ \dfrac{a^{1-p}}{p-1}, & p>1.\end{cases}$

故当$p>1$时,广义积分$\int_a^{+\infty}\frac{1}{x^p}\mathrm{d}x$收敛,其值为$\frac{a^{1-p}}{p-1}$;当$p\leqslant1$时,广义积分$\int_a^{+\infty}\frac{1}{x^p}\mathrm{d}x$发散.

6.5.2 瑕积分

定义 2 若函数 $f(x)$在点 c 的任一邻域内都无界,则称点 c 为函数 $f(x)$的瑕点.

定义 3 设函数 $f(x)$ 在$(a, b]$上连续,且 $\lim\limits_{x\to a^+} f(x)=\infty$,取 $t>a$,称极限 $\lim\limits_{t\to a^+}\int_t^b f(x)\mathrm{d}x$ 为函数 $f(x)$ 在$(a, b]$上的**广义积分**,又称**瑕积分**,仍然记作 $\int_a^b f(x)\mathrm{d}x$,即

$$\int_a^b f(x)\mathrm{d}x=\lim_{t\to a^+}\int_t^b f(x)\mathrm{d}x.$$

若上式右边的极限存在,则称瑕积分 $\int_a^b f(x)\mathrm{d}x$ 收敛;若极限不存在,则称瑕积分$\int_a^b f(x)\mathrm{d}x$ 发散.

类似地,设函数 $f(x)$ 在区间$[a, b)$上连续,且 $\lim\limits_{x\to b^-} f(x)=\infty$,可定义瑕积分

$$\int_a^b f(x)\mathrm{d}x=\lim_{t\to b^-}\int_a^t f(x)\mathrm{d}x.$$

若上式右边的极限存在,则称瑕积分 $\int_a^b f(x)\mathrm{d}x$ 收敛;若极限不存在,则称瑕积分$\int_a^b f(x)\mathrm{d}x$ 发散.

设函数 $f(x)$在区间$[a, b]$上除点 $c(a<c<b)$外连续,且$\lim\limits_{x\to c} f(x)=\infty$,可定义瑕积分

$$\int_a^b f(x)\mathrm{d}x=\int_a^c f(x)\mathrm{d}x+\int_c^b f(x)\mathrm{d}x=\lim_{t\to c^-}\int_a^t f(x)\mathrm{d}x+\lim_{t\to c^+}\int_t^b f(x)\mathrm{d}x.$$

若上式右边的两个瑕积分 $\int_a^c f(x)\mathrm{d}x$ 和$\int_c^b f(x)\mathrm{d}x$ 都存在,则称瑕积分 $\int_a^b f(x)\mathrm{d}x$ 收敛;否则,称瑕积分$\int_a^b f(x)\mathrm{d}x$ 发散.

若函数 $F(x)$为 $f(x)$的一个原函数,则

(1) 当 a 为瑕点时,$\int_a^b f(x)\mathrm{d}x=[F(x)]_a^b=F(b)-\lim\limits_{x\to a^+} F(x)$;

(2) 当 b 为瑕点时,$\int_a^b f(x)\mathrm{d}x=[F(x)]_a^b=\lim\limits_{x\to b^-} F(x)-F(a)$;

(3) 当 $c(a<c<b)$为瑕点时,

$$\int_a^b f(x)\mathrm{d}x = \int_a^c f(x)\mathrm{d}x + \int_c^b f(x)\mathrm{d}x$$
$$= [\lim_{x\to c^-} F(x) - F(a)] + [F(b) - \lim_{x\to c^+} F(x)].$$

例 5 计算瑕积分 $\int_0^a \frac{1}{\sqrt{a^2-x^2}}\mathrm{d}x$.

解 因为 $\lim\limits_{x\to a^-} \frac{1}{\sqrt{a^2-x^2}} = +\infty$,所以点 a 为被积函数的瑕点,于是

$$\int_0^a \frac{1}{\sqrt{a^2-x^2}}\mathrm{d}x = \left[\arcsin\frac{x}{a}\right]_0^a = \lim_{x\to a^-} \arcsin\frac{x}{a} - 0 = \frac{\pi}{2}.$$

例 6 讨论瑕积分 $\int_{-1}^1 \frac{1}{x^2}\mathrm{d}x$ 的收敛性.

解 因为 $\lim\limits_{x\to 0} \frac{1}{x^2} = +\infty$,所以 $\int_{-1}^1 \frac{1}{x^2}\mathrm{d}x$ 为瑕积分,于是

$$\int_{-1}^1 \frac{1}{x^2}\mathrm{d}x = \int_{-1}^0 \frac{1}{x^2}\mathrm{d}x + \int_0^1 \frac{1}{x^2}\mathrm{d}x.$$

又因为 $$\int_{-1}^0 \frac{1}{x^2}\mathrm{d}x = \left[-\frac{1}{x}\right]_{-1}^{0^-} = \lim_{x\to 0^-}\left(-\frac{1}{x}\right) - 1 = +\infty,$$

故所求瑕积分 $\int_{-1}^1 \frac{1}{x^2}\mathrm{d}x$ 发散.

练习 6.5

1. 判断下列广义积分是否收敛.若收敛,求它的值.

(1) $\int_2^{+\infty} \frac{\mathrm{d}x}{x\ln x}$; (2) $\int_{-\infty}^0 \mathrm{e}^{-x}\mathrm{d}x$;

(3) $\int_1^{+\infty} \frac{1}{\sqrt{x}}\mathrm{d}x$; (4) $\int_{-\infty}^0 x\mathrm{e}^x\mathrm{d}x$.

2. 求下列瑕积分.

(1) $\int_0^1 \ln x\mathrm{d}x$; (2) $\int_0^3 (x-2)^{-\frac{2}{3}}\mathrm{d}x$.

习 题 6

1. 填空题.

(1) $\int_0^1 \mathrm{e}^{x^2}\mathrm{d}x$ ________ $\int_0^1 \mathrm{e}^{x^3}\mathrm{d}x$(填“>”或“<”).

(2) $\int_0^1 (x-1)\mathrm{d}x =$ ________.

(3) $\int_{-1}^1 x(\mathrm{e}^x + \mathrm{e}^{-x})\mathrm{d}x =$ ________.

2. 选择题.

(1) $\int_0^3 |2-x|\,dx=($　　$)$.

A. $\dfrac{5}{2}$　　B. $\dfrac{1}{2}$　　C. $\dfrac{3}{2}$　　D. $\dfrac{2}{3}$

(2) 函数 $y=\int_0^x \cos t\,dt$ 的二阶导数是(　　).

A. $\cos x$　　B. $-\sin x$　　C. $\sin x$　　D. $-\cos x$

(3) $\int_0^3 e^{\frac{1}{3}x}\,dx=($　　$)$.

A. $3(e-1)$　　B. $3(1-e)$

C. $3e$　　D. 以上结论都不对

3. 求 $\lim\limits_{x\to 0}\dfrac{\int_{\cos x}^{1} e^{-t^2}\,dt}{x^2}$.

4. 若 $\Phi(x)=\int_0^{x^2} e^{2t}\,dt$，求 $\Phi'(x)$ 及 $\Phi'\left(\dfrac{1}{2}\right)$.

5*. 设 $f(x)$ 为连续函数，且 $\int_0^{x^3} f(t)\,dt=x$，求 $f(1)$.

6. 计算下列定积分.

(1) $\int_0^1 (3x^2+x-1)\,dx$；　　(2) $\int_1^4 \dfrac{1}{1+\sqrt{x}}\,dx$；

(3) $\int_0^1 \dfrac{dx}{\sqrt{x}(1+x)}$；　　(4) $\int_1^e \dfrac{dx}{x\sqrt{1+\ln x}}$；

(5) $\int_0^\pi (1-\sin^3 x)\,dx$；　　(6) $\int_0^{2\pi} |\sin x|\,dx$；

(7) $\int_{-2}^0 \dfrac{dx}{x^2+2x+2}$；　　(8) $\int_0^{\sqrt{\ln 2}} x^3 e^{x^2}\,dx$；

(9) $\int_{-1}^1 (x+\sqrt{1-x^2})^2\,dx$；　　(10) $\int_0^{\frac{\pi}{2}} x^2\sin x\,dx$.

7*. 若函数 $f(x)$ 在 $[0,1]$ 上连续，证明：$\int_0^\pi xf(\sin x)\,dx=\dfrac{\pi}{2}\int_0^\pi f(\sin x)\,dx$.

8. 求由曲线 $y^2=x$ 与直线 $x+y=2$ 所围成的平面图形的面积.

9. 求由正弦曲线 $y=\sin x$ 与直线 $x=\dfrac{\pi}{2}$，$x=\dfrac{3\pi}{2}$ 及 x 轴所围成的平面图形的面积.

10. 求曲线 $y=x^3-3x+2$ 与其右极值点处的切线所围成的平面图形的面积.

11. 计算下列积分.

(1) $\int_e^{+\infty} \dfrac{dx}{x\ln^2 x}$；　　(2) $\int_0^1 \dfrac{\arcsin x\,dx}{\sqrt{1-x^2}}$.

第 7 章　空间解析几何初步

解析几何,亦称坐标几何,是借助坐标系,用代数方法研究几何对象之间的关系和性质的一门几何学分支. 空间解析几何是把空间的几何结构系统地代数化、数量化. 本章首先在空间中引进向量的基本概念以及它的运算,并建立空间直角坐标系,利用两个向量的数量积和向量积来研究空间中直线的方程和平面的方程,以及它们的位置关系.

7.1　向量的概念及其几何运算

7.1.1　向量的概念

在研究物理学、工程技术以及其他应用科学时,常常会遇到这样一类量,它们既有大小,又有方向. 例如,力、力矩、位移、速度、加速度等,在数学上把这一类量称为向量.

定义 1　既有大小又有方向的量称为**向量**,又称**矢量**,简称**矢**.

用一条有方向的线段(称为有向线段)来表示向量,有向线段的起点与终点分别称为向量的起点与终点,有向线段的长度表示向量的大小,有向线段的方向表示向量的方向.

以 A 为起点、B 为终点的有向线段所表示的向量,记作 $\overrightarrow{AB}$(图 7-1),有时用小写英文字母上方加箭头或小写英文黑体字母表示,如 $\vec{a}$, $\vec{r}$, $\vec{v}$, $\vec{e}$ 或 $\boldsymbol{a}$, $\boldsymbol{r}$, $\boldsymbol{v}$, $\boldsymbol{e}$.

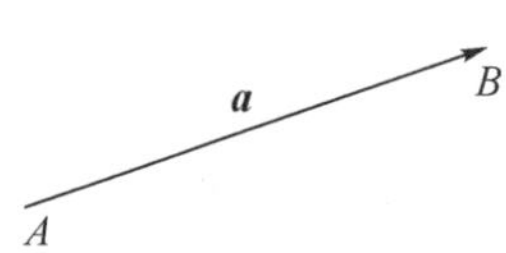

图 7-1

向量的大小是指向量的长度,又称**向量的模**. 向量 $\boldsymbol{a}$, $\vec{a}$, $\overrightarrow{AB}$ 的模分别记作 $|\boldsymbol{a}|$, $|\vec{a}|$, $|\overrightarrow{AB}|$.

模等于 0 的向量称为**零向量**,记作 $\boldsymbol{0}$. 零向量的起点与终点重合,它的方向不确定,也可以看作是任意的. 不是零向量的向量称为**非零向量**.

模等于 1 的向量称为**单位向量**. 设 $\boldsymbol{a}$ 是一个非零向量,把与非零向量 $\boldsymbol{a}$ 同方向的单位向量记作 $\boldsymbol{a}^0$,即 $\boldsymbol{a}^0=\dfrac{\boldsymbol{a}}{|\boldsymbol{a}|}$.

定义 2　若向量 $\boldsymbol{a}$ 和 $\boldsymbol{b}$ 的大小相等且方向相同,则称向量 $\boldsymbol{a}$ 和 $\boldsymbol{b}$ 是**相等**的,记作 $\boldsymbol{a}=\boldsymbol{b}$. 所有的零向量都相等. 两个向量是否相等与它们的起点无关,只由它们的

模和方向决定.

由于一切向量的共性是它们都有大小和方向，在数学上只研究与起点无关的向量，并称这种向量为**自由向量**，简称**向量**. 因此向量的起点可以任意选取. 相等的向量经过平移后可以完全重合，移动后的向量仍然代表原来的向量. 在此意义下，相等的向量都可看作是同一的自由向量. 由于自由向量起点的任意性，于是可以根据需要选取某一点作为所研究的一些向量的公共起点，或者说，把这些向量起点移到同一点来进行研究.

定义 3　若两个非零向量的方向相同或相反，则称这两个向量**平行**. 向量 $\boldsymbol{a}$ 与 $\boldsymbol{b}$ 平行，记作 $\boldsymbol{a} \parallel \boldsymbol{b}$. 零向量与任何向量都平行.

定义 4　平行于同一直线的一组向量称为**共线向量**. 零向量与任何共线的向量组共线.

当两个平行向量的起点放在同一点时，它们的终点和公共的起点在一条直线上. 因此，两个向量平行又称两向量共线.

定义 5　两个模相等、方向相反的向量称为**相反向量**. 向量 $\boldsymbol{a}$ 与 $\boldsymbol{b}$ 为相反向量，记作 $\boldsymbol{a}=-\boldsymbol{b}$.

显然，相反向量也是共线向量.

定义 6　平行于同一平面的一组向量称为**共面向量**. 零向量与任何共面的向量组共面.

一组共线向量一定是共面向量. 三个向量中若有两个向量是共线的，这三个向量一定是共面的.

7.1.2　向量的几何运算

1. 向量的加法

定义 7　设有两个向量 $\boldsymbol{a}$ 与 $\boldsymbol{b}$，平移向量使 $\boldsymbol{b}$ 的起点与 $\boldsymbol{a}$ 的终点重合，则从 $\boldsymbol{a}$ 的起点到 $\boldsymbol{b}$ 的终点的向量 $\boldsymbol{c}$ 称为向量 $\boldsymbol{a}$ 与 $\boldsymbol{b}$ 的**和**，记作 $\boldsymbol{c}=\boldsymbol{a}+\boldsymbol{b}$ (图 7-2).

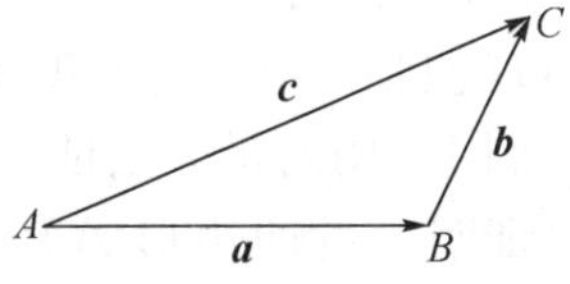

图 7-2

上述作出两向量之和的方法称为**向量加法的三角形法则**.

定义 7′　当向量 $\boldsymbol{a}$ 与 $\boldsymbol{b}$ 不平行时，平移向量使 $\boldsymbol{a}$ 与 $\boldsymbol{b}$ 的起点重合，以 $\boldsymbol{a}$，$\boldsymbol{b}$ 为邻边作一平行四边形，则从公共起点到对角顶点的向量 $\boldsymbol{c}$ 称为向量 $\boldsymbol{a}$ 与 $\boldsymbol{b}$ 的**和向量**，即 $\boldsymbol{c}=\boldsymbol{a}+\boldsymbol{b}$ (图 7-3).

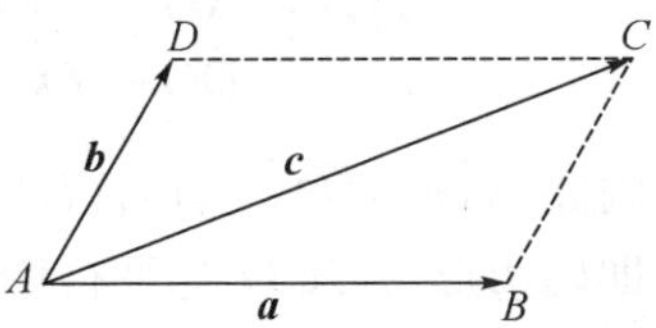

图 7-3

该法模仿了力学中求合力的方法，这种作出两向量之和的方法称为**向量加法的平行四边形法则**.

向量的加法满足下列运算规律:

(1) **交换律** $\boldsymbol{a}+\boldsymbol{b}=\boldsymbol{b}+\boldsymbol{a}$;

(2) **结合律** $(\boldsymbol{a}+\boldsymbol{b})+\boldsymbol{c}=\boldsymbol{a}+(\boldsymbol{b}+\boldsymbol{c})$.

因向量的加法满足交换律与结合律,故 n 个向量 $\boldsymbol{a}_1, \boldsymbol{a}_2, \boldsymbol{a}_3, \cdots, \boldsymbol{a}_n (n \geqslant 3)$ 相加可写成

$$\boldsymbol{a}_1+\boldsymbol{a}_2+\boldsymbol{a}_3+\cdots+\boldsymbol{a}_n.$$

并按向量相加的三角形法则,可得 n 个向量相加的法则如下:使前一向量的终点作为次一向量的起点,相继作向量 $\boldsymbol{a}_1, \boldsymbol{a}_2, \boldsymbol{a}_3, \cdots, \boldsymbol{a}_n$,再以第一向量的起点为起点,最后一向量的终点为终点作一向量,这个向量即为所求 n 个向量的和. 这种求向量的和的方法称为**向量加法的多边形法则**.

特别地,有 $\boldsymbol{a}+\boldsymbol{0}=\boldsymbol{a}$.

定义 8 当向量 $\boldsymbol{b}$ 与 $\boldsymbol{c}$ 的和等于向量 $\boldsymbol{a}$,即 $\boldsymbol{b}+\boldsymbol{c}=\boldsymbol{a}$ 时,把向量 $\boldsymbol{c}$ 称为向量 $\boldsymbol{a}$ 与 $\boldsymbol{b}$ 的差,记作 $\boldsymbol{c}=\boldsymbol{a}-\boldsymbol{b}$ (图 7-4).

把向量 $-\boldsymbol{b}$ 加到向量 $\boldsymbol{a}$ 上,得 $\boldsymbol{a}$ 与 $\boldsymbol{b}$ 的差 $\boldsymbol{a}-\boldsymbol{b}$,即 $\boldsymbol{a}-\boldsymbol{b}=\boldsymbol{a}+(-\boldsymbol{b})$ (图 7-5).

特别地,当 $\boldsymbol{a}=\boldsymbol{b}$ 时,有 $\boldsymbol{a}-\boldsymbol{a}=\boldsymbol{a}+(-\boldsymbol{a})=\boldsymbol{0}$.

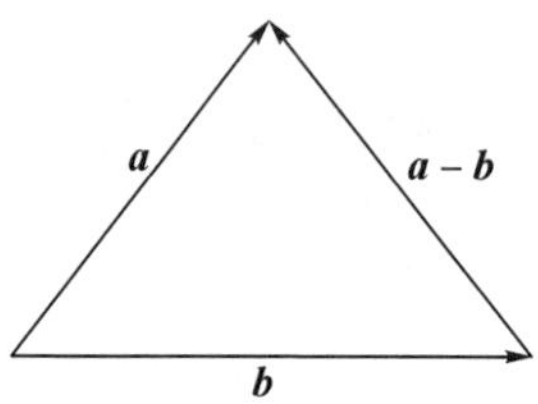

图 7-4

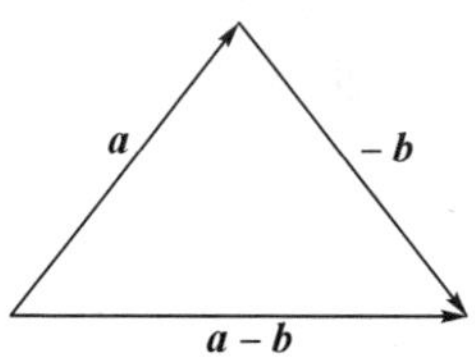

图 7-5

显然,任给向量 $\overrightarrow{AB}$ 及点 O,有 $\overrightarrow{AB}=\overrightarrow{AO}+\overrightarrow{OB}=\overrightarrow{OB}-\overrightarrow{OA}$.

因此,若把向量 $\boldsymbol{a}$ 与 $\boldsymbol{b}$ 移到同一起点 O,则从 $\boldsymbol{a}$ 的终点 A 向 $\boldsymbol{b}$ 的终点 B 所引向量 $\overrightarrow{AB}$ 便是向量 $\boldsymbol{b}$ 与 $\boldsymbol{a}$ 的差 $\boldsymbol{b}-\boldsymbol{a}$.

例 1 用向量方法证明对角线互相平分的四边形是平行四边形.

证明 设四边形 $ABCD$ 的对角线 AC, BD 交于 O 点,且互相平分(图 7-6),从图中可以看出

$$\begin{aligned}\overrightarrow{AB}&=\overrightarrow{AO}+\overrightarrow{OB}=\overrightarrow{OB}+\overrightarrow{AO}\\&=\overrightarrow{DO}+\overrightarrow{OC}=\overrightarrow{DC},\end{aligned}$$

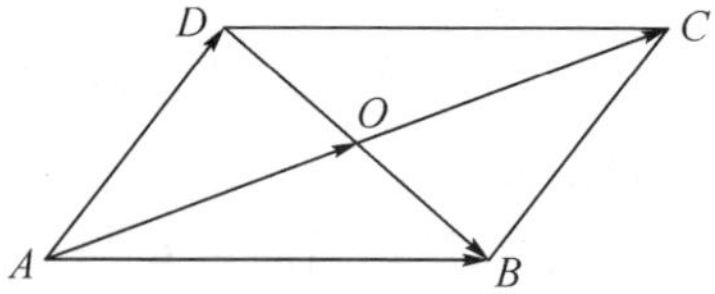

图 7-6

因此,$\overrightarrow{AB} \parallel \overrightarrow{DC}$,且 $|\overrightarrow{AB}|=|\overrightarrow{DC}|$,

即四边形 $ABCD$ 为平行四边形.

2. 向量与数的乘法

定义 9 向量 $\boldsymbol{a}$ 与实数 λ 的乘积是一个向量,记作 $\lambda\boldsymbol{a}$. 它的模 $|\lambda\boldsymbol{a}|=|\lambda||\boldsymbol{a}|$,它的方向当 $\lambda>0$ 时与 $\boldsymbol{a}$ 相同,当 $\lambda<0$ 时与 $\boldsymbol{a}$ 相反. 这种运算称为**向量与数的乘**

法，简称数乘.

当 $\lambda=0$ 时，$|\lambda \boldsymbol{a}|=\boldsymbol{0}$，即 $\lambda \boldsymbol{a}$ 为零向量，这时它的方向可以是任意的.

特别地，当 $\lambda=\pm 1$ 时，有 $1\cdot \boldsymbol{a}=\boldsymbol{a}$，$(-1)\boldsymbol{a}=-\boldsymbol{a}$.

向量与数的乘法满足下列运算规律：

(1) **交换律**　$\lambda \boldsymbol{a}=\boldsymbol{a}\lambda$（$\lambda$ 是实数）；

(2) **结合律**　$\lambda(\mu \boldsymbol{a})=\mu(\lambda \boldsymbol{a})=(\lambda\mu)\boldsymbol{a}$（$\lambda$，$\mu$ 是实数）；

(3) **分配律**　$(\lambda+\mu)\boldsymbol{a}=\lambda \boldsymbol{a}+\mu \boldsymbol{a}$；$\lambda(\boldsymbol{a}+\boldsymbol{b})=\lambda \boldsymbol{a}+\lambda \boldsymbol{b}$（$\lambda$，$\mu$ 是实数）.

由向量的加法与数乘向量的运算规律可知，对于向量也可以用类似实数及多项式那样去运算.

例 2　在平行四边形 $ABCD$ 中（图 7-7），设 $\overrightarrow{AB}=\boldsymbol{a}$，$\overrightarrow{AD}=\boldsymbol{b}$，试用 $\boldsymbol{a}$ 和 $\boldsymbol{b}$ 表示向量 $\overrightarrow{MA}$，$\overrightarrow{MB}$，$\overrightarrow{MC}$，$\overrightarrow{MD}$，其中 M 是平行四边形对角线的交点.

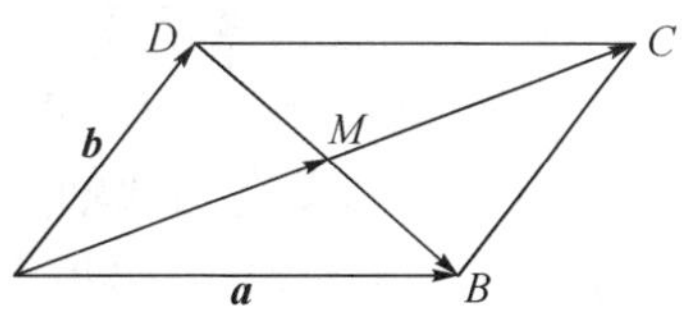

图 7-7

解　由于平行四边形的对角线互相平分，所以

$\boldsymbol{a}+\boldsymbol{b}=\overrightarrow{AC}=2\overrightarrow{AM}=-2\overrightarrow{MA}$，

于是　$$\overrightarrow{MA}=-\frac{1}{2}(\boldsymbol{a}+\boldsymbol{b}),$$

$$\overrightarrow{MC}=-\overrightarrow{MA}=\frac{1}{2}(\boldsymbol{a}+\boldsymbol{b}).$$

因为 $-\boldsymbol{a}+\boldsymbol{b}=\overrightarrow{BD}=2\overrightarrow{MD}$，

所以　$$\overrightarrow{MD}=\frac{1}{2}(\boldsymbol{b}-\boldsymbol{a}),\quad \overrightarrow{MB}=-\overrightarrow{MD}=\frac{1}{2}(\boldsymbol{a}-\boldsymbol{b}).$$

3. 向量平行的充分必要条件

定理　设向量 $\boldsymbol{a}\neq\boldsymbol{0}$，则向量 $\boldsymbol{b}$ 平行于 $\boldsymbol{a}$ 的充分必要条件是存在唯一的实数 λ，使 $\boldsymbol{b}=\lambda \boldsymbol{a}$.

定理 1 是建立数轴的理论依据. 给定一个点及一个单位向量就确定了一条数轴.

设点 O 及单位向量 $\boldsymbol{i}$ 确定了数轴 Ox，对于轴上任一点 P，对应一个向量 $\overrightarrow{OP}$，由 $\overrightarrow{OP}\,/\!/\,\boldsymbol{i}$，根据定理 1，必有唯一的实数 x，使 $\overrightarrow{OP}=x\boldsymbol{i}$（实数 x 称为数轴上有向线段 $\overrightarrow{OP}$ 的值），从而有 $\overrightarrow{OP}$ 与实数 x 一一对应，数轴上的点 P 与实数 x 一一对应. 由此，定义实数 x 为轴上点 P 的坐标. 所以轴上点 P 的坐标为 x 的充分必要条件是 $\overrightarrow{OP}=x\boldsymbol{i}$.

例 3　如图 7-8 所示，已知 $\overrightarrow{AD}=3\overrightarrow{AB}$，$\overrightarrow{DE}=3\overrightarrow{BC}$. 试判断 $\overrightarrow{AC}$ 与 $\overrightarrow{AE}$ 是否共线.

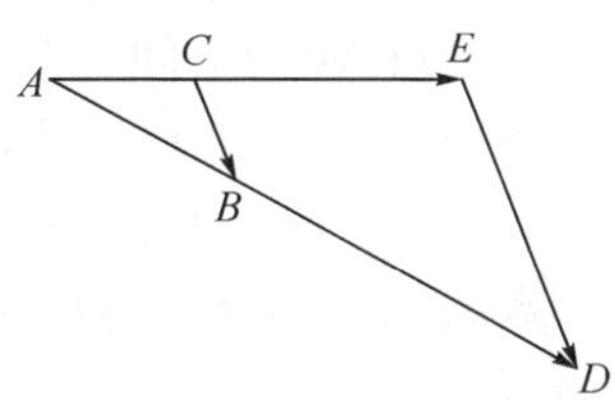

图 7-8

解　因为 $\overrightarrow{AE}=\overrightarrow{AD}+\overrightarrow{DE}=3\overrightarrow{AB}+3\overrightarrow{BC}$

$=3(\overrightarrow{AB}+\overrightarrow{BC})=3\overrightarrow{AC}$，

所以，$\overrightarrow{AC}$ 与 $\overrightarrow{AE}$ 共线.

练习 7.1

1. 零向量有没有单位向量?

2. 已知四边形 $ABCD$ 中,$\overrightarrow{AB}=\boldsymbol{a}-\boldsymbol{c}$, $\overrightarrow{CD}=\boldsymbol{a}+6\boldsymbol{b}-3\boldsymbol{c}$, 对角线 AC, BD 的中点分别为 E, F, 求 $\overrightarrow{EF}$.

3. 设 $\overrightarrow{AB}=-\boldsymbol{a}-3\boldsymbol{b}$, $\overrightarrow{BC}=\boldsymbol{a}+5\boldsymbol{b}$, $\overrightarrow{CD}=2\boldsymbol{a}+4\boldsymbol{b}$, 证明:$A$, B, D 三点共线.

7.2 向量的坐标

7.2.1 空间直角坐标系

1. 空间直角坐标系

在空间取定一点 O 和三个两两垂直的单位向量 $\boldsymbol{i}$, $\boldsymbol{j}$, $\boldsymbol{k}$,就确定了三条都以 O 为原点的两两垂直的数轴(通常三个数轴应具有相同的长度单位),依次记作 x 轴(横轴)、y 轴(纵轴)、z 轴(竖轴),统称为**坐标轴**. 把 x 轴和 y 轴配置在水平面上,而 z 轴则是铅垂线,数轴的正向通常符合右手规则,由它们构成一个空间直角坐标系(图 7-9),称为 ***Oxyz* 坐标系**.

在空间直角坐标系 $Oxyz$ 中,任意两个坐标轴可以确定一个平面,这种平面称为**坐标面**. x 轴及 y 轴所确定的坐标面称为 xOy 面,另两个坐标面分别是 yOz 面和 zOx 面.

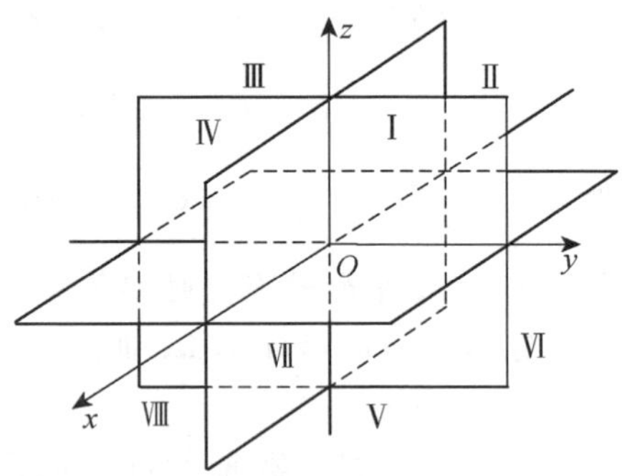

图 7-9

三个坐标面把空间划分成 8 个区域,每一区域都称为卦限,含有三个正半轴的卦限称为第一卦限,它位于 xOy 面的上方. 在 xOy 面的上方,按逆时针方向排列着第二卦限、第三卦限和第四卦限. 在 xOy 面的下方,与第一卦限对应的是第五卦限,按逆时针方向还排列着第六卦限、第七卦限和第八卦限. 八个卦限分别用字母 Ⅰ,Ⅱ,Ⅲ,Ⅳ,Ⅴ,Ⅵ,Ⅶ,Ⅷ表示.

2. 空间中的点与有序数组的对应关系

设点 M 为空间一已知点,在空间建立上述的一个直角坐标系,过点 M 作三个平面分别垂直于 x 轴,y 轴和 z 轴,它们与 x 轴,y 轴和 z 轴的交点依次为 P, Q 和 R(图 7-10),这三个点在 x 轴,y 轴和 z 轴上的坐标依次为 x, y 和 z,则有序数组(x, y, z)与点 M 之间建立起一一对应关系,(x, y, z)称为**点 M 的直角坐标**.

显见,点 $M(x, y, z)$到坐标原点 O 的距离为

$$|OM|=\sqrt{x^2+y^2+z^2}.$$

坐标面上和坐标轴上的点，其坐标各有一定的特征. 若点 M 在 yOz 面上，则 $x=0$；同样，在 zOx 面上，$y=0$；在 xOy 面上，$z=0$. 若点 M 在 x 轴上，则 $y=z=0$；同样，在 y 轴上，有 $z=x=0$；在 z 轴上，有 $x=y=0$. 若点 M 为原点，则 $x=y=z=0$.

7.2.2 向量的坐标表示式

1. 向量的坐标分解

任给向量 $\boldsymbol{r}$，使其起点为 O，终点为 M，从而 $\overrightarrow{OM}=\boldsymbol{r}$. 以 OM 为对角线，OM 在三条坐标轴上的射影为棱作长方体(图 7-10)，有

$$\boldsymbol{r}=\overrightarrow{OM}=\overrightarrow{OP}+\overrightarrow{PN}+\overrightarrow{NM}$$
$$=\overrightarrow{OP}+\overrightarrow{OQ}+\overrightarrow{OR}.$$

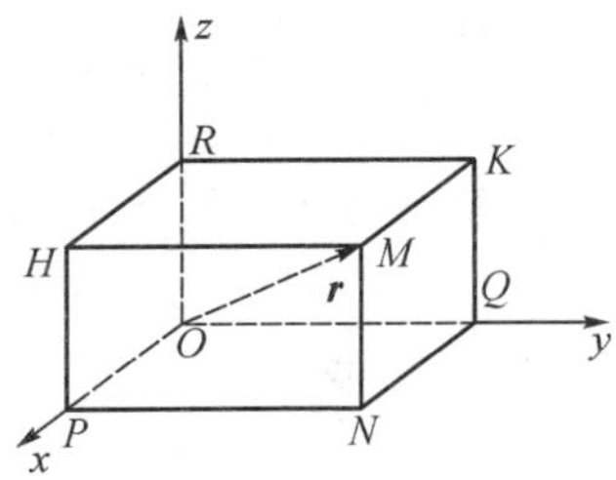

图 7-10

在坐标轴上分别取与 x 轴，y 轴，z 轴正方向相同的单位向量(称为基本单位向量)，分别用 $\boldsymbol{i}$，$\boldsymbol{j}$，$\boldsymbol{k}$ 表示，于是 $\overrightarrow{OP}=x\boldsymbol{i}$，$\overrightarrow{OQ}=y\boldsymbol{j}$，$\overrightarrow{OR}=z\boldsymbol{k}$，从而可得

$$\boldsymbol{r}=\overrightarrow{OM}=x\boldsymbol{i}+y\boldsymbol{j}+z\boldsymbol{k}.$$

上式称为**向量 $\boldsymbol{r}$ 的坐标分解式**，$x\boldsymbol{i}$，$y\boldsymbol{j}$，$z\boldsymbol{k}$ 称为向量 $\boldsymbol{r}$ 沿三个坐标轴方向的分向量.

显然，给定向量 $\boldsymbol{r}$，就确定了点 M 及 $\overrightarrow{OP}=x\boldsymbol{i}$，$\overrightarrow{OQ}=y\boldsymbol{j}$，$\overrightarrow{OR}=z\boldsymbol{k}$ 三个分向量，进而确定了 x，y，z 三个有序数；反之，给定三个有序数 x，y，z，也就确定了向量 $\boldsymbol{r}$ 与点 M. 于是点 M，向量 $\boldsymbol{r}$ 与三个有序数 x，y，z 之间有一一对应的关系

$$M\leftrightarrow\boldsymbol{r}=\overrightarrow{OM}=x\boldsymbol{i}+y\boldsymbol{j}+z\boldsymbol{k}\leftrightarrow(x,y,z).$$

有序数 x，y，z 称为向量 $\boldsymbol{r}$(在坐标系 $Oxyz$)中的坐标，记作 $\boldsymbol{r}=\{x,y,z\}$；有序数 x，y，z 也称为点 M(在坐标系 $Oxyz$)的坐标，记作 $M(x,y,z)$.

起点在坐标原点 O，终点为 M 的向量 $\overrightarrow{OM}$，称为点 M 的向径(或称点 M 的位置向量)，记作 $\boldsymbol{r}(M)$，即 $\boldsymbol{r}(M)=\overrightarrow{OM}$. 向量 $\overrightarrow{OM}$ 也可以用 $\{x,y,z\}$ 表示.

2. 向量线性运算的坐标表示式

设 $\boldsymbol{a}=a_1\boldsymbol{i}+a_2\boldsymbol{j}+a_3\boldsymbol{k}$，$\boldsymbol{b}=b_1\boldsymbol{i}+b_2\boldsymbol{j}+b_3\boldsymbol{k}$，则

(1) $\boldsymbol{a}+\boldsymbol{b}=(a_1\boldsymbol{i}+a_2\boldsymbol{j}+a_3\boldsymbol{k})+(b_1\boldsymbol{i}+b_2\boldsymbol{j}+b_3\boldsymbol{k})$

$$=(a_1+b_1)\boldsymbol{i}+(a_2+b_2)\boldsymbol{j}+(a_3+b_3)\boldsymbol{k}$$
$$=\{a_1+b_1,a_2+b_2,a_3+b_3\}.$$

(2) $\boldsymbol{a}-\boldsymbol{b}=(a_1\boldsymbol{i}+a_2\boldsymbol{j}+a_3\boldsymbol{k})-(b_1\boldsymbol{i}+b_2\boldsymbol{j}+b_3\boldsymbol{k})$
$=(a_1-b_1)\boldsymbol{i}+(a_2-b_2)\boldsymbol{j}+(a_3-b_3)\boldsymbol{k}$
$=\{a_1-b_1, a_2-b_2, a_3-b_3\}$.

(3) $\lambda\boldsymbol{a}=\lambda(a_1\boldsymbol{i}+a_2\boldsymbol{j}+a_3\boldsymbol{k})$
$=(\lambda a_1)\boldsymbol{i}+(\lambda a_2)\boldsymbol{j}+(\lambda a_3)\boldsymbol{k}$
$=\{\lambda a_1, \lambda a_2, \lambda a_3\}$.

(4) $\boldsymbol{a}=\boldsymbol{b}\Leftrightarrow a_1=b_1, a_2=b_2, a_3=b_3$.

(5) $\boldsymbol{b}\,/\!/\,\boldsymbol{a}\Leftrightarrow\{b_1, b_2, b_3\}=\lambda\{a_1, a_2, a_3\}$，即 $\boldsymbol{b}\,/\!/\,\boldsymbol{a}\Leftrightarrow\dfrac{b_1}{a_1}=\dfrac{b_2}{a_2}=\dfrac{b_3}{a_3}$.

例1 已知两点 $A(x_1, y_1, z_1)$ 和 $B(x_2, y_2, z_2)$ 以及实数 $\lambda\neq 0$，在直线 AB 上求一点 M，使 $\overrightarrow{AM}=\lambda\overrightarrow{MB}$.

解 由于 $\overrightarrow{AM}=\overrightarrow{OM}-\overrightarrow{OA}$，$\overrightarrow{MB}=\overrightarrow{OB}-\overrightarrow{OM}$，

因此 $\overrightarrow{OM}-\overrightarrow{OA}=\lambda(\overrightarrow{OB}-\overrightarrow{OM})$，

从而 $\overrightarrow{OM}=\dfrac{1}{1+\lambda}(\overrightarrow{OA}+\lambda\overrightarrow{OB})=\left\{\dfrac{x_1+\lambda x_2}{1+\lambda}, \dfrac{x_1+\lambda x_2}{1+\lambda}, \dfrac{x_1+\lambda x_2}{1+\lambda}\right\}$，

这就是点 M 的坐标.

点 M 称为有向线段 $\overrightarrow{AB}$ 的定比分点. 当 $\lambda=1$ 时，点 M 是有向线段 $\overrightarrow{AB}$ 的中点，其坐标为

$$\left(\frac{x_1+x_2}{2}, \frac{y_1+y_2}{2}, \frac{z_1+z_2}{2}\right).$$

3. 向量的模、方向角和方向余弦的坐标表示式

(1) 向量的模与两点间的距离公式

设向量 $\boldsymbol{r}=\{x, y, z\}$，作 $\overrightarrow{OM}=\boldsymbol{r}$(图7-10)，则 $\boldsymbol{r}=\overrightarrow{OM}=\overrightarrow{OP}+\overrightarrow{OQ}+\overrightarrow{OR}$，于是

$$|\boldsymbol{r}|=|\overrightarrow{OM}|=\sqrt{|\overrightarrow{OP}|^2+|\overrightarrow{OQ}|^2+|\overrightarrow{OR}|^2}.$$

设 $\overrightarrow{OP}=x\boldsymbol{i}$，$\overrightarrow{OQ}=y\boldsymbol{j}$，$\overrightarrow{OR}=z\boldsymbol{k}$，则

$$|\overrightarrow{OP}|=|x|,\quad |\overrightarrow{OQ}|=|y|,\quad |\overrightarrow{OR}|=|z|,$$

于是向量 $\boldsymbol{r}$ 的模的坐标表示式为 $|\boldsymbol{r}|=\sqrt{x^2+y^2+z^2}$.

设有两点 $A(x_1, y_1, z_1)$ 和 $B(x_2, y_2, z_2)$，则

$\overrightarrow{AB}=\overrightarrow{OB}-\overrightarrow{OA}=\{x_2, y_2, z_2\}-\{x_1, y_1, z_1\}=\{x_2-x_1, y_2-y_1, z_2-z_1\}$，

于是点 A 与点 B 间的距离为

$$|AB|=|\overrightarrow{AB}|=\sqrt{(x_2-x_1)^2+(y_2-y_1)^2+(z_2-z_1)^2}.$$

例2 已知两点 $A(2, 0, 3)$ 和 $B(3, 1, 4)$，求与 $\overrightarrow{AB}$ 方向相同的单位向量 $\boldsymbol{e}$.

解 因为 $\overrightarrow{AB}=\{3, 1, 4\}-\{2, 0, 3\}=\{1, 1, 1\}$，且

$$|\overrightarrow{AB}|=\sqrt{1^2+1^2+1^2}=\sqrt{3},$$

所以
$$\boldsymbol{e}=\frac{\overrightarrow{AB}}{|\overrightarrow{AB}|}=\frac{\{1, 1, 1\}}{\sqrt{3}}=\left\{\frac{1}{\sqrt{3}}, \frac{1}{\sqrt{3}}, \frac{1}{\sqrt{3}}\right\}.$$

(2) **方向角与方向余弦**

定义 设有两个非零向量 $\boldsymbol{a}$ 和 $\boldsymbol{b}$，任取空间一点 O，作 $\overrightarrow{OA}=\boldsymbol{a}$，$\overrightarrow{OB}=\boldsymbol{b}$，则 $\angle AOB$（设 $\angle AOB=\varphi$，规定 $0\leqslant\varphi\leqslant\pi$）称为向量 $\boldsymbol{a}$ 与 $\boldsymbol{b}$ 的**夹角**，记作 $(\widehat{\boldsymbol{a},\boldsymbol{b}})$ 或 $(\widehat{\boldsymbol{b},\boldsymbol{a}})$.

若向量 $\boldsymbol{a}$ 与 $\boldsymbol{b}$ 中有一个是零向量，规定它们的夹角可以在 0 与 π 之间任意取值.

非零向量 $\boldsymbol{r}$ 与坐标轴 x，y，z 正向的夹角 α，β，γ 称为向量 $\boldsymbol{r}$ 的**方向角**.

设 $\boldsymbol{r}=\{x, y, z\}$，则 $x=|\boldsymbol{r}|\cos\alpha$，$y=|\boldsymbol{r}|\cos\beta$，$z=|\boldsymbol{r}|\cos\gamma$，其中 $\cos\alpha$，$\cos\beta$，$\cos\gamma$ 称为向量 $\boldsymbol{r}$ 的**方向余弦**，且

$$\cos\alpha=\frac{x}{|\boldsymbol{r}|},\quad \cos\beta=\frac{y}{|\boldsymbol{r}|},\quad \cos\gamma=\frac{z}{|\boldsymbol{r}|},$$

从而
$$\{\cos\alpha, \cos\beta, \cos\gamma\}=\frac{1}{|\boldsymbol{r}|}\boldsymbol{r}=\boldsymbol{e}_r.$$

上式表明，以向量 $\boldsymbol{r}$ 的方向余弦为坐标的向量就是与 $\boldsymbol{r}$ 同方向的单位向量 $\boldsymbol{e}_r$，因此

$$\cos^2\alpha+\cos^2\beta+\cos^2\gamma=1.$$

例3 已知两点 $A(1, 1, 0)$ 和 $B(1, 0, 1)$，求向量 $\overrightarrow{AB}$ 的模、方向余弦和方向角.

解 因为 $\overrightarrow{AB}=\{1-1, 0-1, 1-0\}=\{0, -1, 1\}$，

所以
$$|\overrightarrow{AB}|=\sqrt{0^2+(-1)^2+1^2}=\sqrt{2},$$

$$\cos\alpha=0,\quad \cos\beta=-\frac{\sqrt{2}}{2},\quad \cos\gamma=\frac{\sqrt{2}}{2},$$

$$\alpha=\frac{\pi}{2},\quad \beta=\frac{3\pi}{4},\quad \gamma=\frac{\pi}{4}.$$

练习 7.2

1. 求点 $M(x, y, z)$ 分别关于三坐标轴、三坐标平面及坐标原点的对称点的坐标及点 $M(x, y, z)$ 分别到三坐标轴的距离和到三坐标平面的距离.

2. 证明：以点 $M_1(4, 3, 1)$，$M_2(7, 1, 2)$，$M_3(5, 2, 3)$ 为顶点的三角形是一个等腰三角形.

3. 在 z 轴上求与两点 $A(-4, 1, 7)$ 和 $B(3, 5, -2)$ 等距离的点的坐标.

4. 设点 P 在 x 轴上，它到点 $P_1(0, \sqrt{2}, 3)$ 的距离为到点 $P_2(0, 1, -1)$ 的距离的 2 倍，求点 P 的坐标.

5. 已知两点 $A(2, 2, \sqrt{2})$ 和 $B(1, 3, 0)$，求向量 $\overrightarrow{AB}$ 的模、方向余弦和方向角.

7.3 向量的数量积与向量积

7.3.1 两个向量的数量积

1. 数量积的定义

由物理学知道，在外力 $\boldsymbol{F}$ 的作用下，物体沿直线 l 从点 M_1 移动到点 M_2，若以 $\boldsymbol{S}$ 表示位移 $\overrightarrow{M_1M_2}$，则外力 $\boldsymbol{F}$ 对物体所作的功为

$$W = |\boldsymbol{F}|\cos\theta \cdot |\boldsymbol{S}| = |\boldsymbol{F}||\boldsymbol{S}|\cos\theta,$$

其中，θ 为 $\boldsymbol{F}$ 与 $\boldsymbol{S}$ 的夹角(图 7-11). 它是由向量 $\boldsymbol{F}$ 和 $\boldsymbol{S}$ 按上式确定的一个数量. 为此引入一个新的概念——数量积.

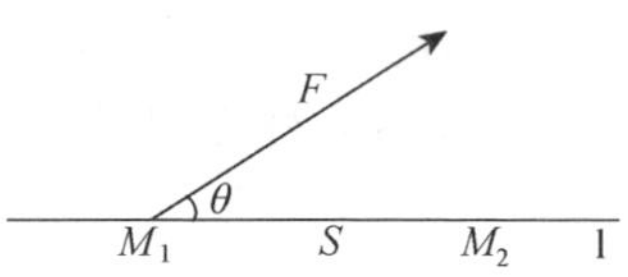

图 7-11

定义 1 两个向量 $\boldsymbol{a}$ 和 $\boldsymbol{b}$ 的模和它们的夹角 $\theta(0 \leqslant \theta \leqslant \pi)$ 的余弦的乘积称为向量 $\boldsymbol{a}$ 和 $\boldsymbol{b}$ 的**数量积**(又称**点积**或**数性积**)，记作 $\boldsymbol{a} \cdot \boldsymbol{b}$ 或 $\boldsymbol{ab}$，即

$$\boldsymbol{a} \cdot \boldsymbol{b} = |\boldsymbol{a}||\boldsymbol{b}|\cos\theta. \tag{7-1}$$

注意 (1) 两个向量 $\boldsymbol{a}$ 和 $\boldsymbol{b}$ 的数量积 $\boldsymbol{a} \cdot \boldsymbol{b}$ 是一个数量而不是向量.

(2) 当两个向量 $\boldsymbol{a}$ 和 $\boldsymbol{b}$ 中有一个为零向量时，其数量积 $\boldsymbol{a} \cdot \boldsymbol{b}$ 必为零.

(3) 当 $\boldsymbol{b} = \boldsymbol{a}$ 时，把数量积 $\boldsymbol{a} \cdot \boldsymbol{a}$ 称为 $\boldsymbol{a}$ 的数量平方，记作 $\boldsymbol{a}^2$，且有

$$\boldsymbol{a} \cdot \boldsymbol{a} = |\boldsymbol{a}|^2 = \boldsymbol{a}^2. \tag{7-2}$$

如 $\boldsymbol{i} \cdot \boldsymbol{i} = |\boldsymbol{i}|^2 = 1^2 = 1$，类似地，有 $\boldsymbol{j} \cdot \boldsymbol{j} = 1$，$\boldsymbol{k} \cdot \boldsymbol{k} = 1$.

定理 1 两个向量 $\boldsymbol{a}$ 和 $\boldsymbol{b}$ 相互垂直的充分必要条件是 $\boldsymbol{a} \cdot \boldsymbol{b} = 0$.

证明 当 $\boldsymbol{a} \perp \boldsymbol{b}$ 时，$(\widehat{\boldsymbol{a}, \boldsymbol{b}}) = \dfrac{\pi}{2}$，即 $\theta = \dfrac{\pi}{2}$，于是 $\cos\theta = 0$，

从而
$$\boldsymbol{a} \cdot \boldsymbol{b} = |\boldsymbol{a}||\boldsymbol{b}|\cos\theta = 0.$$

反之，当 $\boldsymbol{a} \cdot \boldsymbol{b} = 0$ 时，若 $\boldsymbol{a}$ 和 $\boldsymbol{b}$ 均为非零向量，则由式(7-1)知 $\cos\theta = 0$，得 $\theta = \dfrac{\pi}{2}$，所以 $\boldsymbol{a} \perp \boldsymbol{b}$；若 $\boldsymbol{a}$ 和 $\boldsymbol{b}$ 中有零向量，且零向量的方向是任意的，可以把它看成与

任意向量垂直，所以 $\boldsymbol{a} \perp \boldsymbol{b}$.

2. 数量积的运算性质

两个向量的数量积有下列运算性质：

(1) **交换律**　$\boldsymbol{a} \cdot \boldsymbol{b}=\boldsymbol{b} \cdot \boldsymbol{a}$.

(2) **分配律**　$(\boldsymbol{a}+\boldsymbol{b}) \cdot \boldsymbol{c}=\boldsymbol{a} \cdot \boldsymbol{c}+\boldsymbol{b} \cdot \boldsymbol{c}$.

(3) **数因子的结合律**　$(\lambda \boldsymbol{a}) \cdot \boldsymbol{b}=\boldsymbol{a} \cdot(\lambda \boldsymbol{b})=\lambda(\boldsymbol{a} \cdot \boldsymbol{b})$,

$(\lambda \boldsymbol{a}) \cdot(\mu \boldsymbol{b})=\lambda \mu(\boldsymbol{a} \cdot \boldsymbol{b})$　(λ, μ 为任意实数).

例 1　已知在$\triangle ABC$ 中(图 7-12)，$\angle ACB=\theta$，$|AB|=c$，$|AC|=b$，$|BC|=a$，求证：$c^2=a^2+b^2-2ab\cos\theta$.

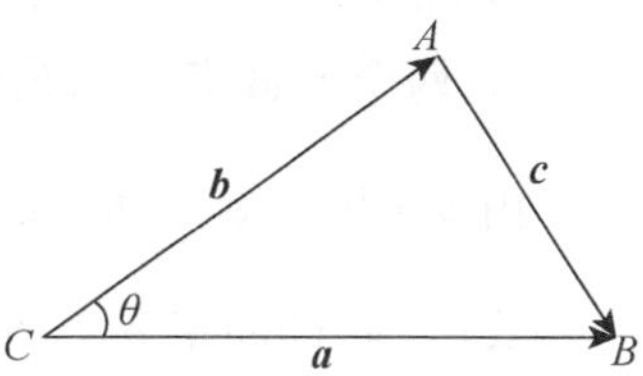
图 7-12

证明　记 $\overrightarrow{CB}=\boldsymbol{a}$，$\overrightarrow{CA}=\boldsymbol{b}$，$\overrightarrow{AB}=\boldsymbol{c}$，

则
$$\boldsymbol{c}=\boldsymbol{a}-\boldsymbol{b}.$$

从而
$$\begin{aligned}|\boldsymbol{c}|^2&=\boldsymbol{c} \cdot \boldsymbol{c}=(\boldsymbol{a}-\boldsymbol{b})(\boldsymbol{a}-\boldsymbol{b})\\&=\boldsymbol{a} \cdot \boldsymbol{a}-2\boldsymbol{a} \cdot \boldsymbol{b}+\boldsymbol{b} \cdot \boldsymbol{b}\\&=|\boldsymbol{a}|^2+|\boldsymbol{b}|^2-2|\boldsymbol{a}||\boldsymbol{b}|\cos\theta,\end{aligned}$$

即　$c^2=a^2+b^2-2ab\cos\theta$.

例 2　用向量法证明三角形的三条高线交于一点.

已知$\triangle ABC$ 三边的高分别为 AD，BE 和 CF(图 7-13)，求证：AD，BE 和 CF 相交于一点.

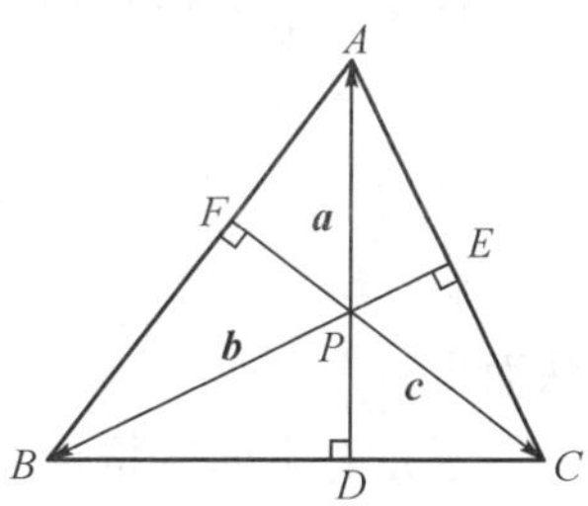
图 7-13

证明　设$\triangle ABC$ 两边 BC，CA 上的高相交于点 P，记 $\overrightarrow{PA}=\boldsymbol{a}$，$\overrightarrow{PB}=\boldsymbol{b}$，$\overrightarrow{PC}=\boldsymbol{c}$.

于是 $\overrightarrow{AB}=\boldsymbol{b}-\boldsymbol{a}$，$\overrightarrow{BC}=\boldsymbol{c}-\boldsymbol{b}$，$\overrightarrow{CA}=\boldsymbol{a}-\boldsymbol{c}$.

因为 $\overrightarrow{PA} \perp \overrightarrow{BC}$，所以 $\boldsymbol{a} \cdot(\boldsymbol{c}-\boldsymbol{b})=0$，得 $\boldsymbol{ac}=\boldsymbol{ab}$；

因为 $\overrightarrow{PB} \perp \overrightarrow{CA}$. 所以 $\boldsymbol{b} \cdot(\boldsymbol{a}-\boldsymbol{c})=0$. 得 $\boldsymbol{ab}=\boldsymbol{bc}$，

从而 $\boldsymbol{ac}=\boldsymbol{bc}$，得 $\boldsymbol{c} \cdot(\boldsymbol{b}-\boldsymbol{a})=0$，

所以 $\overrightarrow{PC} \perp \overrightarrow{AB}$.

表明点 P 在$\triangle ABC$ 第三条边 AB 的高线上，即 AD，BE 和 CF 相交于一点.

故三角形的三条高线交于一点.

3. 数量积的坐标表示式

定理 2　设 $\boldsymbol{a}=a_1\boldsymbol{i}+a_2\boldsymbol{j}+a_3\boldsymbol{k}$，$\boldsymbol{b}=b_1\boldsymbol{i}+b_2\boldsymbol{j}+b_3\boldsymbol{k}$，则

$$\boldsymbol{a} \cdot \boldsymbol{b}=a_1b_1+a_2b_2+a_3b_3. \tag{7-3}$$

证明
$$\begin{aligned}\boldsymbol{a} \cdot \boldsymbol{b}&=(a_1\boldsymbol{i}+a_2\boldsymbol{j}+a_3\boldsymbol{k}) \cdot(b_1\boldsymbol{i}+b_2\boldsymbol{j}+b_3\boldsymbol{k})\\&=a_1b_1\boldsymbol{i} \cdot \boldsymbol{i}+a_1b_2\boldsymbol{i} \cdot \boldsymbol{j}+a_1b_3\boldsymbol{i} \cdot \boldsymbol{k}+a_2b_1\boldsymbol{j} \cdot \boldsymbol{i}+a_2b_2\boldsymbol{j} \cdot \boldsymbol{j}+\\&\quad a_2b_3\boldsymbol{j} \cdot \boldsymbol{k}+a_3b_1\boldsymbol{k} \cdot \boldsymbol{i}+a_3b_2\boldsymbol{k} \cdot \boldsymbol{j}+a_3b_3\boldsymbol{k} \cdot \boldsymbol{k},\end{aligned}$$

因为 $\boldsymbol{i}$，$\boldsymbol{j}$，$\boldsymbol{k}$ 是两两相互垂直的单位向量，所以

$$\boldsymbol{i}\cdot\boldsymbol{j}=\boldsymbol{j}\cdot\boldsymbol{i}=0,\quad \boldsymbol{i}\cdot\boldsymbol{k}=\boldsymbol{k}\cdot\boldsymbol{i}=0,\quad \boldsymbol{j}\cdot\boldsymbol{k}=\boldsymbol{k}\cdot\boldsymbol{j}=0,$$

且 $\boldsymbol{i}\cdot\boldsymbol{i}=1$, $\boldsymbol{j}\cdot\boldsymbol{j}=1$, $\boldsymbol{k}\cdot\boldsymbol{k}=1$,

从而 $\quad \boldsymbol{a}\cdot\boldsymbol{b}=a_1b_1+a_2b_2+a_3b_3$.

例 3 根据下列已知条件计算 $\boldsymbol{a}\cdot\boldsymbol{b}$.

(1) $\boldsymbol{a}=\boldsymbol{i}-2\boldsymbol{j}+\boldsymbol{k}$, $\boldsymbol{b}=2\boldsymbol{i}-\boldsymbol{j}-3\boldsymbol{k}$;

(2) $\boldsymbol{a}=\{3, 1, -2\}$, $\boldsymbol{b}=\{1, -1, 1\}$.

解 (1) $\boldsymbol{a}\cdot\boldsymbol{b}=1\times2+(-2)\times(-1)+1\times(-3)=2+2-3=1$.

(2) $\boldsymbol{a}\cdot\boldsymbol{b}=3\times1+1\times(-1)+(-2)\times1=3-1-2=0$.

4. 两个向量夹角的余弦的坐标表示式

由 $\boldsymbol{a}\cdot\boldsymbol{b}=|\boldsymbol{a}||\boldsymbol{b}|\cos\theta$, 可得 $\cos\theta=\dfrac{\boldsymbol{a}\cdot\boldsymbol{b}}{|\boldsymbol{a}||\boldsymbol{b}|}\ (0\leqslant\theta\leqslant\pi)$. (7-4)

式(7-4)即向量 $\boldsymbol{a}$ 与 $\boldsymbol{b}$ 的夹角的余弦公式.

若设 $\boldsymbol{a}=a_1\boldsymbol{i}+a_2\boldsymbol{j}+a_3\boldsymbol{k}$, $\boldsymbol{b}=b_1\boldsymbol{i}+b_2\boldsymbol{j}+b_3\boldsymbol{k}$, 则

$$\cos\theta=\frac{\boldsymbol{a}\cdot\boldsymbol{b}}{|\boldsymbol{a}||\boldsymbol{b}|}=\frac{a_1b_1+a_2b_2+a_3b_3}{\sqrt{a_1^2+a_2^2+a_3^2}\ \sqrt{b_1^2+b_2^2+b_3^2}}. \tag{7-5}$$

若 $\theta=\dfrac{\pi}{2}$, 则 $\cos\theta=0$, 即

$$\frac{a_1b_1+a_2b_2+a_3b_3}{\sqrt{a_1^2+a_2^2+a_3^2}\ \sqrt{b_1^2+b_2^2+b_3^2}}=0,$$

从而得 $$a_1b_1+a_2b_2+a_3b_3=0.$$

于是有下面的推论.

推论 向量 $\boldsymbol{a}=\{a_1, a_2, a_3\}$ 与 $\boldsymbol{b}=\{b_1, b_2, b_3\}$ 相互垂直的充分必要条件是

$$a_1b_1+a_2b_2+a_3b_3=0. \tag{7-6}$$

例 4 已知三点 $A(1, 0, 0)$, $B(3, 1, 1)$ 和 $C(2, 0, 1)$, 且 $\overrightarrow{BC}=\boldsymbol{a}$, $\overrightarrow{CA}=\boldsymbol{b}$, $\overrightarrow{AB}=\boldsymbol{c}$, 求:(1) $\boldsymbol{a}$ 与 $\boldsymbol{b}$ 的夹角;(2) $\triangle ABC$ 的面积.

解 (1) 因为 $\boldsymbol{a}=\overrightarrow{BC}=\{-1, -1, 0\}$, $|\boldsymbol{a}|=\sqrt{2}$; $\boldsymbol{b}=\overrightarrow{CA}=\{-1, 0, -1\}$, $|\boldsymbol{b}|=\sqrt{2}$,

所以 $$\boldsymbol{a}\cdot\boldsymbol{b}=(-1)(-1)+(-1)\times0+0\times(-1)=1.$$

于是有 $\cos(\widehat{\boldsymbol{a},\boldsymbol{b}})=\dfrac{\boldsymbol{a}\cdot\boldsymbol{b}}{|\boldsymbol{a}||\boldsymbol{b}|}=\dfrac{1}{\sqrt{2}\times\sqrt{2}}=\dfrac{1}{2}$,

所以 $(\widehat{\boldsymbol{a},\boldsymbol{b}})=\dfrac{\pi}{3}$.

(2) 由正弦定理，得

$$S_{\triangle ABC}=\frac{1}{2}\ |\boldsymbol{a}||\boldsymbol{b}|\sin\angle(\boldsymbol{a},\boldsymbol{b})=\frac{1}{2}\times\sqrt{2}\times\sqrt{2}\times\sin\frac{\pi}{3}=\frac{\sqrt{3}}{2}.$$

7.3.2　两个向量的向量积

1. 向量积的定义

设 O 为一根杠杆 L 的支点，有一个力 $\boldsymbol{F}$ 与 $\overrightarrow{OP}$ 的夹角为 θ（图 7-14）作用于这杠杆上点 P 处. 求力 $\boldsymbol{F}$ 对支点 O 的力矩.

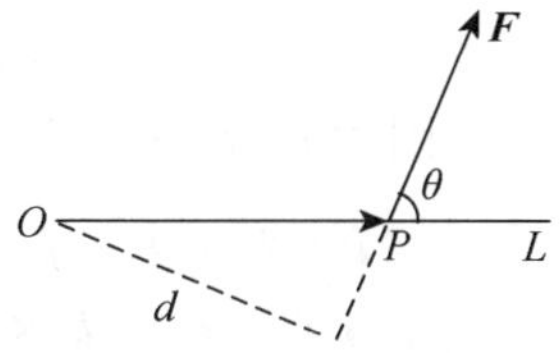

图 7-14

由力学规定，力 $\boldsymbol{F}$ 对支点 O 的力矩是一向量 $\boldsymbol{M}$，它的模为

$$|\boldsymbol{M}|=|\overrightarrow{OP}||\boldsymbol{F}|\sin\theta,$$

而 $\boldsymbol{M}$ 的方向垂直于 $\overrightarrow{OP}$ 与 $\boldsymbol{F}$ 所决定的平面，$\boldsymbol{M}$ 的指向是按右手螺旋法则，从 $\overrightarrow{OP}$ 以不超过 π 的角转向 $\boldsymbol{F}$ 时，大拇指伸直时的指向.

定义 2　两个向量 $\boldsymbol{a}$ 与 $\boldsymbol{b}$ 的**向量积**（又称**叉积**或**外积**）是一个向量，记作 $\boldsymbol{a}\times\boldsymbol{b}$ 或 $[\boldsymbol{ab}]$，它的模是

$$|\boldsymbol{a}\times\boldsymbol{b}|=|\boldsymbol{a}||\boldsymbol{b}|\sin(\widehat{\boldsymbol{a},\boldsymbol{b}}).\qquad(7\text{-}7)$$

它的方向与 $\boldsymbol{a}$ 和 $\boldsymbol{b}$ 都垂直，并且按顺序 $\boldsymbol{a}$，$\boldsymbol{b}$，$\boldsymbol{a}\times\boldsymbol{b}$ 符合右手螺旋法则（图 7-15）.

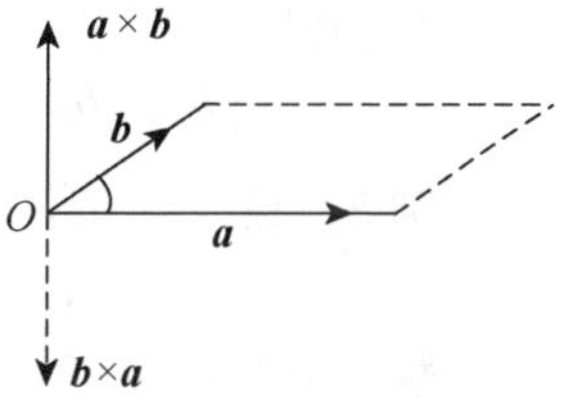

图 7-15

根据向量积的定义，力矩 $\boldsymbol{M}$ 等于 $\overrightarrow{OP}$ 与 $\boldsymbol{F}$ 的向量积，即

$$\boldsymbol{M}=\overrightarrow{OP}\times\boldsymbol{F}.$$

由向量积的定义，可以推得下列性质：

(1) $\boldsymbol{a}\times\boldsymbol{a}=\boldsymbol{0}$.

(2) 两个向量 $\boldsymbol{a}$ 与 $\boldsymbol{b}$ 平行的充分必要条件是 $\boldsymbol{a}\times\boldsymbol{b}=\boldsymbol{0}$.

(3) 两个不共线向量 $\boldsymbol{a}$ 与 $\boldsymbol{b}$ 的向量积的模，等于以 $\boldsymbol{a}$ 与 $\boldsymbol{b}$ 为边所构成的平行四边形的面积.

2. 向量积的运算性质

两个向量的向量积有下列运算性质：

(1) **反交换律**　$\boldsymbol{a}\times\boldsymbol{b}=-\boldsymbol{b}\times\boldsymbol{a}$.

(2) **分配律**　$(\boldsymbol{a}+\boldsymbol{b})\times\boldsymbol{c}=\boldsymbol{a}\times\boldsymbol{c}+\boldsymbol{b}\times\boldsymbol{c}$，　$\boldsymbol{c}\times(\boldsymbol{a}+\boldsymbol{b})=\boldsymbol{c}\times\boldsymbol{a}+\boldsymbol{c}\times\boldsymbol{b}$.

(3) **数因子结合律**　$\lambda(\boldsymbol{a}\times\boldsymbol{b})=(\lambda\boldsymbol{a})\times\boldsymbol{b}=\boldsymbol{a}\times(\lambda\boldsymbol{b})$　（λ 为任意实数），

$(\lambda\boldsymbol{a})\times(\mu\boldsymbol{b})=(\lambda\mu)(\boldsymbol{a}\times\boldsymbol{b})$　（λ，μ 为任意实数）.

3. 向量积的坐标表示式

定理3 设 $\boldsymbol{a}=a_1\boldsymbol{i}+a_2\boldsymbol{j}+a_3\boldsymbol{k}$，$\boldsymbol{b}=b_1\boldsymbol{i}+b_2\boldsymbol{j}+b_3\boldsymbol{k}$，则

$$\boldsymbol{a}\times\boldsymbol{b}=(a_2b_3-a_3b_2)\boldsymbol{i}+(a_3b_1-a_1b_3)\boldsymbol{j}+(a_1b_2-a_2b_1)\boldsymbol{k}.$$

证明
$$\begin{aligned}\boldsymbol{a}\times\boldsymbol{b}&=(a_1\boldsymbol{i}+a_2\boldsymbol{j}+a_3\boldsymbol{k})\times(b_1\boldsymbol{i}+b_2\boldsymbol{j}+b_3\boldsymbol{k})\\&=a_1b_1(\boldsymbol{i}\times\boldsymbol{i})+a_1b_2(\boldsymbol{i}\times\boldsymbol{j})+a_1b_3(\boldsymbol{i}\times\boldsymbol{k})+a_2b_1(\boldsymbol{j}\times\boldsymbol{i})+\\&\quad a_2b_2(\boldsymbol{j}\times\boldsymbol{j})+a_2b_3(\boldsymbol{j}\times\boldsymbol{k})+a_3b_1(\boldsymbol{k}\times\boldsymbol{i})+\\&\quad a_3b_2(\boldsymbol{k}\times\boldsymbol{j})+a_3b_3(\boldsymbol{k}\times\boldsymbol{k}).\end{aligned}$$

因为 $\boldsymbol{i}$，$\boldsymbol{j}$，$\boldsymbol{k}$ 是三个两两相互垂直的单位向量，所以

$$\boldsymbol{i}\times\boldsymbol{i}=\boldsymbol{0},\quad \boldsymbol{j}\times\boldsymbol{j}=\boldsymbol{0},\quad \boldsymbol{k}\times\boldsymbol{k}=\boldsymbol{0},\quad \boldsymbol{i}\times\boldsymbol{j}=\boldsymbol{k},\quad \boldsymbol{j}\times\boldsymbol{k}=\boldsymbol{i},\quad \boldsymbol{k}\times\boldsymbol{i}=\boldsymbol{j},$$
$$\boldsymbol{j}\times\boldsymbol{i}=-\boldsymbol{k},\quad \boldsymbol{k}\times\boldsymbol{j}=-\boldsymbol{i},\quad \boldsymbol{i}\times\boldsymbol{k}=-\boldsymbol{j}.$$

从而得

$$\boldsymbol{a}\times\boldsymbol{b}=(a_2b_3-a_3b_2)\boldsymbol{i}+(a_3b_1-a_1b_3)\boldsymbol{j}+(a_1b_2-a_2b_1)\boldsymbol{k}. \tag{7-8}$$

为了便于记忆，将 $\boldsymbol{a}\times\boldsymbol{b}$ 表示成一个三阶行列式，计算时，只需要将其按照第一行展开就可以了，即

$$\boldsymbol{a}\times\boldsymbol{b}=\begin{vmatrix}\boldsymbol{i}&\boldsymbol{j}&\boldsymbol{k}\\a_1&a_2&a_3\\b_1&b_2&b_3\end{vmatrix}=(a_2b_3-a_3b_2)\boldsymbol{i}+(a_3b_1-a_1b_3)\boldsymbol{j}+(a_1b_2-a_2b_1)\boldsymbol{k}.$$

例5 设 $\boldsymbol{a}=\{2,-3,1\}$，$\boldsymbol{b}=\{1,-2,3\}$，计算 $\boldsymbol{a}\times\boldsymbol{b}$.

解
$$\begin{aligned}\boldsymbol{a}\times\boldsymbol{b}&=\begin{vmatrix}\boldsymbol{i}&\boldsymbol{j}&\boldsymbol{k}\\2&-3&1\\1&-2&3\end{vmatrix}\\&=(-3\times3+1\times2)\boldsymbol{i}+(1\times1-2\times3)\boldsymbol{j}+(-2\times2+3\times1)\boldsymbol{k}\\&=-7\boldsymbol{i}-5\boldsymbol{j}-\boldsymbol{k}.\end{aligned}$$

例6 已知$\triangle ABC$的顶点分别是$A(1,2,3)$，$B(3,4,5)$，$C(2,4,7)$，求$\triangle ABC$的面积.

解 根据向量积的定义，可知$\triangle ABC$的面积为

$$S_{\triangle ABC}=\frac{1}{2}|\overrightarrow{AB}||\overrightarrow{AC}|\sin\angle A=\frac{1}{2}|\overrightarrow{AB}\times\overrightarrow{AC}|.$$

由于 $\overrightarrow{AB}=\{2,2,2\}$，$\overrightarrow{AC}=\{1,2,4\}$，于是

$$\overrightarrow{AB}\times\overrightarrow{AC}=\begin{vmatrix}\boldsymbol{i}&\boldsymbol{j}&\boldsymbol{k}\\2&2&2\\1&2&4\end{vmatrix}=4\boldsymbol{i}-6\boldsymbol{j}+2\boldsymbol{k}.$$

故 $S_{\triangle ABC}=\frac{1}{2}|4\boldsymbol{i}-6\boldsymbol{j}+2\boldsymbol{k}|=\frac{1}{2}\sqrt{4^2+(-6)^2+2^2}=\sqrt{14}$.

练习 7.3

1. 判断题.

(1) 若 $\boldsymbol{a}\cdot\boldsymbol{c}=\boldsymbol{0}$，则 $\boldsymbol{a}=\boldsymbol{0}$ 且 $\boldsymbol{c}=\boldsymbol{0}$；

(2) 若向量 $\boldsymbol{a}$，$\boldsymbol{b}$ 和 $\boldsymbol{c}$ 满足 $\boldsymbol{a}\cdot\boldsymbol{b}=\boldsymbol{a}\cdot\boldsymbol{c}$，则 $\boldsymbol{a}\perp(\boldsymbol{b}-\boldsymbol{c})$；

(3) 设向量 $\boldsymbol{a}\neq\boldsymbol{0}$，$\boldsymbol{b}\neq\boldsymbol{0}$，$\boldsymbol{a}\times\boldsymbol{b}=\boldsymbol{0}$，则 $\boldsymbol{a}$ 与 $\boldsymbol{b}$ 的方向一定相同；

(4) 若 $\boldsymbol{a}\times\boldsymbol{b}=\boldsymbol{b}\times\boldsymbol{c}$ 且 $\boldsymbol{b}\neq\boldsymbol{0}$，则 $\boldsymbol{a}=\boldsymbol{c}$；

(5) 若 $\boldsymbol{a}$，$\boldsymbol{b}$ 均为单位向量，则 $\boldsymbol{a}\times\boldsymbol{b}$ 也一定是单位向量.

2. 设 $\boldsymbol{a}=\{3,-1,4\}$，$\boldsymbol{b}=\{2,-2,1\}$，计算 $\boldsymbol{a}\cdot\boldsymbol{b}$ 和 $\boldsymbol{a}\times\boldsymbol{b}$.

3. 设向量 $\boldsymbol{a}=6\boldsymbol{i}+3\boldsymbol{j}-2\boldsymbol{k}$，若 $\boldsymbol{a}\parallel\boldsymbol{b}$，且 $|\boldsymbol{b}|=14$，求向量 $\boldsymbol{b}$.

4. 设 $\boldsymbol{a}=\{2,1,-1\}$，$\boldsymbol{b}=\{1,-1,4\}$，求与 $\boldsymbol{a}$，$\boldsymbol{b}$ 皆垂直的单位向量.

5. 已知三点 $A(2,-1,1)$，$B(1,2,-1)$ 和 $C(2,1,0)$，且 $\overrightarrow{BC}=\boldsymbol{a}$，$\overrightarrow{CA}=\boldsymbol{b}$，$\overrightarrow{AB}=\boldsymbol{c}$，求(1) $\boldsymbol{a}$ 与 $\boldsymbol{b}$ 的夹角的正弦；(2) $\triangle ABC$ 的面积.

7.4 平面及其方程

7.4.1 平面的点法式方程

定义 1 若一非零向量 $\boldsymbol{n}$ 垂直于一平面 π，则称向量 $\boldsymbol{n}$ 为**平面 π 的法线向量**，简称**法向量**(图 7-16).

易知，平面上的任一向量均与该平面的法向量垂直.

设平面 π 过点 $M_0(x_0, y_0, z_0)$，$\boldsymbol{n}=\{A, B, C\}$ 是平面 π 的法向量，下面来推导平面 π 的方程.

因为过空间任一点有且只有一个平面垂直于一已知直线，所以通过点 M_0 且与向量 $\boldsymbol{n}$ 垂直的平面也被唯一的确定了.

设 $M(x, y, z)$ 是平面 π 上的任一点(图 7-17)，则向量 $\overrightarrow{M_0M}$ 必与平面 π 的法向量 $\boldsymbol{n}$ 垂直，即 $\boldsymbol{n}\perp\overrightarrow{M_0M}$. 于是可得平面的向量方程为

$$\boldsymbol{n}\cdot\overrightarrow{M_0M}=0.$$

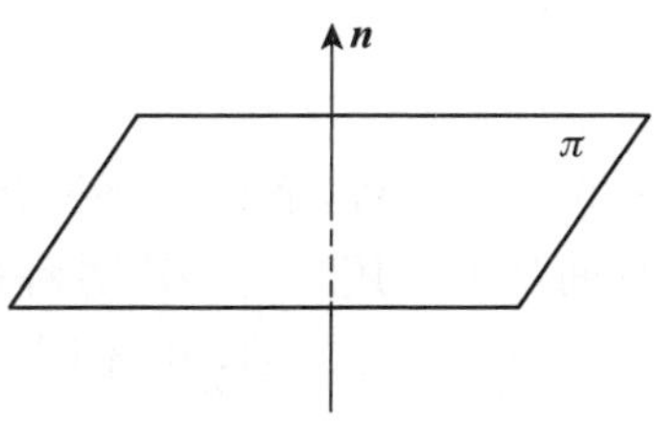

图 7-16

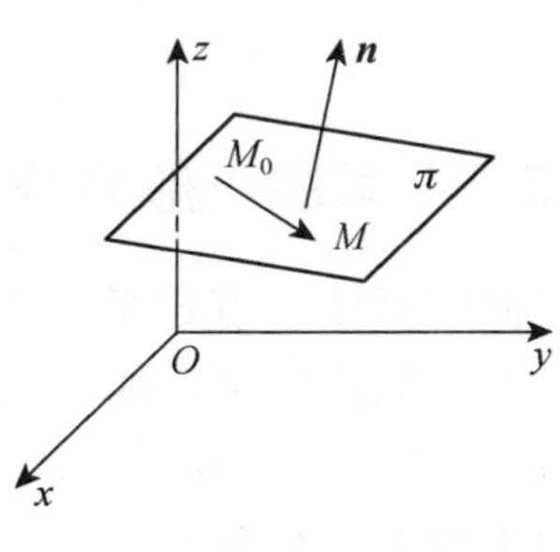

图 7-17

又 $\boldsymbol{n}=\{A, B, C\}$, $\overrightarrow{M_0M}=\{x-x_0, y-y_0, z-z_0\}$,
所以

$$A(x-x_0)+B(y-y_0)+C(z-z_0)=0. \tag{7-9}$$

这就是平面 π 上任一点 M 的坐标 (x, y, z) 所满足的方程.

若点 $M(x, y, z)$ 不在平面 π 上,则向量 $\overrightarrow{M_0M}$ 与法向量 $\boldsymbol{n}$ 不垂直,从而 $\boldsymbol{n}\cdot\overrightarrow{M_0M}\neq 0$,即不在平面 π 上的点 M 的坐标 (x, y, z) 不满足此方程. 故式(7-9)就是平面 π 的方程,平面 π 就是平面方程式(7-9)的图形.

由于式(7-9)是由平面 π 上的一点 $M_0(x_0, y_0, z_0)$ 及平面 π 的一个法向量 $\boldsymbol{n}=\{A, B, C\}$ 所确定的,所以式(7-9)又称**平面 π 的点法式方程**.

例 1 求过点 $A(1, -1, 2)$ 且以 $\{1, 2, 3\}$ 为法向量的平面方程.

解 由平面的点法式方程,得

$$(x-1)+2(y+1)+3(z-2)=0,$$

即
$$x+2y+3z-5=0.$$

例 2 求过三点 $A(1, 0, 0)$, $B(0, 1, 0)$ 和 $C(0, 0, 1)$ 的平面的方程.

分析 因为三点 $A(1, 0, 0)$, $B(0, 1, 0)$ 和 $C(0, 0, 1)$ 不共线,可以确定一个平面,又平面的法向量 $\boldsymbol{n}$ 垂直于平面,向量 $\overrightarrow{AB}$ 与 $\overrightarrow{AC}$ 在所确定的平面上,所以 $\boldsymbol{n}\perp\overrightarrow{AB}$, $\boldsymbol{n}\perp\overrightarrow{AC}$, 而 $\overrightarrow{AB}\times\overrightarrow{AC}\perp\overrightarrow{AB}$, $\overrightarrow{AB}\times\overrightarrow{AC}\perp\overrightarrow{AC}$, 因此 $\overrightarrow{AB}\times\overrightarrow{AC}$ 可作为平面的法向量,再利用平面的点法式方程可求得.

解 $\overrightarrow{AB}=\{-1, 1, 0\}$, $\overrightarrow{AC}=\{-1, 0, 1\}$, 向量

$$\boldsymbol{n}=\overrightarrow{AB}\times\overrightarrow{AC}=\begin{vmatrix}\boldsymbol{i} & \boldsymbol{j} & \boldsymbol{k}\\ -1 & 1 & 0\\ -1 & 0 & 1\end{vmatrix}=\boldsymbol{i}+\boldsymbol{j}+\boldsymbol{k}$$

与平面垂直. 因此,过点 $A(1, 0, 0)$,且以 $\boldsymbol{n}=\boldsymbol{i}+\boldsymbol{j}+\boldsymbol{k}$ 为法向量的平面的方程为

$$1\cdot(x-1)+1\cdot(y-0)+1\cdot(z-0)=0,$$

整理得 $x+y+z=1$.

7.4.2 平面的一般方程

由于平面的点法式方程是关于 x, y, z 的一次方程,而任一平面都可以用它上面的一点及它的法向量来确定,所以任一平面都可以用三元一次方程来表示.

反之,设有三元一次方程 $Ax+By+Cz+D=0$ (A, B, C 不同时为零),任取满足该方程的一组解 (x_0, y_0, z_0), 即

$$Ax_0+By_0+Cz_0+D=0.$$

把上述两等式相减，得

$$A(x-x_0)+B(y-y_0)+C(z-z_0)=0.$$

这正是通过点 $M_0(x_0, y_0, z_0)$ 且以 $\boldsymbol{n}=\{A, B, C\}$ 为法向量的平面方程.

由于方程 $Ax+By+Cz+D=0$ 与 $A(x-x_0)+B(y-y_0)+C(z-z_0)=0$ 同解，所以任一三元一次方程 $Ax+By+Cz+D=0$ 的图形总是一个平面.

三元一次方程 $Ax+By+Cz+D=0$ 称为**平面的一般方程**，其中 x, y, z 的系数就是该平面的一个法向量 $\boldsymbol{n}$ 的坐标，即 $\boldsymbol{n}=\{A, B, C\}$.

把平面 π 的单位法向量记作 $\boldsymbol{n}^0$. 设 $\boldsymbol{n}^0=\{\cos\alpha, \cos\beta, \cos\gamma\}$，其中 α, β, γ 分别为单位法向量 $\boldsymbol{n}^0$ 与 x 轴，y 轴，z 轴正方向的夹角. 显见 $\boldsymbol{n}^0=\dfrac{\{A, B, C\}}{\sqrt{A^2+B^2+C^2}}$，其中

$$\cos\alpha=\frac{A}{\sqrt{A^2+B^2+C^2}}, \quad \cos\beta=\frac{B}{\sqrt{A^2+B^2+C^2}},$$
$$\cos\gamma=\frac{C}{\sqrt{A^2+B^2+C^2}},$$

并且

$$\cos^2\alpha+\cos^2\beta+\cos^2\gamma=1.$$

例如，方程 $3x-2y+4z-7=0$ 表示一个平面，$\boldsymbol{n}=\{3, -2, 4\}$ 是该平面的一个法向量，其单位法向量为 $\boldsymbol{n}^0=\dfrac{\{3, -2, 4\}}{\sqrt{29}}$.

例 3　求过三点 $P(a, 0, 0)$，$Q(0, b, 0)$，$R(0, 0, c)$（其中 a, b, c 均 $\neq 0$）的平面方程.

解　将三点 P, Q, R 的坐标分别代入 $Ax+By+Cz+D=0$，得

$$\begin{cases} Aa+D=0, \\ Bb+D=0, \\ Cc+D=0, \end{cases}$$

即

$$A=-\frac{D}{a}, \quad B=-\frac{D}{b}, \quad C=-\frac{D}{c}.$$

所以平面方程为

$$-\frac{D}{a}x-\frac{D}{b}y-\frac{D}{c}z+D=0,$$

即

$$\frac{Dx}{a}+\frac{Dy}{b}+\frac{Dz}{c}=D.$$

当 $D \neq 0$ 时,方程两端同除以 D,得

$$\frac{x}{a}+\frac{y}{b}+\frac{z}{c}=1. \tag{7-10}$$

式(7-10)称为**平面的截距式方程**,其中 a, b, c 分别称为平面在三坐标轴上的截距.

7.4.3 几种特殊类型的平面的方程

在平面的一般式方程 $Ax+By+Cz+D=0$ 中,根据 A, B, C, D 取值的不同,有下列几种类型的特殊的平面方程:

(1) 当 $D=0$ 时,方程 $Ax+By+Cz=0$ 表示过原点的平面.

(2) 当 $A=0$, $D=0$ 时,方程 $By+Cz=0$ 表示过 x 轴的平面;当 $A=0$, $D\neq 0$ 时,方程 $By+Cz+D=0$ 表示平行于 x 轴的平面.

当 $B=0$, $D=0$ 时,方程 $Ax+Cz=0$ 表示过 y 轴的平面;当 $B=0$, $D\neq 0$ 时,方程 $Ax+Cz+D=0$ 表示平行于 y 轴的平面.

当 $C=0$, $D=0$ 时,方程 $Ax+By=0$ 表示过 z 轴的平面;当 $C=0$, $D\neq 0$ 时,方程 $Ax+By+D=0$ 表示平行于 z 轴的平面.

(3) 当 $B=0$, $C=0$, $D=0$ 时,方程 $x=0$ 表示 yOz 平面;当 $B=0$, $C=0$, $D\neq 0$ 时,方程 $Ax+D=0$ 表示平行于 yOz 面的平面.

当 $A=0$, $C=0$, $D=0$ 时,方程 $y=0$ 表示 xOz 平面;当 $A=0$, $C=0$, $D\neq 0$ 时,方程 $By+D=0$ 表示平行于 xOz 面的平面.

当 $A=0$, $B=0$, $D=0$ 时,方程 $z=0$ 表示 xOy 平面;当 $A=0$, $B=0$, $D\neq 0$ 时,方程 $Cz+D=0$ 表示平行于 xOy 面的平面.

7.4.4 两个平面的夹角

定义 2 两个平面的法向量的夹角(通常指锐角)称为**两个平面的夹角**.

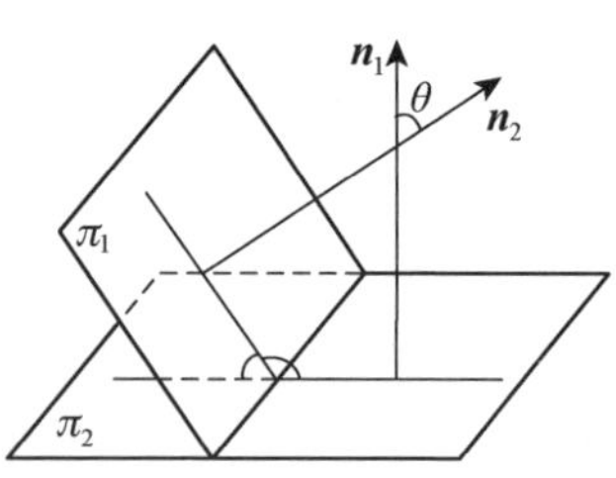

图 7-18

设平面 π_1 和 π_2 的法线向量分别为 $\boldsymbol{n}_1=\{A_1, B_1, C_1\}$ 和 $\boldsymbol{n}_2=\{A_2, B_2, C_2\}$ (图 7-18),根据定义,平面 π_1 和 π_2 的夹角 θ 应是 $(\widehat{\boldsymbol{n}_1,\boldsymbol{n}_2})$ 和 $(\widehat{-\boldsymbol{n}_1,\boldsymbol{n}_2})=\pi-(\widehat{\boldsymbol{n}_1,\boldsymbol{n}_2})$ 二者中的锐角,因此,$\cos\theta=|\cos(\widehat{\boldsymbol{n}_1,\boldsymbol{n}_2})|$. 按两向量夹角余弦的坐标表示式,平面 π_1 和 π_2 的夹角 θ 可由

$$\cos\theta=|\cos(\widehat{\boldsymbol{n}_1,\boldsymbol{n}_2})|=\frac{|A_1A_2+B_1B_2+C_1C_2|}{\sqrt{A_1^2+B_1^2+C_1^2}\cdot\sqrt{A_2^2+B_2^2+C_2^2}} \tag{7-11}$$

来确定.

由两向量垂直、平行的充分必要条件可推得下列结论：

$$\pi_1 \perp \pi_2 \Leftrightarrow A_1A_2 + B_1B_2 + C_1C_2 = 0;$$

$$\pi_1 /\!/ \pi_2 \Leftrightarrow \frac{A_1}{A_2} = \frac{B_1}{B_2} = \frac{C_1}{C_2}.$$

例 4　求两个平面 π_1: $x - y + 2z - 6 = 0$ 和 π_2: $2x + y + z - 5 = 0$ 的夹角.

解　$\boldsymbol{n}_1 = \{A_1, B_1, C_1\} = \{1, -1, 2\}$,

$$\boldsymbol{n}_2 = \{A_2, B_2, C_2\} = \{2, 1, 1\},$$

于是

$$\cos\theta = \frac{|A_1A_2 + B_1B_2 + C_1C_2|}{\sqrt{A_1^2 + B_1^2 + C_1^2} \cdot \sqrt{A_2^2 + B_2^2 + C_2^2}} = \frac{|1 \times 2 + (-1) \times 1 + 2 \times 1|}{\sqrt{1^2 + (-1)^2 + 2^2} \times \sqrt{2^2 + 1^2 + 1^2}} = \frac{1}{2},$$

故所求两平面 π_1 和 π_2 的夹角为 $\theta = \arccos\frac{1}{2} = \frac{\pi}{3}$.

例 5　一平面过两点 $M_1(1, 1, 1)$ 和 $M_2(0, 1, -1)$ 且垂直于平面 $x + y + z = 0$, 求它的方程.

解　设所求平面的法向量 $\boldsymbol{n}$, 从点 M_1 到点 M_2 的向量 $\boldsymbol{n}_1 = \{-1, 0, -2\}$, 平面 $x + y + z = 0$ 的法向量 $\boldsymbol{n}_2 = \{1, 1, 1\}$, 于是 $\boldsymbol{n}$ 可取 $\boldsymbol{n}_1 \times \boldsymbol{n}_2$.

因为

$$\boldsymbol{n} = \boldsymbol{n}_1 \times \boldsymbol{n}_2 = \begin{vmatrix} \boldsymbol{i} & \boldsymbol{j} & \boldsymbol{k} \\ -1 & 0 & -2 \\ 1 & 1 & 1 \end{vmatrix} = 2\boldsymbol{i} - \boldsymbol{j} - \boldsymbol{k},$$

故所求平面方程为 $2(x-1) - (y-1) - (z-1) = 0$, 即 $2x - y - z = 0$.

例 6　设 $p_0(x_0, y_0, z_0)$ 是平面 π: $Ax + By + Cz + D = 0$ 外一点, 求点 p_0 到这平面 π 的距离.

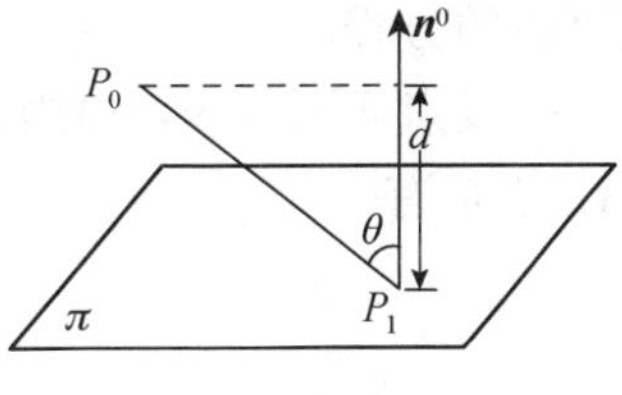

图 7-19

解　设 $\boldsymbol{n}^0$ 是平面 π 上的单位法向量(图 7-19), 在平面 π 上任取一点 $p_1(x_1, y_1, z_1)$, 则

$$\overrightarrow{P_1P_0} = \{x_0 - x_1, y_0 - y_1, z_0 - z_1\}.$$

于是 p_0 到平面 π 的距离为

$$
\begin{aligned}
d &= |\overrightarrow{P_1P_0}|\,|\cos\theta| = |\overrightarrow{P_1P_0}|\,\frac{|\overrightarrow{P_1P_0}\cdot \boldsymbol{n}|}{|\overrightarrow{P_1P_0}|\cdot|\boldsymbol{n}|} = \left|\overrightarrow{P_1P_0}\cdot\frac{\boldsymbol{n}}{|\boldsymbol{n}|}\right| \\
&= |\overrightarrow{P_1P_0}\cdot \boldsymbol{n}^0| = \frac{|A(x_0-x_1)+B(y_0-y_1)+C(z_0-z_1)|}{\sqrt{A^2+B^2+C^2}} \\
&= \frac{|Ax_0+By_0+Cz_0-(Ax_1+By_1+Cz_1)|}{\sqrt{A^2+B^2+C^2}} \\
&= \frac{|Ax_0+By_0+Cz_0+D|}{\sqrt{A^2+B^2+C^2}}.
\end{aligned}
$$

练习 7.4

1. 求过点 $A(2,-1,1)$且以 $\boldsymbol{n}=\{2,3,-1\}$ 为法向量的平面方程.
2. 求与平面 $3x-2y-z+2=0$ 平行且过点 $A(1,-4,2)$ 的平面方程.
3. 求在三坐标轴 x, y 和 z 上的截距分别为 1, 2 和 3 的平面方程.
4. 求过点 $A(1,-1,1)$且垂直于平面 $\pi_1: x-y-z+2=0$ 和 $\pi_2: 2x+y-z-1=0$ 的平面方程.
5. 求两个平面 $\pi_1: 2x-y+2z+1=0$ 和 $\pi_2: x-y+5=0$ 的夹角.
6. 求点 $A(2,1,1)$到平面 $\pi: x+y-z+1=0$ 的距离.

7.5 空间直线及其方程

7.5.1 空间直线的方程

1. 空间直线的点向式方程

在空间给定了一点 M_0 与一个非零向量 $\boldsymbol{s}$，则过点 M_0 且与向量 $\boldsymbol{s}$ 平行的直线 L 就被唯一地确定了，向量 $\boldsymbol{s}$ 称为**直线 L 的方向向量**.

显见，任何一个与直线 L 平行的非零向量都可以作为直线 L 的方向向量.

设直线 L 过点 $M_0(x_0, y_0, z_0)$，且 $\boldsymbol{s}=\{m, n, p\}$ 为其一方向向量，下面推导直线的方程.

设点 $M(x, y, z)$为直线 L 上任一点，由于 $\overrightarrow{M_0M}$ 在直线 L 上，所以 $\overrightarrow{M_0M} \parallel \boldsymbol{s}$. 于是有

$$\overrightarrow{M_0M}=t\boldsymbol{s}\quad (t\text{ 为实数}),$$

而
$$\overrightarrow{M_0M}=\{x-x_0, y-y_0, z-z_0\}.$$

因此，有

$$\begin{cases} x - x_0 = tm, \\ y - y_0 = tn, \\ z - z_0 = tp \end{cases} \quad (t \text{ 为参数}).$$

于是,得

$$\begin{cases} x = x_0 + tm, \\ y = y_0 + tn, \\ z = z_0 + tp \end{cases} \quad (t \text{ 为参数}). \tag{7-12}$$

因为直线 L 上任一点的坐标都满足式(7-12),而不在直线 L 上的点的坐标都不满足式(7-12),所以式(7-12)是直线 L 的方程,并称为**直线 L 的坐标式参数方程**,其中 t 是参数.

在式(7-12)中,消去参数 t,即有

$$\frac{x - x_0}{m} = \frac{y - y_0}{n} = \frac{z - z_0}{p}. \tag{7-13}$$

式(7-13)中的点 (x_0, y_0, z_0) 是直线 L 上的点,而 $\{m, n, p\}$ 是直线 L 的方向向量,因此,式(7-13)称为**直线 L 的点向式方程**或**直线 L 的标准方程**.

注意　(1) 当 m, n, p 中有一个为零,例如,$m = 0$,而 $n \neq 0$, $p \neq 0$ 时,式(7-13)应理解为

$$\begin{cases} x = x_0, \\ \dfrac{y - y_0}{n} = \dfrac{z - z_0}{p}. \end{cases}$$

(2) 当 m, n, p 中有两个为零,例如,$m = n = 0$,而 $p \neq 0$ 时,式(7-13)应理解为

$$\begin{cases} x - x_0 = 0, \\ y - y_0 = 0. \end{cases}$$

例 1　求过空间两点 $M_1(x_1, y_1, z_1)$, $M_2(x_2, y_2, z_2)$ 的直线 L 的方程.

解　取 $\boldsymbol{s} = \overrightarrow{M_1M_2}$ 作为直线 L 方向向量,则 $\boldsymbol{s} = \overrightarrow{M_1M_2} = \{x_2 - x_1, y_2 - y_1, z_2 - z_1\}$. 设 $M(x, y, z)$ 为直线 L 上的任意一点,由式(7-13),得

$$\frac{x - x_1}{x_2 - x_1} = \frac{y - y_1}{y_2 - y_1} = \frac{z - z_1}{z_2 - z_1}. \tag{7-14}$$

式(7-14)称为**直线 L 的两点式方程**.

在直角坐标系下,直线 L 的方向向量常常取单位向量

$$\boldsymbol{v}^0=\{\cos\alpha,\ \cos\beta,\ \cos\gamma\},$$

这时直线 L 的坐标式参数方程为

$$\begin{cases}x=x_0+t\cos\alpha,\\ y=y_0+t\cos\beta,\quad (t\text{ 为参数}).\\ z=z_0+t\cos\gamma\end{cases}\tag{7-15}$$

直线 L 的点向式方程为

$$\frac{x-x_0}{\cos\alpha}=\frac{y-y_0}{\cos\beta}=\frac{z-z_0}{\cos\gamma}.\tag{7-16}$$

直线 L 的任一方向向量 $\boldsymbol{s}$ 的坐标 $m,\ n,\ p$ 称为直线 L 的一组方向数，而直线 L 的方向向量的方向角 $\alpha,\ \beta,\ \gamma$ 与方向余弦 $\cos\alpha,\ \cos\beta,\ \cos\gamma$ 分别称为**直线 $\boldsymbol{L}$ 的方向角与方向余弦**.

2. 空间直线的一般式方程

空间中的任何一条直线都可以看作是两个平面的交线. 通过空间一直线 L 的平面有无限多个，只要在这无限多个平面中任意选取两个，把它们的方程联立起来，所得的方程组就表示空间直线 L. 因此可以用两个平面的平面方程的联立方程组来表示直线方程.

若两个相交平面 π_1 和 π_2 的方程分别为

$$A_1x+B_1y+C_1z+D_1=0,\quad A_2x+B_2y+C_2z+D_2=0,$$

则直线 L 上的任一点 M 的坐标应同时满足这两个平面的方程，即应满足方程组：

$$\begin{cases}A_1x+B_1y+C_1z+D_1=0,\\ A_2x+B_2y+C_2z+D_2=0.\end{cases}\tag{7-17}$$

反过来，若点 M 不在直线 L 上，则它不可能同时在平面 π_1 和 π_2 上，所以它的坐标不满足方程组(7-17). 因此，直线 L 可以用方程组(7-17)来表示，方程组(7-17)称为**空间直线 $\boldsymbol{L}$ 的一般式方程**.

事实上，总可以将直线的点向式方程表示为直线的一般式方程，即直线的一般式方程与直线的点向式方程可以相互转化.

因为在式(7-13)中 $m,\ n,\ p$ 不全为零，不妨设 $p\neq 0$，则式(7-13)可以改写为

$$\begin{cases}\dfrac{x-x_0}{m}=\dfrac{z-z_0}{p},\\[2mm] \dfrac{y-y_0}{n}=\dfrac{z-z_0}{p},\end{cases}$$

整理变形后，得

$$\begin{cases} px - mz - px_0 + mz_0 = 0, \\ py - nz - py_0 + nz_0 = 0 \end{cases}$$

为直线的一般式方程. 因此,可以说直线的点向式方程是直线的一般式方程的特殊情形.

直线的一般式方程也可以表示为直线的点向式方程的形式. 当然,必须先求出满足方程组(7-17)的任意一组解 (x_0, y_0, z_0),则点 $M_0(x_0, y_0, z_0)$ 即为直线 L 上的点. 由于直线的方向向量 $\boldsymbol{s}$ 与两平面 π_1 和 π_2 的法向量 $\boldsymbol{n}_1$, $\boldsymbol{n}_2$ 都垂直,因此可选 $\boldsymbol{s} = \boldsymbol{n}_1 \times \boldsymbol{n}_2$. 由点 $M_0(x_0, y_0, z_0)$ 及法向量 $\boldsymbol{s}$ 可把直线的一般式方程化为直线的点向式方程.

例 2　化直线 L 的一般式方程 $\begin{cases} x + y + z = 1, \\ 2x - y + 3z = 4 \end{cases}$ 为直线 L 的点向式方程.

解　先在直线 $\begin{cases} x + y + z = 1, \\ 2x - y + 3z = 4 \end{cases}$ 上选取一点. 为此,令 $y = 0$, 得

$$\begin{cases} x + z = 1, \\ 2x + 3z = 4, \end{cases}$$

解之得 $x = -1$, $z = 2$,

即点 $M_0(-1, 0, 2)$ 为直线 L 上的一个点. 直线 L 的方向向量 $\boldsymbol{s}$ 为

$$\boldsymbol{s} = \{1, 1, 1\} \times \{2, -1, 3\} = \begin{vmatrix} \boldsymbol{i} & \boldsymbol{j} & \boldsymbol{k} \\ 1 & 1 & 1 \\ 2 & -1 & 3 \end{vmatrix} = 4\boldsymbol{i} - \boldsymbol{j} - 3\boldsymbol{k},$$

于是,直线 L 的点向式方程为 $\dfrac{x+1}{4} = \dfrac{y}{-1} = \dfrac{z-2}{-3}$.

7.5.2　两条直线的夹角

定义　两条直线的方向向量的夹角(通常指锐角)称为**两条直线的夹角**.

设直线 L_1 和 L_2 的方向向量分别为 $\boldsymbol{s}_1 = \{m_1, n_1, p_1\}$ 和 $\boldsymbol{s}_2 = \{m_2, n_2, p_2\}$,则直线 L_1 和 L_2 的夹角就是 $(\widehat{\boldsymbol{s}_1, \boldsymbol{s}_2})$ 和 $(\widehat{-\boldsymbol{s}_1, \boldsymbol{s}_2}) = \pi - (\widehat{\boldsymbol{s}_1, \boldsymbol{s}_2})$ 二者中的锐角,因此, $\cos\varphi = |\cos(\widehat{\boldsymbol{s}_1, \boldsymbol{s}_2})|$. 根据两个向量夹角的余弦的坐标表示式,直线 L_1 和 L_2 的夹角 φ 可由

$$\cos\varphi = |\cos(\widehat{\boldsymbol{s}_1, \boldsymbol{s}_2})| = \frac{|m_1m_2 + n_1n_2 + p_1p_2|}{\sqrt{m_1^2 + n_1^2 + p_1^2} \cdot \sqrt{m_2^2 + n_2^2 + p_2^2}}$$

来确定.

由两个向量垂直、平行的充分必要条件有下列定理.

定理　设有两直线

$$L_1: \frac{x-x_1}{m_1}=\frac{y-y_1}{n_1}=\frac{z-z_1}{p_1},\ L_2: \frac{x-x_2}{m_2}=\frac{y-y_2}{n_2}=\frac{z-z_2}{p_2},$$

则 (1) $L_1 \perp L_2 \Leftrightarrow m_1m_2+n_1n_2+p_1p_2=0$;

(2) $L_1 /\!/ L_2 \Leftrightarrow \dfrac{m_1}{m_2}=\dfrac{n_1}{n_2}=\dfrac{p_1}{p_2}$.

例3 求直线 $L_1: \dfrac{x-1}{1}=\dfrac{y}{-4}=\dfrac{z+3}{1}$ 和 $L_2: \dfrac{x}{2}=\dfrac{y+2}{-2}=\dfrac{z}{-1}$ 的夹角.

解 两条直线的方向向量分别为 $\boldsymbol{s}_1=\{1,-4,1\}$ 和 $\boldsymbol{s}_2=\{2,-2,-1\}$. 设两条直线的夹角为 φ,则

$$\cos\varphi=\frac{|1\times2+(-4)\times(-2)+1\times(-1)|}{\sqrt{1^2+(-4)^2+1^2}\times\sqrt{2^2+(-2)^2+(-1)^2}}=\frac{1}{\sqrt{2}}=\frac{\sqrt{2}}{2}.$$

所以
$$\varphi=\arccos\frac{\sqrt{2}}{2}=\frac{\pi}{4}.$$

练习 7.5

1. 求过点 $A(2,-1,3)$ 且平行于直线 $L: \dfrac{x-1}{2}=\dfrac{y+2}{1}=\dfrac{z}{3}$ 的直线方程.
2. 求过空间两点 $M_1(2,-1,3)$, $M_2(1,0,2)$ 的直线 L 的方程.
3. 化直线 L 的一般式方程 $\begin{cases}2x+y-z=0,\\ x+3y-2z-3=0\end{cases}$ 为直线的点向式方程.
4. 求直线 $L_1: \dfrac{x-1}{1}=\dfrac{y-2}{2}=\dfrac{z+3}{1}$ 和 $L_2: \dfrac{x-3}{2}=\dfrac{y+2}{1}=\dfrac{z-1}{-1}$ 的夹角.

7.6 直线与平面的位置关系

7.6.1 直线与平面的相关位置

空间直线 L 与平面 π 的相关位置有直线与平面相交,直线与平面平行和直线在平面上三种情况(图 7-20).

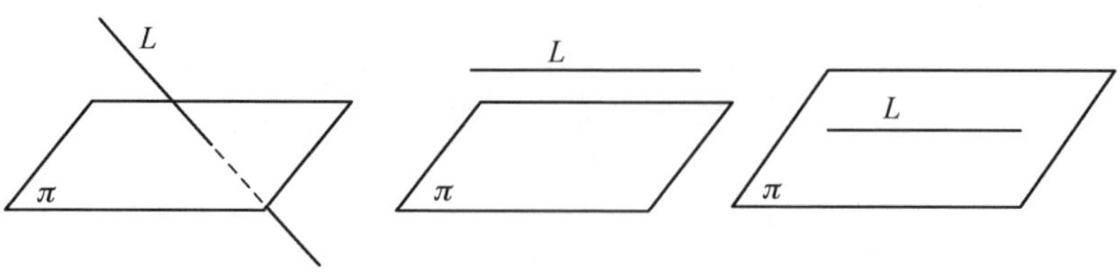

图 7-20

下面求直线与平面的几种位置关系所满足的条件.

设直线 L 与平面 π 的方程分别为

$$L: \frac{x-x_0}{m}=\frac{y-y_0}{n}=\frac{z-z_0}{p}, \tag{7-18}$$

$$\pi: Ax+By+Cz+D=0, \tag{7-19}$$

先求直线 L 与平面 π 的交点,将式(7-18)化为直线 L 的坐标式参数方程

$$\begin{cases} x=x_0+tm, \\ y=y_0+tn, \quad (t\text{ 为参数}), \\ z=z_0+tp \end{cases} \tag{7-20}$$

将式(7-20)代入式(7-19),整理后得

$$\pi: (Am+Bn+Cp)t=-(Ax_0+By_0+Cz_0+D). \tag{7-21}$$

(1) 当且仅当 $Am+Bn+Cp\neq 0$ 时,式(7-21)有唯一解

$$t=-\frac{Ax_0+By_0+Cz_0+D}{Am+Bn+Cp},$$

表明直线 L 与平面 π 有唯一的公共点,即直线 L 和平面 π 相交.

(2) 当且仅当 $Am+Bn+Cp=0$, 而 $Ax_0+By_0+Cz_0+D\neq 0$ 时,式(7-21)无解,表明直线 L 与平面 π 没有公共点,即直线 L 和平面 π 平行.

(3) 当且仅当 $Am+Bn+Cp=0$, $Ax_0+By_0+Cz_0+D=0$ 时,式(7-21)有无数个解,表明直线 L 与平面 π 有无数个公共点,即直线 L 在平面 π 上.

于是,直线(7-18)与平面(7-19)的相互位置关系有下列充分必要条件:

(1) **相交**　$Am+Bn+Cp\neq 0.$　(7-22)

(2) **平行**　$Am+Bn+Cp=0$,且 $Ax_0+By_0+Cz_0+D\neq 0.$　(7-23)

(3) **直线在平面上**　$Am+Bn+Cp=0$ 且 $Ax_0+By_0+Cz_0+D=0.$　(7-24)

例 1　判断直线 $\frac{x-1}{2}=\frac{y+1}{1}=\frac{z}{3}$ 与平面 $x-y-z+2=0$ 是否相交,若相交,求其交点坐标.

解　由于 $Am+Bn+Cp=1\times 2-1\times 1-1\times 3=-2\neq 0$, 所以直线与平面相交,且有

$$t=-\frac{Ax_0+By_0+Cz_0}{Am+Bn+Cp}=-\frac{1\times 1-1\times(-1)-1\times 0+2}{-2}=2,$$

于是有
$$\begin{cases} x=1+2\times 2=5, \\ y=-1+2\times 1=1, \\ z=0+2\times 3=6, \end{cases}$$
故所求交点坐标为(5，1，6).

7.6.2 直线与平面的夹角

当直线 L 与平面 π 不垂直时，直线 L 和它在平面 π 上的投影直线的夹角 φ 称为直线 L 与平面 π 的夹角；当直线 L 与平面 π 垂直时，规定直线与平面的夹角为 $\frac{\pi}{2}$.

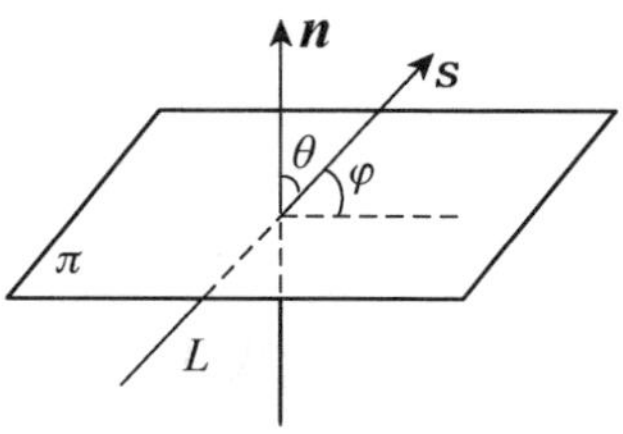

图 7-21

设直线 L 的方向向量为 $\boldsymbol{s}=\{m, n, p\}$，平面 π 的法向量 $\boldsymbol{n}=\{A, B, C\}$，直线 L 与平面 π 的夹角为 φ，则 $\varphi=\left|\frac{\pi}{2}-(\widehat{\boldsymbol{s}, \boldsymbol{n}})\right|=\left|\frac{\pi}{2}-\theta\right|$（图 7-21），因此，$\sin\varphi=|\cos\theta|$. 按两向量夹角余弦的坐标表示式有

$$\sin\varphi=\frac{|Am+Bn+Cp|}{\sqrt{A^2+B^2+C^2}\cdot\sqrt{m^2+n^2+p^2}}. \tag{7-25}$$

因为直线 L 与平面 π 垂直相当于直线 L 的方向向量与平面 π 的法线向量平行，直线与平面平行或直线在平面上相当于直线的方向向量与平面的法线向量垂直. 因此有下面的定理.

定理 设直线 L 的方向向量 $\boldsymbol{s}=\{m, n, p\}$，平面 π 的法向量 $\boldsymbol{n}=\{A, B, C\}$，则

(1) $L\perp\pi \Leftrightarrow \frac{A}{m}=\frac{B}{n}=\frac{C}{p}$；

(2) $L /\!/ \pi$ 或 $L\subset\pi \Leftrightarrow Am+Bn+Cp=0$.

例 2 求过点 $A(1, -2, 4)$ 且与平面 π：$2x-3y+z-4=0$ 垂直的直线方程.

解 平面 π 的法向量 $\boldsymbol{n}=\{2, -3, 1\}$ 可以作为所求直线的方向向量. 于是可得所求直线的方程为

$$\frac{x-1}{2}=\frac{y+2}{-3}=\frac{z-4}{1}.$$

例 3 讨论直线 L：$\frac{x}{2}=\frac{y+2}{1}=\frac{z}{3}$ 与平面 π：$x-5y+z=3$ 的位置关系.

解 直线 L 的方向向量 $\boldsymbol{s}=\{2, 1, 3\}$，平面 π 的法向量 $\boldsymbol{n}=\{1, -5, 1\}$，于是直线 L 和平面 π 的夹角 φ 的正弦为

$$\sin\varphi=\frac{|\boldsymbol{s}\cdot\boldsymbol{n}|}{|\boldsymbol{s}||\boldsymbol{n}|}=\frac{2\times1+1\times(-5)+3\times1}{\sqrt{2^2+1^2+3^2}\times\sqrt{1^2+(-5)^2+1^2}}$$
$$=\frac{2-5+3}{\sqrt{14}\times\sqrt{27}}=0.$$

从而 $\varphi=0$，又直线 L 上的点 $(2,-1,3)$ 不在平面 π 上，所以直线 L 和平面 π 平行.

练习 7.6

1. 求直线 $\dfrac{x-2}{1}=\dfrac{y-3}{1}=\dfrac{z-4}{2}$ 与平面 $x+y+z-6=0$ 的交点.

2. 确定下列各组中的直线与平面的位置关系.

(1) $\dfrac{x+1}{-2}=\dfrac{y-1}{1}=\dfrac{z-3}{5}$ 和 $x-3y+z-5=0$；

(2) $\dfrac{x}{2}=\dfrac{y}{-1}=\dfrac{z-3}{3}$ 和 $2x-y+3z-5=0$；

(3) $\dfrac{x-2}{3}=\dfrac{y+1}{1}=\dfrac{z+3}{2}$ 和 $x-y-z-6=0$.

3. 求直线 $\begin{cases}x+y+3z=0,\\x-y-z=0\end{cases}$ 与平面 $x-y-z+3=0$ 的夹角.

习　题　7

1. 填空题.

(1) 点 $(1,-3,2)$ 关于原点的对称点坐标为________，关于 y 轴的对称点坐标为________，关于平面 yOz 的对称点坐标为________.

(2) 与向量 $\overrightarrow{MN}=\{-1,1,2\}$ 同方向的单位向量 $\overrightarrow{MN}^0=$ ________.

(3) 已知 $|\boldsymbol{a}|=2\sqrt{3}$，$|\boldsymbol{b}|=2$，且 $|\boldsymbol{a}+\boldsymbol{b}|=2$，则 $\boldsymbol{a}$ 与 $\boldsymbol{b}$ 的夹角为________.

(4) 设向量 $|\boldsymbol{a}|=3$，$|\boldsymbol{b}|=\sqrt{2}$，且向量 $\boldsymbol{a}$ 与 $\boldsymbol{b}$ 的夹角为 $\dfrac{\pi}{4}$，则 $|\boldsymbol{a}\times\boldsymbol{b}|=$________.

(5) 过点 $A(1,-1,1)$ 且以 $\{2,-1,3\}$ 为法向量的平面方程是________.

(6) 过点 $(1,-2,3)$ 且方向角分别为 $60°$，$45°$，$120°$ 的直线方程为________.

2. 选择题.

(1) 点 $M(2,-3,1)$ 到 y 轴的距离是(　　).

A. $\sqrt{13}$　　B. $\sqrt{10}$　　C. $\sqrt{5}$　　D. $\sqrt{14}$

(2) 设向量 $\boldsymbol{a}=\{2,m,1\}$，$\boldsymbol{b}=\{4,2,n\}$，若 $\boldsymbol{a}\parallel\boldsymbol{b}$，则(　　).

A. $m=1$，$n=2$　　B. $m=2$，$n=1$

C. $m=1$，$n=\dfrac{1}{2}$　　D. $m=\dfrac{1}{2}$，$n=1$

(3) 以下各组数可以作为向量的方向余弦的是(　　).

A. $\left(\frac{1}{3}, \frac{1}{2}, -\frac{1}{2}\right)$　　B. $\left(\frac{1}{3}, -\frac{1}{3}, \frac{1}{3}\right)$

C. $\left(1, -\frac{2}{3}, \frac{1}{2}\right)$　　D. $\left(\frac{2}{3}, -\frac{2}{3}, \frac{1}{3}\right)$

(4) 下列命题正确的是(　　).

A. 若 $\boldsymbol{a}\cdot\boldsymbol{b}=\boldsymbol{0}$，则 $\boldsymbol{a}=\boldsymbol{0}$ 或 $\boldsymbol{b}=\boldsymbol{0}$　　B. $|\boldsymbol{a}|\cdot\boldsymbol{a}=\boldsymbol{a}^2$

C. $\boldsymbol{a}\cdot(\boldsymbol{b}-\boldsymbol{c})=\boldsymbol{a}\cdot\boldsymbol{b}-\boldsymbol{a}\cdot\boldsymbol{c}$　　D. 若 $\boldsymbol{a}\neq\boldsymbol{0}$ 且 $\boldsymbol{a}\cdot\boldsymbol{b}=\boldsymbol{a}\cdot\boldsymbol{c}$，则 $\boldsymbol{b}=\boldsymbol{c}$

(5) 设向量 $|\boldsymbol{a}|=3$，$|\boldsymbol{b}|=4$，且向量 $\boldsymbol{a}$ 与 $\boldsymbol{b}$ 的夹角为 $\frac{2\pi}{3}$，则 $|\boldsymbol{a}+\boldsymbol{b}|=$(　　).

A. 13　　B. $\sqrt{13}$　　C. $\sqrt{7}$　　D. $\sqrt{14}$

(6) 若直线 L_1：$\frac{x-1}{3}=\frac{y+2}{-1}=\frac{z-1}{k}$ 与直线 L_2：$\frac{x-2}{-1}=\frac{y+1}{1}=\frac{z-1}{2}$ 垂直，则 $k=$(　　).

A. 4　　B. -2　　C. -1　　D. 2

3. 已知 $\boldsymbol{a}=\{1,0,-2\}$，$\boldsymbol{b}=\{1,1,0\}$，且 $\boldsymbol{c}\perp\boldsymbol{a}$，$\boldsymbol{c}\perp\boldsymbol{b}$，$|\boldsymbol{c}|=6$，求 $\boldsymbol{c}$.

4. 求过点 $(2,3,1)$ 且在 x 轴和 y 轴上的截距分别为 2 和 3 的平面方程.

5. 求过原点且与平面 π_1：$2x-y+5z+3=0$ 和 π_2：$x+3y-z-7=0$ 都垂直的平面方程.

6. 求过点 $(1,-1,2)$，平行于直线 $\frac{x-2}{2}=\frac{y+1}{1}=\frac{z-1}{-1}$ 且垂直于平面 $x+y-2z-4=0$ 的平面方程.

7. 求两个平面 π_1：$2x-y+z-4=0$ 和 π_2：$x+y+2z+1=0$ 的夹角.

8. 求过点 $(2,-1,2)$ 且与直线 L_1：$\frac{x+1}{1}=\frac{y-3}{2}=\frac{z-2}{-1}$ 和 L_2：$\frac{x-1}{-2}=\frac{y}{1}=\frac{z+3}{1}$ 都垂直的直线方程.

9. 化直线 L 的一般式方程 $\begin{cases}2x+y+z-4=0,\\2x+y-2z-1=0\end{cases}$ 为直线 L 的点向式方程.

10. 求过直线 $\begin{cases}x+2y-z=0,\\x-z+3=0\end{cases}$ 且与平面 $x-y+3z+6=0$ 垂直的平面方程.

11. 求与两平面 $x-2y+4z-3=0$ 和 $2x-y-5z-1=0$ 的交线平行，且过点 $(-3,2,5)$ 的直线方程.

12. 求直线 L：$\frac{x-2}{1}=\frac{y-3}{1}=\frac{z-4}{2}$ 与平面 π：$x+y+z=6$ 的交点及夹角.

13. 讨论直线 L：$\frac{x-1}{2}=\frac{y+2}{1}=\frac{z}{-1}$ 与平面 π：$x-y+z=1$ 的位置关系.

第 8 章 微 分 方 程

在科学研究和生产实践等许多实际问题中，常常需要寻求能够表示客观事物变量之间相互联系的函数关系. 由于这种函数关系有时并不容易直接建立，但却可根据问题的实际情况，比较容易建立适合这些变量与它们的导数或微分的关系式——微分方程. 通过求解微分方程，得到所要寻求的函数关系. 本章主要介绍微分方程的一些基本概念和几种常见的微分方程的解法.

8.1 微分方程的概念

引例 若一条曲线通过点(1, 3)，且在该曲线上任一点 $M(x, y)$处的切线的斜率为 $2x$，求这条曲线的方程.

解 设所求曲线的方程为 $y=y(x)$，由导数的几何意义有

$$\frac{dy}{dx}=2x \quad 或 \quad dy=2x\,dx. \tag{8-1}$$

将式(8-1)两边积分，得

$$y=\int 2x\,dx,$$

即

$$y=x^2+C \quad (C\text{ 为任意常数}). \tag{8-2}$$

把 $x=1$, $y=3$ 代入式(8-2)，得

$$3=1^2+C,$$

解得 $C=2$.

故所求曲线方程为 $y=x^2+2$.

8.1.1 微分方程的定义

定义 1 表示自变量、未知函数及未知函数的导数或微分之间的关系的方程，称为**微分方程**. 例如，引例中的 $\frac{dy}{dx}=2x$ 就是一个微分方程.

若自变量个数只有一个的微分方程，称为**常微分方程**；若自变量个数为两个或

两个以上的微分方程，称为**偏微分方程**.

微分方程中未知函数的导数的最高阶数，称为微分方程的**阶**. 二阶及二阶以上的微分方程称为**高阶微分方程**.

n 阶微分方程的一般形式是

$$F(x, y, y', y'', \cdots, y^{(n)})=0, \tag{8-3}$$

其中，x 为自变量，y 为未知函数. 在一个微分方程中，未知函数和自变量可以不出现，但未知函数的导数或微分一定要出现.

例如，方程 $yy'-x^3=0$ 是一阶微分方程，方程 $y''+y'-\sin x=0$ 是二阶微分方程，而方程 $y^{(4)}-y'''+y=x$ 是四阶微分方程.

8.1.2 微分方程的解

定义2 若函数 $y=y(x)$ 代入微分方程(8-3)后能使方程成为恒等式，则称函数 $y=y(x)$ 为微分方程(8-3)的**解**. 若关系式 $\Phi(x, y)=0$ 决定的隐函数 $y=y(x)$ 是微分方程(8-3)的解，则称 $\Phi(x, y)=0$ 为微分方程(8-3)的**隐式解**.

定义3 若微分方程的解中所含独立的任意常数的个数与方程的阶数相同，这样的解称为微分方程的**通解**. 若微分方程的隐式解中所含独立的任意常数的个数与方程的阶数相同，则称这样的解为微分方程的**隐式通解**. 把微分方程的通解和隐式通解不加区别，统称为微分方程的**通解**. 确定通解中任意常数的条件，称为**初始条件**. 把满足微分方程的初始条件的解，称为**微分方程的特解**.

一般地，设微分方程中的未知函数是 $y=y(x)$，若微分方程是一阶的，用来确定任意常数的初始条件是 $y\big|_{x=x_0}=y_0$；若微分方程是二阶的，用来确定任意常数的初始条件是 $y\big|_{x=x_0}=y_0$，$y'\big|_{x=x_0}=y'(x_0)$，其中，x_0，y_0，$y'(x_0)$ 都是给定的值.

求微分方程 $y'=f(x, y)$ 满足初始条件 $y\big|_{x=x_0}=y_0$ 的特解问题，称为一阶微分方程的**初值问题**，记作

$$\begin{cases} y'=f(x, y), \\ y\big|_{x=x_0}=y_0. \end{cases}$$

一阶微分方程的解 $y=y(x)$ 代表 xOy 平面上的一条曲线，称为微分方程的**积分曲线**. 微分方程的通解在几何上是一族积分曲线，特解则是满足初始条件的一条积分曲线. 这就是微分方程的解的几何意义.

例1 验证 $y=C_1\cos kx+C_2\sin kx$ (C_1，C_2 为任意常数) 是微分方程 $y''+k^2y=0$ 的通解.

解　$y'=-kC_1\sin kx+kC_2\cos kx$,

$y''=-k^2C_1\cos kx-k^2C_2\sin kx=-k^2(C_1\cos kx+C_2\sin kx)$.

将 y'', y 代入微分方程 $y''+k^2y=0$ 的左端,得

$$-k^2(C_1\cos kx+C_2\sin kx)+k^2(C_1\cos kx+C_2\sin kx)=0.$$

由于 C_1, C_2 为任意常数,故 $y=C_1\cos kx+C_2\sin kx$ 为方程 $y''+k^2y=0$ 的通解.

8.1.3　变量可分离的微分方程

一阶微分方程的一般形式为

$$F(x, y, y')=0 \quad 或 \quad y'=f(x, y). \tag{8-4}$$

前者称为**一阶隐式微分方程**,后者称为**一阶显式微分方程**.

例如,$\frac{\mathrm{d}y}{\mathrm{d}x}+\cos y+x=0$ 是一阶隐式微分方程;而 $\frac{\mathrm{d}y}{\mathrm{d}x}=x^2-y$, $y'=y-2x$ 等都是一阶显式微分方程.

形如 $M(x, y)\mathrm{d}x+N(x, y)\mathrm{d}y=0$ 的微分方程称为**对称形式的一阶微分方程**.

例如,方程 $\cos y\mathrm{d}x+x^2\mathrm{d}y=0$ 为对称形式的一阶微分方程.

定义 4　若一阶微分方程 $F(x, y, y')=0$ 可以化为

$$\frac{\mathrm{d}y}{\mathrm{d}x}=f(x)g(y) \tag{8-5}$$

的形式,则 $F(x, y, y')=0$ 称为**可分离变量的微分方程**,其中 $f(x)$, $g(y)$ 分别是 x 和 y 的连续函数.

方程(8-5)可以变形为

$$\frac{\mathrm{d}y}{g(y)}=f(x)\mathrm{d}x, \tag{8-6}$$

式(8-6)称为**变量已分离的微分方程**.

对于变量已分离的微分方程 $\frac{\mathrm{d}y}{g(y)}=f(x)\mathrm{d}x$,两边积分,得

$$\int\frac{\mathrm{d}y}{g(y)}=\int f(x)\mathrm{d}x.$$

若函数 $F(x)$ 与 $G(y)$ 分别是 $f(x)$ 与 $\frac{1}{g(y)}$ 的原函数,则方程的通解为

$$G(y)=F(x)+C \quad (C\text{ 为任意常数}). \tag{8-7}$$

这种求解方法通常称为**分离变量法**.

例 2 解微分方程 $\dfrac{dy}{dx}=2xy$.

解 当 $y\neq 0$ 时,分离变量得 $\dfrac{dy}{y}=2x\,dx$.

两边积分
$$\int\frac{dy}{y}=\int 2x\,dx,$$
得
$$\ln|y|=x^2+C_1,$$
即 $y=\pm e^{x^2+C_1}=\pm e^{C_1}e^{x^2}=Ce^{x^2}$($C=\pm e^{C_1}$,为非零的任意常数).

显见,$y=0$ 也是方程的解,只要允许 $C=0$,则 $y=0$ 就包含在 $y=Ce^{x^2}$ 中. 故原方程的通解为 $y=Ce^{x^2}$(C 为任意常数).

例 3 求微分方程 $y'\sin x-y\cos x=0$ 满足初始条件 $y\Big|_{x=\frac{\pi}{2}}=1$ 的特解.

解 原方程变形为
$$\frac{dy}{dx}\cdot\sin x=y\cos x.$$
当 $y\neq 0$ 时,分离变量,得
$$\frac{1}{y}dy=\frac{\cos x}{\sin x}dx.$$
两边同时积分,得
$$\ln|y|=\ln|\sin x|+C_0.$$
令 $C_0=\ln|C|$,得原方程的通解为 $y=C\sin x$. 由于 $y=0$ 也是微分方程的解,所以 C 可取任意常数.

由初始条件 $y\Big|_{x=\frac{\pi}{2}}=1$,得 $C=1$,故所求特解为 $y=\sin x$.

注意 本例中令 $C_0=\ln|C|$ 中的 C 并不是取任意常数($C\neq 0$). 以后为了简化运算,可把 $\ln|y|$ 写成 $\ln y$,只需保证最后的常数 C 的任意性即可.

8.1.4 齐次方程

定义 5 形如
$$\frac{dy}{dx}=\varphi\left(\frac{y}{x}\right) \tag{8-8}$$
的一阶微分方程,称为**齐次微分方程**,简称**齐次方程**,其中 $\varphi\left(\dfrac{y}{x}\right)$ 是关于 $\dfrac{y}{x}$ 这个整体变量的一元连续函数.

作变量变换 $u=\dfrac{y}{x}\ (x\neq 0)$，即 $y=ux$，于是

$$\frac{\mathrm{d}y}{\mathrm{d}x}=x\frac{\mathrm{d}u}{\mathrm{d}x}+u. \tag{8-9}$$

将 $y=ux$ 及式(8-9)代入式(8-7)，则原方程变为

$$x\frac{\mathrm{d}u}{\mathrm{d}x}+u=\varphi(u),$$

整理得

$$\frac{\mathrm{d}u}{\mathrm{d}x}=\frac{\varphi(u)-u}{x}. \tag{8-10}$$

方程(8-10)是一个变量分离方程.可以按照求解式(8-5)的方法来求解，然后代回原来的变量，便可得微分方程(8-8)的通解.

例 4 解方程 $y'=\dfrac{x+y}{x-y}$.

解 原方程可化为
$$\frac{\mathrm{d}y}{\mathrm{d}x}=\frac{1+\dfrac{y}{x}}{1-\dfrac{y}{x}}.$$

令 $u=\dfrac{y}{x}\ (x\neq 0)$，则
$$\frac{\mathrm{d}y}{\mathrm{d}x}=x\frac{\mathrm{d}u}{\mathrm{d}x}+u,$$

于是
$$x\frac{\mathrm{d}u}{\mathrm{d}x}+u=\frac{1+u}{1-u}.$$

分离变量
$$\frac{1-u}{1+u^2}\mathrm{d}u=\frac{\mathrm{d}x}{x},$$

两端积分得

$$\arctan u-\ln\sqrt{1+u^2}=\ln|x|-\ln C\quad (C\text{ 为任意常数，且 }C>0),$$

从而得
$$|x|\sqrt{1+u^2}=C\mathrm{e}^{\arctan u},$$

即
$$|x|\sqrt{1+\frac{y^2}{x^2}}=C\mathrm{e}^{\arctan\frac{y}{x}}.$$

故方程的通解为 $\sqrt{x^2+y^2}=C\mathrm{e}^{\arctan\frac{y}{x}}\quad (x\neq 0, C$ 为任意常数，且 $C>0)$.

练习 8.1

1. 指出下列微分方程的阶数.

(1) $\dfrac{dy}{dx}=x^3+2y+1$;　(2) $\dfrac{d^2y}{dx^2}-\left(\dfrac{dy}{dx}\right)^3=xy$;

(3) $\left(\dfrac{dy}{dx}\right)^2=x\dfrac{dy}{dx}+2y$;　(4) $\dfrac{d^2y}{dx^2}+e^y=\sin 2x$.

2. 下列方程哪些是齐次方程?

(1) $x\dfrac{dy}{dx}-y-\sqrt{y^2+x^2}=0$;　(2) $\sqrt{1-x^2}\dfrac{dy}{dx}=\sqrt{1-y^2}$;

(3) $(x^2+y^2)dx+xydy=0$;　(4) $(2x+y-1)dx+(x-y+2)dy=0$.

3. 求下列微分方程的通解.

(1) $\dfrac{dy}{dx}=3x^2y$;　(2) $y^2dx+x^2dy=0$;

(3) $\dfrac{dy}{dx}=\dfrac{y}{x}$;　(4) $x\dfrac{dy}{dx}=y(1+\ln y-\ln x)$.

4. 求方程 $\dfrac{dy}{dx}=-ky(y-a)$ 的通解(其中 k 与 a 均为正常数).

5. 求微分方程 $dx+xydy=y^2dx+ydy$ 满足初始条件 $y\Big|_{x=2}=0$ 的特解.

8.2　线性微分方程

8.2.1　一阶线性微分方程

定义　未知函数及其导数都是一次的微分方程,称为**一阶线性微分方程**.一阶线性微分方程的一般形式为

$$y'+p(x)y=q(x),$$

其中,$p(x)$,$q(x)$都是已知的连续函数,$q(x)$称为自由项或非齐次项.

若自由项 $q(x)\equiv 0$ 时,方程

$$y'+p(x)y=0 \tag{8-11}$$

称为**一阶齐次线性微分方程**.

若自由项 $q(x)\neq 0$ 时,方程

$$y'+p(x)y=q(x) \tag{8-12}$$

称为**一阶非齐次线性微分方程**.

1. 一阶齐次线性微分方程

将齐次线性微分方程(8-11)分离变量,得

$$\frac{1}{y}\mathrm{d}y=-p(x)\mathrm{d}x \quad (y\neq 0),$$

两边积分,得

$$\ln y=-\int p(x)\mathrm{d}x+\ln C.$$

因此,一阶齐次线性微分方程的通解为

$$y=C\mathrm{e}^{-\int p(x)\mathrm{d}x}\,(C\text{ 为任意常数}). \tag{8-13}$$

注意 分离变量后,丢失了原方程的一个解 $y=0$,但它可在通解中令 $C=0$ 而得到,故通解 $y=C\mathrm{e}^{-\int p(x)\mathrm{d}x}$ 中 C 可取任意常数,因而它包含了方程 $y'+p(x)y=0$ 的全部解. 对于不定积分 $\int p(x)\mathrm{d}x$,只需求出一个原函数即可,即积分中不再加任意常数.

例 1 解微分方程 $y'-y\sec^2 x=0$.

解 因为 $p(x)=-\sec^2 x$,所以

$$\int p(x)\mathrm{d}x=-\int\sec^2 x\,\mathrm{d}x=-\tan x,$$

于是原方程的通解为 $y=C\mathrm{e}^{\tan x}$(C 为任意常数).

一般地,对于一阶齐次线性微分方程 $y'+p(x)y=0$ 可采用两种方法求解:一是分离变量法;二是应用公式法. 因此,本例也可以用分离变量法来解.

2. 一阶非齐次线性微分方程

一阶非齐次线性微分方程 $y'+p(x)y=q(x)$ 的通解可采用**常数变易法**求得.

显然,式(8-11)是式(8-12)的特殊情形. 为求式(8-12)的解,在式(8-11)的通解 $y=C\mathrm{e}^{-\int p(x)\mathrm{d}x}$ 中,将任意常数 C 变易为 x 的待定函数 $u(x)$,即令

$$y=u(x)\mathrm{e}^{-\int p(x)\mathrm{d}x}, \tag{8-14}$$

上式两边对 x 求导,得

$$y'=u'(x)\mathrm{e}^{-\int p(x)\mathrm{d}x}-u(x)p(x)\mathrm{e}^{-\int p(x)\mathrm{d}x}. \tag{8-15}$$

将式(8-14),式(8-15)代入微分方程(8-12),有

$$u'(x)\mathrm{e}^{-\int p(x)\mathrm{d}x}-u(x)p(x)\mathrm{e}^{-\int p(x)\mathrm{d}x}+p(x)u(x)\mathrm{e}^{-\int p(x)\mathrm{d}x}=q(x),$$

即
$$u'(x)=q(x)e^{\int p(x)dx},$$
两边积分，得
$$u(x)=\int q(x)e^{\int p(x)dx}dx+C. \tag{8-16}$$

将式(8-16)代入式(8-14)，得一阶非齐次线性微分方程 $y'+p(x)y=q(x)$ 的通解为
$$y=e^{-\int p(x)dx}\left[\int q(x)e^{\int p(x)dx}dx+C\right], \tag{8-17}$$

其中，C 为任意常数. 式(8-17)称为一阶非齐次线性微分方程 $y'+p(x)y=q(x)$ 的通解公式.

例 2 解微分方程 $y'-\dfrac{2y}{x+1}=(x+1)^{\frac{5}{2}}$.

解 因为 $p(x)=-\dfrac{2}{x+1}$，$q(x)=(x+1)^{\frac{5}{2}}$，所以

$$\int p(x)dx=\int\left(-\frac{2}{x+1}\right)dx=-2\ln(x+1),$$
$$e^{-\int p(x)dx}=e^{2\ln(x+1)}=(x+1)^2,$$
$$\int q(x)e^{\int p(x)dx}dx=\int(x+1)^{\frac{5}{2}}(x+1)^{-2}dx=\int(x+1)^{\frac{1}{2}}dx=\frac{2}{3}(x+1)^{\frac{3}{2}}.$$

于是原微分方程的通解为
$$y=e^{-\int P(x)dx}\left[\int q(x)e^{\int p(x)dx}dx+C\right]=(x+1)^2\left[\frac{2}{3}(x+1)^{\frac{3}{2}}+C\right]\ (C\text{ 为任意常数}).$$

8.2.2 可降阶的高阶微分方程

1. $y^{(n)}=f(x)$ 型的微分方程

对于 $y^{(n)}=f(x)$ 型的微分方程只需逐次积分即可求得方程的通解.

例 3 求微分方程 $y'''=e^{2x}-\cos x$ 的通解.

解 对所给方程接连积分三次，得
$$y''=\frac{1}{2}e^{2x}-\sin x+C_1,$$
$$y'=\frac{1}{4}e^{2x}+\cos x+C_1x+C_2,$$
$$y=\frac{1}{8}e^{2x}+\sin x+\frac{1}{2}C_1x^2+C_2x+C_3,$$

其中，C_1，C_2，C_3 为任意常数，此即所求微分方程的通解.

2. $y''=f(x, y')$型的微分方程

$y''=f(x, y')$ 型的微分方程的特点是：方程右端不显含未知函数 y. 若令 $y'=p(x)$，则 $y''=p'(x)$，代入方程，得

$$p'(x)=f[x, p(x)].$$

这是一个关于自变量 x 和未知函数 $p(x)$ 的一阶微分方程. 设其通解为

$$p(x)=\varphi(x, C_1),$$

即

$$y'=\varphi(x, C_1),$$

再次积分，就可得 $y''=f(x, y')$ 型的微分方程的通解，其通解为

$$y=\int\varphi(x, C_1)\mathrm{d}x+C_2, \tag{8-18}$$

其中，C_1，C_2 为任意常数.

例 4　解微分方程 $y''+\dfrac{y'}{x}-x=0$.

解　令 $y'=p(x)$，则 $y''=p'(x)$，原方程变为

$$p'+\frac{1}{x}p=x.$$

此为一阶非齐次线性微分方程，解得

$$p(x)=\mathrm{e}^{-\int\frac{1}{x}\mathrm{d}x}\left(\int x\mathrm{e}^{\int\frac{1}{x}\mathrm{d}x}\mathrm{d}x+C_1\right)=\frac{1}{3}x^2+\frac{1}{x}C_1,$$

即

$$y'=\frac{1}{3}x^2+\frac{1}{x}C_1,$$

再次积分，得原方程的通解为

$$y=\int\left(\frac{1}{3}x^2+\frac{1}{x}C_1\right)\mathrm{d}x+C_2=\frac{1}{9}x^3+C_1\ln x+C_2,$$

其中，C_1，C_2 为任意常数.

3. $y''=f(y, y')$型的微分方程

$y''=f(y, y')$ 型的微分方程的特点是：方程中不显含自变量 x. 令 $y'=p(y)$，则

$$y''=\frac{\mathrm{d}p}{\mathrm{d}x}=\frac{\mathrm{d}p}{\mathrm{d}y}\cdot\frac{\mathrm{d}y}{\mathrm{d}x}=p\frac{\mathrm{d}p}{\mathrm{d}y},$$

于是,原微分方程 $y''=f(y, y')$ 可化为

$$p\frac{\mathrm{d}p}{\mathrm{d}y}=f(y, p),$$

这是一个关于 y 和 p 的一阶微分方程. 设其通解为 $p=\varphi(y, C_1)$, 即

$$\frac{\mathrm{d}y}{\mathrm{d}x}=\varphi(y, C_1),$$

分离变量,有

$$\frac{\mathrm{d}y}{\varphi(y, C_1)}=\mathrm{d}x,$$

再次积分,可得原微分方程的通解为

$$\int\frac{\mathrm{d}y}{\varphi(y, C_1)}=x+C_2, \tag{8-19}$$

其中,C_1, C_2 为任意常数.

例 5 解微分方程 $yy''-(y')^2=0$.

解 令 $y'=p$, 则 $y''=p\frac{\mathrm{d}p}{\mathrm{d}y}$, 代入原方程,得

$$yp\frac{\mathrm{d}p}{\mathrm{d}y}-p^2=0,$$

即

$$p\left(y\frac{\mathrm{d}p}{\mathrm{d}y}-p\right)=0,$$

有

$$p=0 \quad 或 \quad y\frac{\mathrm{d}p}{\mathrm{d}y}-p=0.$$

由 $p=0$, 即 $y'=0$, 得 $y=C_0$(C_0 为任意常数).

由 $y\frac{\mathrm{d}p}{\mathrm{d}y}-p=0$, 分离变量,得 $\frac{\mathrm{d}p}{p}=\frac{\mathrm{d}y}{y}$,

积分,得

$$\ln p=\ln y+\ln C_1,$$

即

$$p=\frac{\mathrm{d}y}{\mathrm{d}x}=C_1y,$$

分离变量,得

$$\frac{1}{y}\mathrm{d}y=C_1\mathrm{d}x,$$

积分,得

$$\ln y=C_1x+\ln C_2,$$

即

$$y=C_2\mathrm{e}^{C_1x}.$$

因为 $y=C_0$ 已包含在 $y=C_2e^{C_1x}$ 中，所以原微分方程的通解为

$$y=C_2e^{C_1x}\quad (C_1,\ C_2\ \text{为任意常数}).$$

练习 8.2

1. 求下列微分方程的通解.

(1) $y'-\dfrac{y}{1+x^2}=0$； (2) $y'+y=0$；

(3) $y'+\dfrac{y}{x}=\dfrac{1}{x}$； (4) $y'-y\cot x=\csc x$.

2. 求下列微分方程的通解.

(1) $y''=x-\sin x$； (2) $y''=e^x$；

(3) $y''=y'+x^2$； (4) $xy''=y'$；

(5) $y''-2y'=0$； (6) $y''-(y')^2=0$.

8.3* 二阶常系数齐次线性微分方程

定义 1 形如

$$y''+py'+qy=f(x) \tag{8-20}$$

的微分方程(其中 p，q 为常数)，称为**二阶常系数线性微分方程**.

当 $f(x)\neq 0$ 时，称为**二阶常系数非齐次线性微分方程**.

当 $f(x)\equiv 0$ 时，微分方程变为

$$y''+py'+qy=0, \tag{8-21}$$

称为**二阶常系数齐次线性微分方程**.

8.3.1 线性相关与线性无关

定义 2 设函数 $y_1(x)$ 与 $y_2(x)$ 为定义在区间 $(a,\ b)$ 内的两个函数，若存在两个不全为零的常数 k_1 和 k_2，使得当 $x\in(a,\ b)$ 时，有恒等式

$$k_1y_1(x)+k_2y_2(x)=0$$

成立，则称函数 $y_1(x)$ 与 $y_2(x)$ 在区间 $(a,\ b)$ 内**线性相关**；否则，称为**线性无关**.

例如，函数 $y_1=2x$ 和 $y_2=5x$ 在 $(-\infty,\ +\infty)$ 上是线性相关的. 只要取 $k_1=5$，$k_2=-2$，就恒有 $k_1y_1+k_2y_2=0$. 又如，函数 $y=e^x$ 和 $y=e^{2x}$ 在任何区间上都是线性无关的.

8.3.2 解的结构

定理1(二阶齐次线性方程解的叠加性) 若函数 y_1, y_2 是方程 $y''+py'+qy=0$ 的两个解,则函数 $y=C_1y_1+C_2y_2$(C_1, C_2 为任意常数)也是该方程的解.

定理2(二阶齐次线性方程通解的结构) 若函数 y_1, y_2 是方程 $y''+py'+qy=0$ 的两个线性无关的特解,则 $y=C_1y_1+C_2y_2$(C_1, C_2 为任意常数)是该方程的通解.

8.3.3 方程的解法

由定理2知,欲求二阶齐次线性微分方程(8-21)的通解,只需求出它的两个线性无关的特解即可.

由于二阶齐次线性微分方程(8-21)的左端是未知函数与未知函数的一阶、二阶导数的线性组合,因此适合方程(8-21)的函数 y 必然与其一阶、二阶导数只相差一个常数因子.若令 $y=\mathrm{e}^{rx}$(r 是待定常数),则 $y'=r\mathrm{e}^{rx}$, $y''=r^2\mathrm{e}^{rx}$,将 y, y', y'' 代入微分方程(8-21),得

$$(r^2+pr+q)\mathrm{e}^{rx}=0,$$

因为 $\mathrm{e}^{rx}\neq 0$,所以

$$r^2+pr+q=0. \tag{8-22}$$

方程(8-22)称为微分方程(8-21)的**特征方程**,特征方程(8-22)的根称为微分方程(8-21)的**特征根**.

若 r 满足特征方程(8-22),则函数 $y=\mathrm{e}^{rx}$ 就是微分方程(8-21)的解.

在特征方程(8-22)中,令 $\Delta=p^2-4q$. 于是

(1) 当 $\Delta>0$ 时,特征方程(8-22)有两个不相等的实根 r_1 和 r_2,则微分方程(8-21)有两个线性无关的特解 $y_1=\mathrm{e}^{r_1x}$ 和 $y_2=\mathrm{e}^{r_2x}$,从而得微分方程(8-21)的通解为

$$y=C_1\mathrm{e}^{r_1x}+C_2\mathrm{e}^{r_2x},$$

其中,C_1, C_2 为任意常数.

(2) 当 $\Delta=0$ 时,特征方程(8-22)有两个重根 $r_1=r_2=r$,则微分方程(8-21)只有一解 $y_1=\mathrm{e}^{rx}$. 可以验证,$y_2=x\mathrm{e}^{rx}$ 是方程(8-21)的另一个解,且 $y_1=\mathrm{e}^{rx}$ 与$y_2=x\mathrm{e}^{rx}$ 线性无关,从而得微分方程(8-21)的通解为

$$y=C_1\mathrm{e}^{rx}+C_2x\mathrm{e}^{rx}=(C_1+C_2x)\mathrm{e}^{rx},$$

其中,C_1, C_2 为任意常数.

(3) 当 $\Delta<0$ 时,特征方程(8-22)有一对共轭复根 $r=\alpha\pm \mathrm{i}\beta$($\alpha$, β 均为实常

数，且 $\beta \neq 0$)，则方程(8-21)有两个线性无关的解 $y_1 = e^{(\alpha+i\beta)x}$ 和 $y_2 = e^{(\alpha-i\beta)x}$，从而得微分方程(8-21)的通解为

$$y = Ae^{(\alpha+i\beta)x} + Be^{(\alpha-i\beta)x} = e^{\alpha x}(Ae^{i\beta x} + Be^{-i\beta x}).$$

利用欧拉公式 $e^{i\theta} = \cos\theta + i\sin\theta$，可得实数形式的通解为

$$y = e^{\alpha x}(C_1\cos\beta x + C_2\sin\beta x),$$

其中，$C_1 = A + B$，$C_2 = (A - B)i$. 无特别声明，都要求写出实数形式的解.

于是求二阶常系数齐次线性微分方程(8-21)的通解的一般步骤如下：

(1) 写出微分方程的特征方程 $r^2 + pr + q = 0$；

(2) 求出特征方程的特征根 r_1 和 r_2；

(3) 根据特征方程的特征根的情况，按照下表写出所给微分方程的通解.

特征方程 $r^2 + pr + q = 0$ 的根	微分方程 $y'' + py' + qy = 0$ 的通解
两个不相等的实根 r_1，r_2	$y = C_1e^{r_1x} + C_2e^{r_2x}$
两个相等的实根 $r_1 = r_2$	$y = (C_1 + C_2x)e^{r_1x}$
一对共轭复根 $r_{1,2} = \alpha \pm i\beta$ $(\beta \neq 0)$	$y = e^{\alpha x}(C_1\cos\beta x + C_2\sin\beta x)$

例 1 求微分方程 $y'' - 5y' + 6y = 0$ 的通解.

解 微分方程的特征方程为

$$r^2 - 5r + 6 = 0,$$

其特征根是 $r_1 = 2$，$r_2 = 3$，所以微分方程的通解为

$$y = C_1e^{2x} + C_2e^{3x} \quad (C_1, C_2 \text{ 为任意常数}).$$

例 2 求微分方程 $y'' + 2y' + 3y = 0$ 满足初始条件 $y(0) = 1$，$y'(0) = 1$ 的特解.

解 微分方程的特征方程为 $r^2 + 2r + 3 = 0$，

其特征根是 $r_{1,2} = -1 \pm \sqrt{2}i$，

所以微分方程的通解为 $y = e^{-x}(C_1\cos\sqrt{2}x + C_2\sin\sqrt{2}x)$($C_1$，$C_2$ 为任意常数).

由初始条件 $y(0) = 1$，可得 $C_1 = 1$. 而

$$\begin{aligned} y' &= [e^{-x}(\cos\sqrt{2}x + C_2\sin\sqrt{2}x)]' \\ &= -e^{-x}(\cos\sqrt{2}x + \sqrt{2}\sin\sqrt{2}x) + C_2e^{-x}(-\sin\sqrt{2}x + \sqrt{2}\cos\sqrt{2}x), \end{aligned}$$

再由初始体件 $y'(0) = 1$，得 $-1 + \sqrt{2}C_2 = 1$，即 $C_2 = \sqrt{2}$.

故微分方程满足初始条件的特解为 $y=e^{-x}(\cos\sqrt{2}x+\sqrt{2}\sin\sqrt{2}x)$.

练习 8.3

1. 求下列微分方程的通解.

(1) $y''-y'-6y=0$;　　(2) $y''+y'+3y=0$.

2. 求微分方程满足所给初始条件的特解.

(1) $y''+2y'-15y=0$, $y(0)=0$, $y'(0)=1$;

(2) $y''+2y=0$, $y(0)=0$, $y'(0)=1$.

习　题　8

1. 验证：函数 $y=C_1e^x+C_2e^{-x}$(C_1, C_2 为任意常数)是否为微分方程 $y''-y=0$ 的通解.

2. 求下列微分方程的通解.

(1) $y'=y^2\sin x$;　　(2) $y\mathrm{d}x=(1+x^2)\mathrm{d}y$;

(3) $y'+2ye^x=0$;　　(4) $\tan y\mathrm{d}x-\tan x\mathrm{d}y=0$;

(5) $y'-xy=x$;　　(6) $y'+y-\sin x=0$;

(7) $y'+y=e^{-x}$;　　(8) $y'=\dfrac{y}{x+y^3}$.

3. 求下列微分方程的通解及在给定条件下的特解.

(1) $y'=e^{2x-2y}$, $y\Big|_{x=0}=1$;　　(2) $y'\sin x=y\ln y$, $y\Big|_{x=\frac{\pi}{2}}=e^2$;

(3) $y'=\dfrac{x+xy^2}{y+x^2y}$, $y\Big|_{x=1}=1$;　　(4) $y'=y(1+x+x^2)$, $y\Big|_{x=0}=e$.

4. 求下列微分方程的通解.

(1) $y''=x^2$;　　(2) $y''=xe^x$;

(3) $y''-y'=x$;　　(4) $yy''+(y')^2=0$.

5*. 求下列微分方程满足所给初始条件的特解.

(1) $y''-3y'=0$, $y(1)=0$, $y'(0)=1$;

(2) $y''-y'-2y=0$, $y(1)=2$, $y'(0)=-1$;

(3) $y''+4y=0$, $y(0)=1$, $y'(0)=3$;

(4) $y''+2y'+y=0$, $y(0)=4$, $y'(0)=-2$.

6. 求微分方程 $y^2y''+1=0$ 的积分曲线,使该积分曲线过点 $\left(0, \dfrac{1}{2}\right)$,且在该点的切线斜率为 2.

第9章 行 列 式

在数学中，行列式是由解线性方程组产生的一种算式(取自不同行不同列的 n 个元素的乘积的代数和).它不仅可以作为研究线性代数的一个重要工具，在其他学科领域也有很重要的作用.本章主要学习行列式的定义、性质、行列式按行(或列)展开和行列式的计算以及克拉默法则.

9.1 行列式的定义

9.1.1 二阶行列式

一次方程组又称线性方程组.例如，二元一次方程组称为二元线性方程组，三元一次方程组称为三元线性方程组，n 元一次方程组称为 n 元线性方程组.

在初中时，解一次方程组的方法主要是加减消元法、代入消元法.下面用加减消元法解二元一次方程组：

$$\begin{cases} a_{11}x_1+a_{12}x_2=b_1, \\ a_{21}x_1+a_{22}x_2=b_2, \end{cases} \tag{9-1}$$

用加减消元可得

$$\begin{cases} (a_{11}a_{22}-a_{12}a_{21})x_1=b_1a_{22}-a_{12}b_2, \\ (a_{11}a_{22}-a_{12}a_{21})x_2=a_{11}b_2-b_1a_{21}. \end{cases}$$

若 $a_{11}a_{22}-a_{12}a_{21}\neq 0$，得方程组的解为

$$\begin{cases} x_1=\dfrac{b_1a_{22}-a_{12}b_2}{a_{11}a_{22}-a_{12}a_{21}}, \\ x_2=\dfrac{a_{11}b_2-b_1a_{21}}{a_{11}a_{22}-a_{12}a_{21}}. \end{cases}$$

上式表示比较麻烦，为了能简洁地表示上式，引进记号：$\begin{vmatrix} a_{11} & a_{12} \\ a_{21} & a_{22} \end{vmatrix}$，并把它称为**二阶行列式**，它表示一个特殊的数，其中 a_{11}，a_{12}，a_{21}，a_{22} 都称为二阶行列式

的**元素**;这4个元素排成2行2列,横排称为**行**,竖排称为**列**. 例如,a_{12}是位于第1行第2列上的元素,a_{21}是位于第2行第1列上的元素. 从左上角到右下角的对角线称为行列式的**主对角线**,从左下角到右上角的对角线称为行列式的**次对角线**. 利用对角线把二阶行列式展开成$a_{11}a_{22}-a_{12}a_{21}$的形式,这种方法称为二阶行列式展开的**对角线法则**,即

$$\begin{vmatrix} a_{11} & a_{12} \\ a_{21} & a_{22} \end{vmatrix}=a_{11}a_{22}-a_{12}a_{21}.$$

例1 展开下列行列式并化简.

(1) $\begin{vmatrix} 5 & -2 \\ -7 & 3 \end{vmatrix}$; (2) $\begin{vmatrix} x+1 & x-2 \\ x & x-3 \end{vmatrix}$.

解 (1) $\begin{vmatrix} 5 & -2 \\ -7 & 3 \end{vmatrix}=5\times 3-(-2)\times(-7)=1.$

(2) $\begin{vmatrix} x+1 & x-2 \\ x & x-3 \end{vmatrix}=(x+1)(x-3)-x(x-2)=-3.$

利用行列式可以表示二元一次方程组的解,为了方便记忆,令

$$D=\begin{vmatrix} a_{11} & a_{12} \\ a_{21} & a_{22} \end{vmatrix}=a_{11}a_{22}-a_{12}a_{21},$$

$$D_1=\begin{vmatrix} b_1 & a_{12} \\ b_2 & a_{22} \end{vmatrix}=b_1a_{22}-a_{12}b_2,$$

$$D_2=\begin{vmatrix} a_{11} & b_1 \\ a_{21} & b_2 \end{vmatrix}=a_{11}b_2-b_1a_{21}.$$

于是当行列式$D\neq 0$时,线性方程组(9-1)的唯一解可表示为

$$\begin{cases} x_1=\dfrac{D_1}{D}, \\ x_2=\dfrac{D_2}{D}, \end{cases}$$

其中,D是由方程组(9-1)的未知数系数构成的二阶行列式,称为二元一次方程组的**系数行列式**,D_1是用方程组(9-1)的常数项b_1,b_2依次代替D中的第1列元素所得到的二阶行列式,D_2是用方程组(9-1)的常数项b_1,b_2依次代替D中的第2列元素所得到的二阶行列式.

例2 解二元一次方程组

$$\begin{cases} 2x_1+x_2=3, \\ x_1+3x_2=1. \end{cases}$$

解 因为系数行列式

$$D=\begin{vmatrix}2&1\\1&3\end{vmatrix}=2\times3-1\times1=5\neq0,$$

$$D_1=\begin{vmatrix}3&1\\1&3\end{vmatrix}=3\times3-1\times1=8,$$

$$D_2=\begin{vmatrix}2&3\\1&1\end{vmatrix}=2\times1-3\times1=-1,$$

所以方程组的解为

$$x_1=\frac{D_1}{D}=\frac{8}{5},\quad x_2=\frac{D_2}{D}=-\frac{1}{5}.$$

9.1.2 三阶行列式

同样为了表示三元一次方程组

$$\begin{cases}a_{11}x_1+a_{12}x_2+a_{13}x_3=b_1,\\a_{21}x_1+a_{22}x_2+a_{23}x_3=b_2,\\a_{31}x_1+a_{32}x_2+a_{33}x_3=b_3\end{cases}\tag{9-2}$$

的解,引进记号:

$$\begin{vmatrix}a_{11}&a_{12}&a_{13}\\a_{21}&a_{22}&a_{23}\\a_{31}&a_{32}&a_{33}\end{vmatrix}=a_{11}a_{22}a_{33}+a_{12}a_{23}a_{31}+a_{13}a_{21}a_{32}-a_{11}a_{23}a_{32}-a_{12}a_{21}a_{33}-a_{13}a_{22}a_{31}.$$

上式左端称为**三阶行列式**,三阶行列式有 3 行 3 列共 9 个元素,其右端称为三阶行列式的展开式,一共是 6 项的代数和.

三阶行列式的展开也有与二阶行列式类似的对角线法则(图 9-1).其中实线连接的元素的乘积带正号,即 $+a_{11}a_{22}a_{33}+a_{12}a_{23}a_{31}+a_{13}a_{21}a_{32}$;虚线连接的元素的乘积带负号,即 $-a_{11}a_{23}a_{32}-a_{12}a_{21}a_{33}-a_{13}a_{22}a_{31}$.

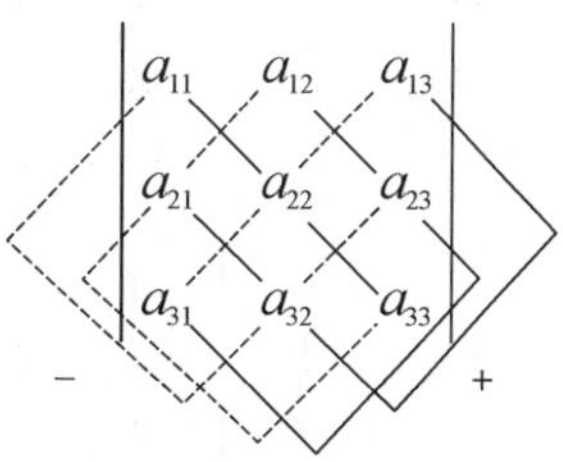

图 9-1

类似二阶行列式,当方程组(9-2)的系数行列式 $D\neq0$ 时,它的解也可以简洁地表示为

$$x_1=\frac{D_1}{D},\quad x_2=\frac{D_2}{D},\quad x_3=\frac{D_3}{D},$$

其中，D_1，D_2，D_3 分别是由方程组(9-2)中的常数项 b_1，b_2，b_3 依次代替系数行列式 D 中 x_1，x_2，x_3 所在列的系数构成的行列式.

例 3 计算三阶行列式

$$D=\begin{vmatrix}2&1&0\\1&4&2\\3&3&1\end{vmatrix}.$$

解 $D=2\times4\times1+1\times3\times0+3\times1\times2-2\times3\times2-1\times1\times1-3\times4\times0$
$=1.$

例 4 解三元一次方程组

$$\begin{cases}2x_1+x_2+\ x_3=4,\\ \ x_1+x_2+\ x_3=3,\\ \ x_1+x_2+2x_3=4.\end{cases}$$

解 因为系数行列式

$$D=\begin{vmatrix}2&1&1\\1&1&1\\1&1&2\end{vmatrix}=2\times1\times2+1\times1\times1+1\times1\times1-2\times1\times1-1\times1\times2-1\times1\times1=1\neq0,$$

$$D_1=\begin{vmatrix}4&1&1\\3&1&1\\4&1&2\end{vmatrix}=4\times1\times2+3\times1\times1+4\times1\times1-4\times1\times1-1\times3\times2-4\times1\times1=1,$$

$$D_2=\begin{vmatrix}2&4&1\\1&3&1\\1&4&2\end{vmatrix}=2\times3\times2+1\times4\times1+1\times1\times4-2\times4\times1-4\times1\times2-1\times3\times1=1,$$

$$D_3=\begin{vmatrix}2&1&4\\1&1&3\\1&1&4\end{vmatrix}=2\times1\times4+1\times1\times4+1\times3\times1-2\times1\times3-1\times1\times4-4\times1\times1=1,$$

所以方程组的解为

$$x_1=\frac{D_1}{D}=1,\quad x_2=\frac{D_2}{D}=1,\quad x_3=\frac{D_3}{D}=1.$$

9.1.3 n 阶行列式

为了定义 n 阶行列式，下面引进 n 级排列及其逆序数的概念：

由 n 个自然数 1，2，3，…，n 组成的每一个全排列都称为一个 **n 级排列**. 例如，1234 和 2341 都是 4 级排列，53241 是 5 级排列，n 级排列总共有 $n!$ 种.

定义 1 在一个 n 级排列中，若一对数的前后位置与大小顺序相反，即排在前面的数大于排在后面的数，则它们称为这个排列的**一个逆序**，一个排列中所有逆序的总数称为这个排列的**逆序数**，记作 $N(i_1 i_2 i_3 \cdots i_n)$.

例如，$N(326541)=9$，$N(12345)=0$，$N(54321)=10$.

逆序数为奇数的排列称为**奇排列**，逆序数为偶数的排列称为**偶排列**.

定理 1 任一 n $(n>1)$ 级排列中，奇、偶排列各占一半.

定义 2 排列中将任意两个数的位置对调而其余的数不动，这种作出新排列的手续称为**对换**. 将相邻两个元素对调，称为**相邻对换**.

定理 2 一个排列中的任意两个元素对换，排列改变奇偶性.

于是可以将三阶行列式写成

$$\begin{vmatrix} a_{11} & a_{12} & a_{13} \\ a_{21} & a_{22} & a_{23} \\ a_{31} & a_{32} & a_{33} \end{vmatrix} = \sum_{j_1 j_2 j_3} (-1)^{N(j_1 j_2 j_3)} a_{1j_1} a_{2j_2} a_{3j_3},$$

其中，$j_1 j_2 j_3$ 是三级排列，$\sum\limits_{j_1 j_2 j_3}$ 表示对 $j_1 j_2 j_3$ 取遍 1，2，3 的一切排列的求和，共 $3!$ 项.

定义 3 由 n^2 个元素 a_{ij} $(i,\ j=1,\ 2,\ \cdots,\ n)$ 排成的 n 行 n 列组成的记号

$$\begin{vmatrix} a_{11} & a_{12} & \cdots & a_{1n} \\ a_{21} & a_{22} & \cdots & a_{2n} \\ \vdots & \vdots & & \vdots \\ a_{n1} & a_{n2} & \cdots & a_{nn} \end{vmatrix},$$

称为 **n 阶行列式**，简称**行列式**，简记作 $D=|a_{ij}|$. 其中，横排称为行，竖排称为列，a_{ij} 为 D 中第 i 行第 j 列的元素 $(i,\ j=1,\ 2,\ \cdots,\ n)$. 它表示所有取自不同的行和不同的列的 n 个元素乘积的代数和，各项的符号是：当这一项中的元素的行标按自然数顺序排列后，若对应的列标构成的排列是偶排列的取正号，是奇排列的取负号. n 阶行列式所表示的代数和中的一般项可以写为

$$(-1)^{N(j_1 j_2 \cdots j_n)} a_{1j_1} a_{2j_2} \cdots a_{nj_n},$$

其中，$j_1 j_2 \cdots j_n$ 是一个 n 级排列，当 $j_1 j_2 \cdots j_n$ 取遍所有 n 级排列时，则得到 n 阶行列式表示的代数和中所有的项，共 $n!$ 项，即

$$\begin{vmatrix} a_{11} & a_{12} & \cdots & a_{1n} \\ a_{21} & a_{22} & \cdots & a_{2n} \\ \vdots & \vdots & & \vdots \\ a_{n1} & a_{n2} & \cdots & a_{nn} \end{vmatrix} = \sum_{j_1 j_2 \cdots j_n} (-1)^{N(j_1 j_2 \cdots j_n)} a_{1j_1} a_{2j_2} \cdots a_{nj_n},$$

其中,等式右端称为 n 阶行列式的展开式, $\sum\limits_{j_1 j_2 \cdots j_n}$ 表示 $j_1 j_2 \cdots j_n$ 取遍所有 n 级排列的求和,共 $n!$ 项,并且带正号和带负号的项各占一半.

当 $n=2$ 时,就是二阶行列式;当 $n=3$ 时,就是三阶行列式;当 $n=1$ 时,规定:$D=|a_{11}|=a_{11}$.

9.1.4 几种特殊的行列式

1. 三角形行列式

主对角线下方元素全为零的行列式称为**上三角形行列式**,即

$$\begin{vmatrix} a_{11} & a_{12} & \cdots & a_{1n} \\ 0 & a_{22} & \cdots & a_{2n} \\ \vdots & \vdots & & \vdots \\ 0 & 0 & \cdots & a_{nn} \end{vmatrix} = a_{11} a_{22} \cdots a_{nn}.$$

次对角线下方元素全为零的行列式称为**反上三角形行列式**,即

$$\begin{vmatrix} a_{11} & a_{12} & \cdots & a_{1n} \\ a_{21} & a_{22} & \cdots & 0 \\ \vdots & \vdots & & \vdots \\ a_{n1} & 0 & \cdots & 0 \end{vmatrix} = (-1)^{\frac{n(n-1)}{2}} a_{1n} a_{2n-1} \cdots a_{n1}.$$

主对角线上方元素全为零的行列式称为**下三角形行列式**,即

$$\begin{vmatrix} a_{11} & 0 & \cdots & 0 \\ a_{21} & a_{22} & \cdots & 0 \\ \vdots & \vdots & & \vdots \\ a_{n1} & a_{n2} & \cdots & a_{nn} \end{vmatrix} = a_{11} a_{22} \cdots a_{nn}.$$

次对角线上方元素全为零的行列式称为**反下三角形行列式**,即

$$\begin{vmatrix} 0 & \cdots & 0 & a_{1n} \\ 0 & \cdots & a_{2n-1} & a_{2n} \\ \vdots & & \vdots & \vdots \\ a_{n1} & \cdots & a_{nn-1} & a_{nn} \end{vmatrix} = (-1)^{\frac{n(n-1)}{2}} a_{1n} a_{2n-1} \cdots a_{n1}.$$

2. 对角形行列式

主对角线上方、下方的元素全为零的行列式称为**对角形行列式**,即

$$\begin{vmatrix} a_{11} & 0 & \cdots & 0 \\ 0 & a_{22} & \cdots & 0 \\ \vdots & \vdots & & \vdots \\ 0 & 0 & \cdots & a_{nn} \end{vmatrix} = a_{11}a_{22}\cdots a_{nn}.$$

次对角线上方、下方的元素全为零的行列式称为**反对角形行列式**,即

$$\begin{vmatrix} 0 & \cdots & 0 & a_{1n} \\ 0 & \cdots & a_{2n-1} & 0 \\ \vdots & & \vdots & \vdots \\ a_{n1} & \cdots & 0 & 0 \end{vmatrix} = (-1)^{\frac{n(n-1)}{2}} a_{1n}a_{2n-1}\cdots a_{n1}.$$

可见,n 阶反上三角形行列式、n 阶反下三角形行列式、n 阶反对角形行列式都等于次对角线上 n 个元素的乘积,前面加上符号 $(-1)^{\frac{n(n-1)}{2}}$.

练习 9.1

1. 用行列式解下列方程组.

(1) $\begin{cases} 3x-7y=9, \\ -2x+5y=7; \end{cases}$　　(2) $\begin{cases} x+3y=5, \\ 2x-y=3; \end{cases}$

(3) $\begin{cases} 3x+2y+z=4, \\ 2x+3y+2z=3, \\ x+2y+3z=6; \end{cases}$　　(4) $\begin{cases} x+z=4, \\ 2x+3y=3, \\ 2y-z=2. \end{cases}$

2. 填空题.

(1) 243516 是一个________级排列,2314 是一个________级排列.

(2) $N(368745291)=$ ________.

3. 计算下列行列式.

(1) $\begin{vmatrix} a & -b \\ b & a \end{vmatrix}$;　　(2) $\begin{vmatrix} a & b & c \\ b & c & a \\ c & a & b \end{vmatrix}$;

(3) $\begin{vmatrix} 0 & 0 & 0 & 1 \\ 0 & 0 & 2 & 0 \\ 0 & 3 & 0 & 0 \\ 4 & 0 & 0 & 0 \end{vmatrix}$;　　(4) $\begin{vmatrix} 1 & x-1 & y \\ y & x & 0 \\ 1 & 0 & x \end{vmatrix}$.

9.2 行列式的性质

利用行列式的定义直接计算 n 阶行列式，当 n 较大时，需要计算 $n!$ 项 n 个元素的乘积，计算量是相当大的，因此有必要研究行列式的性质，以便简化行列式的计算.

9.2.1 转置行列式

把 n 阶行列式

$$D=\begin{vmatrix} a_{11} & a_{12} & \cdots & a_{1n} \\ a_{21} & a_{22} & \cdots & a_{2n} \\ \vdots & \vdots & & \vdots \\ a_{n1} & a_{n2} & \cdots & a_{nn} \end{vmatrix}$$

中的各行与相应的列依次互换后，得到一个新的行列式

$$D^{\mathrm{T}}=\begin{vmatrix} a_{11} & a_{21} & \cdots & a_{n1} \\ a_{12} & a_{22} & \cdots & a_{n2} \\ \vdots & \vdots & & \vdots \\ a_{1n} & a_{2n} & \cdots & a_{nn} \end{vmatrix},$$

称这个新的行列式 D^{T} 为 D 的**转置行列式**. 显然，D 也是 D^{T} 的转置行列式.

9.2.2 行列式的性质

性质 1 行列式 D 与它的转置行列式 D^{T} 相等，即 $D=D^{\mathrm{T}}$.

行列式中行与列所处的地位具有对称性，所以，凡是对行成立的性质，对列也同样成立；反过来，凡是对列成立的性质，对行也同样成立.

性质 2 行列式的任意两行(或列)互换，行列式变号，即

$$\begin{vmatrix} a_{11} & a_{12} & \cdots & a_{1n} \\ \vdots & \vdots & & \vdots \\ a_{i1} & a_{i2} & \cdots & a_{in} \\ \vdots & \vdots & & \vdots \\ a_{j1} & a_{j2} & \cdots & a_{jn} \\ \vdots & \vdots & & \vdots \\ a_{n1} & a_{n2} & \cdots & a_{nn} \end{vmatrix}=-\begin{vmatrix} a_{11} & a_{12} & \cdots & a_{1n} \\ \vdots & \vdots & & \vdots \\ a_{j1} & a_{j2} & \cdots & a_{jn} \\ \vdots & \vdots & & \vdots \\ a_{i1} & a_{i2} & \cdots & a_{in} \\ \vdots & \vdots & & \vdots \\ a_{n1} & a_{n2} & \cdots & a_{nn} \end{vmatrix}.$$

性质 3 行列式一行(或列)的公因子可以提到行列式记号的外面,即

$$\begin{vmatrix} a_{11} & a_{12} & \cdots & a_{1n} \\ \vdots & \vdots & & \vdots \\ ka_{i1} & ka_{i2} & \cdots & ka_{in} \\ \vdots & \vdots & & \vdots \\ a_{n1} & a_{n2} & \cdots & a_{nn} \end{vmatrix} = k \begin{vmatrix} a_{11} & a_{12} & \cdots & a_{1n} \\ \vdots & \vdots & & \vdots \\ a_{i1} & a_{i2} & \cdots & a_{in} \\ \vdots & \vdots & & \vdots \\ a_{n1} & a_{n2} & \cdots & a_{nn} \end{vmatrix}.$$

性质 4 行列式中有一行(或列)的全部元素都是零,行列式的值为零.

由行列式定义可知,行列式展开式中的每一项都是取自不同行和不同列的 n 个元素的乘积,若一个行列式有一行(或一列)中的元素全为零,则每一项都含有零这个因子,故行列式的值为零.

性质 5 行列式中有两行(或列)的对应元素成比例,行列式的值为零,即

$$\begin{array}{r} \\ \\ i\text{ 行} \\ \\ j\text{ 行} \\ \\ \\ \end{array}\begin{vmatrix} a_{11} & a_{12} & \cdots & a_{1n} \\ \vdots & \vdots & & \vdots \\ a_{i1} & a_{i2} & \cdots & a_{in} \\ \vdots & \vdots & & \vdots \\ ka_{i1} & ka_{i2} & \cdots & ka_{in} \\ \vdots & \vdots & & \vdots \\ a_{n1} & a_{n2} & \cdots & a_{nn} \end{vmatrix} = 0.$$

特别地,行列式中有两行(或列)的对应元素相同,行列式的值为零.

性质 6 若将行列式中一行(或列)的每一个元素都写成两数之和,即

$$a_{ij} = b_{ij} + c_{ij} \quad (j = 1, 2, \cdots, n),$$

则此行列式可以写成两个行列式之和,这两个行列式的第 i 行的元素分别是 $b_{i1}, b_{i2}, \cdots, b_{in}$ 和 $c_{i1}, c_{i2}, \cdots, c_{in}$,其他各行(或列)的元素与原行列式相应各行(或列)的元素相同,即

$$\begin{vmatrix} a_{11} & a_{12} & \cdots & a_{1n} \\ \vdots & \vdots & & \cdots \\ b_{i1}+c_{i1} & b_{i2}+c_{i2} & \cdots & b_{in}+c_{in} \\ \vdots & \vdots & & \vdots \\ a_{n1} & a_{n2} & \cdots & a_{nn} \end{vmatrix} = \begin{vmatrix} a_{11} & a_{12} & \cdots & a_{1n} \\ \vdots & \vdots & & \vdots \\ b_{i1} & b_{i2} & \cdots & b_{in} \\ \vdots & \vdots & & \vdots \\ a_{n1} & a_{n2} & \cdots & a_{nn} \end{vmatrix} + \begin{vmatrix} a_{11} & a_{12} & \cdots & a_{1n} \\ \vdots & \vdots & & \vdots \\ c_{i1} & c_{i2} & \cdots & c_{in} \\ \vdots & \vdots & & \vdots \\ a_{n1} & a_{n2} & \cdots & a_{nn} \end{vmatrix}.$$

性质 7 行列式中某一行(或列)的倍数加到另一行(或列)对应的元素上去,行列式的值不变,即

$$\begin{vmatrix} a_{11} & a_{12} & \cdots & a_{1n} \\ \vdots & \vdots & & \vdots \\ a_{i1} & a_{i2} & \cdots & a_{in} \\ \vdots & \vdots & & \vdots \\ a_{j1}+ka_{i1} & a_{j2}+ka_{i2} & \cdots & a_{jn}+ka_{in} \\ \vdots & \vdots & & \vdots \\ a_{n1} & a_{n2} & \cdots & a_{nn} \end{vmatrix} = \begin{vmatrix} a_{11} & a_{12} & \cdots & a_{1n} \\ \vdots & \vdots & & \vdots \\ a_{i1} & a_{i2} & \cdots & a_{in} \\ \vdots & \vdots & & \vdots \\ a_{j1} & a_{j2} & \cdots & a_{jn} \\ \vdots & \vdots & & \vdots \\ a_{n1} & a_{n2} & \cdots & a_{nn} \end{vmatrix}.$$

例 1 用行列式的性质计算下列行列式.

(1) $\begin{vmatrix} 3 & 1 & 1 \\ 297 & 101 & 99 \\ 5 & -3 & 2 \end{vmatrix}$； (2) $\begin{vmatrix} 3 & 1 & 1 & 1 \\ 1 & 3 & 1 & 1 \\ 1 & 1 & 3 & 1 \\ 1 & 1 & 1 & 3 \end{vmatrix}$； (3) $\begin{vmatrix} 1 & 2 & 0 & 1 \\ 1 & 3 & 5 & 0 \\ 0 & 1 & 5 & 6 \\ 1 & 2 & 3 & 4 \end{vmatrix}$.

解 (1) 该行列式中第2行元素较大,可以考虑将第2行元素改写为 $300-3$, $100+1$, $100-1$ 的形式,再利用性质5和性质6,得

$$\begin{aligned} \begin{vmatrix} 3 & 1 & 1 \\ 297 & 101 & 99 \\ 5 & -3 & 2 \end{vmatrix} &= \begin{vmatrix} 3 & 1 & 1 \\ 300-3 & 100+1 & 100-1 \\ 5 & -3 & 2 \end{vmatrix} \\ &= \begin{vmatrix} 3 & 1 & 1 \\ 300 & 100 & 100 \\ 5 & -3 & 2 \end{vmatrix} + \begin{vmatrix} 3 & 1 & 1 \\ -3 & 1 & -1 \\ 5 & -3 & 2 \end{vmatrix} \\ &= 0 + \begin{vmatrix} 3 & 1 & 1 \\ -3 & 1 & -1 \\ 5 & -3 & 2 \end{vmatrix} \xlongequal{r_2+r_1\times 1} \begin{vmatrix} 3 & 1 & 1 \\ 0 & 2 & 0 \\ 5 & -3 & 2 \end{vmatrix} \\ &= 2\times(3\times 2-5\times 1)=2. \end{aligned}$$

(2) 此行列式各行(列)的元素之和都是6,因此,将第2,3,4列都分别乘以1加到第1列,得

$$\begin{aligned} \begin{vmatrix} 3 & 1 & 1 & 1 \\ 1 & 3 & 1 & 1 \\ 1 & 1 & 3 & 1 \\ 1 & 1 & 1 & 3 \end{vmatrix} &= \begin{vmatrix} 6 & 1 & 1 & 1 \\ 6 & 3 & 1 & 1 \\ 6 & 1 & 3 & 1 \\ 6 & 1 & 1 & 3 \end{vmatrix} = 6\begin{vmatrix} 1 & 1 & 1 & 1 \\ 1 & 3 & 1 & 1 \\ 1 & 1 & 3 & 1 \\ 1 & 1 & 1 & 3 \end{vmatrix} \\ &\xlongequal[r_4+r_1\times(-1)]{\substack{r_2+r_1\times(-1)\\ r_3+r_1\times(-1)}} 6\begin{vmatrix} 1 & 1 & 1 & 1 \\ 0 & 2 & 0 & 0 \\ 0 & 0 & 2 & 0 \\ 0 & 0 & 0 & 2 \end{vmatrix} = 6\times 2^3 = 48. \end{aligned}$$

(3) 行列式第1列的第一个元素不为零，将第1行乘以适当倍数加到其余各行，使第1列除第一个元素外均为零，即

$$\begin{vmatrix} 1 & 2 & 0 & 1 \\ 1 & 3 & 5 & 0 \\ 0 & 1 & 5 & 6 \\ 1 & 2 & 3 & 4 \end{vmatrix} \xlongequal[]{\substack{r_2+r_1\times(-1)\\ r_4+r_1\times(-1)}} \begin{vmatrix} 1 & 2 & 0 & 1 \\ 0 & 1 & 5 & -1 \\ 0 & 1 & 5 & 6 \\ 0 & 0 & 3 & 3 \end{vmatrix} \xlongequal{r_3+r_2\times(-1)} \begin{vmatrix} 1 & 2 & 0 & 1 \\ 0 & 1 & 5 & -1 \\ 0 & 0 & 0 & 7 \\ 0 & 0 & 3 & 3 \end{vmatrix}$$

$$\xlongequal{r_3\leftrightarrow r_4} -\begin{vmatrix} 1 & 2 & 0 & 1 \\ 0 & 1 & 5 & -1 \\ 0 & 0 & 3 & 3 \\ 0 & 0 & 0 & 7 \end{vmatrix} = -1\times1\times3\times7=-21.$$

说明 用记号"$r_i(c_i)\times k$"表示将第 i 行(列)乘以 k；"$r_i(c_i)\leftrightarrow r_j(c_j)$"表示将第 i 行(列)与第 j 行(列)互换；"$r_j(c_j)+r_i(c_i)\times k$"表示将第 i 行(列)乘以 k 后加到第 j 行(列)上，并把对行的运算写在等号上方，对列的运算写在等号下方. 熟练后，此记号注明算法可省略.

例2 用行列式的性质证明：

$$\begin{vmatrix} 0 & a & b \\ -a & 0 & c \\ -b & -c & 0 \end{vmatrix}=0.$$

证明 将行列式转置，得

$$\begin{vmatrix} 0 & a & b \\ -a & 0 & c \\ -b & -c & 0 \end{vmatrix} = \begin{vmatrix} 0 & -a & -b \\ a & 0 & -c \\ b & c & 0 \end{vmatrix} \xlongequal{\text{各行均提出}(-1)} (-1)^3 \begin{vmatrix} 0 & a & b \\ -a & 0 & c \\ -b & -c & 0 \end{vmatrix}$$

$$= -\begin{vmatrix} 0 & a & b \\ -a & 0 & c \\ -b & -c & 0 \end{vmatrix},$$

故

$$\begin{vmatrix} 0 & a & b \\ -a & 0 & c \\ -b & -c & 0 \end{vmatrix}=0.$$

此行列式称为**反对称行列式**.

例3 计算 n 阶行列式

$$D=\begin{vmatrix} 0 & 1 & 1 & \cdots & 1 \\ 1 & 0 & 1 & \cdots & 1 \\ 1 & 1 & 0 & \cdots & 1 \\ \vdots & \vdots & \vdots & & \vdots \\ 1 & 1 & 1 & \cdots & 0 \end{vmatrix}.$$

解 将第2行至第 n 行加到第1行,得

$$D=\begin{vmatrix} n-1 & n-1 & n-1 & \cdots & n-1 \\ 1 & 0 & 1 & \cdots & 1 \\ 1 & 1 & 0 & \cdots & 1 \\ \vdots & \vdots & \vdots & & \vdots \\ 1 & 1 & 1 & \cdots & 0 \end{vmatrix}=(n-1)\begin{vmatrix} 1 & 1 & 1 & \cdots & 1 \\ 1 & 0 & 1 & \cdots & 1 \\ 1 & 1 & 0 & \cdots & 1 \\ \vdots & \vdots & \vdots & & \vdots \\ 1 & 1 & 1 & \cdots & 0 \end{vmatrix}$$

$$\xlongequal{\text{将第 1 行乘以}(-1)\text{加到其余各行}}(n-1)\begin{vmatrix} 1 & 1 & 1 & \cdots & 1 \\ 0 & -1 & 0 & \cdots & 0 \\ 0 & 0 & -1 & \cdots & 0 \\ \vdots & \vdots & \vdots & & \vdots \\ 0 & 0 & 0 & \cdots & -1 \end{vmatrix}$$

$$=(-1)^{n-1}(n-1).$$

练习 9.2

1. 计算下列行列式.

(1) $\begin{vmatrix} 1 & 2 & 3 \\ 4 & 0 & 5 \\ -1 & 0 & 6 \end{vmatrix}$; (2) $\begin{vmatrix} 2 & 1 & 3 \\ 49 & 26 & 77 \\ -1 & 1 & 2 \end{vmatrix}$; (3) $\begin{vmatrix} 1 & -2 & 1 \\ 2 & 1 & -3 \\ -1 & 1 & -1 \end{vmatrix}$.

2. 计算下列行列式.

(1) $\begin{vmatrix} 2 & 1 & 0 & 2 \\ 0 & 1 & 1 & 1 \\ 1 & 1 & 1 & 0 \\ 2 & 0 & 1 & 2 \end{vmatrix}$; (2) $\begin{vmatrix} 1 & 1 & 1 & 3 \\ 1 & 1 & 3 & 1 \\ 1 & 3 & 1 & 1 \\ 3 & 1 & 1 & 1 \end{vmatrix}$.

3. 计算 $D=\begin{vmatrix} 1 & \omega & \omega^2 \\ \omega^2 & 1 & \omega \\ \omega & \omega^2 & 1 \end{vmatrix}$,其中 $\omega=-\dfrac{1}{2}+\dfrac{\sqrt{3}}{2}\mathrm{i}$.

9.3 n 阶行列式按行(列)展开

由于低阶行列式的计算比高阶行列式的计算要简便,为了解决用低阶行列式来表示高阶行列式的计算问题,引进余子式和代数余子式的概念.

定义 在 n 阶行列式 $D=|a_{ij}|$ 中,划去元素 a_{ij} 所在的第 i 行和第 j 列后,余下的元素按照原来的顺序排成的 $(n-1)$ 阶行列式,称为元素 a_{ij} 的**余子式**,记作 M_{ij}. 在元素 a_{ij} 的余子式前面添加符号 $(-1)^{i+j}$ 后,称为元素 a_{ij} 的**代数余子式**,记作 A_{ij},即 $A_{ij}=(-1)^{i+j}M_{ij}$.

例1　写出四阶行列式

$$D=\begin{vmatrix}1&3&2&-1\\2&1&2&5\\0&2&1&7\\3&-1&-2&1\end{vmatrix}$$

中元素 a_{23}，a_{34} 的余子式和代数余子式.

解　元素 a_{23} 的余子式和代数余子式分别为

$$M_{23}=\begin{vmatrix}1&3&-1\\0&2&7\\3&-1&1\end{vmatrix},\quad A_{23}=(-1)^{2+3}M_{23}=-\begin{vmatrix}1&3&-1\\0&2&7\\3&-1&1\end{vmatrix}.$$

元素 a_{34} 的余子式和代数余子式分别为

$$M_{34}=\begin{vmatrix}1&3&2\\2&1&2\\3&-1&-2\end{vmatrix},\quad A_{34}=(-1)^{3+4}M_{34}=-\begin{vmatrix}1&3&2\\2&1&2\\3&-1&-2\end{vmatrix}.$$

显见，三阶行列式和它的元素的代数余子式有如下关系：

$$\begin{aligned}\begin{vmatrix}a_{11}&a_{12}&a_{13}\\a_{21}&a_{22}&a_{23}\\a_{31}&a_{32}&a_{33}\end{vmatrix}&=a_{11}a_{22}a_{33}-a_{11}a_{23}a_{32}-a_{12}a_{21}a_{33}+a_{12}a_{23}a_{31}+a_{13}a_{21}a_{32}\\&\quad-a_{13}a_{22}a_{31}\\&=a_{11}(a_{22}a_{33}-a_{23}a_{32})-a_{12}(a_{21}a_{33}-a_{23}a_{31})+a_{13}(a_{21}a_{32}-a_{22}a_{31})\\&=a_{11}(-1)^{1+1}\begin{vmatrix}a_{22}&a_{23}\\a_{32}&a_{33}\end{vmatrix}+a_{12}(-1)^{1+2}\begin{vmatrix}a_{21}&a_{23}\\a_{31}&a_{33}\end{vmatrix}+a_{13}(-1)^{1+3}\begin{vmatrix}a_{21}&a_{22}\\a_{31}&a_{32}\end{vmatrix}\\&=a_{11}A_{11}+a_{12}A_{12}+a_{13}A_{13}=\sum_{j=1}^{3}a_{1j}A_{1j}.\end{aligned}$$

事实上，行列式 D 等于它的任意一行或列中所有元素与它们各自的代数余子式乘积之和，即

$$D=\sum_{k=1}^{n}a_{ik}A_{ik}\quad 或\quad D=\sum_{k=1}^{n}a_{kj}A_{kj},$$

其中，i，$j=1$，2，…，n，换句话说，可以将行列式按某一行（或列）展开.

在行列式 D 中，任意一行（或列）的元素与另一行（或列）对应元素的代数余子式乘积之和等于零，即当 $i\neq j$ 时，有

$$\sum_{k=1}^{n}a_{ik}A_{jk}=0\quad 或\quad \sum_{k=1}^{n}a_{ki}A_{kj}=0,$$

其中, $i, j=1, 2, \cdots, n$. 于是有下面的定理.

定理(代数余子式组合定理) 设 n 阶行列式中元素 a_{ij} 的代数余子式为 A_{ij}, 则

$$\sum_{k=1}^{n} a_{ik}A_{jk}=\begin{cases}D, & 当 i=j,\\ 0, & 当 i\neq j\end{cases} \quad 或 \quad \sum_{k=1}^{n} a_{ki}A_{kj}=\begin{cases}D, & 当 i=j,\\ 0, & 当 i\neq j,\end{cases}$$

其中, $i, j=1, 2, \cdots, n$.

例 2 计算下列行列式.

(1) $D=\begin{vmatrix} 2 & 1 & 3\\ -1 & 3 & 0\\ 1 & 2 & 1\end{vmatrix}$; (2) $D=\begin{vmatrix} 1 & 2 & 0 & 3\\ 0 & 0 & 0 & 2\\ 2 & -1 & 0 & 1\\ 1 & 2 & 2 & -1\end{vmatrix}$;

(3) $D=\begin{vmatrix} 3 & -1 & 0 & 2\\ 2 & 0 & 1 & 3\\ 0 & 1 & 0 & 2\\ 1 & 2 & 0 & -1\end{vmatrix}$.

解 (1) 因为

$$A_{11}=(-1)^{1+1}\begin{vmatrix} 3 & 0\\ 2 & 1\end{vmatrix}=3, \quad A_{12}=(-1)^{1+2}\begin{vmatrix} -1 & 0\\ 1 & 1\end{vmatrix}=1,$$

$$A_{13}=(-1)^{1+3}\begin{vmatrix} -1 & 3\\ 1 & 2\end{vmatrix}=-5,$$

所以

$$D=\begin{vmatrix} 2 & 1 & 3\\ -1 & 3 & 0\\ 1 & 2 & 1\end{vmatrix}=a_{11}A_{11}+a_{12}A_{12}+a_{13}A_{13}$$

$$=2\times 3+1\times 1+3\times(-5)=-8.$$

(2) 因为行列式中第 2 行和第 3 列都只有一个非零元素,其余元素均为零,所以选择按第 2 行或第 3 列展开计算较简单. 现将行列式按第 2 行展开,得

$$D=a_{21}A_{21}+a_{22}A_{22}+a_{23}A_{23}+a_{24}A_{24}.$$

又 $a_{21}=a_{22}=a_{23}=0$, $a_{24}=2$, 所以

$$D=a_{24}A_{24}=2\times(-1)^{2+4}\begin{vmatrix} 1 & 2 & 0\\ 2 & -1 & 0\\ 1 & 2 & 2\end{vmatrix}\xlongequal{按第3列展开}2\times 2\times(-1)^{3+3}\begin{vmatrix} 1 & 2\\ 2 & -1\end{vmatrix}$$

$$=4\times(-5)=-20.$$

(3) 因为第 3 列只有一个非零元素,故将 D 按第 3 列展开,得

$$D=a_{23}A_{23}=1\times(-1)^{2+3}\begin{vmatrix}3&-1&2\\0&1&2\\1&2&-1\end{vmatrix}\xlongequal{r_1\leftrightarrow r_3}\begin{vmatrix}1&2&-1\\0&1&2\\3&-1&2\end{vmatrix}$$

$$\xlongequal{r_1+r_3\times(-3)}\begin{vmatrix}1&2&-1\\0&1&2\\0&-7&5\end{vmatrix}\xlongequal{\text{按第 1 列展开}}\begin{vmatrix}1&2\\-7&5\end{vmatrix}=5+14=19.$$

例 3 证明:

$$\begin{vmatrix}1&1&1\\x_1&x_2&x_3\\x_1^2&x_2^2&x_3^2\end{vmatrix}=(x_2-x_1)(x_3-x_1)(x_3-x_2).$$

证明 将行列式左边第 3 行减去第 2 行的 x_1 倍,第 2 行减去第 1 行的 x_1 倍,得

$$\text{左边}=\begin{vmatrix}1&1&1\\0&x_2-x_1&x_3-x_1\\0&x_2(x_2-x_1)&x_3(x_3-x_1)\end{vmatrix},$$

再按第 1 列展开,并提出各列的公因子,得

$$\text{左边}=\begin{vmatrix}x_2-x_1&x_3-x_1\\x_2(x_2-x_1)&x_3(x_3-x_1)\end{vmatrix}=(x_2-x_1)(x_3-x_1)\begin{vmatrix}1&1\\x_2&x_3\end{vmatrix}$$
$$=(x_2-x_1)(x_3-x_1)(x_3-x_2).$$

例 3 中的各列成等比数列,此称为**三阶范德蒙**(Vandermonde)**行列式**.

练习 9.3

1. 按行(或列)展开计算下列行列式.

(1) $\begin{vmatrix}1&0&1\\2&1&1\\3&2&1\end{vmatrix}$; (2) $\begin{vmatrix}1&2&0&4\\1&4&2&1\\1&1&0&2\\1&4&0&2\end{vmatrix}$.

2. 计算下列行列式.

(1) $\begin{vmatrix}0&1&1&-1\\1&0&-1&1\\1&-1&0&1\\-1&1&1&0\end{vmatrix}$; (2) $\begin{vmatrix}1&a&a^2&a^3\\1&b&b^2&b^3\\1&c&c^2&c^3\\1&d&d^2&d^3\end{vmatrix}$.

3. 证明：

$$\begin{vmatrix} 0 & a & b & a \\ a & 0 & a & b \\ b & a & 0 & a \\ a & b & a & 0 \end{vmatrix} = b^2(b^2-4a^2).$$

9.4 行列式的计算

9.4.1 化为上(下)三角形法

化三角形法是根据行列式的特点，利用行列式的性质，把行列式逐步转化为等值的上(或下)三角形行列式，这时行列式的值就等于主对角线上元素的乘积.

把行列式化为上三角形行列式的一般步骤如下：

(1) 若 $a_{11}\neq 0$，则第1行分别乘以 $-\dfrac{a_{21}}{a_{11}}, -\dfrac{a_{31}}{a_{11}}, \cdots, -\dfrac{a_{n1}}{a_{11}}$ 加到第2，3，…，n 行对应元素上，把第1列 a_{11} 以下的元素全部化为零. 但应注意尽量避免将元素化为分数，否则会给后面的计算增加困难. 若 $a_{11}=0$，则通过行(或列)变换使 $a_{11}\neq 0$.

(2) 依次类似，把主对角线 $a_{22}, a_{33}, \cdots, a_{n-1,n-1}$ 以下的元素全部化为零，即可得上三角形行列式. 由于下三角形行列式通过转置可以化为上三角形行列式，故仅就上三角形略举两例.

例1 计算行列式

$$D=\begin{vmatrix} 0 & 1 & 1 & 3 \\ 2 & -1 & 1 & 0 \\ 1 & 1 & 2 & 3 \\ 3 & 0 & 1 & 2 \end{vmatrix}.$$

解 利用行列式的性质，将 D 化为上三角形行列式，再求值.

$$D=\begin{vmatrix} 0 & 1 & 1 & 3 \\ 2 & -1 & 1 & 0 \\ 1 & 1 & 2 & 3 \\ 3 & 0 & 1 & 2 \end{vmatrix} \xlongequal{r_1\leftrightarrow r_3} -\begin{vmatrix} 1 & 1 & 2 & 3 \\ 2 & -1 & 1 & 0 \\ 0 & 1 & 1 & 3 \\ 3 & 0 & 1 & 2 \end{vmatrix}$$

$$\xlongequal[r_4+r_1\times(-3)]{r_2+r_1\times(-2)} -\begin{vmatrix} 1 & 1 & 2 & 3 \\ 0 & -3 & -3 & -6 \\ 0 & 1 & 1 & 3 \\ 0 & -3 & -5 & -7 \end{vmatrix}$$

$$\xlongequal[r_3 \leftrightarrow r_4]{r_2 \leftrightarrow r_3} -\begin{vmatrix} 1 & 1 & 2 & 3 \\ 0 & 1 & 1 & 3 \\ 0 & -3 & -5 & -7 \\ 0 & -3 & -3 & -6 \end{vmatrix} \xlongequal[r_4 + r_2 \times 3]{r_3 + r_2 \times 3} -\begin{vmatrix} 1 & 1 & 2 & 3 \\ 0 & 1 & 1 & 3 \\ 0 & 0 & -2 & 2 \\ 0 & 0 & 0 & 3 \end{vmatrix}$$

$$= -1 \times 1 \times (-2) \times 3 = 6.$$

例 2　计算行列式

$$D = \begin{vmatrix} x & a & a & a \\ a & x & a & a \\ a & a & x & a \\ a & a & a & x \end{vmatrix}.$$

解　先将第 2,3,4 行加到第 1 行,第 1 行提出公因式后元素全变为 1,再将第 1 行乘以 $-a$ 后分别加到其余各行,化为上三角形行列式,得

$$D = \begin{vmatrix} x & a & a & a \\ a & x & a & a \\ a & a & x & a \\ a & a & a & x \end{vmatrix} = \begin{vmatrix} x+3a & x+3a & x+3a & x+3a \\ a & x & a & a \\ a & a & x & a \\ a & a & a & x \end{vmatrix}$$

$$= (x+3a)\begin{vmatrix} 1 & 1 & 1 & 1 \\ a & x & a & a \\ a & a & x & a \\ a & a & a & x \end{vmatrix} \xlongequal{\substack{r_2 + r_1 \times (-a) \\ r_3 + r_1 \times (-a) \\ r_4 + r_1 \times (-a)}} (x+3a)\begin{vmatrix} 1 & 1 & 1 & 1 \\ 0 & x-a & 0 & 0 \\ 0 & 0 & x-a & 0 \\ 0 & 0 & 0 & x-a \end{vmatrix}$$

$$= (x+3a)(x-a)^3.$$

9.4.2　降阶法

利用行列式的性质先把某一行(或列)的元素化为仅有一个非零元素,然后再按这一行(或列)展开的方法,称为**降阶法**.

例 3　计算行列式

$$D = \begin{vmatrix} 2 & 3 & -1 & 0 & 2 \\ 1 & 3 & 2 & 1 & -1 \\ 0 & -2 & 3 & 0 & 1 \\ 0 & -3 & -1 & 0 & 2 \\ 0 & 2 & 3 & 0 & 1 \end{vmatrix}.$$

解　显见,第 4 列只有一个非零元素,所以按第 4 列展开,化为四阶行列式,得

$$D=\begin{vmatrix}2&3&-1&0&2\\1&3&2&1&-1\\0&-2&3&0&1\\0&-3&-1&0&2\\0&2&3&0&1\end{vmatrix}=1\times(-1)^{2+4}\begin{vmatrix}2&3&-1&2\\0&-2&3&1\\0&-3&-1&2\\0&2&3&1\end{vmatrix}$$

$$\xlongequal{\text{按第 1 列展开}}2\times(-1)^{1+1}\begin{vmatrix}-2&3&1\\-3&-1&2\\2&3&1\end{vmatrix}\xlongequal{r_1+r_3\times(-1)}2\begin{vmatrix}-4&0&0\\-3&-1&2\\2&3&1\end{vmatrix}$$

$$\xlongequal{\text{按第 1 行展开}}2\times(-4)\times(-1)^{1+1}\begin{vmatrix}-1&2\\3&1\end{vmatrix}$$

$$=-8\times(-1-6)=56.$$

例 4 证明：

$$\begin{vmatrix}a_{11}&a_{12}&c_{11}&c_{12}\\a_{21}&a_{22}&c_{21}&c_{22}\\0&0&b_{11}&b_{12}\\0&0&b_{21}&b_{22}\end{vmatrix}=\begin{vmatrix}a_{11}&a_{12}\\a_{21}&a_{22}\end{vmatrix}\begin{vmatrix}b_{11}&b_{12}\\b_{21}&b_{22}\end{vmatrix}.$$

证明 左边$\xlongequal{\text{按第 1 列展开}}a_{11}\begin{vmatrix}a_{22}&c_{21}&c_{22}\\0&b_{11}&b_{12}\\0&b_{21}&b_{22}\end{vmatrix}-a_{21}\begin{vmatrix}a_{12}&c_{11}&c_{12}\\0&b_{11}&b_{12}\\0&b_{21}&b_{22}\end{vmatrix}$

$$\xlongequal{\text{再按第 1 列展开}}a_{11}a_{22}\begin{vmatrix}b_{11}&b_{12}\\b_{21}&b_{22}\end{vmatrix}-a_{21}a_{12}\begin{vmatrix}b_{11}&b_{12}\\b_{21}&b_{22}\end{vmatrix}$$

$$=(a_{11}a_{22}-a_{21}a_{12})\begin{vmatrix}b_{11}&b_{12}\\b_{21}&b_{22}\end{vmatrix}=\begin{vmatrix}a_{11}&a_{12}\\a_{21}&a_{22}\end{vmatrix}\begin{vmatrix}b_{11}&b_{12}\\b_{21}&b_{22}\end{vmatrix}.$$

在行列式的计算中，还有“加边法”“拆项法”“数学归纳法”和“递推法”等都是比较实用的技巧，在这里就不一一叙述了，下面仅就加边法举出一例.

例 5 用加边法计算行列式

$$D=\begin{vmatrix}1+x_1&x_2&x_3&x_4\\x_1&1+x_2&x_3&x_4\\x_1&x_2&1+x_3&x_4\\x_1&x_2&x_3&1+x_4\end{vmatrix}.$$

解 将 D 通过加边变为五阶行列式后，将第 1 行乘以(-1)后加到其余各行，得

$$D=\begin{vmatrix}1+x_1 & x_2 & x_3 & x_4\\ x_1 & 1+x_2 & x_3 & x_4\\ x_1 & x_2 & 1+x_3 & x_4\\ x_1 & x_2 & x_3 & 1+x_4\end{vmatrix}$$

$$=\begin{vmatrix}1 & x_1 & x_2 & x_3 & x_4\\ 0 & 1+x_1 & x_2 & x_3 & x_4\\ 0 & x_1 & 1+x_2 & x_3 & x_4\\ 0 & x_1 & x_2 & 1+x_3 & x_4\\ 0 & x_1 & x_2 & x_3 & 1+x_4\end{vmatrix}$$

$$=\begin{vmatrix}1 & x_1 & x_2 & x_3 & x_4\\ -1 & 1 & 0 & 0 & 0\\ -1 & 0 & 1 & 0 & 0\\ -1 & 0 & 0 & 1 & 0\\ -1 & 0 & 0 & 0 & 1\end{vmatrix}.$$

再将第 2,3,4,5 列加到第 1 列,得

$$D=\begin{vmatrix}1+\sum_{i=1}^{4}x_i & x_1 & x_2 & x_3 & x_4\\ 0 & 1 & 0 & 0 & 0\\ 0 & 0 & 1 & 0 & 0\\ 0 & 0 & 0 & 1 & 0\\ 0 & 0 & 0 & 0 & 1\end{vmatrix}=1+\sum_{i=1}^{4}x_i.$$

练习 9.4

1. 用化三角形法计算下列行列式.

(1) $\begin{vmatrix}1 & 0 & 3 & 2\\ 0 & 2 & 1 & 3\\ 3 & 1 & 2 & 1\\ 2 & 3 & 1 & 3\end{vmatrix}$;

(2) $\begin{vmatrix}1 & 1 & 1 & 1\\ -1 & 1 & 1 & 1\\ -1 & -1 & 1 & 1\\ -1 & -1 & -1 & 1\end{vmatrix}$;

(3) $\begin{vmatrix}1 & 3 & 2 & 0 & 0\\ 4 & -1 & 1 & 0 & 0\\ 2 & 4 & 1 & 0 & 0\\ 7 & 2 & -3 & 2 & 5\\ 5 & 8 & 4 & 1 & 3\end{vmatrix}$.

2*. 计算下列行列式.

(1) $\begin{vmatrix} x & a & a & a \\ -a & x & a & a \\ -a & -a & x & a \\ -a & -a & -a & x \end{vmatrix}$;　　(2) $\begin{vmatrix} 1+x & 1 & 1 & 1 \\ 1 & 1-x & 1 & 1 \\ 1 & 1 & 1+y & 1 \\ 1 & 1 & 1 & 1-y \end{vmatrix}$.

9.5 克拉默法则

前面由二元和三元线性方程组引出了二阶和三阶行列式,并根据二阶和三阶行列式的规律定义了 n 阶行列式,得到了一系列行列式的性质和计算方法. 下面介绍应用 n 阶行列式的理论解 n 元线性方程组的方法——**克拉默**(G. Cramer)**法则**.

含有 n 个方程的 n 元线性方程组的一般形式为

$$\begin{cases} a_{11}x_1 + a_{12}x_2 + \cdots + a_{1n}x_n = b_1, \\ a_{21}x_1 + a_{22}x_2 + \cdots + a_{2n}x_n = b_2, \\ \qquad\qquad\qquad\vdots \\ a_{n1}x_1 + a_{n2}x_2 + \cdots + a_{nn}x_n = b_n. \end{cases} \tag{9-3}$$

记线性方程组(9-3)的系数行列式为 D,用方程组(9-3)的常数项(自由项) b_i $(i=1, 2, \cdots, n)$ 代换系数行列式 D 的第 j 列元素 a_{ij} $(i=1,2, \cdots, n)$ 所得到的行列式记作 D_j,则

$$D = \begin{vmatrix} a_{11} & a_{12} & \cdots & a_{1n} \\ a_{21} & a_{22} & \cdots & a_{2n} \\ \vdots & \vdots & & \vdots \\ a_{n1} & a_{n2} & \cdots & a_{nn} \end{vmatrix}, \quad D_j = \begin{vmatrix} a_{11} & \cdots & a_{1,j-1} & b_1 & a_{1,j+1} & \cdots & a_{1n} \\ a_{21} & \cdots & a_{2,j-1} & b_2 & a_{2,j+1} & \cdots & a_{2n} \\ \vdots & & \vdots & \vdots & \vdots & & \vdots \\ a_{n1} & \cdots & a_{n,j-1} & b_n & a_{n,j+1} & \cdots & a_{nn} \end{vmatrix}.$$

（第 j 列）

用 D 中第 j 列元素的代数余子式 A_{1j}, A_{2j}, $\cdots$, A_{nj} 依次乘方程组(9-3)的 n 个方程,再把它们相加,得

$$\left(\sum_{k=1}^{n} a_{k1}A_{kj}\right)x_1 + \cdots + \left(\sum_{k=1}^{n} a_{kj}A_{kj}\right)x_j + \cdots + \left(\sum_{k=1}^{n} a_{kn}A_{kj}\right)x_n = \sum_{k=1}^{n} b_k A_{kj}.$$

根据代数余子式组合定理可知,上面等式中左边 x_j 的系数等于 D,而其余 $x_i(i \neq j)$ 的系数均为 0,而等式右边即是 D_j,于是

$$Dx_j = D_j \quad (j=1, 2, \cdots, n).$$

当 $D \neq 0$ 时,方程组(9-3)有唯一解

$$x_j = \frac{D_j}{D} \quad (j=1,\ 2,\ \cdots,\ n). \tag{9-4}$$

反过来，将解(9-4)代入方程组(9-3)，容易验证

$$\sum_{j=1}^{n} a_{ij} \frac{D_j}{D} = b_i \quad (i=1,\ 2,\ \cdots,\ n).$$

即式(9-4)是方程组(9-3)的解.

定理(克拉默法则) 若线性方程组(9-3)的系数行列式 $D \neq 0$，则方程组(9-3)有唯一解

$$x_j = \frac{D_j}{D} \quad (j=1,\ 2,\ \cdots,\ n).$$

若线性方程组(9-3)的常数项全为零时，即

$$\begin{cases} a_{11}x_1 + a_{12}x_2 + \cdots + a_{1n}x_n = 0, \\ a_{21}x_1 + a_{22}x_2 + \cdots + a_{2n}x_n = 0, \\ \qquad\qquad\qquad\qquad \vdots \\ a_{n1}x_1 + a_{n2}x_2 + \cdots + a_{nn}x_n = 0. \end{cases} \tag{9-5}$$

称线性方程组(9-5)为齐次线性方程组. 这时行列式 D_j 的第 j 列元素全为零，有 $D_j = 0\ (j=1,\ 2,\ \cdots,\ n)$. 若当方程组(9-5)的系数行列式 $D \neq 0$ 时，由克拉默法则可知有唯一解

$$x_j = 0 \quad (j=1,\ 2,\ \cdots,\ n).$$

全由零构成的解称为**零解(或平凡解)**，称 $x_j (j=1,\ 2,\ \cdots,\ n)$ 不全为零的解为**非零解(或非平凡解)**.

由克拉默法则，容易得到下面的推论.

推论 1 若齐次线性方程组(9-5)的系数行列式 $D \neq 0$，则方程组只有零解.

推论 2 若齐次线性方程组(9-5)有非零解，则其必要条件是系数行列式 $D = 0$.

例 1 解线性方程组

$$\begin{cases} x_1 + 2x_2 - 3x_3 + x_4 = 1, \\ -x_1 \qquad\quad - x_3 + x_4 = -2, \\ 3x_1 - x_2 \qquad\quad + 2x_4 = -1, \\ x_1 + x_2 - 2x_3 + x_4 = 0. \end{cases}$$

解 $D=\begin{vmatrix}1&2&-3&1\\-1&0&-1&1\\3&-1&0&2\\1&1&-2&1\end{vmatrix}\xlongequal[r_4+r_1\times(-1)]{\substack{r_2+r_1\times 1\\ r_3+r_1\times(-3)}}\begin{vmatrix}1&2&-3&1\\0&2&-4&2\\0&-7&9&-1\\0&-1&1&0\end{vmatrix}$

$$=2\begin{vmatrix}1&-2&1\\-7&9&-1\\-1&1&0\end{vmatrix}\xlongequal[r_3+r_1\times 1]{r_2+r_1\times 7}2\begin{vmatrix}1&-2&1\\0&-5&6\\0&-1&1\end{vmatrix}$$

$$=2\times[-5\times1-6\times(-1)]=2\neq0,$$

$$D_1=\begin{vmatrix}1&2&-3&1\\-2&0&-1&1\\-1&-1&0&2\\0&1&-2&1\end{vmatrix}=1,\quad D_2=\begin{vmatrix}1&1&-3&1\\-1&-2&-1&1\\3&-1&0&2\\1&0&-2&1\end{vmatrix}=5,$$

$$D_3=\begin{vmatrix}1&2&1&1\\-1&0&-2&1\\3&-1&-1&2\\1&1&0&1\end{vmatrix}=3,\quad D_4=\begin{vmatrix}1&2&-3&1\\-1&0&-1&-2\\3&-1&0&-1\\1&1&-2&0\end{vmatrix}=0,$$

由克拉默法则,方程组的解是

$$x_1=\frac{1}{2},\quad x_2=\frac{5}{2},\quad x_3=\frac{3}{2},\quad x_4=0.$$

例 2 判定齐次线性方程组

$$\begin{cases}x_1+x_2+x_3-x_4=0,\\x_1+x_2-x_3+x_4=0,\\x_1-x_2+x_3+x_4=0,\\-x_1+x_2+x_3+x_4=0\end{cases}$$

是否仅有零解?

解 因为系数行列式

$$D=\begin{vmatrix}1&1&1&-1\\1&1&-1&1\\1&-1&1&1\\-1&1&1&1\end{vmatrix}\xlongequal[r_3+r_4]{\substack{r_1+r_4\\ r_2+r_4}}\begin{vmatrix}0&2&2&0\\0&2&0&2\\0&0&2&2\\-1&1&1&1\end{vmatrix}$$

$$\xlongequal{\text{按第 1 列展开}}(-1)\times(-1)^{4+1}\begin{vmatrix}2&2&0\\2&0&2\\0&2&2\end{vmatrix}$$

$$=-16\neq 0,$$

所以方程组仅有零解.

例 3 问 λ 取何值时,齐次线性方程组

$$\begin{cases}\lambda x+y+z=0,\\ x+\lambda y+z=0,\\ x+y+\lambda z=0\end{cases}$$

有非零解?

解 若方程组有非零解,则系数行列式一定等于零,即

$$\begin{vmatrix}\lambda&1&1\\1&\lambda&1\\1&1&\lambda\end{vmatrix}=(\lambda+2)(\lambda-1)^2=0,$$

解得 $\lambda=-2$ 或 $\lambda=1$.

所以当 $\lambda=-2$ 或 1 时,方程组有非零解.

用克拉默法则解线性方程组时有两个限制条件:一是方程组中未知量的个数与方程的个数相等;二是方程组的系数行列式不等于零.用克拉默法则解一个 $n\times n$ 的线性方程组时,需要计算 $(n+1)$ 个 n 阶行列式,计算量是相当大的,因此在实际解线性方程组时一般不用克拉默法则,但这不影响克拉默法则的重要性及其理论价值.

练习 9.5

1. 用克拉默法则解下列线性方程组.

(1) $\begin{cases}x_1-x_3+x_4=1,\\ x_1-x_2-x_4=-1,\\ -x_1+x_2-x_3=-1,\\ x_2+x_3-x_4=1;\end{cases}$ (2) $\begin{cases}x_1-x_4=1,\\ 2x_1-3x_2+x_3-x_4=-5,\\ -x_1+x_2-2x_4=-1,\\ x_1-x_3+2x_4=2.\end{cases}$

2. 问当 λ 取何值时,齐次线性方程组 $\begin{cases}\lambda x_1+x_2+x_3=0,\\ x_1+\lambda x_2+x_3=0,\\ x_1+x_2+x_3=0\end{cases}$ 只有零解?

习 题 9

1. 填空题.

(1) 若排列 $1274i56k9$ 是偶排列,则 $i=$ ________, $k=$ ________.

(2) 若排列 $x_1x_2\cdots x_{n-1}x_n$ 的逆序数为 I，则排列 $x_nx_{n-1}\cdots x_2x_1$ 的逆序数是__________.

(3) 非零元素只有 $n-1$ 个的 n 阶行列式的值等于__________.

(4) $\begin{vmatrix} \cos x & -\sin x \\ \sin x & \cos x \end{vmatrix} =$ __________.

2. 选择题.

(1) 若 $\begin{vmatrix} x & 1 & 2 \\ 2 & x-1 & -1 \\ 0 & 0 & 1 \end{vmatrix} = 0$，则 $x =$ (　　).

A. -1　　B. 2　　C. -1 或 2　　D. 1 或 -2

(2) 设 $f(x) = \begin{vmatrix} x & 1 & 2 & 3 \\ 3 & x & 1 & 2 \\ 2 & 3 & x & 1 \\ 1 & 2 & 3 & x \end{vmatrix}$，则 $f(4) =$ (　　).

A. 120　　B. 160　　C. -120　　D. -160

(3) $\begin{vmatrix} x & 1 & 1 & 2 \\ 1 & x & 1 & -1 \\ 3 & 2 & x & 1 \\ 1 & 1 & 2x & 1 \end{vmatrix}$ 中 x^3 的系数为(　　).

A. -2　　B. 2　　C. 1　　D. -1

(4) 若齐次线性方程组 $\begin{cases} kx - y + z = 0, \\ 3x - ky + 2z = 0, \\ kx + y + z = 0 \end{cases}$ 有非零解，则(　　).

A. $k = \dfrac{3}{2}$　　B. $k \neq \dfrac{3}{2}$

C. $k = -\dfrac{3}{2}$　　D. $k \neq -\dfrac{3}{2}$

3. 用行列式解下列线性方程组.

(1) $\begin{cases} 2x_1 + 3x_2 = -1, \\ x_1 - 3x_2 = 4; \end{cases}$　　(2) $\begin{cases} x_1 + 2x_2 = 5, \\ 2x_1 - x_2 = 0; \end{cases}$

(3) $\begin{cases} x_1 - x_2 = 1, \\ x_2 - x_3 = 1, \\ x_1 + x_3 = 1; \end{cases}$　　(4) $\begin{cases} x_1 + 2x_2 + 2x_3 = 3, \\ -x_1 - 4x_2 + x_3 = 1, \\ 3x_1 + 4x_2 + 3x_3 = -2. \end{cases}$

4. 计算下列行列式.

(1) $\begin{vmatrix} 13 & 24 \\ 26 & 48 \end{vmatrix}$；　　(2) $\begin{vmatrix} 1 & -1 & 2 \\ 2 & 3 & 1 \\ 0 & 2 & 3 \end{vmatrix}$；

(3) $\begin{vmatrix} -1 & -1 & -1 & -1 \\ 1 & -1 & -1 & -1 \\ 1 & 1 & -1 & -1 \\ 1 & 1 & 1 & -1 \end{vmatrix}$；　　(4) $\begin{vmatrix} 1 & 1 & 1 & 1 \\ 1 & 2 & 3 & 4 \\ 1 & 3 & 6 & 10 \\ 1 & 4 & 10 & 20 \end{vmatrix}$；

(5) $\begin{vmatrix} 1 & -1 & 2 & 1 \\ 2 & 1 & 2 & 0 \\ 3 & 1 & 0 & -1 \\ -2 & -1 & 1 & 2 \end{vmatrix}$;

(6) $\begin{vmatrix} 1 & 3 & 3 & 3 & 3 \\ 3 & 2 & 3 & 3 & 3 \\ 3 & 3 & 3 & 3 & 3 \\ 3 & 3 & 3 & 4 & 3 \\ 3 & 3 & 3 & 3 & 5 \end{vmatrix}$.

5*. 计算下列行列式.

(1) $\begin{vmatrix} 1 & 2 & 3 & \cdots & n \\ 1 & 2 & 0 & \cdots & 0 \\ 1 & 0 & 3 & \cdots & 0 \\ \vdots & \vdots & \vdots & & \vdots \\ 1 & 0 & 0 & \cdots & n \end{vmatrix}$;

(2) $\begin{vmatrix} 1 & 1 & 1 & 1+x \\ 1 & 1 & 1+x & 1 \\ 1 & 1-y & 1 & 1 \\ 1-y & 1 & 1 & 1 \end{vmatrix}$.

6. 解行列式方程.

$$\begin{vmatrix} 1 & 0 & x-1 \\ 1 & x-1 & 1 \\ x-1 & 0 & 1 \end{vmatrix} = 0.$$

7. 用克拉默法则解下列方程组.

(1) $\begin{cases} x_2+2x_3=1, \\ x_1+x_2+x_3=1, \\ 2x_1-x_2+3x_3=2; \end{cases}$

(2) $\begin{cases} 2x_1+x_2-x_3+x_4=5, \\ x_1-3x_2-2x_4=4, \\ 2x_2-x_3+x_4=-1, \\ x_1+4x_2-3x_3+x_4=0. \end{cases}$

8. 问当 λ 取何值时,齐次线性方程组

$$\begin{cases} (\lambda-3)x-2y+z=0, \\ 2x+(\lambda+2)y-2z=0, \\ -3x-6y+(\lambda+1)z=0 \end{cases}$$

有非零解?

第 10 章　矩阵与线性方程组

矩阵是一个重要的数学概念和工具，它是在解线性方程组中产生的. 我国《九章算术》(约公元 1 世纪)用筹算解线性方程组时，就是把算筹排列成矩阵形式来进行的. 矩阵在数学的其他学科以及经济学、管理学、工程技术和航天飞行技术等领域都有广泛和重要的作用. 本章将学习矩阵的概念、矩阵的运算、可逆矩阵、矩阵的初等变换、矩阵的秩及线性方程组的矩阵形式、判定和解法.

10.1　矩阵的概念

10.1.1　矩阵的概念

在实际问题中，人们往往要整理、分析大量的统计数据，并从中找出某种规律或进行某种运算. 为了使所分析的数据比较有条理，或使大量的数据能进行相同的运算，于是常常将它们列为数表，如下面的例子.

例 1　2016 年里约奥运会奖牌榜前 4 名成绩如下：

国家	奖项		
	金牌	银牌	铜牌
中国	26	18	26
美国	46	37	38
俄罗斯	19	18	19
英国	27	23	17

上表奖牌数用数表可简记为 $\begin{pmatrix} 26 & 18 & 26 \\ 46 & 37 & 38 \\ 19 & 18 & 19 \\ 27 & 23 & 17 \end{pmatrix}$.

例 2　某户居民第二季度每个月水(单位：t)、电(单位：kW · h)、天然气(单位：m^3)的使用情况如下：

月份	项目		
	水/t	电/(kW·h)	天然气/m^3
三	10	149	16
四	12	187	18
五	11	171	17

上表用数表简记为$\begin{pmatrix} 10 & 149 & 16 \\ 12 & 187 & 18 \\ 11 & 171 & 17 \end{pmatrix}$.

例 3　在方程组$\begin{cases} x_1+5x_2-x_3-x_4=-1, \\ x_1-2x_2+x_3+3x_4=3, \\ 3x_1+8x_2-x_3+x_4=1, \\ x_1-9x_2+3x_3+7x_4=7 \end{cases}$中,将未知数 x_1, x_2, x_3, x_4 的系数按原来的次序排列成数表,可简记为

$$\begin{pmatrix} 1 & 5 & -1 & -1 \\ 1 & -2 & 1 & 3 \\ 3 & 8 & -1 & 1 \\ 1 & -9 & 3 & 7 \end{pmatrix}.$$

若将常数项添加进去,则简记为

$$\begin{pmatrix} 1 & 5 & -1 & -1 & -1 \\ 1 & -2 & 1 & 3 & 3 \\ 3 & 8 & -1 & 1 & 1 \\ 1 & -9 & 3 & 7 & 7 \end{pmatrix}.$$

在实际问题中,还有很多这样的例子都可以用这种简单的数表来表示,数学上把这种 m 行 n 列的矩形数表称为**矩阵**.

定义 1　由 $m\times n$ 个数 a_{ij} $(i=1, 2, \cdots, m; j=1, 2, \cdots, n)$ 排列成的一个 m 行 n 列的矩形数表

$$\begin{pmatrix} a_{11} & a_{12} & \cdots & a_{1n} \\ a_{21} & a_{22} & \cdots & a_{2n} \\ \vdots & \vdots & & \vdots \\ a_{m1} & a_{m2} & \cdots & a_{mn} \end{pmatrix} \quad 或 \quad \begin{bmatrix} a_{11} & a_{12} & \cdots & a_{1n} \\ a_{21} & a_{22} & \cdots & a_{2n} \\ \vdots & \vdots & & \vdots \\ a_{m1} & a_{m2} & \cdots & a_{mn} \end{bmatrix},$$

称为一个 $\boldsymbol{m\times n}$ **型的矩阵**,简称 $\boldsymbol{m\times n}$ **矩阵**. 其中横排称为**矩阵的行**,纵排称为**矩阵的列**,a_{ij} $(i=1, 2, \cdots, m; j=1, 2, \cdots, n)$ 为矩阵的第 i 行第 j 列元素. 矩阵通

常用大写英文字母 $\boldsymbol{A}$, $\boldsymbol{B}$, $\boldsymbol{C}$ 等表示. 为了标明矩阵的行数 m 和列数 n,将矩阵记作 $\boldsymbol{A}_{m\times n}$ 或 $(a_{ij})_{m\times n}$.

特别地,当 $m=n$ 时,称矩阵 $\boldsymbol{A}$ 为 **n 阶矩阵**(或 **n 阶方阵**),记作 $\boldsymbol{A}_n$. 在 n 阶方阵中,从左上角到右下角的对角线称为**主对角线**,从右上角到左下角的对角线称为**次对角线**.

当 $m=1$ 时,矩阵只有一行,称为**行矩阵**,又称**行向量**,即

$$\boldsymbol{A}=(a_{11}\quad a_{12}\quad \cdots\quad a_{1n})\quad 或\quad \boldsymbol{A}=[a_{11}\quad a_{12}\quad \cdots\quad a_{1n}].$$

当 $n=1$ 时,矩阵只有一列,称为**列矩阵**,又称**列向量**,即

$$\boldsymbol{A}=\begin{pmatrix}a_{11}\\a_{21}\\\vdots\\a_{m1}\end{pmatrix}\quad 或\quad \boldsymbol{A}=\begin{bmatrix}a_{11}\\a_{21}\\\vdots\\a_{m1}\end{bmatrix}.$$

当 $m=n=1$ 时,矩阵为一阶方阵. 一阶方阵可作为数对待,但决不可将数看作一阶方阵.

注意 (1) 矩阵是一个数表,而行列式是一个算式,一个数字行列式通过计算可求得其值.

(2) 矩阵的行数与列数可以相等,也可以不等,而行列式的行数与列数则必须相等.

(3) 本章所涉及的矩阵都是元素为实数的**实矩阵**. 表示矩阵所用的括号为小括号或中括号,切记不可用大括号,更不能用竖线.

若两个矩阵的行数与列数分别相等,则称它们是**同型矩阵**.

例如,$\boldsymbol{A}=\begin{pmatrix}1&2&4&0\\8&0&1&5\end{pmatrix}$ 和 $\boldsymbol{B}=\begin{pmatrix}3&0&-1&4\\-2&1&11&9\end{pmatrix}$ 就是同型矩阵.

若矩阵 $\boldsymbol{A}=(a_{ij})$ 与 $\boldsymbol{B}=(b_{ij})$ 是同型矩阵,并且它们的对应元素相等,即

$$a_{ij}=b_{ij}\quad (i=1,2,\cdots,m;\ j=1,2,\cdots,n),$$

则称矩阵 $\boldsymbol{A}$ 与矩阵 $\boldsymbol{B}$ **相等**,记作 $\boldsymbol{A}=\boldsymbol{B}$.

注意 矩阵的相等与行列式的相等不同,两个对应元素不同的行列式其值可以相等,而矩阵就不相等了.

例如,$\begin{vmatrix}2&1\\4&5\end{vmatrix}=\begin{vmatrix}3&0\\1&2\end{vmatrix}=6$,但是$\begin{pmatrix}2&1\\4&5\end{pmatrix}\neq\begin{pmatrix}3&0\\1&2\end{pmatrix}$.

例 4 设矩阵 $\boldsymbol{A}=\boldsymbol{B}$,其中

$$\boldsymbol{A}=\begin{pmatrix}1&2&a&5\\2&0&3&8\end{pmatrix},\quad \boldsymbol{B}=\begin{pmatrix}1&2&-1&5\\2&b&3&8\end{pmatrix}.$$

求 a，b 的值.

解 根据矩阵相等的定义，对应位置的元素应该相等，得

$$a=-1,\quad b=0.$$

10.1.2 几种特殊矩阵

1. 零矩阵

所有元素全为零的 $m\times n$ 矩阵，称为**零矩阵**，记作 $\boldsymbol{O}_{m\times n}$ 或 $\boldsymbol{O}$.

注意 不同型的零矩阵是不相等的，如

$$\begin{pmatrix}0&0\\0&0\end{pmatrix}\neq\begin{pmatrix}0&0&0\\0&0&0\end{pmatrix},$$

前者是二阶零方阵 $\boldsymbol{O}_{2\times2}$，后者是 2×3 零矩阵 $\boldsymbol{O}_{2\times3}$，它们不是同型矩阵.

2. 负矩阵

在矩阵 $\boldsymbol{A}=(a_{ij})_{m\times n}$ 中每个元素的前面都添上负号(即取相反数)得到的矩阵，称为矩阵 $\boldsymbol{A}$ 的**负矩阵**，记作 $-\boldsymbol{A}$，即若矩阵 $\boldsymbol{A}$ 为

$$\boldsymbol{A}=\begin{pmatrix}a_{11}&a_{12}&\cdots&a_{1n}\\a_{21}&a_{22}&\cdots&a_{2n}\\\vdots&\vdots&&\vdots\\a_{m1}&a_{m2}&\cdots&a_{mn}\end{pmatrix},$$

则 $\boldsymbol{A}$ 的负矩阵为

$$-\boldsymbol{A}=\begin{pmatrix}-a_{11}&-a_{12}&\cdots&-a_{1n}\\-a_{21}&-a_{22}&\cdots&-a_{2n}\\\vdots&\vdots&&\vdots\\-a_{m1}&-a_{m2}&\cdots&-a_{mn}\end{pmatrix},$$

即 $-\boldsymbol{A}=(-a_{ij})_{m\times n}$.

显见，$\boldsymbol{A}$ 也是 $-\boldsymbol{A}$ 的负矩阵.

例如，已知矩阵 $\boldsymbol{A}=\begin{pmatrix}-1&2&0\\2&3&1\\1&4&-3\end{pmatrix}$，则其负矩阵为 $-\boldsymbol{A}=\begin{pmatrix}1&-2&0\\-2&-3&-1\\-1&-4&3\end{pmatrix}$.

3. 三角形矩阵

主对角线下方的元素全部是零的 n 阶方阵，称为 n 阶**上三角形矩阵**，记作 $\boldsymbol{U}$，即

$$\boldsymbol{U}=\begin{pmatrix}a_{11}&a_{12}&\cdots&a_{1n}\\0&a_{22}&\cdots&a_{2n}\\\vdots&\vdots&&\vdots\\0&0&\cdots&a_{nn}\end{pmatrix}.$$

主对角线上方的元素全部是零的 n 阶方阵,称为 n 阶**下三角形矩阵**,记作 $\boldsymbol{L}$,即

$$\boldsymbol{L}=\begin{pmatrix}a_{11} & 0 & \cdots & 0\\ a_{21} & a_{22} & \cdots & 0\\ \vdots & \vdots & & \vdots\\ a_{n1} & a_{n2} & \cdots & a_{nn}\end{pmatrix}.$$

注意 上(或下)三角形矩阵的主对角线下(或上)方的元素一定是零,而其他元素可以是零也可以不是零.

4. 对角矩阵

主对角线上方、下方的元素全部是零的 n 阶方阵,称为 n 阶**对角矩阵**,记作 $\boldsymbol{D}$. 对角矩阵是非零元素只能在对角线上出现的方阵,即

$$\boldsymbol{D}=\begin{pmatrix}a_{11} & 0 & \cdots & 0\\ 0 & a_{22} & \cdots & 0\\ \vdots & \vdots & & \vdots\\ 0 & 0 & \cdots & a_{nn}\end{pmatrix}.$$

注意 在 n 阶对角矩阵中可以允许 $a_{11}, a_{22}, \cdots, a_{nn}$ 中的某些元素为零,故常将 n 阶对角矩阵简记为 $\boldsymbol{D}=\mathrm{diag}(a_{11}\quad a_{22}\quad \cdots\quad a_{nn})$.

主对角线上的元素都是非零常数 a 的 n 阶对角矩阵,称为 n 阶**数量矩阵**,记作 $\boldsymbol{S}$,即

$$\boldsymbol{S}=\begin{pmatrix}a & 0 & \cdots & 0\\ 0 & a & \cdots & 0\\ \vdots & \vdots & & \vdots\\ 0 & 0 & \cdots & a\end{pmatrix}.$$

主对角线上元素都是 1 的 n 阶数量矩阵,称为 n 阶**单位矩阵**,记作 $\boldsymbol{E}_n$ 或 $\boldsymbol{I}_n$,即

$$\boldsymbol{E}_n=\begin{pmatrix}1 & 0 & \cdots & 0\\ 0 & 1 & \cdots & 0\\ \vdots & \vdots & & \vdots\\ 0 & 0 & \cdots & 1\end{pmatrix}.$$

n 阶单位矩阵、三角形矩阵在矩阵的运算中都有较特殊的作用和意义. 和行列式类似,也有 n 阶反上三角形矩阵,n 阶反下三角形矩阵以及 n 阶反对角矩阵.

练习 10.1

1. 已知矩阵 $\boldsymbol{A}=\begin{pmatrix}1 & 2 & 3 & 4\\ 0 & -1 & 2 & 5\\ 2 & 1 & -3 & 0\end{pmatrix}$，求 $-\boldsymbol{A}$.

2. 已知矩阵 $\boldsymbol{A}=\begin{pmatrix}2 & -x\\ y & a+2b\end{pmatrix}$，$\boldsymbol{B}=\begin{pmatrix}x & y\\ a-3 & y^2-b\end{pmatrix}$，且 $\boldsymbol{A}=\boldsymbol{B}$，求 a，b 的值及矩阵 $\boldsymbol{A}$.

10.2　矩阵的运算及其性质

10.2.1　矩阵的运算

1. 矩阵的加法

引例　甲、乙、丙、丁四名同学在期中、期末考试中，三门功课语文、数学和英语的成绩分别为下列矩阵：

$$\text{期中成绩：}\boldsymbol{A}_{4\times 3}=\begin{matrix} & \text{语} & \text{数} & \text{英} & \\ & \left(\begin{matrix}88\\89\\90\\79\end{matrix}\right. & \begin{matrix}85\\84\\87\\82\end{matrix} & \left.\begin{matrix}91\\78\\75\\73\end{matrix}\right) & \begin{matrix}\text{甲}\\\text{乙}\\\text{丙}\\\text{丁}\end{matrix}\end{matrix}$$

$$\text{期末成绩：}\boldsymbol{B}_{4\times 3}=\begin{matrix} & \text{语} & \text{数} & \text{英} & \\ & \left(\begin{matrix}86\\84\\92\\75\end{matrix}\right. & \begin{matrix}87\\85\\89\\85\end{matrix} & \left.\begin{matrix}90\\81\\78\\77\end{matrix}\right) & \begin{matrix}\text{甲}\\\text{乙}\\\text{丙}\\\text{丁}\end{matrix}\end{matrix}$$

则他们在期中、期末考试中的各门功课总成绩可以用矩阵表示为

$$\text{总成绩：}\boldsymbol{C}_{4\times 3}=\begin{matrix} & \text{语} & \text{数} & \text{英} & \\ & \left(\begin{matrix}174\\173\\182\\154\end{matrix}\right. & \begin{matrix}172\\169\\176\\157\end{matrix} & \left.\begin{matrix}181\\159\\153\\150\end{matrix}\right) & \begin{matrix}\text{甲}\\\text{乙}\\\text{丙}\\\text{丁}\end{matrix}\end{matrix}$$

显见，$\boldsymbol{C}_{4\times 3}$ 等于将 $\boldsymbol{A}_{4\times 3}$ 和 $\boldsymbol{B}_{4\times 3}$ 对应位置上的元素相加后形成的矩阵，这也相当于同时进行了 4×3 次两位数的加法.

事实上，在矩阵上不仅可以同时进行 $m\times n$ 次两位数的加法运算，也可以同时

进行 $m\times n$ 次两位数的减法和乘法运算.

定义 1 设矩阵 $\boldsymbol{A}=(a_{ij})$, $\boldsymbol{B}=(b_{ij})$ 都是 $m\times n$ 矩阵,规定:

$$\boldsymbol{A}+\boldsymbol{B}=(a_{ij})_{m\times n}+(b_{ij})_{m\times n}=(a_{ij}+b_{ij})_{m\times n}$$
$$=\begin{pmatrix} a_{11}+b_{11} & a_{12}+b_{12} & \cdots & a_{1n}+b_{1n} \\ a_{21}+b_{21} & a_{22}+b_{22} & \cdots & a_{2n}+b_{2n} \\ \vdots & \vdots & & \vdots \\ a_{m1}+b_{m1} & a_{m2}+b_{m2} & \cdots & a_{mn}+b_{mn} \end{pmatrix},$$

矩阵 $\boldsymbol{A}+\boldsymbol{B}$ 称为 $\boldsymbol{A}$ 与 $\boldsymbol{B}$ 的和.

注意 两个矩阵必须是同型矩阵才可以进行加法运算.

由矩阵加法和负矩阵的概念,可以定义矩阵减法: $\boldsymbol{A}-\boldsymbol{B}=\boldsymbol{A}+(-\boldsymbol{B})$. 于是有若矩阵 $\boldsymbol{A}=(a_{ij})$, $\boldsymbol{B}=(b_{ij})$ 都是 $m\times n$ 矩阵,则规定

$$\boldsymbol{A}-\boldsymbol{B}=(a_{ij})_{m\times n}+(-b_{ij})_{m\times n}=(a_{ij}-b_{ij})_{m\times n}$$
$$=\begin{pmatrix} a_{11}-b_{11} & a_{12}-b_{12} & \cdots & a_{1n}-b_{1n} \\ a_{21}-b_{21} & a_{22}-b_{22} & \cdots & a_{2n}-b_{2n} \\ \vdots & \vdots & & \vdots \\ a_{m1}-b_{m1} & a_{m2}-b_{m2} & \cdots & a_{mn}-b_{mn} \end{pmatrix},$$

矩阵 $\boldsymbol{A}-\boldsymbol{B}$ 称为 $\boldsymbol{A}$ 与 $\boldsymbol{B}$ 的差.

例 1 设 $\boldsymbol{A}=\begin{pmatrix} 2 & 3 & -1 \\ 4 & 0 & 3 \end{pmatrix}$, $\boldsymbol{B}=\begin{pmatrix} 1 & -1 & -3 \\ 2 & 1 & 1 \end{pmatrix}$, 求 $\boldsymbol{A}+\boldsymbol{B}$, $\boldsymbol{A}-\boldsymbol{B}$.

解 由矩阵加法的定义,有

$$\boldsymbol{A}+\boldsymbol{B}=\begin{pmatrix} 2 & 3 & -1 \\ 4 & 0 & 3 \end{pmatrix}+\begin{pmatrix} 1 & -1 & -3 \\ 2 & 1 & 1 \end{pmatrix}=\begin{pmatrix} 3 & 2 & -4 \\ 6 & 1 & 4 \end{pmatrix},$$

$$\boldsymbol{A}-\boldsymbol{B}=\begin{pmatrix} 2 & 3 & -1 \\ 4 & 0 & 3 \end{pmatrix}-\begin{pmatrix} 1 & -1 & -3 \\ 2 & 1 & 1 \end{pmatrix}=\begin{pmatrix} 1 & 4 & 2 \\ 2 & -1 & 2 \end{pmatrix}.$$

设 $\boldsymbol{A}$, $\boldsymbol{B}$, $\boldsymbol{C}$ 都是 $m\times n$ 矩阵, $\boldsymbol{O}$ 是同型的零矩阵,则矩阵的加法满足以下运算规则:

(1) **交换律** $\boldsymbol{A}+\boldsymbol{B}=\boldsymbol{B}+\boldsymbol{A}$;

(2) **结合律** $(\boldsymbol{A}+\boldsymbol{B})+\boldsymbol{C}=\boldsymbol{A}+(\boldsymbol{B}+\boldsymbol{C})$;

(3) 零矩阵满足 $\boldsymbol{A}+\boldsymbol{O}=\boldsymbol{O}+\boldsymbol{A}=\boldsymbol{A}$;

(4) 存在矩阵 $-\boldsymbol{A}$,满足 $\boldsymbol{A}-\boldsymbol{A}=\boldsymbol{A}+(-\boldsymbol{A})=\boldsymbol{O}$.

2. 数与矩阵的乘法

定义 2 设 k 是任意一个实数, $\boldsymbol{A}=(a_{ij})$ 是一个 $m\times n$ 矩阵,规定:

$$kA = (ka_{ij})_{m\times n} = \begin{pmatrix} ka_{11} & ka_{12} & \cdots & ka_{1n} \\ ka_{21} & ka_{22} & \cdots & ka_{2n} \\ \vdots & \vdots & & \vdots \\ ka_{m1} & ka_{m1} & \cdots & ka_{mn} \end{pmatrix},$$

矩阵 $k\boldsymbol{A}$ 称为数 k 与矩阵 $\boldsymbol{A}$ 的**数量乘积**，或简称矩阵的**数乘**.

由定义可知，用数 k 乘一个矩阵 $\boldsymbol{A}$，需要用数 k 乘矩阵 $\boldsymbol{A}$ 的每一个元素. 特别地，当 $k=-1$ 时，即得到矩阵 $\boldsymbol{A}$ 的负矩阵 $-\boldsymbol{A}$. 显然，数 k 与 n 阶矩阵的乘积也与数 k 与 n 阶行列式的乘积不同，前者是矩阵运算，后者是数的运算.

例 2　设 $\boldsymbol{A}=\begin{pmatrix} 1 & 1 & 0 \\ 1 & 0 & -1 \end{pmatrix}$，$\boldsymbol{B}=\begin{pmatrix} -1 & 2 & -2 \\ 2 & -1 & 5 \end{pmatrix}$，求 $3\boldsymbol{A}-2\boldsymbol{B}$.

解　由数与矩阵的乘法的定义，有

$$3\boldsymbol{A}=3\begin{pmatrix} 1 & 1 & 0 \\ 1 & 0 & -1 \end{pmatrix}=\begin{pmatrix} 3 & 3 & 0 \\ 3 & 0 & -3 \end{pmatrix},$$

$$2\boldsymbol{B}=2\begin{pmatrix} -1 & 2 & -2 \\ 2 & -1 & 5 \end{pmatrix}=\begin{pmatrix} -2 & 4 & -4 \\ 4 & -2 & 10 \end{pmatrix},$$

所以 $3\boldsymbol{A}-2\boldsymbol{B}=\begin{pmatrix} 3 & 3 & 0 \\ 3 & 0 & -3 \end{pmatrix}-\begin{pmatrix} -2 & 4 & -4 \\ 4 & -2 & 10 \end{pmatrix}=\begin{pmatrix} 5 & -1 & 4 \\ -1 & 2 & -13 \end{pmatrix}$.

设矩阵 $\boldsymbol{A}$，$\boldsymbol{B}$ 是同型矩阵，且 α，β 为常数，则矩阵的数乘满足以下运算规则：

(1) **数对矩阵的分配律**　$\alpha(\boldsymbol{A}+\boldsymbol{B})=\alpha\boldsymbol{A}+\alpha\boldsymbol{B}$；

(2) **矩阵对数的分配律**　$(\alpha+\beta)\boldsymbol{A}=\alpha\boldsymbol{A}+\beta\boldsymbol{A}$；

(3) **数与矩阵的结合律**　$(\alpha\beta)\boldsymbol{A}=\alpha(\beta\boldsymbol{A})=\beta(\alpha\boldsymbol{A})$；

(4) 数 0，1 与矩阵满足 $0\cdot\boldsymbol{A}=\boldsymbol{O}$，　$1\cdot\boldsymbol{A}=\boldsymbol{A}$.

矩阵的加法与数乘合起来，统称矩阵的**线性运算**，即

$$\alpha\boldsymbol{A}+\beta\boldsymbol{B}=(\alpha a_{ij}+\beta b_{ij}).$$

例 3　设矩阵 $\boldsymbol{A}=\begin{pmatrix} 1 & 2 & 1 & 3 \\ 2 & 1 & 3 & 1 \\ 1 & 0 & 2 & 4 \end{pmatrix}$，$\boldsymbol{B}=\begin{pmatrix} 3 & 2 & 0 & 2 \\ 1 & -1 & 1 & 0 \\ 1 & 3 & 3 & 4 \end{pmatrix}$，求

(1) $5\boldsymbol{A}-2\boldsymbol{B}$；(2)若矩阵 $\boldsymbol{X}$ 满足 $3\boldsymbol{A}+2\boldsymbol{X}=\boldsymbol{B}$，求 $\boldsymbol{X}$.

解　(1) $5\boldsymbol{A}-2\boldsymbol{B}=5\begin{pmatrix} 1 & 2 & 1 & 3 \\ 2 & 1 & 3 & 1 \\ 1 & 0 & 2 & 4 \end{pmatrix}-2\begin{pmatrix} 3 & 2 & 0 & 2 \\ 1 & -1 & 1 & 0 \\ 1 & 3 & 3 & 4 \end{pmatrix}$

$$=\begin{pmatrix} -1 & 6 & 5 & 11 \\ 8 & 7 & 13 & 5 \\ 3 & -6 & 4 & 12 \end{pmatrix};$$

(2) 由 $3\boldsymbol{A}+2\boldsymbol{X}=\boldsymbol{B}$，得

$$\boldsymbol{X}=\frac{1}{2}(\boldsymbol{B}-3\boldsymbol{A})=\frac{1}{2}\left[\begin{pmatrix}3&2&0&2\\1&-1&1&0\\1&3&3&4\end{pmatrix}-3\begin{pmatrix}1&2&1&3\\2&1&3&1\\1&0&2&4\end{pmatrix}\right]$$

$$=\begin{pmatrix}0&-2&-\frac{3}{2}&-\frac{7}{2}\\-\frac{5}{2}&-2&-4&-\frac{3}{2}\\-1&\frac{3}{2}&-\frac{3}{2}&-4\end{pmatrix}.$$

3. 矩阵与矩阵的乘法

在给出矩阵乘法定义之前，先看下面的例子.

某地区甲、乙、丙三家商场同时销售两种品牌的家用电器，若用矩阵 $\boldsymbol{A}$ 表示各商场销售这两种家用电器的日平均销售量(单位：台)，用矩阵 $\boldsymbol{B}$ 表示两种家用电器的单位售价(单位：千元)和单位利润(单位：千元)：

$$\boldsymbol{A}=\begin{pmatrix}20&10\\25&11\\18&9\end{pmatrix}\begin{matrix}甲\\乙\\丙\end{matrix}\ (\text{列: Ⅰ, Ⅱ})\qquad \boldsymbol{B}=\begin{pmatrix}3.5&0.8\\5&1.2\end{pmatrix}\begin{matrix}\text{Ⅰ}\\\text{Ⅱ}\end{matrix}\ (\text{列: 单价, 利润})$$

用矩阵 $\boldsymbol{C}=(c_{ij})_{3\times2}$ 表示这三家商场销售两种家用电器的每日总收入和总利润，则矩阵 $\boldsymbol{C}$ 中的元素分别为

$$总收入\begin{cases}c_{11}=20\times3.5+10\times5=120,\\c_{21}=25\times3.5+11\times5=142.5,\\c_{31}=18\times3.5+9\times5=108,\end{cases}$$

$$总利润\begin{cases}c_{12}=20\times0.8+10\times1.2=28,\\c_{22}=25\times0.8+11\times1.2=33.2,\\c_{32}=18\times0.8+9\times1.2=25.2,\end{cases}$$

即

$$\boldsymbol{C}=\begin{pmatrix}c_{11}&c_{12}\\c_{21}&c_{22}\\c_{31}&c_{32}\end{pmatrix}=\begin{pmatrix}20\times3.5+10\times5&20\times0.8+10\times1.2\\25\times3.5+11\times5&25\times0.8+11\times1.2\\18\times3.5+9\times5&18\times0.8+9\times1.2\end{pmatrix}=\begin{pmatrix}120&28\\142.5&33.2\\108&25.2\end{pmatrix},$$

其中，矩阵 $\boldsymbol{C}$ 中的第 i 行第 j 列的元素是矩阵 $\boldsymbol{A}$ 第 i 行元素与矩阵 $\boldsymbol{B}$ 第 j 列对应元素的乘积之和，则矩阵 $\boldsymbol{C}$ 是矩阵 $\boldsymbol{A}$ 与 $\boldsymbol{B}$ 的一个运算，定义为矩阵 $\boldsymbol{A}$ 与 $\boldsymbol{B}$ 的乘积.

定义 3 设矩阵 $\boldsymbol{A}=(a_{ij})$ 是一个 $m\times s$ 矩阵，矩阵 $\boldsymbol{B}=(b_{ij})$ 是一个 $s\times n$ 矩阵，规定矩阵 $\boldsymbol{A}$ 与 $\boldsymbol{B}$ 的乘积是一个 $m\times n$ 矩阵 $\boldsymbol{C}=(c_{ij})$，即

$$\boldsymbol{A}=\begin{pmatrix} a_{11} & a_{12} & \cdots & a_{1s} \\ a_{21} & a_{22} & \cdots & a_{2s} \\ \vdots & \vdots & & \vdots \\ a_{m1} & a_{m2} & \cdots & a_{ms} \end{pmatrix},\ \boldsymbol{B}=\begin{pmatrix} b_{11} & b_{12} & \cdots & b_{1n} \\ b_{21} & b_{22} & \cdots & b_{2n} \\ \vdots & \vdots & & \vdots \\ b_{s1} & b_{s2} & \cdots & b_{sn} \end{pmatrix},\ \boldsymbol{C}=\begin{pmatrix} c_{11} & c_{12} & \cdots & c_{1n} \\ c_{21} & c_{22} & \cdots & c_{2n} \\ \vdots & \vdots & & \vdots \\ c_{m1} & c_{m2} & \cdots & c_{mn} \end{pmatrix},$$

其中，$c_{ij}=a_{i1}b_{1j}+a_{i2}b_{2j}+\cdots+a_{is}b_{sj}=\sum\limits_{k=1}^{s}a_{ik}b_{kj}(i=1,\ 2,\ \cdots,\ m;\ j=1,\ 2,\ \cdots,\ n)$，则矩阵 $\boldsymbol{C}=(c_{ij})_{m\times n}$ 称为矩阵 $\boldsymbol{A}$ 与 $\boldsymbol{B}$ 的乘积矩阵，记作 $\boldsymbol{C}=\boldsymbol{AB}$.

注意 (1) 只有当矩阵 $\boldsymbol{A}$ 的列数等于矩阵 $\boldsymbol{B}$ 的行数时，矩阵 $\boldsymbol{A}$ 和 $\boldsymbol{B}$ 才能作乘法运算 $\boldsymbol{AB}$.

(2) 两个矩阵的乘积 $\boldsymbol{AB}$ 亦是矩阵，它的行数等于矩阵 $\boldsymbol{A}$ 的行数，它的列数等于矩阵 $\boldsymbol{B}$ 的列数.

(3) 乘积矩阵 $\boldsymbol{AB}$ 中的第 i 行第 j 列的元素等于矩阵 $\boldsymbol{A}$ 的第 i 行元素与矩阵 $\boldsymbol{B}$ 的第 j 列对应元素的乘积之和，简称**行乘列规则**.

例 4 设矩阵 $\boldsymbol{A}=\begin{pmatrix} 2 & -1 \\ -4 & 0 \\ 3 & 5 \end{pmatrix}$，$\boldsymbol{B}=\begin{pmatrix} 2 & -3 \\ -1 & 5 \end{pmatrix}$，求 $\boldsymbol{AB}$.

解

$$\begin{aligned}\boldsymbol{AB}&=\begin{pmatrix} 2 & -1 \\ -4 & 0 \\ 3 & 5 \end{pmatrix}\begin{pmatrix} 2 & -3 \\ -1 & 5 \end{pmatrix}\\ &=\begin{pmatrix} 2\times 2+(-1)\times(-1) & 2\times(-3)+(-1)\times 5 \\ -4\times 2+0\times(-1) & -4\times(-3)+0\times 5 \\ 3\times 2+5\times(-1) & 3\times(-3)+5\times 5 \end{pmatrix}\\ &=\begin{pmatrix} 5 & -11 \\ -8 & 12 \\ 1 & 16 \end{pmatrix}.\end{aligned}$$

在上例中，能否计算 $\boldsymbol{BA}$ 呢？显见，由于矩阵 $\boldsymbol{B}$ 有 2 列，矩阵 $\boldsymbol{A}$ 有 3 行，$\boldsymbol{B}$ 的列数不等于 $\boldsymbol{A}$ 的行数，所以 $\boldsymbol{BA}$ 无意义.

例 5 设矩阵 $\boldsymbol{A}=\begin{pmatrix} 1 & 1 \\ -1 & -1 \end{pmatrix}$，$\boldsymbol{B}=\begin{pmatrix} -1 & 1 \\ 1 & -1 \end{pmatrix}$，求 $\boldsymbol{AB}$ 和 $\boldsymbol{BA}$.

解

$$\begin{aligned}\boldsymbol{AB}&=\begin{pmatrix} 1 & 1 \\ -1 & -1 \end{pmatrix}\begin{pmatrix} -1 & 1 \\ 1 & -1 \end{pmatrix}\\ &=\begin{pmatrix} 1\times(-1)+1\times 1 & 1\times 1+1\times(-1) \\ -1\times(-1)+(-1)\times 1 & -1\times 1+(-1)\times(-1) \end{pmatrix}=\begin{pmatrix} 0 & 0 \\ 0 & 0 \end{pmatrix},\end{aligned}$$

$$\boldsymbol{BA}=\begin{pmatrix}-1 & 1\\ 1 & -1\end{pmatrix}\begin{pmatrix}1 & 1\\ -1 & -1\end{pmatrix}$$

$$=\begin{pmatrix}-1\times1+1\times(-1) & -1\times1+1\times(-1)\\ 1\times1+(-1)\times(-1) & 1\times1+(-1)\times(-1)\end{pmatrix}$$

$$=\begin{pmatrix}-2 & -2\\ 2 & 2\end{pmatrix}.$$

由例4、例5可知，当乘积矩阵 $\boldsymbol{AB}$ 有意义时，$\boldsymbol{BA}$ 不一定有意义；即使乘积矩阵 $\boldsymbol{AB}$ 和 $\boldsymbol{BA}$ 都有意义，$\boldsymbol{AB}$ 和 $\boldsymbol{BA}$ 也不一定相等. 所以，**矩阵乘法一般不满足交换律**，因此在以后进行矩阵乘法时，一定要注意乘法次序不能随意改变.

定义4 若两个矩阵 $\boldsymbol{A}$ 和 $\boldsymbol{B}$ 满足乘法交换律，即 $\boldsymbol{AB}=\boldsymbol{BA}$，则称矩阵 $\boldsymbol{A}$ 和 $\boldsymbol{B}$ 是**可交换矩阵**.

例6 设矩阵 $\boldsymbol{A}=\begin{pmatrix}1 & 1\\ 0 & 1\end{pmatrix}$，$\boldsymbol{B}=\begin{pmatrix}2 & 3\\ 0 & 2\end{pmatrix}$，试判断 $\boldsymbol{A}$ 和 $\boldsymbol{B}$ 是否可交换？

解 因为 $\boldsymbol{AB}=\begin{pmatrix}1 & 1\\ 0 & 1\end{pmatrix}\begin{pmatrix}2 & 3\\ 0 & 2\end{pmatrix}=\begin{pmatrix}2 & 5\\ 0 & 2\end{pmatrix}$，

$$\boldsymbol{BA}=\begin{pmatrix}2 & 3\\ 0 & 2\end{pmatrix}\begin{pmatrix}1 & 1\\ 0 & 1\end{pmatrix}=\begin{pmatrix}2 & 5\\ 0 & 2\end{pmatrix},$$

所以 $\boldsymbol{A}$ 和 $\boldsymbol{B}$ 是可交换的.

注意 (1) n 阶数量矩阵与所有 n 阶方阵可交换；反之，能够与所有 n 阶方阵可交换的矩阵一定是 n 阶数量矩阵.

(2) 单位矩阵 $\boldsymbol{E}$ 在矩阵乘法中起着类似于数1在数的乘法中的作用. 当满足矩阵相乘的条件时，对任意矩阵 $\boldsymbol{A}_{m\times n}$ 总有

$$\boldsymbol{E}_m\boldsymbol{A}=\boldsymbol{AE}_n=\boldsymbol{A}.$$

(3) 零矩阵 $\boldsymbol{O}$ 是矩阵乘法的**零元**，起着类似于数0在数的乘法中的作用. 当满足矩阵相乘的条件时，对任意矩阵 $\boldsymbol{A}$ 总有

$$\boldsymbol{OA}=\boldsymbol{AO}=\boldsymbol{O}.$$

即零矩阵与任何矩阵的乘积都是零矩阵；反之，乘积是零矩阵的两个矩阵中也不一定会有零矩阵. 如例5中的矩阵 $\boldsymbol{A}$ 和 $\boldsymbol{B}$ 都是非零矩阵 ($\boldsymbol{A}\neq\boldsymbol{O}$, $\boldsymbol{B}\neq\boldsymbol{O}$)，但是矩阵 $\boldsymbol{A}$ 和 $\boldsymbol{B}$ 的乘积矩阵 $\boldsymbol{AB}$ 却是一个零矩阵 ($\boldsymbol{AB}=\boldsymbol{O}$)，即两个非零矩阵的乘积可能是零矩阵. 因此，当 $\boldsymbol{AB}=\boldsymbol{O}$ 时，不能得出 $\boldsymbol{A}$ 和 $\boldsymbol{B}$ 中至少有一个是零矩阵的结论.

例7 设矩阵 $\boldsymbol{A}=\begin{pmatrix}1 & 1\\ -1 & -1\end{pmatrix}$，$\boldsymbol{B}=\begin{pmatrix}1 & -1\\ -1 & 1\end{pmatrix}$，求 $\boldsymbol{AB}$.

解　$$\boldsymbol{AB}=\begin{pmatrix}1&1\\-1&-1\end{pmatrix}\begin{pmatrix}1&-1\\-1&1\end{pmatrix}$$

$$=\begin{pmatrix}1\times1+1\times(-1)&1\times(-1)+1\times1\\-1\times1+(-1)\times(-1)&-1\times(-1)+(-1)\times1\end{pmatrix}$$

$$=\begin{pmatrix}0&0\\0&0\end{pmatrix}.$$

当 $\boldsymbol{A}\neq\boldsymbol{O}$，$\boldsymbol{B}\neq\boldsymbol{O}$ 且 $\boldsymbol{AB}=\boldsymbol{O}$ 时，称矩阵 $\boldsymbol{A}$ 是 $\boldsymbol{B}$ 的左零因子，矩阵 $\boldsymbol{B}$ 是 $\boldsymbol{A}$ 的右零因子(如例 7). 一般来说，若一个非零矩阵 $\boldsymbol{A}$ 有右(或左)零因子，则它的右(或左)零因子不是唯一的.

例 8　设矩阵 $\boldsymbol{A}=\begin{pmatrix}1&0\\0&0\end{pmatrix}$，$\boldsymbol{B}=\begin{pmatrix}3&2\\1&-1\end{pmatrix}$，$\boldsymbol{C}=\begin{pmatrix}3&2\\2&1\end{pmatrix}$，求 $\boldsymbol{AB}$ 和 $\boldsymbol{AC}$.

解　$$\boldsymbol{AB}=\begin{pmatrix}1&0\\0&0\end{pmatrix}\begin{pmatrix}3&2\\1&-1\end{pmatrix}=\begin{pmatrix}1\times3+0\times1&1\times2+0\times(-1)\\0\times3+0\times1&0\times2+0\times(-1)\end{pmatrix}$$

$$=\begin{pmatrix}3&2\\0&0\end{pmatrix},$$

$$\boldsymbol{AC}=\begin{pmatrix}1&0\\0&0\end{pmatrix}\begin{pmatrix}3&2\\2&1\end{pmatrix}=\begin{pmatrix}1\times3+0\times2&1\times2+0\times1\\0\times3+0\times2&0\times2+0\times1\end{pmatrix}$$

$$=\begin{pmatrix}3&2\\0&0\end{pmatrix}.$$

由例 8 可知，当乘积矩阵 $\boldsymbol{AB}=\boldsymbol{AC}$，且 $\boldsymbol{A}\neq\boldsymbol{O}$ 时，不能消去矩阵 $\boldsymbol{A}$，而得到 $\boldsymbol{B}=\boldsymbol{C}$，这表明矩阵乘法也不满足消去律.

综上，矩阵乘法不满足交换律和消去律，两个非零矩阵的乘积有可能是零矩阵，这些都是矩阵乘法与数的乘法不同之处. 但矩阵乘法也有与数的乘法相似之处，即矩阵乘法满足以下运算规则：

(1) **乘法结合律**　$(\boldsymbol{AB})\boldsymbol{C}=\boldsymbol{A}(\boldsymbol{BC})$；

(2) **左乘分配律**　$\boldsymbol{A}(\boldsymbol{B}+\boldsymbol{C})=\boldsymbol{AB}+\boldsymbol{AC}$，

　　右乘分配律　$(\boldsymbol{A}+\boldsymbol{B})\boldsymbol{C}=\boldsymbol{AC}+\boldsymbol{BC}$；

(3) **数乘结合律**　$k(\boldsymbol{AB})=(k\boldsymbol{A})\boldsymbol{B}=\boldsymbol{A}(k\boldsymbol{B})$ (k 为常数).

对于 n 阶方阵还可以定义**矩阵乘幂**的运算.

定义 5　设 $\boldsymbol{A}$ 是 n 阶方阵，m 是正整数，则规定

$$\boldsymbol{A}^1=\boldsymbol{A},\quad \boldsymbol{A}^2=\boldsymbol{A}^1\boldsymbol{A}^1,\quad \boldsymbol{A}^m=\boldsymbol{A}^{m-1}\boldsymbol{A}^1,$$

称 $\boldsymbol{A}^m$ 是方阵 $\boldsymbol{A}$ 的 m 次幂.

当 $m=0$ 时，规定 $\boldsymbol{A}^0=\boldsymbol{E}$. 对矩阵的乘幂，有

$$A^kA^l=A^{k+l},\quad (A^k)^l=A^{kl},$$

其中,k, l 为任意自然数.

矩阵乘法不满足交换律,因此,一般地有 $(AB)^k\neq A^kB^k$.

例 9 计算矩阵

$$\begin{pmatrix}1&2\\0&1\end{pmatrix}^3.$$

解 设

$$A=\begin{pmatrix}1&2\\0&1\end{pmatrix}=\begin{pmatrix}1&0\\0&1\end{pmatrix}+\begin{pmatrix}0&2\\0&0\end{pmatrix}=E+B,$$

其中

$$B=\begin{pmatrix}0&2\\0&0\end{pmatrix},$$

显见

$$E^2=E^3=\begin{pmatrix}1&0\\0&1\end{pmatrix},\quad B^2=\begin{pmatrix}0&2\\0&0\end{pmatrix}\begin{pmatrix}0&2\\0&0\end{pmatrix}=\begin{pmatrix}0&0\\0&0\end{pmatrix},$$

$$B^3=\begin{pmatrix}0&2\\0&0\end{pmatrix}\begin{pmatrix}0&2\\0&0\end{pmatrix}\begin{pmatrix}0&2\\0&0\end{pmatrix}=\begin{pmatrix}0&0\\0&0\end{pmatrix}\begin{pmatrix}0&2\\0&0\end{pmatrix}=\begin{pmatrix}0&0\\0&0\end{pmatrix},$$

所以

$$\begin{aligned}A^3&=(E+B)^3=E^3+3E^2B+3EB^2+B^3\\&=\begin{pmatrix}1&0\\0&1\end{pmatrix}+3\begin{pmatrix}1&0\\0&1\end{pmatrix}\begin{pmatrix}0&2\\0&0\end{pmatrix}+3\begin{pmatrix}1&0\\0&1\end{pmatrix}\begin{pmatrix}0&0\\0&0\end{pmatrix}+\begin{pmatrix}0&0\\0&0\end{pmatrix}\\&=\begin{pmatrix}1&0\\0&1\end{pmatrix}+\begin{pmatrix}0&6\\0&0\end{pmatrix}=\begin{pmatrix}1&6\\0&1\end{pmatrix}.\end{aligned}$$

10.2.2 矩阵的转置与方阵行列式

1. 矩阵的转置

定义 6 将矩阵 A 的行与列按顺序互换所得到的矩阵,称为矩阵 A 的**转置矩阵**,记作 A^{T},即

$$A=\begin{pmatrix}a_{11}&a_{12}&\cdots&a_{1n}\\a_{21}&a_{22}&\cdots&a_{2n}\\\vdots&\vdots&&\vdots\\a_{m1}&a_{m2}&\cdots&a_{mn}\end{pmatrix},\quad A^{\mathrm{T}}=\begin{pmatrix}a_{11}&a_{21}&\cdots&a_{m1}\\a_{12}&a_{22}&\cdots&a_{m2}\\\vdots&\vdots&&\vdots\\a_{1n}&a_{2n}&\cdots&a_{mn}\end{pmatrix}.$$

矩阵转置后，行数、列数都变了，各元素的位置也变了，其中 A^{T} 中的第 i 行第 j 列的元素是矩阵 A 中的第 j 行第 i 列的元素，故一般来说，$A \neq A^{T}$.

矩阵 A, B, C 的转置满足下列运算规则：

(1) $(A^{T})^{T}=A$;

(2) $(A+B)^{T}=A^{T}+B^{T}$;

(3) $(kA)^{T}=kA^{T}$(k 为常数)；

(4) $(AB)^{T}=B^{T}A^{T}$, $(ABC)^{T}=C^{T}B^{T}A^{T}$.

还可以推广到多个矩阵的情形：若已知矩阵 A_1, A_2, $\cdots$, A_m, 则有

$$(A_1A_2\cdots A_m)^{T}=A_m^{T}\cdots A_2^{T}A_1^{T}.$$

例 10　设 $A=\begin{pmatrix}2 & 1 & 0\\ -1 & 2 & 3\\ 0 & -3 & 1\end{pmatrix}$, $B=\begin{pmatrix}1 & 2\\ -1 & 3\\ 1 & 0\end{pmatrix}$, 计算 $(AB)^{T}$ 和 $B^{T}A^{T}$.

解　因为 $AB=\begin{pmatrix}2 & 1 & 0\\ -1 & 2 & 3\\ 0 & -3 & 1\end{pmatrix}\begin{pmatrix}1 & 2\\ -1 & 3\\ 1 & 0\end{pmatrix}=\begin{pmatrix}1 & 7\\ 0 & 4\\ 4 & -9\end{pmatrix}$,

所以
$$(AB)^{T}=\begin{pmatrix}1 & 0 & 4\\ 7 & 4 & -9\end{pmatrix}.$$

又
$$B^{T}=\begin{pmatrix}1 & -1 & 1\\ 2 & 3 & 0\end{pmatrix},\quad A^{T}=\begin{pmatrix}2 & -1 & 0\\ 1 & 2 & -3\\ 0 & 3 & 1\end{pmatrix},$$

所以
$$B^{T}A^{T}=\begin{pmatrix}1 & -1 & 1\\ 2 & 3 & 0\end{pmatrix}\begin{pmatrix}2 & -1 & 0\\ 1 & 2 & -3\\ 0 & 3 & 1\end{pmatrix}=\begin{pmatrix}1 & 0 & 4\\ 7 & 4 & -9\end{pmatrix}.$$

显见
$$(AB)^{T}=B^{T}A^{T}.$$

定义 7　若方阵 $A=(a_{ij})$ 满足 $A^{T}=A$, 则称 A 是**对称矩阵**；若方阵 $A=(a_{ij})$ 满足 $A^{T}=-A$, 则称 A 是**反对称矩阵**.

由定义知，对称矩阵的元素满足

$$a_{ij}=a_{ji}\quad (i, j=1, 2, \cdots, n).$$

例如，矩阵 $A=\begin{pmatrix}2 & 1 & 1\\ 1 & -1 & 3\\ 1 & 3 & 0\end{pmatrix}$, $E=\begin{pmatrix}1 & 0 & 0\\ 0 & 1 & 0\\ 0 & 0 & 1\end{pmatrix}$ 都是对称矩阵.

反对称矩阵的元素满足

$$\begin{cases}a_{ij}=-a_{ji}, & i\neq j,\\ a_{ij}=0, & i=j\end{cases}\quad (i, j=1, 2, \cdots, n).$$

例如,矩阵 $\boldsymbol{A}=\begin{pmatrix}0&1&2\\-1&0&3\\-2&-3&0\end{pmatrix}$, $\boldsymbol{B}=\begin{pmatrix}0&3&-1\\-3&0&1\\1&-1&0\end{pmatrix}$ 都是反对称矩阵.

2. n 阶方阵行列式

定义 8 设 n 阶方阵

$$\boldsymbol{A}=\begin{pmatrix}a_{11}&a_{12}&\cdots&a_{1n}\\a_{21}&a_{22}&\cdots&a_{2n}\\\vdots&\vdots&&\vdots\\a_{n1}&a_{n2}&\cdots&a_{nn}\end{pmatrix},$$

则其对应的行列式

$$\begin{vmatrix}a_{11}&a_{12}&\cdots&a_{1n}\\a_{21}&a_{22}&\cdots&a_{2n}\\\vdots&\vdots&&\vdots\\a_{n1}&a_{n2}&\cdots&a_{nn}\end{vmatrix}$$

称为方阵 $\boldsymbol{A}$ 的行列式,记作 $|\boldsymbol{A}|$ 或 $\det\boldsymbol{A}$.

注意 方阵 $\boldsymbol{A}$ 和方阵 $\boldsymbol{A}$ 的行列式 $|\boldsymbol{A}|$ 是不同的概念.

一般来说,$\boldsymbol{AB}\neq\boldsymbol{BA}$,但它们的行列式相等,即

定理 1 设 $\boldsymbol{A}$, $\boldsymbol{B}$ 是两个任意 n 阶方阵,则 $|\boldsymbol{AB}|=|\boldsymbol{A}||\boldsymbol{B}|$.

由定理可知,方阵和行列式有如下关系:

(1) 两个同阶方阵相乘的行列式等于这两个方阵的行列式相乘;

(2) 两个同阶行列式相乘也可以先求相应的乘积矩阵,然后求这个乘积矩阵的行列式.

例 11 设矩阵

$$\boldsymbol{A}=\begin{pmatrix}2&3&4\\0&1&2\\0&0&-3\end{pmatrix},\quad \boldsymbol{B}=\begin{pmatrix}1&10&-5\\0&2&3\\0&0&4\end{pmatrix},$$

求 $|\boldsymbol{A}+\boldsymbol{B}|$, $|\boldsymbol{A}|^2$, $|\boldsymbol{A}|+|\boldsymbol{B}|$, $|\boldsymbol{AB}|$, $|2\boldsymbol{B}|$.

解 因为

$$|\boldsymbol{A}|=2\times1\times(-3)=-6,$$

$$|\boldsymbol{B}|=1\times2\times4=8,$$

于是

$$|\boldsymbol{A}+\boldsymbol{B}|=\begin{vmatrix}3&13&-1\\0&3&5\\0&0&1\end{vmatrix}=3\times3\times1=9,$$

$|\boldsymbol{A}|^2=[2\times1\times(-3)]^2=36$,

$|\boldsymbol{A}|+|\boldsymbol{B}|=-6+8=2$,

$|\boldsymbol{AB}|=|\boldsymbol{A}||\boldsymbol{B}|=-6\times8=-48$,

$$|2\boldsymbol{B}|=\begin{vmatrix}2&20&-10\\0&4&6\\0&0&8\end{vmatrix}=2\times4\times8=64.$$

一般地，$|\boldsymbol{A}+\boldsymbol{B}|\neq|\boldsymbol{A}|+|\boldsymbol{B}|$，$|k\boldsymbol{A}|\neq k|\boldsymbol{A}|$.

由方阵行列式的乘积定理,可知方阵行列式的乘积满足下列运算规则：

(1) 设 $\boldsymbol{A}$ 是 n 阶矩阵,k 是任意常数,m 是任意自然数,则

① $|k\boldsymbol{A}|=k^n|\boldsymbol{A}|$；　② $|\boldsymbol{A}^m|=|\boldsymbol{A}|^m$；

③ $|\boldsymbol{A}^{\mathrm{T}}|=|\boldsymbol{A}|$；　④ $|\boldsymbol{AA}^{\mathrm{T}}|=|\boldsymbol{A}^{\mathrm{T}}\boldsymbol{A}|=|\boldsymbol{A}|^2$.

(2) 设 $\boldsymbol{A}_1$, $\boldsymbol{A}_2$, …, $\boldsymbol{A}_m$ 都是 n 阶矩阵,则

$$|\boldsymbol{A}_1\boldsymbol{A}_2\cdots\boldsymbol{A}_m|=|\boldsymbol{A}_1||\boldsymbol{A}_2|\cdots|\boldsymbol{A}_m|.$$

练习 10.2

1. 设矩阵 $\boldsymbol{A}=\begin{pmatrix}1&2&-1\\2&5&2\end{pmatrix}$, $\boldsymbol{B}=\begin{pmatrix}2&1&0\\1&0&-1\end{pmatrix}$, 求 $\boldsymbol{A}+\boldsymbol{B}$, $2\boldsymbol{A}-3\boldsymbol{B}$.

2. 设矩阵 $\boldsymbol{A}=\begin{pmatrix}1&-1\\-2&2\\1&-3\end{pmatrix}$, $\boldsymbol{B}=\begin{pmatrix}1&-1\\-1&2\end{pmatrix}$, 求乘积矩阵 $\boldsymbol{AB}$.

3. 设矩阵 $\boldsymbol{A}=\begin{pmatrix}0&1\\4&3\end{pmatrix}$, $\boldsymbol{B}=\begin{pmatrix}-1&1\\4&2\end{pmatrix}$, 试判断 $\boldsymbol{A}$ 和 $\boldsymbol{B}$ 是否可交换.

4. 设矩阵 $\boldsymbol{A}=\begin{pmatrix}2&4\\-3&-6\end{pmatrix}$, $\boldsymbol{B}=\begin{pmatrix}-1&4\\2&-1\end{pmatrix}$, $\boldsymbol{C}=\begin{pmatrix}1&0\\1&1\end{pmatrix}$, 求 $\boldsymbol{AB}$ 和 $\boldsymbol{AC}$.

5. 设矩阵 $\boldsymbol{A}=\begin{pmatrix}1&2\\-3&-1\end{pmatrix}$, $\boldsymbol{B}=\begin{pmatrix}-1&1\\2&1\end{pmatrix}$, 求 $\boldsymbol{A}^2\boldsymbol{B}^{\mathrm{T}}$ 和 $2\boldsymbol{AB}^2$.

10.3 逆　矩　阵

10.3.1 可逆矩阵的概念和性质

1. 可逆矩阵的概念

在实数中,加法和减法互为逆运算,乘法和除法互为逆运算. 前面已经定义了矩阵的加法、减法和乘法运算,那么在矩阵运算中,是否也有矩阵乘法的逆运算呢?

为了弄清这个问题,先引入逆矩阵的概念.

定义1 设$\boldsymbol{A}$为n阶方阵,若存在n阶方阵$\boldsymbol{B}$,满足

$$\boldsymbol{AB}=\boldsymbol{BA}=\boldsymbol{E},$$

则称方阵$\boldsymbol{A}$为**可逆矩阵**,或称$\boldsymbol{A}$**可逆**,称方阵$\boldsymbol{B}$为$\boldsymbol{A}$的**逆矩阵**,记作$\boldsymbol{A}^{-1}$,读作"A逆",即$\boldsymbol{A}^{-1}=\boldsymbol{B}$.

由逆矩阵定义可知:

(1) 方阵$\boldsymbol{A}$与$\boldsymbol{B}$的地位是平等的,因此也可以称$\boldsymbol{B}$为可逆矩阵,称$\boldsymbol{A}$为$\boldsymbol{B}$的逆矩阵,即$\boldsymbol{B}^{-1}=\boldsymbol{A}$,也就是说,$\boldsymbol{A}$与$\boldsymbol{B}$互为逆矩阵.

(2) 可逆矩阵$\boldsymbol{A}$一定是方阵,换句话说,若一个矩阵不是方阵,则它一定不可逆.

(3) 零矩阵不是可逆矩阵,而单位矩阵是可逆矩阵,因为$\boldsymbol{E}\cdot\boldsymbol{E}=\boldsymbol{E}$,所以单位矩阵的逆矩阵就是它本身,即$\boldsymbol{E}^{-1}=\boldsymbol{E}$.

例1 设矩阵

$$\boldsymbol{A}=\begin{pmatrix}3 & 1\\ 2 & 1\end{pmatrix},\quad \boldsymbol{B}=\begin{pmatrix}1 & -1\\ -2 & 3\end{pmatrix},$$

验证$\boldsymbol{A}$与$\boldsymbol{B}$是否互为逆矩阵.

解 因为

$$\boldsymbol{AB}=\begin{pmatrix}3 & 1\\ 2 & 1\end{pmatrix}\begin{pmatrix}1 & -1\\ -2 & 3\end{pmatrix}=\begin{pmatrix}1 & 0\\ 0 & 1\end{pmatrix},$$

$$\boldsymbol{BA}=\begin{pmatrix}1 & -1\\ -2 & 3\end{pmatrix}\begin{pmatrix}3 & 1\\ 2 & 1\end{pmatrix}=\begin{pmatrix}1 & 0\\ 0 & 1\end{pmatrix},$$

即$\boldsymbol{AB}=\boldsymbol{BA}=\boldsymbol{E}$,所以$\boldsymbol{A}$与$\boldsymbol{B}$互为逆矩阵.

2. 可逆矩阵的性质

由逆矩阵定义,易得可逆矩阵具有以下性质.

性质1 若$\boldsymbol{A}$可逆,则$\boldsymbol{A}$的逆矩阵是唯一的.

因为,若方阵$\boldsymbol{B}$和$\boldsymbol{C}$都是$\boldsymbol{A}$的逆矩阵,则

$$\boldsymbol{AB}=\boldsymbol{BA}=\boldsymbol{E},\quad \boldsymbol{AC}=\boldsymbol{CA}=\boldsymbol{E},$$

而

$$\boldsymbol{B}=\boldsymbol{BE}=\boldsymbol{B}(\boldsymbol{AC})=(\boldsymbol{BA})\boldsymbol{C}=\boldsymbol{EC}=\boldsymbol{C},$$

所以逆矩阵是唯一的.

性质2 若$\boldsymbol{A}$可逆,则$\boldsymbol{A}^{-1}$也可逆,且$(\boldsymbol{A}^{-1})^{-1}=\boldsymbol{A}$.

由可逆矩阵定义,显然可见,$\boldsymbol{A}$和$\boldsymbol{A}^{-1}$是互逆的.

性质3 若$\boldsymbol{A}$和$\boldsymbol{B}$都是n阶可逆矩阵,则$\boldsymbol{AB}$也可逆,且$(\boldsymbol{AB})^{-1}=\boldsymbol{B}^{-1}\boldsymbol{A}^{-1}$.

因为

$$(\boldsymbol{AB})(\boldsymbol{B}^{-1}\boldsymbol{A}^{-1})=\boldsymbol{A}(\boldsymbol{BB}^{-1})\boldsymbol{A}^{-1}=\boldsymbol{AEA}^{-1}=\boldsymbol{AA}^{-1}=\boldsymbol{E},$$

$$(\boldsymbol{B}^{-1}\boldsymbol{A}^{-1})(\boldsymbol{AB})=\boldsymbol{B}^{-1}(\boldsymbol{A}^{-1}\boldsymbol{A})\boldsymbol{B}=\boldsymbol{B}^{-1}\boldsymbol{EB}=\boldsymbol{B}^{-1}\boldsymbol{B}=\boldsymbol{E},$$

所以
$$(\boldsymbol{AB})^{-1}=\boldsymbol{B}^{-1}\boldsymbol{A}^{-1}.$$

推论　若同阶矩阵 $\boldsymbol{A}_1,\boldsymbol{A}_2,\cdots,\boldsymbol{A}_m$ 都可逆,则乘积矩阵 $\boldsymbol{A}_1\boldsymbol{A}_2\cdots\boldsymbol{A}_m$ 也可逆,且

$$(\boldsymbol{A}_1\boldsymbol{A}_2\cdots\boldsymbol{A}_m)^{-1}=\boldsymbol{A}_m^{-1}\cdots\boldsymbol{A}_2^{-1}\boldsymbol{A}_1^{-1}.$$

特别地,有 $(\boldsymbol{ABC})^{-1}=\boldsymbol{C}^{-1}\boldsymbol{B}^{-1}\boldsymbol{A}^{-1}$.

性质 4　若 $\boldsymbol{A}$ 可逆,数 $k\neq 0$, 则 $k\boldsymbol{A}$ 也可逆,且 $(k\boldsymbol{A})^{-1}=k^{-1}\boldsymbol{A}^{-1}$.

性质 5　若 $\boldsymbol{A}$ 可逆,则其转置矩阵 $\boldsymbol{A}^{\mathrm{T}}$ 也可逆,且 $(\boldsymbol{A}^{\mathrm{T}})^{-1}=(\boldsymbol{A}^{-1})^{\mathrm{T}}$.

性质 6　若 $\boldsymbol{A}$ 可逆,则 $|\boldsymbol{A}^{-1}|=\dfrac{1}{|\boldsymbol{A}|}$.

性质 7　若 $\boldsymbol{A}$ 可逆,且 $\boldsymbol{AB}=\boldsymbol{AC}$,则 $\boldsymbol{B}=\boldsymbol{C}$.

因为方阵 $\boldsymbol{A}$ 可逆,所以 $\boldsymbol{A}^{-1}\boldsymbol{A}=\boldsymbol{E}$,又 $\boldsymbol{AB}=\boldsymbol{AC}$,从而有 $\boldsymbol{A}^{-1}\boldsymbol{AB}=\boldsymbol{A}^{-1}\boldsymbol{AC}$,即 $\boldsymbol{EB}=\boldsymbol{EC}$,所以 $\boldsymbol{B}=\boldsymbol{C}$.

性质 7 表明,矩阵的乘法虽然没有消去规则,但若矩阵可逆也可以使用消去律,只是要区分是在等式两边左乘还是右乘.

10.3.2　逆矩阵的求法

定义 2　若 n 阶矩阵 $\boldsymbol{A}$ 的行列式满足 $|\boldsymbol{A}|\neq 0$,则称矩阵 $\boldsymbol{A}$ 为**非退化矩阵**(或**非奇异矩阵**);否则,称 $\boldsymbol{A}$ 为**退化矩阵**(或**奇异矩阵**).

定义 3　设 n 阶方阵

$$\boldsymbol{A}=\begin{pmatrix} a_{11} & a_{12} & \cdots & a_{1n} \\ a_{21} & a_{22} & \cdots & a_{2n} \\ \vdots & \vdots & & \vdots \\ a_{n1} & a_{n2} & \cdots & a_{nn} \end{pmatrix},$$

则由行列式 $|\boldsymbol{A}|$ 中元素 a_{ij} 的代数余子式 A_{ij} 所构成的 n 阶矩阵

$$\begin{pmatrix} A_{11} & A_{21} & \cdots & A_{n1} \\ A_{12} & A_{22} & \cdots & A_{n2} \\ \vdots & \vdots & & \vdots \\ A_{1n} & A_{2n} & \cdots & A_{nn} \end{pmatrix},$$

称为矩阵 $\boldsymbol{A}$ 的**伴随矩阵**,记作 $\boldsymbol{A}^*$.

注意　伴随矩阵是先用代数余子式 A_{ij} 代替 $\boldsymbol{A}$ 中相应元素 a_{ij},然后再转置所得到的矩阵.

例 2　求矩阵 $\boldsymbol{A}=\begin{pmatrix} 4 & 1 \\ -1 & 3 \end{pmatrix}$ 的伴随矩阵.

解 因为矩阵 $\boldsymbol{A}$ 的行列式为 $|\boldsymbol{A}|=\begin{vmatrix}4 & 1\\-1 & 3\end{vmatrix}$，其各元素的代数余子式分别为

$$A_{11}=(-1)^{1+1}M_{11}=3,\quad A_{12}=(-1)^{1+2}M_{12}=1,$$
$$A_{21}=(-1)^{2+1}M_{21}=-1,\quad A_{22}=(-1)^{2+2}M_{22}=4.$$

从而 $\boldsymbol{A}$ 的伴随矩阵 $\boldsymbol{A}^*=\begin{pmatrix}3 & -1\\1 & 4\end{pmatrix}$.

例3 求矩阵 $\boldsymbol{A}=\begin{pmatrix}1 & 2 & 3\\2 & 2 & -1\\3 & 1 & 3\end{pmatrix}$ 的伴随矩阵.

解 因为矩阵 $\boldsymbol{A}$ 的行列式中各元素的代数余子式分别为

$$A_{11}=(-1)^{1+1}M_{11}=(-1)^{1+1}\begin{vmatrix}2 & -1\\1 & 3\end{vmatrix}=7,$$

$$A_{12}=(-1)^{1+2}M_{12}=(-1)^{1+2}\begin{vmatrix}2 & -1\\3 & 3\end{vmatrix}=-9,$$

$$A_{13}=(-1)^{1+3}M_{13}=(-1)^{1+3}\begin{vmatrix}2 & 2\\3 & 1\end{vmatrix}=-4,$$

$$A_{21}=(-1)^{2+1}M_{21}=(-1)^{2+1}\begin{vmatrix}2 & 3\\1 & 3\end{vmatrix}=-3,$$

$$A_{22}=(-1)^{2+2}M_{22}=(-1)^{2+2}\begin{vmatrix}1 & 3\\3 & 3\end{vmatrix}=-6,$$

$$A_{23}=(-1)^{2+3}M_{23}=(-1)^{2+3}\begin{vmatrix}1 & 2\\3 & 1\end{vmatrix}=5,$$

$$A_{31}=(-1)^{3+1}M_{31}=(-1)^{3+1}\begin{vmatrix}2 & 3\\2 & -1\end{vmatrix}=-8,$$

$$A_{32}=(-1)^{3+2}M_{32}=(-1)^{3+2}\begin{vmatrix}1 & 3\\2 & -1\end{vmatrix}=7,$$

$$A_{33}=(-1)^{3+3}M_{33}=(-1)^{3+3}\begin{vmatrix}1 & 2\\2 & 2\end{vmatrix}=-2,$$

所以

$$\boldsymbol{A}^*=\begin{pmatrix}A_{11} & A_{21} & A_{31}\\A_{12} & A_{22} & A_{32}\\A_{13} & A_{23} & A_{33}\end{pmatrix}=\begin{pmatrix}7 & -3 & -8\\-9 & -6 & 7\\-4 & 5 & -2\end{pmatrix}.$$

定理 1(逆矩阵的存在定理)　n 阶方阵 $\boldsymbol{A}$ 可逆的充分必要条件是 $|\boldsymbol{A}|\neq 0$，且当方阵 $\boldsymbol{A}$ 可逆时，有

$$\boldsymbol{A}^{-1}=\frac{\boldsymbol{A}^{*}}{|\boldsymbol{A}|}.$$

证明　**必要性.** 设 $\boldsymbol{A}$ 可逆，则 $\boldsymbol{A}\boldsymbol{A}^{-1}=\boldsymbol{E}$，
因此 $|\boldsymbol{A}\boldsymbol{A}^{-1}|=|\boldsymbol{E}|$，即 $|\boldsymbol{A}|\cdot|\boldsymbol{A}^{-1}|=|\boldsymbol{E}|=1$，所以 $|\boldsymbol{A}|\neq 0$，即矩阵 $\boldsymbol{A}$ 为**非退化矩阵**.

充分性. 设矩阵 $\boldsymbol{A}$ 为**非退化矩阵**，即 $|\boldsymbol{A}|\neq 0$，则存在矩阵 $\boldsymbol{B}=\dfrac{\boldsymbol{A}^{*}}{|\boldsymbol{A}|}$，而由行列式展开定理有

$$\sum_{k=1}^{n}a_{ik}A_{jk}=a_{i1}A_{j1}+a_{i2}A_{j2}+\cdots+a_{in}A_{jn}=\begin{cases}|\boldsymbol{A}|, & i=j,\\ 0, & i\neq j,\end{cases}$$

于是

$$\begin{aligned}\boldsymbol{A}\boldsymbol{B}&=\begin{pmatrix}a_{11}&a_{12}&\cdots&a_{1n}\\a_{21}&a_{22}&\cdots&a_{2n}\\\vdots&\vdots&&\vdots\\a_{n1}&a_{n2}&\cdots&a_{nn}\end{pmatrix}\cdot\frac{1}{|\boldsymbol{A}|}\begin{pmatrix}A_{11}&A_{21}&\cdots&A_{n1}\\A_{12}&A_{22}&\cdots&A_{n2}\\\vdots&\vdots&&\vdots\\A_{1n}&A_{2n}&\cdots&A_{nn}\end{pmatrix}\\&=\frac{1}{|\boldsymbol{A}|}\begin{pmatrix}|\boldsymbol{A}|&0&\cdots&0\\0&|\boldsymbol{A}|&\cdots&0\\\vdots&\vdots&&\vdots\\0&0&\cdots&|\boldsymbol{A}|\end{pmatrix}\\&=\begin{pmatrix}1&0&\cdots&0\\0&1&\cdots&0\\\vdots&\vdots&&\vdots\\0&0&\cdots&1\end{pmatrix}=\boldsymbol{E}.\end{aligned}$$

同理可证　$\boldsymbol{B}\boldsymbol{A}=\boldsymbol{E}$.

故矩阵 $\boldsymbol{A}$ 可逆，且 $\boldsymbol{A}^{-1}=\boldsymbol{B}=\dfrac{\boldsymbol{A}^{*}}{|\boldsymbol{A}|}$.

该定理不仅给出了判别一个矩阵 $\boldsymbol{A}$ 是否可逆的方法，并且给出了一种求逆矩阵 $\boldsymbol{A}^{-1}$ 的方法——伴随矩阵法，即 $\boldsymbol{A}^{-1}=\dfrac{\boldsymbol{A}^{*}}{|\boldsymbol{A}|}$.

例 4　求矩阵 $\boldsymbol{A}=\begin{pmatrix}1&2&0\\2&3&0\\3&1&1\end{pmatrix}$ 的逆矩阵.

解 因为方阵 $\boldsymbol{A}$ 的行列式 $|\boldsymbol{A}|=\begin{vmatrix}1&2&0\\2&3&0\\3&1&1\end{vmatrix}=-1\neq 0$，所以矩阵 $\boldsymbol{A}$ 是可逆的. 由于

$$A_{11}=(-1)^{1+1}M_{11}=(-1)^{1+1}\begin{vmatrix}3&0\\1&1\end{vmatrix}=3,$$

$$A_{12}=(-1)^{1+2}M_{12}=(-1)^{1+2}\begin{vmatrix}2&0\\3&1\end{vmatrix}=-2,$$

$$A_{13}=(-1)^{1+3}M_{13}=(-1)^{1+3}\begin{vmatrix}2&3\\3&1\end{vmatrix}=-7,$$

$$A_{21}=(-1)^{2+1}M_{21}=(-1)^{2+1}\begin{vmatrix}2&0\\1&1\end{vmatrix}=-2,$$

$$A_{22}=(-1)^{2+2}M_{22}=(-1)^{2+2}\begin{vmatrix}1&0\\3&1\end{vmatrix}=1,$$

$$A_{23}=(-1)^{2+3}M_{23}=(-1)^{2+3}\begin{vmatrix}1&2\\3&1\end{vmatrix}=5,$$

$$A_{31}=(-1)^{3+1}M_{31}=(-1)^{3+1}\begin{vmatrix}2&0\\3&0\end{vmatrix}=0,$$

$$A_{32}=(-1)^{3+2}M_{32}=(-1)^{3+2}\begin{vmatrix}1&0\\2&0\end{vmatrix}=0,$$

$$A_{33}=(-1)^{3+3}M_{33}=(-1)^{3+3}\begin{vmatrix}1&2\\2&3\end{vmatrix}=-1.$$

所以矩阵 $\boldsymbol{A}$ 的伴随矩阵 $\boldsymbol{A}^*=\begin{pmatrix}3&-2&0\\-2&1&0\\-7&5&-1\end{pmatrix}$，

于是所求逆矩阵为

$$\boldsymbol{A}^{-1}=\frac{\boldsymbol{A}^*}{|\boldsymbol{A}|}=\frac{1}{-1}\begin{pmatrix}3&-2&0\\-2&1&0\\-7&5&-1\end{pmatrix}=\begin{pmatrix}-3&2&0\\2&-1&0\\7&-5&1\end{pmatrix}.$$

定理 2 设 $\boldsymbol{A}$ 与 $\boldsymbol{B}$ 都是 n 阶方阵，若 $\boldsymbol{AB}=\boldsymbol{E}$(或 $\boldsymbol{BA}=\boldsymbol{E}$)，则方阵 $\boldsymbol{A}$ 与 $\boldsymbol{B}$ 都可逆，且 $\boldsymbol{A}^{-1}=\boldsymbol{B}$，$\boldsymbol{B}^{-1}=\boldsymbol{A}$.

证明 由 $\boldsymbol{AB}=\boldsymbol{E}$，得 $|\boldsymbol{AB}|=|\boldsymbol{A}||\boldsymbol{B}|=|\boldsymbol{E}|=1$，所以 $|\boldsymbol{A}|\neq 0$，即方阵 $\boldsymbol{A}$ 可逆，且

$$B=EB=(A^{-1}A)B=A^{-1}(AB)=A^{-1}E=A^{-1}.$$

同理可证　$B^{-1}=A$.

例 5　设 n 阶方阵 A 满足 $A^2-3A-4E=0$，证明：$A-3E$ 可逆，并求其逆矩阵.

证明　由 $A^2-3A-4E=0$，得 $A(A-3E)=4E$，即

$$\left(\frac{1}{4}A\right)(A-3E)=E.$$

由定理 2 知，$A-3E$ 可逆，且 $(A-3E)^{-1}=\frac{1}{4}A$.

练习 10.3

1. 求下列矩阵的伴随矩阵 A^*.

(1) $A=\begin{pmatrix}1&2\\3&4\end{pmatrix}$；　　(2) $A=\begin{pmatrix}1&-1&0\\0&3&1\\1&2&1\end{pmatrix}$.

2. 已知矩阵 $A=\begin{pmatrix}1&-2&1\\2&-3&1\\-1&1&-2\end{pmatrix}$，判断 A 是否可逆，若可逆，求出 A^{-1}.

3. 设 n 阶矩阵 A 满足 $A^2-4A-2E=O$，证明：$A-4E$ 可逆，并求其逆矩阵.

10.4　矩阵的初等变换

矩阵的初等变换是矩阵理论的重要内容，用途很广泛，是计算相应行列式、求解逆矩阵、化简矩阵、求解线性方程组的重要工具.

10.4.1　矩阵的初等变换

定义 1　设 A 为 m 行 n 列矩阵，对 A 施行下列三种变换：

(1) 交换矩阵 A 的某两行(互换 i，j 行，记作 $r_i \leftrightarrow r_j$)；

(2) 用一个非零常数 k 乘以矩阵 A 某一行的所有元素(第 i 行乘以 k，记作 $r_i\times k$ 或 kr_i)；

(3) 把矩阵 A 的某一行的 k 倍加到另一行对应元素上去(第 j 行 k 倍加到第 i 行对应元素上去，记作 $r_i+r_j\times k$ 或 r_i+kr_j).

上述变换统称为矩阵的**初等行变换**.

例 1 已知矩阵 $\boldsymbol{A}=\begin{pmatrix}1 & 2 & 0 & 3\\ 3 & -1 & 5 & 2\\ 2 & 3 & -3 & 0\end{pmatrix}$,求

(1) 交换 $\boldsymbol{A}$ 的第 1 行、第 3 行后所得的矩阵 $\boldsymbol{A}_1$;

(2) 将 $\boldsymbol{A}$ 的第 2 行乘以 2 后所得的矩阵 $\boldsymbol{A}_2$;

(3) 将 $\boldsymbol{A}$ 的第 3 行乘以-1加到第 1 行后所得的矩阵 $\boldsymbol{A}_3$.

解 (1) 交换 $\boldsymbol{A}$ 的第 1 行、第 3 行后所得的矩阵 $\boldsymbol{A}_1$ 为

$$\boldsymbol{A}=\begin{pmatrix}1 & 2 & 0 & 3\\ 3 & -1 & 5 & 2\\ 2 & 3 & -3 & 0\end{pmatrix}\xrightarrow{r_1\leftrightarrow r_3}\begin{pmatrix}2 & 3 & -3 & 0\\ 3 & -1 & 5 & 2\\ 1 & 2 & 0 & 3\end{pmatrix}=\boldsymbol{A}_1;$$

(2) 将 $\boldsymbol{A}$ 的第 2 行乘以 2 后所得的矩阵 $\boldsymbol{A}_2$ 为

$$\boldsymbol{A}=\begin{pmatrix}1 & 2 & 0 & 3\\ 3 & -1 & 5 & 2\\ 2 & 3 & -3 & 0\end{pmatrix}\xrightarrow{r_2\times 2}\begin{pmatrix}1 & 2 & 0 & 3\\ 6 & -2 & 10 & 4\\ 2 & 3 & -3 & 0\end{pmatrix}=\boldsymbol{A}_2;$$

(3) 将 $\boldsymbol{A}$ 的第 3 行乘以(-1)加到第 1 行后所得的矩阵 $\boldsymbol{A}_3$ 为

$$\boldsymbol{A}=\begin{pmatrix}1 & 2 & 0 & 3\\ 3 & -1 & 5 & 2\\ 2 & 3 & -3 & 0\end{pmatrix}\xrightarrow{r_1+r_3\times(-1)}\begin{pmatrix}-1 & -1 & 3 & 3\\ 3 & -1 & 5 & 2\\ 2 & 3 & -3 & 0\end{pmatrix}=\boldsymbol{A}_3.$$

注意 由于矩阵的初等变换改变了矩阵的元素,因此初等变换前后的矩阵是不相等的,应该用"$\rightarrow$"连接而不可用"$=$"连接.

若将定义中的"行"换成"列",即得矩阵的**初等列变换**. 所用的记号是把"r"换成"c".

矩阵的初等行变换和初等列变换统称为矩阵的**初等变换**.

若矩阵 $\boldsymbol{A}$ 经过若干次初等变换变成矩阵 $\boldsymbol{B}$,记作 $\boldsymbol{A}\rightarrow\boldsymbol{B}$,此时称矩阵 $\boldsymbol{A}$ 与 $\boldsymbol{B}$ 是**等价矩阵**,记作 $\boldsymbol{A}\sim\boldsymbol{B}$. 显然,当 $|\boldsymbol{A}|\neq 0$ 时,必有 $|\boldsymbol{B}|\neq 0$.

定理 1 任何非退化矩阵经过有限次初等行变换都能化为单位矩阵.

例 2 利用初等行变换将矩阵

$$\boldsymbol{A}=\begin{pmatrix}0 & 1 & 0\\ 1 & 1 & 0\\ 2 & 2 & 1\end{pmatrix},$$

化成单位矩阵.

解 $\boldsymbol{A}=\begin{pmatrix}0 & 1 & 0\\ 1 & 1 & 0\\ 2 & 2 & 1\end{pmatrix}\xrightarrow{r_1\leftrightarrow r_2}\begin{pmatrix}1 & 1 & 0\\ 0 & 1 & 0\\ 2 & 2 & 1\end{pmatrix}\xrightarrow{r_3+r_1\times(-2)}\begin{pmatrix}1 & 1 & 0\\ 0 & 1 & 0\\ 0 & 0 & 1\end{pmatrix}\xrightarrow{r_1+r_2\times(-1)}\begin{pmatrix}1 & 0 & 0\\ 0 & 1 & 0\\ 0 & 0 & 1\end{pmatrix}.$

定义 2 对单位矩阵 $\boldsymbol{E}$ 施行一次初等变换得到的矩阵称为**初等矩阵**.

定理 2 对 $m\times n$ 矩阵 $\boldsymbol{A}$ 施行初等行变换,相当于左乘一个相应的 m 阶初等矩阵;对 $m\times n$ 矩阵 $\boldsymbol{A}$ 施行初等列变换,相当于右乘一个相应的 n 阶初等矩阵.

10.4.2 用矩阵的初等行变换求逆矩阵

用伴随矩阵法求 n 阶可逆矩阵的逆矩阵是一种常见的方法,但它只适用求阶数 n 较低的方阵,而且这种方法需要计算 n^2 个 $n-1$ 阶行列式,当阶数 n 较大时,它的计算量是很大的. 下面介绍求逆矩阵的另一种方法——**初等行变换法**.

对于任意一个 n 阶可逆矩阵 $\boldsymbol{A}$,一定存在一组初等矩阵 $\boldsymbol{P}_1$, $\boldsymbol{P}_2$, …, $\boldsymbol{P}_m$,使得

$$\boldsymbol{P}_m\cdot\cdots\cdot\boldsymbol{P}_2\boldsymbol{P}_1\boldsymbol{A}=\boldsymbol{E},$$

上式两边同时右乘 $\boldsymbol{A}^{-1}$,得

$$\boldsymbol{P}_m\cdot\cdots\cdot\boldsymbol{P}_2\boldsymbol{P}_1\boldsymbol{A}\boldsymbol{A}^{-1}=\boldsymbol{E}\boldsymbol{A}^{-1}=\boldsymbol{A}^{-1},$$

即
$$\boldsymbol{A}^{-1}=\boldsymbol{P}_m\cdot\cdots\cdot\boldsymbol{P}_2\boldsymbol{P}_1\boldsymbol{E}.$$

以上表明经过一系列的初等变换可以把可逆矩阵 $\boldsymbol{A}$ 化成单位矩阵 $\boldsymbol{E}$,而将一系列同样的初等变换作用到 $\boldsymbol{E}$ 上,就可以把 $\boldsymbol{E}$ 化成 $\boldsymbol{A}^{-1}$. 下面介绍用初等行变换求逆矩阵的方法.

在矩阵 $\boldsymbol{A}$ 的右边写一个同阶的单位矩阵 $\boldsymbol{E}$,构成一个 $n\times 2n$ 矩阵 $(\boldsymbol{A}\mid\boldsymbol{E})$,用初等行变换将左半部分的矩阵 $\boldsymbol{A}$ 化成单位矩阵 $\boldsymbol{E}$,与此同时,右半部分的 $\boldsymbol{E}$ 就被化成了 $\boldsymbol{A}^{-1}$,即

$$(\boldsymbol{A}\mid\boldsymbol{E})\xrightarrow{\text{初等行变换}}(\boldsymbol{E}\mid\boldsymbol{A}^{-1}).$$

例 3 设矩阵 $\boldsymbol{A}=\begin{pmatrix}0&1&2\\1&-2&-1\\4&1&3\end{pmatrix}$,求逆矩阵 $\boldsymbol{A}^{-1}$.

解
$$(\boldsymbol{A}\mid\boldsymbol{E})=\left(\begin{array}{ccc|ccc}0&1&2&1&0&0\\1&-2&-1&0&1&0\\4&1&3&0&0&1\end{array}\right)\xrightarrow{r_1\leftrightarrow r_2}\left(\begin{array}{ccc|ccc}1&-2&-1&0&1&0\\0&1&2&1&0&0\\4&1&3&0&0&1\end{array}\right)$$

$$\xrightarrow{r_3+r_1\times(-4)}\left(\begin{array}{ccc|ccc}1&-2&-1&0&1&0\\0&1&2&1&0&0\\0&9&7&0&-4&1\end{array}\right)$$

$$\xrightarrow[r_3+r_2\times(-9)]{r_1+r_2\times 2}\left(\begin{array}{ccc|ccc}1&0&3&2&1&0\\0&1&2&1&0&0\\0&0&-11&-9&-4&1\end{array}\right)$$

$$\xrightarrow{r_3\times\left(-\frac{1}{11}\right)}\begin{pmatrix}1&0&3&\vdots&2&1&0\\0&1&2&\vdots&1&0&0\\0&0&1&\vdots&\frac{9}{11}&\frac{4}{11}&-\frac{1}{11}\end{pmatrix}$$

$$\xrightarrow[r_2+r_3\times(-2)]{r_1+r_3\times(-3)}\begin{pmatrix}1&0&0&\vdots&-\frac{5}{11}&-\frac{1}{11}&\frac{3}{11}\\0&1&0&\vdots&-\frac{7}{11}&-\frac{8}{11}&\frac{2}{11}\\0&0&1&\vdots&\frac{9}{11}&\frac{4}{11}&-\frac{1}{11}\end{pmatrix},$$

所以

$$\boldsymbol{A}^{-1}=\begin{pmatrix}-\frac{5}{11}&-\frac{1}{11}&\frac{3}{11}\\-\frac{7}{11}&-\frac{8}{11}&\frac{2}{11}\\\frac{9}{11}&\frac{4}{11}&-\frac{1}{11}\end{pmatrix}.$$

用初等行变换法求给定的 n 阶方阵 $\boldsymbol{A}$ 的逆矩阵 $\boldsymbol{A}^{-1}$,不必知道 $\boldsymbol{A}$ 是否可逆. 在对矩阵 $(\boldsymbol{A}\vdots\boldsymbol{E})$ 进行初等行变换的过程中,若 $(\boldsymbol{A}\vdots\boldsymbol{E})$ 的左半部分出现了零行,则矩阵 $\boldsymbol{A}$ 的行列式 $\det\boldsymbol{A}=0$,从而矩阵 $\boldsymbol{A}$ 是不可逆的. 若 $(\boldsymbol{A}\vdots\boldsymbol{E})$ 中的左半部分能化成单位矩阵 $\boldsymbol{E}$,则矩阵 $\boldsymbol{A}$ 的行列式 $\det\boldsymbol{A}\neq 0$,从而矩阵 $\boldsymbol{A}$ 是可逆的,单位矩阵 $\boldsymbol{E}$ 右边的矩阵就是矩阵 $\boldsymbol{A}$ 的逆矩阵 $\boldsymbol{A}^{-1}$,它是由单位矩阵 $\boldsymbol{E}$ 经过同样的初等行变换得到的.

10.4.3 矩阵方程的求解

逆矩阵也为求解矩阵方程带来了方便. 在线性方程组 $\boldsymbol{AX}=\boldsymbol{B}$ 中,若 $\boldsymbol{A}$ 可逆,则 $\boldsymbol{X}=\boldsymbol{A}^{-1}\boldsymbol{B}$. 可事先求出逆矩阵 $\boldsymbol{A}^{-1}$,只需做一次乘法,即可求得所有变量的值.

例 4 解矩阵方程 $\boldsymbol{AX}=\boldsymbol{B}$,其中

$$\boldsymbol{A}=\begin{pmatrix}-2&1&0\\1&-2&1\\0&1&-2\end{pmatrix},\quad \boldsymbol{B}=\begin{pmatrix}5&-1\\-2&3\\1&4\end{pmatrix}.$$

解 $$(\boldsymbol{A}\vdots\boldsymbol{E})=\begin{pmatrix}-2&1&0&\vdots&1&0&0\\1&-2&1&\vdots&0&1&0\\0&1&-2&\vdots&0&0&1\end{pmatrix}$$

$$\xrightarrow{r_1 \leftrightarrow r_2}\left(\begin{array}{ccc:ccc} 1 & -2 & 1 & 0 & 1 & 0 \\ -2 & 1 & 0 & 1 & 0 & 0 \\ 0 & 1 & -2 & 0 & 0 & 1 \end{array}\right)$$

$$\xrightarrow{r_2 + r_1 \times 2}\left(\begin{array}{ccc:ccc} 1 & -2 & 1 & 0 & 1 & 0 \\ 0 & -3 & 2 & 1 & 2 & 0 \\ 0 & 1 & -2 & 0 & 0 & 1 \end{array}\right)$$

$$\xrightarrow{r_2 \times \left(-\frac{1}{3}\right)}\left(\begin{array}{ccc:ccc} 1 & -2 & 1 & 0 & 1 & 0 \\ 0 & 1 & -\frac{2}{3} & -\frac{1}{3} & -\frac{2}{3} & 0 \\ 0 & 1 & -2 & 0 & 0 & 1 \end{array}\right)$$

$$\xrightarrow{r_3 + r_2 \times (-1)}\left(\begin{array}{ccc:ccc} 1 & -2 & 1 & 0 & 1 & 0 \\ 0 & 1 & -\frac{2}{3} & -\frac{1}{3} & -\frac{2}{3} & 0 \\ 0 & 0 & -\frac{4}{3} & \frac{1}{3} & \frac{2}{3} & 1 \end{array}\right)$$

$$\xrightarrow{r_3 \times \left(-\frac{3}{4}\right)}\left(\begin{array}{ccc:ccc} 1 & -2 & 1 & 0 & 1 & 0 \\ 0 & 1 & -\frac{2}{3} & -\frac{1}{3} & -\frac{2}{3} & 0 \\ 0 & 0 & 1 & -\frac{1}{4} & -\frac{1}{2} & -\frac{3}{4} \end{array}\right)$$

$$\xrightarrow{r_2 + r_3 \times \frac{2}{3}}\left(\begin{array}{ccc:ccc} 1 & -2 & 1 & 0 & 1 & 0 \\ 0 & 1 & 0 & -\frac{1}{2} & -1 & -\frac{1}{2} \\ 0 & 0 & 1 & -\frac{1}{4} & -\frac{1}{2} & -\frac{3}{4} \end{array}\right)$$

$$\xrightarrow[r_1 + r_3 \times (-1)]{r_1 + r_2 \times 2}\left(\begin{array}{ccc:ccc} 1 & 0 & 0 & -\frac{3}{4} & -\frac{1}{2} & -\frac{1}{4} \\ 0 & 1 & 0 & -\frac{1}{2} & -1 & -\frac{1}{2} \\ 0 & 0 & 1 & -\frac{1}{4} & -\frac{1}{2} & -\frac{3}{4} \end{array}\right),$$

所以

$$A^{-1}=\begin{pmatrix}-\frac{3}{4} & -\frac{1}{2} & -\frac{1}{4}\\ -\frac{1}{2} & -1 & -\frac{1}{2}\\ -\frac{1}{4} & -\frac{1}{2} & -\frac{3}{4}\end{pmatrix},$$

从而有

$$\begin{aligned}\boldsymbol{X}=\boldsymbol{A}^{-1}\boldsymbol{B}&=\begin{pmatrix}-\frac{3}{4} & -\frac{1}{2} & -\frac{1}{4}\\ -\frac{1}{2} & -1 & -\frac{1}{2}\\ -\frac{1}{4} & -\frac{1}{2} & -\frac{3}{4}\end{pmatrix}\begin{pmatrix}5 & -1\\ -2 & 3\\ 1 & 4\end{pmatrix}\\ &=\begin{pmatrix}-\frac{3}{4}\times 5+\left(-\frac{1}{2}\right)\times(-2)+\left(-\frac{1}{4}\right)\times 1 & -\frac{3}{4}\times(-1)+\left(-\frac{1}{2}\right)\times 3+\left(-\frac{1}{4}\right)\times 4\\ -\frac{1}{2}\times 5+(-1)\times(-2)+\left(-\frac{1}{2}\right)\times 1 & -\frac{1}{2}\times(-1)+(-1)\times 3+\left(-\frac{1}{2}\right)\times 4\\ -\frac{1}{4}\times 5+\left(-\frac{1}{2}\right)\times(-2)+\left(-\frac{3}{4}\right)\times 1 & -\frac{1}{4}\times(-1)+\left(-\frac{1}{2}\right)\times 3+\left(-\frac{3}{4}\right)\times 4\end{pmatrix}\\ &=\begin{pmatrix}-3 & -\frac{7}{4}\\ -1 & -\frac{9}{2}\\ -1 & -\frac{17}{4}\end{pmatrix}.\end{aligned}$$

练习 10.4

1. 利用初等行变换将下列矩阵化成单位矩阵.

(1) $\boldsymbol{A}=\begin{pmatrix}1 & 1 & 3\\ 0 & -2 & 1\\ -1 & 0 & 1\end{pmatrix}$；　　(2) $\boldsymbol{A}=\begin{pmatrix}1 & -3 & -1 & 2\\ 2 & -1 & 3 & 5\\ -1 & 2 & 4 & 0\\ 3 & 1 & -2 & 7\end{pmatrix}$.

2. 设矩阵 $\boldsymbol{A}=\begin{pmatrix}0 & -1 & 2\\ 1 & 0 & 5\\ -1 & 1 & -3\end{pmatrix}$，求逆矩阵 $\boldsymbol{A}^{-1}$.

3. 解矩阵方程 $\boldsymbol{AX}=\boldsymbol{B}$，其中

$$\boldsymbol{A}=\begin{pmatrix}1 & -1 & -2\\ -1 & 3 & 1\\ 3 & -4 & -5\end{pmatrix},\quad \boldsymbol{B}=\begin{pmatrix}1\\ -2\\ 1\end{pmatrix}.$$

10.5 矩阵的秩

10.5.1 矩阵的阶梯形式和简化阶梯形式

若一个 m 行 n 列的矩阵满足：

(1) 矩阵有零行(元素全为 0 的行)，零行均位于矩阵的下方；

(2) 非零行(元素不全为 0 的行)的第一个非零元素的位置随行标增大列标也严格增大，

则称该矩阵为**阶梯形矩阵**.

例如，矩阵

$$\boldsymbol{A}=\begin{pmatrix}1 & 0 & 2 & 4 & 7\\ 0 & 2 & 1 & 0 & 5\\ 0 & 0 & 0 & 3 & 2\end{pmatrix},\quad \boldsymbol{B}=\begin{pmatrix}2 & 0 & 1 & -1 & 3\\ 0 & 3 & 5 & -2 & 1\\ 0 & 0 & 2 & 7 & 4\\ 0 & 0 & 0 & 0 & 0\end{pmatrix}$$

都是阶梯形矩阵.

设矩阵 $\boldsymbol{A}=\begin{pmatrix}1 & 3\\ -1 & 2\end{pmatrix}$ 为 2 行 2 列矩阵，将 $\boldsymbol{A}$ 的第 1 行加到第 2 行得

$$\boldsymbol{A}=\begin{pmatrix}1 & 3\\ -1 & 2\end{pmatrix}\xrightarrow{r_2+r_1}\begin{pmatrix}1 & 3\\ 0 & 5\end{pmatrix}=\boldsymbol{A}_1.$$

易见，$\boldsymbol{A}_1$ 为阶梯形矩阵.

定理 1　任何一个矩阵 $\boldsymbol{A}$ 都可以经过有限次初等变换化为阶梯形式.

例 1　利用矩阵的初等变换，将矩阵

$$\boldsymbol{A}=\begin{pmatrix}1 & 2 & 0 & -2\\ 3 & 1 & 5 & 0\\ 2 & 4 & -3 & 1\end{pmatrix}$$

化为阶梯形式.

解　将矩阵 $\boldsymbol{A}$ 进行如下初等变换，可得

$$\boldsymbol{A}=\begin{pmatrix}1 & 2 & 0 & -2\\ 3 & 1 & 5 & 0\\ 2 & 4 & -3 & 1\end{pmatrix}\xrightarrow[r_3+r_1\times(-2)]{r_2+r_1\times(-3)}\begin{pmatrix}1 & 2 & 0 & -2\\ 0 & -5 & 5 & 6\\ 0 & 0 & -3 & 5\end{pmatrix},$$

所以,矩阵 $\boldsymbol{A}$ 的阶梯形式为 $\begin{pmatrix}1 & 2 & 0 & -2\\0 & -5 & 5 & 6\\0 & 0 & -3 & 5\end{pmatrix}$.

若一个阶梯形矩阵具有下列特点:

(1) 每个非零行的第一个非零元素均为1;

(2) 每个非零行的第一个非零元素所在列的其余元素全为零,

则称该阶梯形矩阵为**简化阶梯形矩阵**.

例如,矩阵 $\boldsymbol{A}=\begin{pmatrix}1 & 0 & 0 & -2 & 2\\0 & 1 & 0 & 1 & 7\\0 & 0 & 1 & -1 & 3\\0 & 0 & 0 & 0 & 0\end{pmatrix}$ 就是简化阶梯形矩阵.

定理2 任何一个矩阵 $\boldsymbol{A}$ 都可以经过有限次行(列)初等变换化为简化阶梯形矩阵.

例2 将例1中矩阵 $\boldsymbol{A}$ 的阶梯形式化为简化阶梯形式.

解 对矩阵 $\boldsymbol{A}$ 进行初等行变换化为简化阶梯形式的步骤如下:

$$\boldsymbol{A}=\begin{pmatrix}1 & 2 & 0 & -2\\3 & 1 & 5 & 0\\2 & 4 & -3 & 1\end{pmatrix}\to\begin{pmatrix}1 & 2 & 0 & -2\\0 & -5 & 5 & 6\\0 & 0 & -3 & 5\end{pmatrix}$$

$$\xrightarrow{r_2+r_3\times\frac{5}{3}}\begin{pmatrix}1 & 2 & 0 & -2\\0 & -5 & 0 & \frac{43}{3}\\0 & 0 & -3 & 5\end{pmatrix}$$

$$\xrightarrow{r_1+r_2\times\frac{2}{5}}\begin{pmatrix}1 & 0 & 0 & \frac{56}{15}\\0 & -5 & 0 & \frac{43}{3}\\0 & 0 & -3 & 5\end{pmatrix}\xrightarrow[r_3\times\left(-\frac{1}{3}\right)]{r_2\times\left(-\frac{1}{5}\right)}\begin{pmatrix}1 & 0 & 0 & \frac{56}{15}\\0 & 1 & 0 & -\frac{43}{15}\\0 & 0 & 1 & -\frac{5}{3}\end{pmatrix}.$$

将一个矩阵化为简化阶梯形式在求解线性方程组方面有着非常重要的作用.

10.5.2 矩阵的秩

由矩阵的初等变换知道,任何一个矩阵都可以经过有限次初等变换化为阶梯形式.可以证明,对一个矩阵进行不同的初等变换后,所得的阶梯形式可能不同,但是一个矩阵的阶梯形矩阵中非零行的行数是唯一确定的,即一个矩阵的不同阶梯形式中,非零行的行数均相等.这是矩阵的一个重要性质.

定义　一个矩阵 $\boldsymbol{A}$ 的阶梯形式中,非零行的行数称为**矩阵 $\boldsymbol{A}$ 的秩**,记作 $R(\boldsymbol{A})$, $r(\boldsymbol{A})$ 或 $\mathrm{Rank}(\boldsymbol{A})$.

显见,n 阶单位矩阵均为阶梯形式和简化阶梯形式,因此 $R(\boldsymbol{I}_n)=n$.

规定:零矩阵的秩为零,即 $R(\boldsymbol{O})=0$.

例 3　求下列矩阵的秩.

(1) $\boldsymbol{A}=\begin{pmatrix}1&0&2\\2&3&-1\\3&3&1\end{pmatrix}$;　　(2) $\boldsymbol{B}=\begin{pmatrix}-1&1&2\\1&4&1\\2&3&4\end{pmatrix}$.

分析　因为矩阵的秩为矩阵的阶梯形式中非零行的行数,所以求矩阵的秩,只需将其化为阶梯形式.

解　(1) 将矩阵 $\boldsymbol{A}$ 进行初等行变换,将其化为阶梯形式:

$$\boldsymbol{A}=\begin{pmatrix}1&0&2\\2&3&-1\\3&3&1\end{pmatrix}\xrightarrow[r_3+r_1\times(-3)]{r_2+r_1\times(-2)}\begin{pmatrix}1&0&2\\0&3&-5\\0&3&-5\end{pmatrix}\xrightarrow{r_3+r_2\times(-1)}\begin{pmatrix}1&0&2\\0&3&-5\\0&0&0\end{pmatrix},$$

由于矩阵 $\boldsymbol{A}$ 的阶梯形式中有 2 个非零行,所以矩阵 $\boldsymbol{A}$ 的秩为 2,即 $R(\boldsymbol{A})=2$.

(2) 将矩阵 $\boldsymbol{B}$ 通过初等行变换,将其化为阶梯形式:

$$\boldsymbol{B}=\begin{pmatrix}-1&1&2\\1&4&1\\2&3&4\end{pmatrix}\xrightarrow[r_3+r_1\times 2]{r_2+r_1\times 1}\begin{pmatrix}-1&1&2\\0&5&3\\0&5&8\end{pmatrix}\xrightarrow{r_3+r_2\times(-1)}\begin{pmatrix}-1&1&2\\0&5&3\\0&0&5\end{pmatrix},$$

由于矩阵 $\boldsymbol{B}$ 的阶梯形式中有 3 个非零行,所以矩阵 $\boldsymbol{B}$ 的秩为 3,即 $R(\boldsymbol{B})=3$.

定理 3　n 阶方阵 $\boldsymbol{A}$ 可逆的充分必要条件为 $R(\boldsymbol{A})=n$.

例 4　已知矩阵

$$\boldsymbol{A}=\begin{pmatrix}1&-2\\-2&4\end{pmatrix},\quad \boldsymbol{B}=\begin{pmatrix}1&2&3\\2&3&1\\3&1&2\end{pmatrix},$$

分别求 $\boldsymbol{A}$, $\boldsymbol{B}$ 的秩,并判断它们是否可逆.

解　对 $\boldsymbol{A}$, $\boldsymbol{B}$ 进行初等行变换,将它们化为阶梯形式得

$$\boldsymbol{A}=\begin{pmatrix}2&1\\-4&-2\end{pmatrix}\xrightarrow{r_2+r_1\times 2}\begin{pmatrix}2&1\\0&0\end{pmatrix},$$

由于 $R(\boldsymbol{A})=1<\boldsymbol{A}$ 的阶数,所以 $\boldsymbol{A}$ 不可逆.

$$\boldsymbol{B}=\begin{pmatrix}1&2&3\\2&3&1\\3&1&2\end{pmatrix}\xrightarrow[r_3+r_1\times(-3)]{r_2+r_1\times(-2)}\begin{pmatrix}1&2&3\\0&-1&-5\\0&-5&-7\end{pmatrix}\xrightarrow{r_3+r_2\times(-5)}\begin{pmatrix}1&2&3\\0&-1&-5\\0&0&18\end{pmatrix},$$

由于 $R(\boldsymbol{B})=3=\boldsymbol{B}$ 的阶数,所以 $\boldsymbol{B}$ 可逆.

例 5 将例 2 中的方阵化为简化阶梯形式.

解 对 $\boldsymbol{A},\boldsymbol{B}$ 进行初等变换,将它们化为简化阶梯形式得

$$\boldsymbol{A}=\begin{pmatrix}2&1\\-4&-2\end{pmatrix}\xrightarrow{r_2+r_1\times 2}\begin{pmatrix}2&1\\0&0\end{pmatrix}\xrightarrow{r_1\times\frac{1}{2}}\begin{pmatrix}1&\frac{1}{2}\\0&0\end{pmatrix}\neq\boldsymbol{I}_2,$$

$$\boldsymbol{B}=\begin{pmatrix}1&2&3\\2&3&1\\3&1&2\end{pmatrix}\xrightarrow[r_3+r_1\times(-3)]{r_2+r_1\times(-2)}\begin{pmatrix}1&2&3\\0&-1&-5\\0&-5&-7\end{pmatrix}\xrightarrow{r_3+r_2\times(-5)}\begin{pmatrix}1&2&3\\0&-1&-5\\0&0&18\end{pmatrix}$$

$$\xrightarrow{r_3\times\frac{1}{18}}\begin{pmatrix}1&2&3\\0&-1&-5\\0&0&1\end{pmatrix}\xrightarrow[r_2+r_3\times 5]{r_1+r_3\times(-3)}\begin{pmatrix}1&2&0\\0&-1&0\\0&0&1\end{pmatrix}\xrightarrow{r_1+r_2\times 2}\begin{pmatrix}1&0&0\\0&-1&0\\0&0&1\end{pmatrix}$$

$$\xrightarrow{r_2\times(-1)}\begin{pmatrix}1&0&0\\0&1&0\\0&0&1\end{pmatrix}=\boldsymbol{I}_3.$$

可见,可逆矩阵 $\boldsymbol{B}$ 的简化阶梯形式为单位矩阵,而不可逆矩阵 $\boldsymbol{A}$ 的简化阶梯形式不等于单位矩阵.

定理 4 矩阵的初等变换不改变矩阵的秩,即若 $\boldsymbol{A}\sim\boldsymbol{B}$,则 $R(\boldsymbol{A})=R(\boldsymbol{B})$.

定理 5 若 $\boldsymbol{A}$ 为 $m\times n$ 矩阵,则

(1) $0\leqslant R(\boldsymbol{A})\leqslant\min\{m,n\}$;

(2) $R(\boldsymbol{A})=R(\boldsymbol{A}^{\mathrm{T}})$.

矩阵的秩是矩阵的一个重要数字特征,它不仅与讨论可逆矩阵的问题密切相关,而且在讨论线性方程组的解的情况中也有非常重要的作用.

练习 10.5

1. 利用矩阵的初等变换,将矩阵

$$\boldsymbol{A}=\begin{pmatrix}2&3&1&-3&0\\3&1&-2&5&2\\1&-2&1&2&-1\\-1&2&3&-1&4\end{pmatrix}$$

化为阶梯形式.

2. 求下列矩阵的秩.

(1) $\boldsymbol{A}=\begin{pmatrix}-1&1&2\\1&0&-1\\-1&3&0\end{pmatrix}$; (2) $\boldsymbol{A}=\begin{pmatrix}1&2&3&-4\\2&-2&-3&8\\3&-6&-9&-4\\-4&4&6&0\end{pmatrix}$.

3. 设矩阵 $\boldsymbol{A}=\begin{pmatrix}1 & -1 & 1 & 2\\ 3 & \mu & -1 & 2\\ 5 & 3 & \lambda & 6\end{pmatrix}$，若 $R(\boldsymbol{A})=2$，求 λ 与 μ 的值.

10.6　线性方程组的矩阵形式与解的判定

对于由 n 个变量 n 个方程构成的线性方程组，当系数行列式 $D\neq 0$ 时可以利用克拉默法则求解. 但是在实际问题中，常会碰到系数行列式 $D=0$ 或方程组中方程的个数 m 和未知量的个数 n 不相等的情形，就不能用克拉默法则求解. 那么该如何求解呢？本节先以矩阵为工具讨论一般线性方程组的解的判定方法.

10.6.1　线性方程组的矩阵形式

考察给定的线性方程组

$$\begin{cases}a_{11}x_1+a_{12}x_2+\cdots+a_{1n}x_n=b_1,\\ a_{21}x_1+a_{22}x_2+\cdots+a_{2n}x_n=b_2,\\ \qquad\qquad\vdots\\ a_{m1}x_1+a_{m2}x_2+\cdots+a_{mn}x_n=b_m.\end{cases}\tag{10-1}$$

将它写成矩阵方程形式为

$$\boldsymbol{AX}=\boldsymbol{B},\tag{10-2}$$

其中

$$\boldsymbol{A}=\begin{pmatrix}a_{11} & a_{12} & \cdots & a_{1n}\\ a_{21} & a_{22} & \cdots & a_{2n}\\ \vdots & \vdots & & \vdots\\ a_{m1} & a_{m2} & \cdots & a_{mn}\end{pmatrix},\quad \boldsymbol{X}=\begin{pmatrix}x_1\\ x_2\\ \vdots\\ x_n\end{pmatrix},\quad \boldsymbol{B}=\begin{pmatrix}b_1\\ b_2\\ \vdots\\ b_m\end{pmatrix},$$

称 $\boldsymbol{A}$ 为线性方程组(10-1)的**系数矩阵**，$\boldsymbol{X}$ 为**变量矩阵**，$\boldsymbol{B}$ 为**常数项矩阵**.

$$\bar{\boldsymbol{A}}=(\boldsymbol{A}\mid\boldsymbol{B})=\left(\begin{array}{cccc|c}a_{11} & a_{12} & \cdots & a_{1n} & b_1\\ a_{21} & a_{22} & \cdots & a_{2n} & b_2\\ \vdots & \vdots & & \vdots & \vdots\\ a_{m1} & a_{m2} & \cdots & a_{mn} & b_m\end{array}\right),$$

称 $\bar{\boldsymbol{A}}$ 为线性方程组(10-1)的**增广矩阵**.

例如,线性方程组 $\begin{cases} x_1 + x_2 = 3, \\ 2x_1 + x_2 = 4 \end{cases}$ 的系数矩阵 $\boldsymbol{A} = \begin{pmatrix} 1 & 1 \\ 2 & 1 \end{pmatrix}$,增广矩阵 $\bar{\boldsymbol{A}} = \left(\begin{array}{cc:c} 1 & 1 & 3 \\ 2 & 1 & 4 \end{array}\right)$,变量矩阵 $\boldsymbol{X} = \begin{pmatrix} x_1 \\ x_2 \end{pmatrix}$,常数项矩阵 $\boldsymbol{B} = \begin{pmatrix} 3 \\ 4 \end{pmatrix}$,于是方程组写成矩阵形式为 $\boldsymbol{AX} = \boldsymbol{B}$,即

$$\begin{pmatrix} 1 & 1 \\ 2 & 1 \end{pmatrix}\begin{pmatrix} x_1 \\ x_2 \end{pmatrix} = \begin{pmatrix} 3 \\ 4 \end{pmatrix},$$

反过来,也可由方程组的增广矩阵写出对应的方程组.

10.6.2 线性方程组解的判定

引例 用高斯消元法求解线性方程组

$$\begin{cases} 3x - y + z = 4, & ① \\ x + y + z = 6, & ② \\ -2x + 2y + z = 5. & ③ \end{cases}$$

解 将方程①与方程②交换位置,得

$$\begin{cases} x + y + z = 6, & ② \\ 3x - y + z = 4, & ① \\ -2x + 2y + z = 5. & ③ \end{cases}$$

将方程②的(−3)倍加到方程①,再将方程②的 2 倍加到方程③,如此可以消去方程①和方程③中的未知元 x,得

$$\begin{cases} x + y + z = 6, & ② \\ -4y - 2z = -14, & ④ \\ 4y + 3z = 17. & ⑤ \end{cases}$$

将方程④加至方程⑤,可消去方程⑤中的未知元 y,得

$$\begin{cases} x + y + z = 6, & ② \\ -4y - 2z = -14, & ④ \\ z = 3. & ⑥ \end{cases}$$

将方程⑥的(−1)倍加到方程②,将方程⑥的 2 倍加到方程④,再将方程④的两边同时除以(−4),得

$$\begin{cases} x + y = 3, & ⑦ \\ y = 2, & ⑧ \\ z = 3. & ⑥ \end{cases}$$

最后将方程⑧的(−1)倍加到方程⑦,得原方程组的解为

$$\begin{cases} x=1, & ⑨ \\ y=2, & ⑧ \\ z=3. & ⑥ \end{cases}$$

上述解答过程中,用到了三种变换方法:

(1) 两个方程互换位置;

(2) 某方程两端同时乘以(或除以)某一非零数;

(3) 用一非零数乘某一方程后加到另一个方程上去.

表明经过初等变换后所得到的方程组与原方程组同解. 即有下面的定理.

定理 1　若将增广矩阵 $(\boldsymbol{A} \mid \boldsymbol{B})$ 用初等行变换化为 $(\boldsymbol{S} \mid \boldsymbol{T})$，则 $\boldsymbol{AX}=\boldsymbol{B}$ 与 $\boldsymbol{SX}=\boldsymbol{T}$ 是同解方程组.

并非任意一个线性方程组都有解,如方程组

$$\begin{cases} x+3y=-1, \\ 2x+6y=1 \end{cases}$$

就是无解的. 由初等变换知它等价于

$$\begin{cases} x+3y=-1, \\ 0=3. \end{cases}$$

由此例可知,将方程组进行初等变换化简后,就很容易判定线性方程组的解是否存在.

1. 化简线性方程组

化简线性方程组可以通过对矩阵 $\bar{\boldsymbol{A}}$ 进行初等行变换而进行,初等行变换后的形式越简单,对应线性方程组就越简单.

例 1　化简线性方程组

$$\begin{cases} 2x_1-x_2+3x_3=4, \\ x_1-2x_2+x_3=0, \\ 3x_1+x_2+x_3=5. \end{cases}$$

解　线性方程组的增广矩阵 $\bar{\boldsymbol{A}}$ 为

$$\bar{\boldsymbol{A}}=\left(\begin{array}{ccc:c} 2 & -1 & 3 & 4 \\ 1 & -2 & 1 & 0 \\ 3 & 1 & 1 & 5 \end{array}\right),$$

对 $\bar{\boldsymbol{A}}$ 进行初等行变换化为阶梯形式为

$$\bar{\boldsymbol{A}}=\left(\begin{array}{ccc:c} 2 & -1 & 3 & 4 \\ 1 & -2 & 1 & 0 \\ 3 & 1 & 1 & 5 \end{array}\right) \xrightarrow{r_1 \leftrightarrow r_2} \left(\begin{array}{ccc:c} 1 & -2 & 1 & 0 \\ 2 & -1 & 3 & 4 \\ 3 & 1 & 1 & 5 \end{array}\right)$$

$$\xrightarrow[r_3+r_1\times(-3)]{r_2+r_1\times(-2)}\left(\begin{array}{ccc:c}1&-2&1&0\\0&3&1&4\\0&7&-2&5\end{array}\right)$$

$$\xrightarrow{r_3+r_2\times(-2)}\left(\begin{array}{ccc:c}1&-2&1&0\\0&3&1&4\\0&1&-4&-3\end{array}\right)$$

$$\xrightarrow{r_3+r_2\times\left(-\frac{1}{3}\right)}\left(\begin{array}{ccc:c}1&-2&1&0\\0&3&1&4\\0&0&-\dfrac{13}{3}&-\dfrac{13}{3}\end{array}\right)$$

$$\xrightarrow{r_3\times\left(-\frac{3}{13}\right)}\left(\begin{array}{ccc:c}1&-2&1&0\\0&3&1&4\\0&0&1&1\end{array}\right).$$

$\bar{A}$ 的阶梯形式所对应的方程组为

$$\begin{cases}x_1-2x_2+x_3=0,\\ \qquad 3x_2+x_3=4,\\ \qquad\qquad x_3=1.\end{cases}$$

由此可见,将方程组的增广矩阵化为阶梯形式,能将原方程组简化,便于求出方程组的解.

例 2 化简线性方程组

$$\begin{cases}x_1+2x_2+x_3=4,\\ -x_1-2x_2+2x_3=-1,\\ 2x_1+4x_2-x_3=5.\end{cases}\tag{10-3}$$

解 对 $\bar{A}$ 进行初等行变换化为阶梯形式为

$$\bar{A}=\left(\begin{array}{ccc:c}1&2&1&4\\-1&-2&2&-1\\2&4&-1&5\end{array}\right)\xrightarrow[r_3+r_1\times(-2)]{r_2+r_1\times 1}\left(\begin{array}{ccc:c}1&2&1&4\\0&0&3&3\\0&0&-3&-3\end{array}\right)$$

$$\xrightarrow{r_3+r_2\times 1}\left(\begin{array}{ccc:c}1&2&1&4\\0&0&3&3\\0&0&0&0\end{array}\right)\xrightarrow{r_2\times\frac{1}{3}}\left(\begin{array}{ccc:c}1&2&1&4\\0&0&1&1\\0&0&0&0\end{array}\right).$$

$\bar{A}$ 的阶梯形式所对应的方程组为

$$\begin{cases} x_1+2x_2+x_3=4, \\ \qquad\qquad\;\; x_3=1. \end{cases} \tag{10-4}$$

因为第三个方程化为 $0=0$，将其略去不写，即原方程组中的第三个方程是多余的，故只需将非零行对应方程写出即可. 化简后的方程组(10-4)与原方程组(10-3)是等价的，即它们是同解的.

例 3　化简线性方程组

$$\begin{cases} -x_1+x_2-x_3=1, \\ x_1+2x_2+3x_3=-1, \\ 2x_1+4x_2+6x_3=0. \end{cases}$$

解　对 $\bar{\boldsymbol{A}}$ 进行初等行变换化为阶梯形式为

$$\bar{\boldsymbol{A}}=\left(\begin{array}{ccc:c} -1 & 1 & -1 & 1 \\ 1 & 2 & 3 & -1 \\ 2 & 4 & 6 & 0 \end{array}\right) \xrightarrow{r_3+r_2\times(-2)} \left(\begin{array}{ccc:c} -1 & 1 & -1 & 1 \\ 1 & 2 & 3 & -1 \\ 0 & 0 & 0 & 2 \end{array}\right)$$

$$\xrightarrow{r_2+r_1\times 1} \left(\begin{array}{ccc:c} -1 & 1 & -1 & 1 \\ 0 & 3 & 2 & 0 \\ 0 & 0 & 0 & 2 \end{array}\right),$$

$\bar{\boldsymbol{A}}$ 的阶梯形式所对应的方程组的简化形式为

$$\begin{cases} -x_1+x_2-x_3=1, \\ \qquad 3x_2+2x_3=0, \\ 0\qquad\qquad\quad=2. \end{cases}$$

显见，第三个方程是矛盾的，简化形式的线性方程组是无解的，由于化简后的方程组与原方程组是等价的，故原方程组也无解.

2. 线性方程组解的判定定理

因为将线性方程组的增广矩阵 $\bar{\boldsymbol{A}}$ 去掉最后一列后，就是其系数矩阵 $\boldsymbol{A}$，所以 $\bar{\boldsymbol{A}}$ 的阶梯形式中去掉最后一列后，就是系数矩阵 $\boldsymbol{A}$ 的阶梯形式. 一般来说，关于方程组的解的情况，有下列结论：

定理 2　线性方程组(10-1)有解的充分必要条件是 $R(\boldsymbol{A})=R(\bar{\boldsymbol{A}})$.

定理 3　设线性方程组(10-1)的系数矩阵 $\boldsymbol{A}$ 和增广矩阵 $\bar{\boldsymbol{A}}$ 的秩均为 r，若 $r=n$，则方程组(10-1)有唯一解；若 $r<n$，则方程组(10-1)有无数多组解，其中，n 为方程组中未知量的个数.

例 4　判定线性方程组解的情况

$$\begin{cases} x_1 + x_2 + 3x_3 + x_4 = -1, \\ \quad\ 2x_2 - x_3 + 4x_4 = -2, \\ x_1 + 3x_2 + 2x_3 + 5x_4 = -3, \\ 2x_1 + 2x_2 + 6x_3 + 7x_4 = -2. \end{cases}$$

解 对线性方程组的增广矩阵 $\bar{\boldsymbol{A}}$ 进行初等行变换,化为阶梯形矩阵:

$$\bar{\boldsymbol{A}} = \left(\begin{array}{cccc:c} 1 & 1 & 3 & 1 & -1 \\ 0 & 2 & -1 & 4 & -2 \\ 1 & 3 & 2 & 5 & -3 \\ 2 & 2 & 6 & 7 & -2 \end{array}\right) \xrightarrow[r_4 + r_1 \times (-2)]{r_3 + r_1 \times (-1)} \left(\begin{array}{cccc:c} 1 & 1 & 3 & 1 & -1 \\ 0 & 2 & -1 & 4 & -2 \\ 0 & 2 & -1 & 4 & -2 \\ 0 & 0 & 0 & 5 & 0 \end{array}\right)$$

$$\xrightarrow{r_3 + r_2 \times (-1)} \left(\begin{array}{cccc:c} 1 & 1 & 3 & 1 & -1 \\ 0 & 2 & -1 & 4 & -2 \\ 0 & 0 & 0 & 0 & 0 \\ 0 & 0 & 0 & 5 & 0 \end{array}\right) \xrightarrow{r_4 \leftrightarrow r_3} \left(\begin{array}{cccc:c} 1 & 1 & 3 & 1 & -1 \\ 0 & 2 & -1 & 4 & -2 \\ 0 & 0 & 0 & 5 & 0 \\ 0 & 0 & 0 & 0 & 0 \end{array}\right),$$

由 $\bar{\boldsymbol{A}}$ 的阶梯形式知 $\bar{\boldsymbol{A}}$ 的秩 $R(\bar{\boldsymbol{A}})=3$. 将 $\bar{\boldsymbol{A}}$ 的最后一列去掉后得

$$\begin{pmatrix} 1 & 1 & 3 & 1 \\ 0 & 2 & -1 & 4 \\ 0 & 0 & 0 & 5 \\ 0 & 0 & 0 & 0 \end{pmatrix},$$

此为方程组系数矩阵 $\boldsymbol{A}$ 的阶梯形式,所以 $\boldsymbol{A}$ 的秩 $R(\boldsymbol{A})=3$. 因为 $R(\boldsymbol{A})=R(\bar{\boldsymbol{A}})=3$, 所以方程组有解. 又因为 $R(\boldsymbol{A})=R(\bar{\boldsymbol{A}})=3<n=4$, 所以方程组有无穷多组解.

对于齐次线性方程组

$$\begin{cases} a_{11}x_1 + a_{12}x_2 + \cdots + a_{1n}x_n = 0, \\ a_{21}x_1 + a_{22}x_2 + \cdots + a_{2n}x_n = 0, \\ \qquad\qquad \vdots \\ a_{m1}x_1 + a_{m2}x_2 + \cdots + a_{mn}x_n = 0, \end{cases} \tag{10-5}$$

以上两定理仍然成立. 因为对于齐次线性方程组(10-5), 始终有 $R(\boldsymbol{A})=R(\bar{\boldsymbol{A}})$, 所以齐次线性方程组(10-5)一定有解. 由方程组(10-5)易得, 它一定有零解 $x_1 = x_2 = \cdots = x_n = 0$. 除此以外, 它是否还有别的解? 对此, 有如下结论.

推论 齐次线性方程组(10-5)一定有零解, 并且

(1) 当 $R(\boldsymbol{A})=n$ 时, 仅有零解;

(2) 方程组(10-5)有非零解的充分必要条件是 $R(\boldsymbol{A})<n$.

例 5 判定下列齐次线性方程组解的情况.

(1) $\begin{cases} x_1+2x_2+3x_3+x_4=0, \\ 2x_1+4x_2-x_4=0, \\ -x_1-2x_2+3x_3+2x_4=0, \\ x_1+2x_2-9x_3-5x_4=0; \end{cases}$　　(2) $\begin{cases} x_1+x_2+2x_3+3x_4=0, \\ x_1+2x_2+3x_3-x_4=0, \\ 3x_1-x_2-x_3+2x_4=0, \\ 2x_1+3x_2-x_3-x_4=0. \end{cases}$

解　(1) 对齐次线性方程组的系数矩阵 $\boldsymbol{A}$ 进行初等行变换,化为阶梯形矩阵:

$$\boldsymbol{A}=\begin{pmatrix} 1 & 2 & 3 & 1 \\ 2 & 4 & 0 & -1 \\ -1 & -2 & 3 & 2 \\ 1 & 2 & -9 & -5 \end{pmatrix} \xrightarrow[r_2+r_1\times(-1)]{\substack{r_2+r_1\times(-2) \\ r_3+r_1\times 1}} \begin{pmatrix} 1 & 2 & 3 & 1 \\ 0 & 0 & -6 & -3 \\ 0 & 0 & 6 & 3 \\ 0 & 0 & -12 & -6 \end{pmatrix}$$

$$\xrightarrow{\substack{r_3+r_2\times 1 \\ r_4+r_2\times(-2)}} \begin{pmatrix} 1 & 2 & 3 & 1 \\ 0 & 0 & -6 & -3 \\ 0 & 0 & 0 & 0 \\ 0 & 0 & 0 & 0 \end{pmatrix},$$

$R(\boldsymbol{A})=2<n=4$,方程组有非零解.

(2) 对齐次线性方程组的系数矩阵 $\boldsymbol{A}$ 进行初等行变换,化为阶梯形矩阵:

$$\boldsymbol{A}=\begin{pmatrix} 1 & 1 & 2 & 3 \\ 1 & 2 & 3 & -1 \\ 3 & -1 & -1 & 2 \\ 2 & 3 & -1 & -1 \end{pmatrix} \rightarrow \begin{pmatrix} 1 & 1 & 2 & 3 \\ 0 & 1 & 1 & -4 \\ 0 & -4 & -7 & -7 \\ 0 & 1 & -5 & -7 \end{pmatrix} \rightarrow \begin{pmatrix} 1 & 1 & 2 & 3 \\ 0 & 1 & 1 & -4 \\ 0 & 0 & -3 & -23 \\ 0 & 0 & -6 & -3 \end{pmatrix}$$

$$\rightarrow \begin{pmatrix} 1 & 1 & 2 & 3 \\ 0 & 1 & 1 & -4 \\ 0 & 0 & -3 & -23 \\ 0 & 0 & 0 & 43 \end{pmatrix},$$

$R(\boldsymbol{A})=4=n$,方程组仅有零解.

练习 10.6

1. 写出下列线性方程组的系数矩阵和增广矩阵,并写出 $\bar{\boldsymbol{A}}$ 的阶梯形式对应的线性方程组.

(1) $\begin{cases} 2x+3y=5, \\ 4x-y=6; \end{cases}$　　(2) $\begin{cases} x+3y-2z+2=0, \\ -x+3y-2z-5=0, \\ 2x-y+z+3=0. \end{cases}$

2. 已知线性方程组的增广矩阵,写出其对应的方程组.

(1) $\bar{\boldsymbol{A}}=\left(\begin{array}{cc:c} 2 & 3 & -5 \\ -1 & 2 & 4 \end{array}\right)$;　　(2) $\bar{\boldsymbol{A}}=\left(\begin{array}{ccc:c} 2 & -1 & 0 & 2 \\ 0 & 3 & -2 & 1 \\ 3 & 0 & 2 & -3 \end{array}\right)$.

3. 判定下列线性方程组解的情况.

(1) $\begin{cases} 3x_1+x_2-2x_3=1, \\ -2x_1+x_2-x_3=1, \\ -x_1+3x_2+x_3=3; \end{cases}$ (2) $\begin{cases} 3x_1-x_2+x_3=0, \\ 2x_1-x_2+x_3=0, \\ x_1+x_2-3x_3=0. \end{cases}$

10.7 解线性方程组

10.7.1 解非齐次线性方程组

在学习了线性方程组的矩阵形式以及解的判定和将线性方程组的增广矩阵化为简化阶梯形式后,很容易判定方程组是否有解,并由此得出求解非齐次线性方程组的一般步骤如下:

(1) 写出方程组对应的增广矩阵;

(2) 对增广矩阵进行初等行变换至简化阶梯形矩阵;

(3) 写出简化阶梯形矩阵对应的方程组;

(4) 判断方程组是否有解,若有解,则求出其解.

例1 判断下列线性方程组是否有解.若有解,求出其解.

(1) $\begin{cases} x_1+x_2+x_3=3, \\ 2x_1+2x_2-3x_3=1, \\ -x_1+3x_2+2x_3=4; \end{cases}$ (2) $\begin{cases} x_1+x_2-x_3+2x_4=1, \\ 2x_1+x_2-3x_4=4, \\ 3x_1+x_2-x_3-x_4=5. \end{cases}$

解 (1) 对方程组的增广矩阵作初等行变换,化为阶梯形矩阵:

$$\bar{\boldsymbol{A}}=\left(\begin{array}{ccc:c} 1 & 1 & 1 & 3 \\ 2 & 2 & -3 & 1 \\ -1 & 3 & 2 & 4 \end{array}\right) \xrightarrow[r_3+r_1\times 1]{r_2+r_1\times(-2)} \left(\begin{array}{ccc:c} 1 & 1 & 1 & 3 \\ 0 & 0 & -5 & -5 \\ 0 & 4 & 3 & 7 \end{array}\right)$$

$$\xrightarrow{r_3\leftrightarrow r_2} \left(\begin{array}{ccc:c} 1 & 1 & 1 & 3 \\ 0 & 4 & 3 & 7 \\ 0 & 0 & -5 & -5 \end{array}\right),$$

显然,$R(\boldsymbol{A})=R(\bar{\boldsymbol{A}})=3=n$,方程组有解,且有唯一解.此时原方程组简化为

$$\begin{cases} x_1+x_2+x_3=3, \\ 4x_2+3x_3=7, \\ -5x_3=-5. \end{cases}$$

继续对 $\bar{\boldsymbol{A}}$ 的阶梯形式进行初等行变换,将其化为简化阶梯形式:

$$\bar{\boldsymbol{A}} \to \left(\begin{array}{ccc:c} 1 & 1 & 1 & 3 \\ 0 & 4 & 3 & 7 \\ 0 & 0 & -5 & -5 \end{array}\right) \xrightarrow{r_3 \times \left(-\frac{1}{5}\right)} \left(\begin{array}{ccc:c} 1 & 1 & 1 & 3 \\ 0 & 4 & 3 & 7 \\ 0 & 0 & 1 & 1 \end{array}\right)$$

$$\xrightarrow[r_2 + r_3 \times (-3)]{r_1 + r_3 \times (-1)} \left(\begin{array}{ccc:c} 1 & 1 & 0 & 2 \\ 0 & 4 & 0 & 4 \\ 0 & 0 & 1 & 1 \end{array}\right)$$

$$\xrightarrow{r_2 \times \frac{1}{4}} \left(\begin{array}{ccc:c} 1 & 1 & 0 & 2 \\ 0 & 1 & 0 & 1 \\ 0 & 0 & 1 & 1 \end{array}\right) \xrightarrow{r_1 + r_2 \times (-1)} \left(\begin{array}{ccc:c} 1 & 0 & 0 & 1 \\ 0 & 1 & 0 & 1 \\ 0 & 0 & 1 & 1 \end{array}\right),$$

最后的矩阵对应的线性方程组为

$$\begin{cases} x_1 = 1, \\ x_2 = 1, \\ x_3 = 1, \end{cases}$$

等价于原方程组，故原方程组的解为

$$x_1 = 1, \quad x_2 = 1, \quad x_3 = 1.$$

当然，本题也可以直接用克拉默法则求解.

(2) 对方程组的增广矩阵作初等行变换，化为阶梯形矩阵：

$$\bar{\boldsymbol{A}} = \left(\begin{array}{cccc:c} 1 & 1 & -1 & 2 & 1 \\ 2 & 1 & 0 & -3 & 4 \\ 3 & 1 & -1 & -1 & 5 \end{array}\right) \xrightarrow[r_3 + r_1 \times (-3)]{r_2 + r_1 \times (-2)} \left(\begin{array}{cccc:c} 1 & 1 & -1 & 2 & 1 \\ 0 & -1 & 2 & -7 & 2 \\ 0 & -2 & 2 & -7 & 2 \end{array}\right)$$

$$\xrightarrow{r_3 + r_2 \times (-2)} \left(\begin{array}{cccc:c} 1 & 1 & -1 & 2 & 1 \\ 0 & -1 & 2 & -7 & 2 \\ 0 & 0 & -2 & 7 & -2 \end{array}\right),$$

显然，$R(\boldsymbol{A}) = R(\bar{\boldsymbol{A}}) = 3 < 4 = n$，方程组有无穷多解. 对 $\bar{\boldsymbol{A}}$ 进一步进行初等行变换，得

$$\bar{\boldsymbol{A}} = \left(\begin{array}{cccc:c} 1 & 1 & -1 & 2 & 1 \\ 0 & -1 & 2 & -7 & 2 \\ 0 & 0 & -2 & 7 & -2 \end{array}\right) \xrightarrow[r_2 + r_3 \times 1]{r_1 + r_2 \times 1} \left(\begin{array}{cccc:c} 1 & 0 & 1 & -5 & 3 \\ 0 & -1 & 0 & 0 & 0 \\ 0 & 0 & -2 & 7 & -2 \end{array}\right)$$

$$\xrightarrow[r_3 \times \left(-\frac{1}{2}\right)]{r_2 \times (-1)} \left(\begin{array}{cccc:c} 1 & 0 & 1 & -5 & 3 \\ 0 & 1 & 0 & 0 & 0 \\ 0 & 0 & 1 & -\frac{7}{2} & 1 \end{array}\right) \xrightarrow{r_1 + r_3 \times (-1)} \left(\begin{array}{cccc:c} 1 & 0 & 0 & -\frac{3}{2} & 2 \\ 0 & 1 & 0 & 0 & 0 \\ 0 & 0 & 1 & -\frac{7}{2} & 1 \end{array}\right),$$

从而可得与原方程组同解的方程组为

$$\begin{cases} x_1-\dfrac{3}{2}x_4=2, \\ x_2=0, \\ x_3-\dfrac{7}{2}x_4=1, \end{cases}$$

移项,得

$$\begin{cases} x_1=\dfrac{3}{2}x_4+2, \\ x_2=0, \\ x_3=\dfrac{7}{2}x_4+1. \end{cases}$$

由同解方程组可知,只要给出 x_4 的值,x_1, x_2, x_3 便随之而定,从而求出原方程组的一组解. 而 x_4 可以任意取值,不妨称 x_4 为自由未知量,并令 $x_4=C$(C 为任意常数),代入同解方程组得

$$\begin{cases} x_1=\dfrac{3}{2}C+2, \\ x_2=0, \\ x_3=\dfrac{7}{2}C+1. \end{cases}$$

故原方程组的解为

$$\begin{cases} x_1=\dfrac{3}{2}C+2, \\ x_2=0, \\ x_3=\dfrac{7}{2}C+1, \\ x_4=C \end{cases} \quad (C\text{ 为任意常数}).$$

10.7.2 解齐次线性方程组

例 2 解齐次线性方程组

$$\begin{cases} x_1+x_2+x_3+x_4+x_5=0, \\ 3x_1+2x_2+x_3+x_4-3x_5=0, \\ x_2+2x_3+2x_4+6x_5=0, \\ 5x_1+4x_2+3x_3+3x_4-x_5=0. \end{cases}$$

分析　解齐次线性方程组时，因为方程组的增广矩阵 $\bar{A}$ 的最后一列为零，所以只需对系数矩阵 $\boldsymbol{A}$ 进行初等行变换.

解　对系数矩阵 $\boldsymbol{A}$ 进行初等行变换，得

$$\boldsymbol{A}=\begin{pmatrix}1&1&1&1&1\\3&2&1&1&-3\\0&1&2&2&6\\5&4&3&3&-1\end{pmatrix}\rightarrow\begin{pmatrix}1&1&1&1&1\\0&-1&-2&-2&-6\\0&1&2&2&6\\0&-1&-2&-2&-6\end{pmatrix}\rightarrow\begin{pmatrix}1&1&1&1&1\\0&1&2&2&6\\0&0&0&0&0\\0&0&0&0&0\end{pmatrix}$$

$$\rightarrow\begin{pmatrix}1&0&-1&-1&-5\\0&1&2&2&6\\0&0&0&0&0\\0&0&0&0&0\end{pmatrix},$$

原方程组对应的同解齐次线性方程组为

$$\begin{cases}x_1-x_3-x_4-5x_5=0,\\x_2+2x_3+2x_4+6x_5=0.\end{cases}$$

任给 x_3，x_4，x_5 一组值，可以确定 x_1，x_2 的值，从而确定原方程组的一组解. 所以取 x_3，x_4，x_5 为自由未知量，并令 $x_3=C_1$，$x_4=C_2$，$x_5=C_3$（C_1，C_2，C_3 为任意常数)，代入简化后的方程组，得

$$\begin{cases}x_1=C_1+C_2+5C_3,\\x_2=-2C_1-2C_2-6C_3,\end{cases}$$

故原齐次线性方程组的解为

$$\begin{cases}x_1=C_1+C_2+5C_3,\\x_2=-2C_1-2C_2-6C_3,\\x_3=C_1,\\x_4=C_2,\\x_5=C_3\end{cases}\qquad (C_1,\ C_2,\ C_3\text{ 为任意常数}).$$

从上述两例的求解过程可以看出，当非齐次线性方程组或齐次线性方程组有无穷多解时，这无穷多个解依赖于若干个自由未知量. 为求解简便，在选取自由未知量时应遵循如下原则：

(1) 能且仅能选取 $n-r$ 个自由未知量；

(2) 应尽量选取那些在简化以后的方程组中出现次数多、系数复杂的未知量作为自由未知量.

练习 10.7

1. 解下列非齐次线性方程组.

(1) $\begin{cases} 2x_1 + x_2 - 2x_3 = 5, \\ x_1 - 2x_2 + x_3 = -2, \\ 3x_1 + 2x_2 - x_3 = 6; \end{cases}$　　(2) $\begin{cases} 3x_1 - 2x_2 + x_3 = 2, \\ x_1 - x_2 - 2x_3 = 1, \\ 2x_1 + x_2 + 2x_3 = -1. \end{cases}$

2. 解齐次线性方程组：

$$\begin{cases} x_1 + 3x_2 - 2x_3 + 2x_4 - x_5 = 0, \\ -2x_1 - x_2 + x_3 - x_4 + 3x_5 = 0, \\ 3x_1 + x_2 - x_3 + x_4 - 3x_5 = 0, \\ -x_1 - 3x_2 + 2x_3 - x_4 = 0. \end{cases}$$

习　题　10

1. 填空题.

(1) 若矩阵 $\boldsymbol{A}$ 满足 $\boldsymbol{A}^2 = \boldsymbol{A}$，且 $\boldsymbol{A}$ 可逆，则 $\boldsymbol{A} =$ ________.

(2) 已知矩阵 $\boldsymbol{A} = \begin{pmatrix} 2 \\ 1 \\ -3 \end{pmatrix}$，$\boldsymbol{B} = (-1,\ 2)$，$\boldsymbol{C} = \begin{pmatrix} -3 & 0 \\ -1 & 2 \end{pmatrix}$，则 $(\boldsymbol{AB})\boldsymbol{C} =$ ________.

(3) 线性方程组 $\begin{cases} x - y + 6 = 0, \\ 3x + 2y - 4 = 0 \end{cases}$ 对应的系数矩阵是________，增广矩阵是________.

2. 选择题.

(1)“两个矩阵的行数和列数相等”是“两个矩阵相等”的(　　).

A. 充分不必要条件　　B. 必要不充分条件

C. 充分必要条件　　D. 既不充分又不必要条件

(2) 已知矩阵 $\boldsymbol{A}$ 和 $\boldsymbol{B}$ 的乘积 $\boldsymbol{AB}$ 是 3×4 矩阵，若 $\boldsymbol{A}$ 的列数为 2，则矩阵 $\boldsymbol{A}$ 的行数，$\boldsymbol{B}$ 的行数与 $\boldsymbol{B}$ 的列数分别为(　　).

A. 3, 4, 2　　B. 4, 2, 3　　C. 3, 2, 4　　D. 2, 3, 4

(3) 已知矩阵 $\boldsymbol{A}$, $\boldsymbol{B}$, $\boldsymbol{C}$ 满足关系式 $\boldsymbol{AC} = \boldsymbol{CB}$，其中 $\boldsymbol{C}$ 为 $s\times n$ 矩阵，则(　　).

A. $\boldsymbol{A}$, $\boldsymbol{B}$ 都是 $s\times n$ 矩阵　　B. $\boldsymbol{A}$, $\boldsymbol{B}$ 都是 $n\times s$ 矩阵

C. $\boldsymbol{A}$ 是 $s\times n$ 矩阵，$\boldsymbol{B}$ 是 $n\times s$ 矩阵　　D. $\boldsymbol{A}$ 是 $s\times s$ 矩阵，$\boldsymbol{B}$ 是 $n\times n$ 矩阵

(4) 设 $\boldsymbol{A}$, $\boldsymbol{B}$ 都是 n 阶矩阵，则下列命题中正确的是(　　).

A. 若 $\boldsymbol{A}^2 = \boldsymbol{E}$，则 $\boldsymbol{A} = \boldsymbol{E}$ 或 $\boldsymbol{A} = -\boldsymbol{E}$

B. 若 k 为正整数，则 $(\boldsymbol{AB})^k = \boldsymbol{A}^k\boldsymbol{B}^k$

C. 若 $\boldsymbol{AB} = \boldsymbol{BA}$，则 $(\boldsymbol{A}+\boldsymbol{B})(\boldsymbol{A}^2 - \boldsymbol{AB} + \boldsymbol{B}^2) = \boldsymbol{A}^3 + \boldsymbol{B}^3$

D. 若矩阵 $\boldsymbol{C} \neq \boldsymbol{0}$，且 $\boldsymbol{AC} = \boldsymbol{BC}$，则 $\boldsymbol{A} = \boldsymbol{B}$

(5) 用矩阵与向量的乘法的形式表示方程组 $\begin{cases} 2x + 3y = 2, \\ x - 2y = -1, \end{cases}$ 其中正确的是(　　).

A. $\begin{pmatrix}2 & 3\\1 & -2\end{pmatrix}\begin{pmatrix}x\\y\end{pmatrix}=\begin{pmatrix}2\\-1\end{pmatrix}$　　B. $\begin{pmatrix}2 & 1\\3 & -2\end{pmatrix}\begin{pmatrix}x\\y\end{pmatrix}=\begin{pmatrix}2\\-1\end{pmatrix}$

C. $\begin{pmatrix}2 & 3\\1 & -2\end{pmatrix}\begin{pmatrix}x\\y\end{pmatrix}=\begin{pmatrix}-2\\1\end{pmatrix}$　　D. $\begin{pmatrix}3 & 2\\-2 & 1\end{pmatrix}\begin{pmatrix}x\\y\end{pmatrix}=\begin{pmatrix}2\\-1\end{pmatrix}$

(6) 下列各矩阵中，不是初等矩阵的是(　　).

A. $\begin{pmatrix}1 & 0 & 0\\1 & 0 & 1\\0 & 1 & 0\end{pmatrix}$　　B. $\begin{pmatrix}1 & 0 & 0\\1 & 0 & 1\\0 & 2 & 0\end{pmatrix}$

C. $\begin{pmatrix}1 & 0 & 0\\0 & 0 & 1\\0 & 1 & 0\end{pmatrix}$　　D. $\begin{pmatrix}1 & 0 & 0\\0 & 0 & 1\\0 & 1 & -2\end{pmatrix}$

3. 设矩阵 $\boldsymbol{A}=\begin{pmatrix}3 & 0 & -4\\-2 & 5 & -1\end{pmatrix}$, $\boldsymbol{B}=\begin{pmatrix}-2 & 3 & 4\\0 & -3 & 1\end{pmatrix}$, 求 $\boldsymbol{A}+\boldsymbol{B}$, $\boldsymbol{A}-\boldsymbol{B}$.

4. 设矩阵 $\boldsymbol{A}=\begin{pmatrix}3 & -2\\5 & 0\\1 & 6\end{pmatrix}$, $\boldsymbol{B}=\begin{pmatrix}4 & -3\\8 & 2\\-1 & 7\end{pmatrix}$, 求 $3\boldsymbol{A}-2\boldsymbol{B}$.

5. 设矩阵 $\boldsymbol{A}=\begin{pmatrix}2 & -1\\-4 & 0\\3 & 5\end{pmatrix}$, $\boldsymbol{B}=\begin{pmatrix}9 & -8\\-7 & 10\end{pmatrix}$, 求 $\boldsymbol{AB}$.

6. 设二阶矩阵

$$\boldsymbol{A}=\begin{pmatrix}1 & -2\\-3 & 4\end{pmatrix},\quad \boldsymbol{B}=\begin{pmatrix}0 & 1\\-1 & 2\end{pmatrix},$$

求(1) $\boldsymbol{A}^{\mathrm{T}}$ 和 $\boldsymbol{B}^{\mathrm{T}}$; (2) $2\boldsymbol{A}^{\mathrm{T}}-3\boldsymbol{B}^{\mathrm{T}}$; (3) $\boldsymbol{A}^{\mathrm{T}}\boldsymbol{B}^{\mathrm{T}}$ 和 $\boldsymbol{B}^{\mathrm{T}}\boldsymbol{A}^{\mathrm{T}}$.

7. 判断下列矩阵是否可逆，若可逆，用伴随矩阵法求其逆矩阵.

(1) $\begin{pmatrix}3 & 2\\1 & 4\end{pmatrix}$;　　(2) $\begin{pmatrix}2 & 1\\-1 & 0\end{pmatrix}$;

(3) $\begin{pmatrix}0 & -1 & 0\\1 & 0 & 1\\1 & 0 & 2\end{pmatrix}$;　　(4) $\begin{pmatrix}1 & -1 & 1\\0 & 2 & -2\\0 & 0 & 3\end{pmatrix}$.

8. 利用矩阵的初等变换求下列矩阵的逆矩阵.

(1) $\begin{pmatrix}2 & -1 & 1\\1 & -2 & 0\\-1 & 1 & 1\end{pmatrix}$;　　(2) $\begin{pmatrix}1 & -2 & -3\\2 & -1 & 2\\-3 & 5 & 3\end{pmatrix}$;

(3) $\begin{pmatrix}1 & 1 & 0 & 0\\1 & 3 & 0 & 0\\2 & 5 & 2 & 3\\3 & 2 & 1 & 2\end{pmatrix}$;　　(4) $\begin{pmatrix}1 & 1 & 1 & 1\\1 & 1 & -1 & -1\\1 & -1 & 1 & -1\\1 & -1 & -1 & 1\end{pmatrix}$.

9*. 已知 $\boldsymbol{A}=\begin{pmatrix}3&0&0\\0&1&-1\\0&1&4\end{pmatrix}$, $\boldsymbol{B}=\begin{pmatrix}3&6\\1&1\\2&3\end{pmatrix}$, $\boldsymbol{X}$ 满足 $\boldsymbol{AX}=2\boldsymbol{X}+\boldsymbol{B}$, 求 $\boldsymbol{X}$.

10. 把下列矩阵化为简化阶梯形矩阵,并求矩阵的秩.

(1) $\begin{pmatrix}1&-3&-1&4\\-2&2&3&-5\\-1&-1&2&-1\end{pmatrix}$;　　(2) $\begin{pmatrix}1&2&3&4&0\\3&2&1&3&-1\\5&5&4&3&1\end{pmatrix}$;

(3) $\begin{pmatrix}1&1&2&1&2\\0&2&-2&-1&3\\2&0&-1&2&-1\\1&1&4&-1&2\end{pmatrix}$;　　(4) $\begin{pmatrix}1&1&1&0&1&1\\1&2&1&1&0&1\\2&2&1&1&2&-1\\3&3&2&1&-2&0\end{pmatrix}$.

11. 判定下列线性方程组解的情况.

(1) $\begin{cases}2x_1-3x_2+x_3=0,\\x_1-2x_2-2x_3=-1,\\x_1+x_2+x_3=-2;\end{cases}$　　(2) $\begin{cases}x_1-2x_2-x_3=2,\\2x_1-x_2+3x_3=0,\\5x_1+x_2-x_3=3;\end{cases}$

(3) $\begin{cases}2x_1-x_2+x_3-x_4=1,\\x_1-3x_2-4x_3+x_4=3,\\-x_1-2x_2+2x_4=-1,\\2x_1+x_2-3x_3-5x_4=2;\end{cases}$　　(4) $\begin{cases}x_1-x_2+x_3-x_4=0,\\x_1-2x_2+x_3+x_4=0,\\-x_1+x_2-x_3+x_4=0,\\x_1+x_2-2x_3-3x_4=0.\end{cases}$

12. 解下列线性方程组.

(1) $\begin{cases}-x_1+2x_2-x_3=3,\\2x_1+3x_2+x_3=5;\end{cases}$　　(2) $\begin{cases}x_1-x_2+x_3=3,\\x_1+2x_2+3x_3=6,\\x_1-x_2+5x_3=2;\end{cases}$

(3) $\begin{cases}x_1+3x_2+2x_3=0,\\2x_1-x_2+x_3=0,\\x_1+5x_2-3x_3=0;\end{cases}$　　(4) $\begin{cases}2x_1-4x_2+5x_3+3x_4=0,\\3x_1-6x_2+4x_3-x_4=0,\\4x_1-x_2+7x_3+2x_4=0.\end{cases}$

答案与提示

第1章 函 数

练习 1.1

1. $f(0)=-3$，$f(1)=0$，$f(x-1)=\dfrac{x^2-4}{2^{x-1}}$.

2. (1) $\{x \mid x>0, 且\ x\neq 3\}$；(2) $\{x \mid -1\leqslant x<0\ 或\ 0<x\leqslant 1\}$.

3. (1) 不相同. 虽然定义域都是 $(-\infty, +\infty)$，但是对应法则不同，$\cos x\neq|\cos x|$.

(2) 相同. 因为定义域都是 $(-\infty, 0)\cup(0, +\infty)$，且 $\ln x^2=2\ln|x|$，所以相同.

(3) 不相同. 虽然定义域都是 $(-\infty, +\infty)$，但是对应法则不同，$\sin 2x\neq 2\sin x$.

4. 不一定相同. 例如，$y=2x+1$ 和 $y=x^3$ 的定义域和值域都是 $(-\infty, +\infty)$，但是对应法则不同，因此不是相同函数.

5. (1) 奇函数；(2) 非奇非偶函数；(3) 偶函数；(4) 奇函数.

练习 1.2

1. (1) $y=\sqrt[3]{x+1}\ (x\in\mathbf{R})$；(2) $y=3^x+2\ (x\in\mathbf{R})$.

2. 不一定. (例如，函数 $y=\begin{cases}-x, & -1\leqslant x\leqslant 0,\\ x+1, & x>0\end{cases}$ 在 $[-1, +\infty)$ 上的反函数是 $y=\begin{cases}-x, & 0\leqslant x\leqslant 1,\\ x-1, & x>1,\end{cases}$ 但是函数 $y=\begin{cases}-x, & -1\leqslant x\leqslant 0,\\ x+1, & x>0\end{cases}$ 在区间 $[-1, +\infty)$ 上不单调.)

3. (1) $\dfrac{\pi}{3}$；(2) $\dfrac{2\pi}{3}$；(3) $-\dfrac{4}{5}$；(4) $\dfrac{1}{3}$；(5) $\dfrac{\pi}{6}$；(6) $\dfrac{2\pi}{3}$.

4*. 提示：设 $\arccos x=t$，则 $\cos t=x$. 利用 $\sin^2 t+\cos^2 t=1$.

练习 1.3

1. (1) 是；(2) 不是，$y=\arcsin x$ 是基本初等函数；(3) 是；(4) 不是，$y=\ln\pi+\tan x$ 是简单函数.

2. 不能构成复合函数. 因为当 $x>0$ 时，函数 $u=1+x^2$ 的值域为 $(1, +\infty)$，而函数 $y=\arcsin u$ 的定义域为 $[-1, 1]$，显然，$(1, +\infty)\cap[-1, 1]=\varnothing$，所以函数 $y=\arcsin u$，$u=1+x^2(x>0)$ 不能构成复合函数.

3. (1) $y=\sin 3x$ 是由 $y=\sin u$，$u=3x$ 复合而成的；

(2) $y=\cos^2 x$ 是由 $y=u^2$，$u=\cos x$ 复合而成的；

(3) $y=\ln\ln\ln x$ 是由 $y=\ln u$，$u=\ln v$，$v=\ln x$ 复合而成的.

4. $g[h(x)]=e^x+1$，$h[g(x)]=e^{x+1}$，$g[g(x)]=x+2$.

习题 1

1. (1) C. (2) A. (3) A. (4) A.

2. (1) $\left\{x \,\middle|\, x\neq -\frac{1}{2}\right\}$；(2) $\left\{x \,\middle|\, 0\leqslant x\leqslant \frac{1}{2}\right\}$ $\left(\text{或}\left[0,\ \frac{1}{2}\right]\right)$；(3) $\{x \mid 0\leqslant x\leqslant 1\}$（或 $[0,\ 1]$）；(4) $\{x \mid x>1\}$（或 $(1,\ +\infty)$）；(5) $\left\{x \,\middle|\, x\neq k\pi+\frac{\pi}{4}, k\in \mathbf{Z}\right\}$；(6) $\{x \mid x\geqslant 1,\text{且}\ x\neq 3\}$.

3. $f(-1)=0$，$f(2)=9$，$f[f(0)]=0$，$f(x-1)=\begin{cases}x^2-2x, & x\leqslant 1,\\ 3^{x-1}, & x>1.\end{cases}$

4. (1) 在开区间 $(-\infty,\ +\infty)$ 内为减函数；(2) 在开区间 $(-1,\ +\infty)$ 内单调增加；(3) 在 $(-\infty,\ 0)$ 内单调减少，在 $(0,\ +\infty)$ 内单调增加.

5. (1) 奇函数；(2) 既是奇函数又是偶函数；(3) 偶函数.

6. (1) $T=\pi$；(2) $T=20\pi$；(3) $T=3$.

7. (1) $y=\ln x+1\ (x>0)$；(2) $y=x^3-1\ (x\in\mathbf{R})$；(3) $y=e^{\frac{1-x}{x}}\ (x\neq 0)$；

(4) $y=\begin{cases}\sqrt{x-1}, & x>1,\\ \dfrac{x+1}{2}, & x\leqslant -1.\end{cases}$

8. (1) $\frac{\sqrt{3}}{3}$；(2) 1；(3) $\frac{\sqrt{3}}{2}$；(4) $\frac{3\pi}{4}$.

9. (1) 函数 $y=e^{x^2+1}$ 是由 $y=e^u$，$u=x^2+1$ 复合而成的；(2) 函数 $y=\tan\sqrt{2x}$ 是由 $y=\tan u$，$u=\sqrt{v}$，$v=2x$ 复合而成的；(3) 函数 $y=\ln\arccos 2x$ 是由 $y=\ln u$，$u=\arccos v$，$v=2x$ 复合而成的；(4) 函数 $y=\arcsin^2(x+1)$ 是由 $y=u^2$，$u=\arcsin v$，$v=x+1$ 复合而成的；(5) 函数 $y=e^{\tan\left(2x+\frac{\pi}{3}\right)}$ 是由 $y=e^u$，$u=\tan v$，$v=2x+\frac{\pi}{3}$ 复合而成的；(6) 函数 $y=\sqrt{\ln\sqrt{x-1}}$ 是由 $y=\sqrt{u}$，$u=\ln v$，$v=\sqrt{t}$，$t=x-1$ 复合而成的.

10*. (1) $p(x)=\begin{cases}60, & 0\leqslant x\leqslant 100,\\ 61-\dfrac{x}{100}, & 100<x<1\,300,\\ 48, & x\geqslant 1\,300;\end{cases}$

(2) $q(x)=\begin{cases}20x, & 0\leqslant x\leqslant 100,\\ \left(21-\dfrac{x}{100}\right)x, & 100<x<1\,300,\\ 8x, & x\geqslant 1\,300;\end{cases}$

(3) $q(1\,100)=\left(21-\frac{1}{100}\times 1\,100\right)\times 1\,100=11\,000$，$q(1\,500)=1\,500\times 8=12\,000$.

第 2 章　极限与连续

练习 2.1

1. (1) 收敛,0;(2) 不收敛;(3) 收敛,0;(4) 收敛,1.
2. (1) 收敛于 0;(2) 收敛于 0;(3) 不收敛于 0;(4) 收敛于 0.
3. (1) 1;(2) 0;(3) 2;(4) $\frac{1}{2}$.

练习 2.2

1. 不存在.　2. 1, 0.　3. $\lim\limits_{x\to 1}f(x)$ 不存在.　4. $\lim\limits_{x\to\infty}f(x)=0$.

练习 2.3

1. (1) $x\to -\frac{1}{2}$; (2) $x\to 0$; (3) $x\to\infty$; (4) $x\to 0^-$.
2. (1) $x\to\infty$; (2) $x\to 1$ 及 $x\to -1$; (3) $x\to\frac{1}{2}$; (4) $x\to 0^+$ 及 $x\to +\infty$.
3. (1) 不正确;(2) 正确;(3) 不正确;(4) 不正确.
4. (1) 0;(2) 0.

练习 2.4

1. (1) 3; (2) 1; (3) $\frac{3}{2}$; (4) $\frac{1}{2}$; (5) 0; (6) -1; (7) -1; (8) $\frac{1}{4}$.
2. 0.
3. $a=0$, $b=3$.

练习 2.5

1. (1) $\frac{2}{3}$; (2) 1; (3) e^{-2}; (4) e^2; (5) e^6; (6) e.

2^*. 提示:考察 $a=0$ 和 $a\neq 0$ 两种情形,利用重要极限.

3^*. $k=1$. 提示:利用第 2 题的结论.

练习 2.6

1. (1) $\frac{1}{3}$; (2) 2; (3) 1; (4) 0.
2. 当 $x\to 0$ 时, $\arcsin x$ 是比 $\sqrt[3]{x}$ 高阶的无穷小.
3. 提示:利用分子有理化法,证明两个无穷小的比值的极限为 1.

练习 2.7

1. $\Delta x=0.01$, $\Delta y=0.0402$.

2. 提示:利用函数在一点处连续的定义证明.

3. 提示:证明函数在开区间内任取一点都连续.

4. $x=1$, $x=2$.

5. $x=0$ 是第二类间断点,且为无穷间断点; $x=1$ 是第一类间断点,且为可去间断点.

6. 在点 $x=0$ 处不连续.

练习 2.8

1. 在 $(-\infty, 0)$ 和 $(0, +\infty)$ 内均连续. $x=0$ 为第二类间断点.

2. 不一定. 例如 $y=\sqrt{\cos x-1}$,定义域为 $\{x \mid x=2k\pi, k\in \mathbf{Z}\}$,它是一些孤立的点构成的集合.

3. (1) 1;(2) $\frac{\pi}{4}$; (3) e^2; (4) 1.

4. $(1, 2)\cup(2, 3)$.

5. 提示:利用零点定理.

习题 2

1. (1) B. (2) C. 2. 1. 3. (1) $\frac{1}{2}$; (2) 1;(3) 0;(4) $\frac{2}{3}$; (5) 0;(6) $\frac{3}{4}$; (7) $\frac{4}{3}$; (8) $\frac{3}{4}$; (9) 0;(10) $\frac{1}{2^{30}}$. 4. (1) $\frac{3}{2}$; (2) 4;(3) $\frac{1}{2}$; (4) 1;(5) e^3; (6) 1;(7) e; (8) 1.

5. 提示:令 $t=e^x-1$,则 $x=\ln(t+1)$,再证 $\lim\limits_{x\to 0}\frac{e^x-1}{x}=1$.

6. (1) 0; (2) 1; (3) 1 和 2; (4) -2. 7*. $\frac{2}{3}$. 8. $a=2$, $b=3$.

9. (1) 0;(2) $\frac{\pi}{3}$; (3) 2;(4) $\frac{1}{a}$; (5) 1;(6) 0. 10*. $a=e^2-1$.

11. 提示:证明函数在区间$(-\infty, +\infty)$内任取一点都连续.

12. 提示:利用零点定理证明.

第3章 导数与微分

练习 3.1

1. (1) -3; (2) $-\sin x$.

2. 切线方程为 $2x+y+1=0$,法线方程为 $x-2y+3=0$.

3. 提示:利用函数在一点处连续的定义和导数定义式.

4. 连续且可导.

练习 3.2

1. (1) $y'=1+\sin x+x\cos x$; (2) $y'=2x\cos x-x^2\sin x$; (3) $y'=\frac{3}{2}(x^{\frac{1}{2}}+x^{-\frac{5}{2}})$;

(4) $y'=\dfrac{\sin x-\cos x-1}{(1+\cos x)^2}$.

2. (1) $y'=-\dfrac{x}{\sqrt{1-x^2}}$; (2) $y'=\dfrac{2}{1+2x}$; (3) $y'=-\tan x$; (4) $y'=\dfrac{1}{x\ln x\ln(\ln x)}$;

(5) $y'=2\sin(3-2x)$; (6) $y'=\dfrac{\cos\sqrt{x+1}}{2\sqrt{x+1}}$; (7) $y'=-\dfrac{1}{\sqrt{2x-x^2}}$;

(8) $y=-\dfrac{2x}{1+x^4}$; (9) $y'=-\dfrac{1}{2\sqrt{x-x^2}}$; (10) $y=\arctan\dfrac{1}{x}-\dfrac{x}{1+x^2}$.

3. $y'|_{x=1}=\dfrac{e-1}{e+1}$.

练习 3.3

1. (1) $y'=\dfrac{x^2-y}{y^2+x}$; (2) $y'=-\sqrt{\dfrac{y}{x}}$; (3) $y'=\dfrac{y}{e^y-x}$; (4) $y'=\dfrac{y^2\cos xy}{1-xy\cos xy}$.

2. $y'=\dfrac{1}{3}\sqrt[3]{\dfrac{(2x+1)^2(x-1)}{x+2}}\left(\dfrac{4}{2x+1}+\dfrac{1}{x-1}-\dfrac{1}{x+2}\right)$.

3. $y'=(\sin x)^x(\ln\sin x+x\cot x)$.

4. $2x-3y+4=0$.

练习 3.4

1. (1) $y''=12x^2+6$; (2) $y''=2e^{-x}\sin x$; (3) $y''=2e^{\sin x}\cos x+xe^{\sin x}\cos^2 x-xe^{\sin x}\sin x$;

(4) $y''=-\dfrac{1}{4}x^{-\frac{3}{2}}$.

2. (1) $(\cos x)^{(n)}=\cos\left(x+\dfrac{n\pi}{2}\right)$; (2) $(x^n)^{(n)}=n!$.

3. $y''=-\dfrac{\sin(x+y)}{[1-\cos(x+y)]^3}$.　　4. $\dfrac{4}{9}$.

练习 3.5

1. (1) $dy=(2x\tan x+x^2\sec^2 x)dx$; (2) $dy=e^{\sin x}\cos x\,dx$;

(3) $dy=\left(\ln x+1-\dfrac{1}{1+x^2}\right)dx$; (4) $dy=-2x\sin x^2dx$.

2. $dy=\dfrac{2x+y\cos xy}{2y-x\cos xy}dx$.

3. 2.005 2，0.600 6.

4. 126 cm^3.

习题 3

1. (1) $f'(x)=\dfrac{1}{\sqrt{2x+1}}$; (2) $f'(x)=a$.

2. 连续且可导.

3. $a=2$, $b=-1$.

4. 提示:先证 $\lim\limits_{x\to0}f(x)=f(0)$,再证 $\lim\limits_{x\to0}\dfrac{f(x)-f(0)}{x-0}$ 不存在.

5*. $a=\dfrac{1}{2\mathrm{e}}$.

6. (1) $y'=2x-3$;(2) $y'=3x^2-2\mathrm{e}^x$;(3) $y'=\dfrac{1+3\sin3x}{x-\cos3x}$;(4) $y'=\dfrac{2x}{1+x^4}$;

(5) $y'=\mathrm{e}^x\cos\mathrm{e}^x$;(6) $y'=\sec^2x+\sec x\tan x$;(7) $y'=-x^{-2}\mathrm{e}^{\sin\frac{1}{x}}\cos\dfrac{1}{x}$;

(8) $y'=2x\cos2x-2x^2\sin2x$.

7. (1) $y'=\dfrac{2x+y}{2-x}$;(2) $y'=\dfrac{\cos y}{2y+x\sin y}$;(3) $y'=\dfrac{\mathrm{e}^x-2xy}{x^2-\cos y}$;(4) $y'=\dfrac{\mathrm{e}^y}{1-x\mathrm{e}^y}$;

(5) $y'=-\dfrac{y(1+y^2)\arctan y}{xy+y^2+1}$;(6) $y'=-\dfrac{\sin xy+xy\cos xy}{1-x^2\cos xy}$.

8. (1) $y'=\dfrac{1}{2}\sqrt{\dfrac{x}{x-1}}\left(\dfrac{1}{x}-\dfrac{1}{x-1}\right)$;

(2) $y'=\dfrac{1}{3}\sqrt[3]{\dfrac{x^2(1-x)}{2x+1}}\left(\dfrac{2}{x}+\dfrac{1}{x-1}-\dfrac{2}{2x+1}\right)$;

(3) $y'=x^x(\ln x+1)$;(4) $y'=(\ln x)^x\left[\ln(\ln x)+\dfrac{1}{\ln x}\right]$.

9. (1) $\dfrac{\mathrm{d}y}{\mathrm{d}x}=\dfrac{4}{3}t$;(2) $\dfrac{\mathrm{d}y}{\mathrm{d}x}=-\dfrac{b}{a}\tan t$.

10*. $y'=(2\mathrm{e}^{2x}+3x^2)f'(\mathrm{e}^{2x}+x^3)$.

11. 提示:先利用隐函数求导法求出点 $M(x_0, y_0)$ 处切线的斜率,再由点斜式写出切线方程.

12. (1) $y''=12x-\dfrac{1}{x^2}$;(2) $y''=2\cos x-x\sin x$;(3) $y''=\mathrm{e}^{x^2}(4x^3+6x)$;

(4) $y''=-\dfrac{x}{(1+x^2)\sqrt{1+x^2}}$.

13*. $a=\dfrac{1}{2}$, $b=1$, $c=1$.

14. $y^{(4)}=\mathrm{e}^x(x+4)$.

15. $y''=\dfrac{f''(\ln x)-3f'(\ln x)+2f(\ln x)}{x^3}$.

16. $y^{(n)}=a^x(\ln a)^n$.

17. 提示:先求出 y', y'' 的导数,再将 y, y', y'' 代入关系式即可.

18. $\Delta y=0.0201$, $\mathrm{d}y\Big|_{\substack{x=1\\ \Delta x=0.01}}=0.02$.

19. (1) $\mathrm{d}y=(2x+\cos x)\mathrm{d}x$;(2) $\mathrm{d}y=\mathrm{e}^{x+1}(x+1)\mathrm{d}x$;(3) $\mathrm{d}y=\dfrac{1}{2\sqrt{x-x^2}}\mathrm{d}x$;

(4) $\mathrm{d}y=\dfrac{2\mathrm{e}^{2x-1}}{1+\mathrm{e}^{4x-2}}\mathrm{d}x$.

20. (1) 0.502 7; (2) 2.721.

第4章　微分中值定理与导数的应用

练习 4.1

1. $\xi=\frac{4}{3}$.　2. $\xi=\frac{1+\sqrt{13}}{3}$.

3. 提示:设 $f(x)=e^x-1$,利用拉格朗日中值定理.

练习 4.2

1. (1) $\frac{3}{5}$; (2) $-\frac{1}{3}$; (3) $\frac{1}{4}$; (4) 0.

2. (1) 1; (2) $\frac{1}{2}$; (3) 1; (4) 1.

3. 不能.提示:用洛必达法则无法求其极限值,利用化无穷大为无穷小的方法求其极限值.

4. 提示:利用 $(1+x)^{\frac{1}{x}}=e^{\ln(1+x)^{\frac{1}{x}}}=e^{\frac{1}{x}\ln(1+x)}$

5. 提示:$\lim\limits_{x\to0}\dfrac{x^2\sin\frac{1}{x}}{\sin x}=\lim\limits_{x\to0}\dfrac{x}{\sin x}\cdot x\sin\dfrac{1}{x}$. 用洛必达法则后出现极限不存在.

练习 4.3

1. (1) 在 $(-\infty,-1)$ 内单调减少,在 $(-1,+\infty)$ 内单调增加;(2) 在 $(-\infty,2)$ 和 $(2,3)$ 内单调减少,在 $(3,+\infty)$ 内单调增加;(3) 在 $(0,e^{-\frac{1}{2}})$ 内单调减少,在 $(e^{-\frac{1}{2}},+\infty)$ 内单调增加;(4) 在 $(-\infty,+\infty)$ 内单调增加.

2. 在 $(-\infty,0)$ 内单调减少,在 $(0,+\infty)$ 内单调增加.

3. 提示:设 $f(x)=2\sqrt{x}-3+\frac{1}{x}$,利用函数单调性判定定理.

练习 4.4

1. (1) 极大值为 $f(-1)=17$,极小值为 $f(3)=-47$; (2) 极小值为 $f(1)=1$.

2. (1) 最大值为 $f(3)=11$,最小值为 $f(2)=-14$; (2) 最大值为 $f(4)=2-\ln5$,最小值为 $f(0)=0$.

3. 当月租金定价为 350 元/套时,可获得最大月收入为 10 890 元.

练习 4.5

1. (1) 当 $x\in(-\infty,0)$ 时,$y''>0$,曲线是凹的;当 $x\in(0,1)$ 时,$y''<0$,曲线是凸的;当 $x\in(1,+\infty)$ 时,$y''>0$,曲线是凹的.

(2) 当 $x\in(-\infty,0)$ 时,$y''<0$,曲线是凸的;当 $x\in(0,+\infty)$ 时,$y''>0$,曲线是凹的.

(3) 当 $x\in(-\infty,0)$ 时,$y''<0$,曲线是凸的;当 $x\in(0,+\infty)$ 时,$y''>0$,曲线是凹的.

(4) 当 $x \in (0, +\infty)$ 时，$y'' < 0$，曲线是凸的.

2. 当 $x \in (-\infty, 0)$ 时，$y'' > 0$，曲线是凹的；当 $x \in (0, +\infty)$ 时，$y'' > 0$，曲线是凹的，故曲线 $y = x^4$ 没有拐点.

3. 曲线 $y = \sqrt[3]{x}$ 的凹区间为 $(-\infty, 0)$，凸区间为 $(0, +\infty)$，拐点为$(0,0)$.

4. 略.

习题 4

1. (1) C. (2) B. (3) B. (4) A.

2. 提示：设 $f(x) = \arcsin x + \arccos x$，再利用拉格朗日中值定理的推论.

3. (1) e; (2) $\frac{1}{2}$; (3) 1. (4) 1.

4. (1) 在区间 $(-\infty, -2)$ 和 $(0, +\infty)$ 内是单调增加的，在区间 $(-2, 0)$ 内是单调减少的；

(2) 在区间 $\left(-\frac{1}{2}, 0\right)$ 和 $\left(\frac{1}{2}, +\infty\right)$ 内是单调增加的，在区间 $\left(-\infty, -\frac{1}{2}\right)$ 和 $\left(0, \frac{1}{2}\right)$ 内是单调减少的；

(3) 在区间 $(0, +\infty)$ 内是单调增加的，在区间 $(-\infty, 0)$ 内是单调减少的.

5. 提示：(1) 设 $f(x) = \sin x + \tan x - 2x$，利用函数单调性判定定理；(2) 设 $f(x) = 1 + \frac{x}{2} - \sqrt{1+x}$，利用函数单调性判定定理.

6. (1) 极大值为 $f(\frac{3}{4}) = \frac{5}{4}$；(2) 极小值为 $f(0) = 0$，极大值为 $f(2) = \frac{4}{e^2}$.

7. $a = 10$, $b = -23$.

8. (1) 最大值为 $f(3) = 19$；最小值为 $f(-3) = -17$；(2) 最大值为 $f(2) = 4$；最小值为 $f(-\frac{4}{3}) = -\frac{4}{9}\sqrt{6}$.

9. 截去的小正方形的边长为 $\frac{a}{6}$ 时，铁盒子的容积最大.

10. (1) 凸区间是 $(-\infty, 1)$，凹区间是 $(1, +\infty)$，拐点为$(1, 0)$；(2) 凸区间是 $(-\infty, 2)$，凹区间是 $(2, +\infty)$，拐点为 $(2, 2e^{-2})$；

(3) 凸区间是 $(-\infty, -1)$ 和 $(1, +\infty)$，凹区间是 $(-1, 1)$；拐点为 $(-1, \ln 2)$ 与 $(1, \ln 2)$；

(4) 凸区间是 $(-\infty, -\sqrt{3})$ 和 $(0, \sqrt{3})$，凹区间是 $(-\sqrt{3}, 0)$ 和 $(\sqrt{3}, +\infty)$，拐点为 $\left(-\sqrt{3}, -\frac{\sqrt{3}}{4}\right)$，$(0, 0)$ 与 $\left(\sqrt{3}, \frac{\sqrt{3}}{4}\right)$.

11*. $a = -1$, $b = 3$，凹区间是 $(-\infty, 1)$，凸区间是 $(1, +\infty)$.

12. (1) 无水平渐近线，铅直渐近线为 $x = 1$，斜渐近线为 $y = x + 3$；(2) 水平渐近线为 $y = 0$，铅直渐近线为 $x = 0$；(3) 无水平渐近线，铅直渐近线为 $x = 0$；(4) 无水平渐近线，铅直渐近线为 $x = -1$.

13. 略.

第5章　不定积分

练习 5.1

1. (1) $2\sin x$；(2) $-\frac{1}{2}x^4$；(3) $2\sqrt{x}$；(4) $\arcsin x$.

2. 提示:验证等式右边求导等于等式左边被积函数.

练习 5.2

1. 提示:当 $k=0$ 时, $\int kf(x)\mathrm{d}x \neq k\int f(x)\mathrm{d}x$.

2. (1) $\frac{4}{7}x^{\frac{7}{4}}+C$; (2) $\frac{1}{3}x^3-x+\arctan x+C$; (3) $\frac{1}{2}x+\frac{1}{2}\sin x+C$; (4) $\tan x+x+C$; (5) $-\cot x-\tan x+C$; (6) $\mathrm{e}^{x+1}+C$.

练习 5.3

1. (1) $\frac{1}{3}\ln(3x+2)+C$; (2) $-\frac{1}{3}(1-2x)^{\frac{3}{2}}+C$; (3) $\frac{1}{3}\cos^3 x-\cos x+C$; (4) $\mathrm{e}^{x^2}+C$.

2. (1) $\frac{1}{6}\sqrt{(2x+1)^3}-\frac{3}{2}\sqrt{2x+1}+C$; (2) $2\sqrt{x-1}-4\ln(\sqrt{x-1}+2)+C$;

(3) $\arccos\frac{1}{x}+C$; (4) $\arcsin \mathrm{e}^x+\mathrm{e}^x\sqrt{1-\mathrm{e}^{2x}}+C$.

练习 5.4

1. (1) $-x\mathrm{e}^{-x}-\mathrm{e}^{-x}+C$; (2) $\frac{1}{2}x^2\ln x-\frac{1}{4}x^2+C$; (3) $\frac{1}{5}\mathrm{e}^x(\sin 2x-2\cos 2x)+C$;

(4) $\frac{1}{2}x^2\arctan x-\frac{1}{2}x+\frac{1}{2}\arctan x+C$.

2. (1) $2\mathrm{e}^{\sqrt{x}}(\sqrt{x}-1)+C$; (2) $\arctan^2\sqrt{x}+C$.

习题 5

1. (1) $x-\cos x$；(2) $-\frac{1}{2}$；(3) $\frac{1}{2}f(2x)+C$; (4) $1+\ln x$.

2. (1) D. (2) A. (3) C. (4) C.

3. (1) $2x-2\arctan x+C$; (2) $\frac{2}{5}x^{\frac{5}{2}}-2x^{\frac{1}{2}}+C$; (3) $\frac{1}{2}x^2-x+\frac{2}{3}x^{\frac{3}{2}}-2x^{\frac{1}{2}}+C$;

(4) $\sqrt{x^2+1}+C$; (5) $\frac{1}{2}\sin^2 x+C$; (6) $\ln|x+\sin x|+C$; (7) $\frac{1}{3}x^3\ln x-\frac{1}{9}x^3+C$;

(8) $2\sqrt{x-1}-2\arctan\sqrt{x-1}+C$;

(9) $2\sqrt{x+1}-2\ln(1+\sqrt{x+1})+C$; (10) $\frac{1}{2}x[\cos(\ln x)+\sin(\ln x)]+C$;

(11) $-e^{-x}(x^2+2x+2)+C$；(12) $\frac{1}{2}e^{-x}(\sin x-\cos x)+C$；

(13) $-x^2\cos x+2x\sin x+2\cos x+C$；(14) $\ln|x|-\frac{1}{2}\ln(x^2+1)+C$；

(15) $\ln\left|\frac{x-3}{x-2}\right|+C$；(16) $\frac{e^x(x-2)}{x+2}+C$；(17) $-\sqrt{1-x^2}\arccos x-x+C$；

(18) $2x\sqrt{e^x-1}-4\sqrt{e^x-1}+4\arctan\sqrt{e^x-1}+C$.

4. $-\sin x-\frac{2\cos x}{x}+C$.

5. $e^x\left(1-\frac{2}{x}\right)+C$.

第 6 章　定积分

练习 6.1

1. (1) π；(2) 1.　2*. $\frac{1}{4}$.　3. (1) $0\leqslant\int_1^2(x-\sqrt{x})dx\leqslant 2-\sqrt{2}$；(2) $1\leqslant\int_0^1 e^x dx\leqslant e$.

练习 6.2

1. $\sin x$，$\frac{1}{2}$.　2. (1) $\sin^3(x+1)$；(2) $\ln x$；(3) x^2-2x；(4) $2x\sin x^4-\sin x^2$.

3. (1) 1；(2) 1；(3) 2；(4) $2-\frac{1}{2}\ln 5$.

练习 6.3

1. (1) $\frac{26}{3}$；(2) $-\frac{1}{3}$；(3) $-\frac{3}{2}+3\ln 2$；(4) $\frac{1}{4}$；(5) $1+\ln 2-\ln(1+e)$；(6) 0.

2. (1) $2\ln 2-1$；(2) 2；(3) $\frac{\pi}{12}+\frac{\sqrt{3}}{2}-1$；(4) $\frac{\pi^2}{4}-2$.　3. $2-\frac{2}{e}$.

练习 6.4

1. $\frac{9}{2}$.　2. $\frac{\pi}{2}-1$.　3. $\frac{3}{2}-\ln 2$.

练习 6.5

1. (1) 发散；(2) 发散；(3) 发散；(4) 收敛，-1.

2. (1) -1；(2) $3\sqrt[3]{2}+3$.

习题 6

1. (1) $>$；(2) $-\frac{1}{2}$；(3) 0.　2. (1) A. (2) B. (3) A.　3. $\frac{1}{2e}$.　4. $2xe^{2x^2}$，$\sqrt{e}$.

5*. $\frac{1}{3}$.　6. (1) $\frac{1}{2}$；(2) $2-2\ln\frac{3}{2}$；(3) $\frac{\pi}{2}$；(4) $2\sqrt{3}-2$；(5) $\pi-\frac{4}{3}$；(6) 4；(7) $\frac{\pi}{2}$；(8) $\ln 2-\frac{1}{2}$；(9) 2；(10) $\pi-2$.

7. 提示：先令 $t=\pi-t$，则 $x=\pi-t$，$\mathrm{d}x=\mathrm{d}(\pi-t)=-\mathrm{d}t$；然后利用分部积分法.

8. $\frac{9}{2}$.　9. 2.　10. $\frac{27}{4}$.　11. (1) 1；(2) $\frac{\pi^2}{8}$.

第7章　空间解析几何初步

练习 7.1

1. 没有.　2. $\boldsymbol{a}+3\boldsymbol{b}-2\boldsymbol{c}$.　3. 提示：利用 $\boldsymbol{b}=\lambda\boldsymbol{a}$.

练习 7.2

1. $(x, -y, -z)$，$(-x, y, -z)$，$(-x, -y, z)$；$(x, y, -z)$，$(-x, y, z)$，$(x, -y, z)$；$(-x, -y, -z)$. $\sqrt{y^2+z^2}$，$\sqrt{x^2+z^2}$，$\sqrt{x^2+y^2}$. $|z|$，$|x|$，$|y|$.

2. 略.

3. $\left(0, 0, \frac{14}{9}\right)$.　4. $(-1, 0, 0)$ 或 $(1, 0, 0)$.

5. 2；$-\frac{1}{2}$，$\frac{1}{2}$，$-\frac{\sqrt{2}}{2}$；$\frac{2\pi}{3}$，$\frac{\pi}{3}$，$\frac{3\pi}{4}$.

练习 7.3

1. (1) 错误；(2) 正确；(3) 错误；(4) 错误；(5) 错误.　2. 12；$7\boldsymbol{i}+5\boldsymbol{j}-4\boldsymbol{k}$.　3. $12\boldsymbol{i}+6\boldsymbol{j}-4\boldsymbol{k}$ 或 $-12\boldsymbol{i}-6\boldsymbol{j}+4\boldsymbol{k}$.　4. $\left\{\frac{1}{\sqrt{11}}, -\frac{3}{\sqrt{11}}, -\frac{1}{\sqrt{11}}\right\}$ 或 $\left\{-\frac{1}{\sqrt{11}}, \frac{3}{\sqrt{11}}, \frac{1}{\sqrt{11}}\right\}$.

5. (1) $\frac{\sqrt{10}}{5}$；(2) $\frac{\sqrt{6}}{2}$.

练习 7.4

1. $2x+3y-z=0$.　2. $3x-2y-z-9=0$.　3. $6x+3y+2z-6=0$.

4. $2x-y+3z-6=0$.　5. $\frac{\pi}{4}$. 6. $\sqrt{3}$.

练习 7.5

1. $\frac{x-2}{2}=\frac{y+1}{1}=\frac{z-3}{3}$.　2. $\frac{x-1}{-1}=\frac{y}{1}=\frac{z-2}{-1}$.　3. $\frac{x}{1}=\frac{y-3}{3}=\frac{z-3}{5}$. 4. $\frac{\pi}{3}$.

练习 7.6

1. $\left(\frac{5}{4}, \frac{9}{4}, \frac{5}{2}\right)$.　2. (1) 平行；(2) 垂直相交；(3) 直线在平面上. 3. 0.

习题 7

1. (1) $(-1, 3, -2)$, $(-1, -3, -2)$, $(-1, -3, 2)$; (2) $\left\{-\frac{1}{\sqrt{6}}, \frac{1}{\sqrt{6}}, \frac{2}{\sqrt{6}}\right\}$; (3) $\frac{5\pi}{6}$;

(4) 3; (5) $2x - y + 3z = 6$; (6) $\frac{x-1}{\frac{1}{2}} = \frac{y+2}{\frac{\sqrt{2}}{2}} = \frac{z-3}{-\frac{1}{2}}$.

2. (1) C. (2) A. (3) D. (4) C. (5) B. (6) D.

3. $\{4, -4, 2\}$ 或 $\{-4, 4, -2\}$. 4. $\frac{x}{2} + \frac{y}{3} + \frac{z}{-1} = 1$. 5. $2x - y - z = 0$.

6. $-x + 3y + z + 2 = 0$. 7. $\theta = \frac{\pi}{3}$. 8. $\frac{x-2}{3} = \frac{y+1}{1} = \frac{z-2}{5}$.

9. $\frac{x}{-3} = \frac{y-3}{6} = \frac{z-1}{0}$. 10. $x - 2y - z + 6 = 0$. 11. $\frac{x+3}{14} = \frac{y-2}{13} = \frac{z-5}{3}$.

12. $\arcsin\frac{2\sqrt{2}}{3}$. 13. 平行.

第8章 微分方程

练习 8.1

1. (1) 一阶;(2) 二阶;(3) 一阶;(4) 二阶.
2. (1) 是;(2) 不是;(3) 是;(4) 不是.
3. (1) $y = Ce^{x^3}$ (C 为任意常数);(2) $y = -\frac{x}{Cx+1}$ (C 为任意常数);

(3) $y = Cx$ (C 为任意常数);(4) $y = xe^{Cx}$ (C 为任意常数).

4. $y = \frac{a}{1 - Ce^{-kax}}$ (C 为任意常数). 5. $y^2 + x^2 - 2x = 0$.

练习 8.2

1. (1) $y = Ce^{\arctan x}$; (2) $y = Ce^{-x}$; (3) $y = 1 + \frac{C}{x}$ (C 为任意常数);

(4) $y = -\cos x + C\sin x$ (C 为任意常数).

2. (1) $y = \frac{1}{6}x^3 + \sin x + C_1x + C_2$, 其中, C_1, C_2 为任意常数;(2) $y = e^x + C_1x + C_2$, 其中, C_1, C_2 为任意常数;(3) $y = C_1e^x - \frac{1}{3}x^3 - x^2 - 2x + C_2$, 其中, C_1, C_2 为任意常数;(4) $y = \frac{C_1x^2}{2} + C_2$, 其中, C_1, C_2 为任意常数;(5) $y = \frac{C_1e^{2x}}{2} + C_2$, 其中, C_1, C_2 为任意常数;(6) $y = C_0$ 或 $y = -\ln(C_1x + C_2)$ (C_0, C_1, C_2 为任意常数).

练习 8.3

1. (1) $y = C_1e^{-2x} + C_2e^{3x}$ (C_1, C_2 为任意常数);

(2) $y=\mathrm{e}^{-\frac{1}{2}x}\left(C_1\cos\frac{\sqrt{11}x}{2}+C_2\sin\frac{\sqrt{11}x}{2}\right)$ (C_1, C_2 为任意常数).

2. (1) $y=-\frac{1}{8}\mathrm{e}^{-5x}+\frac{1}{8}\mathrm{e}^{3x}$; (2) $y=\frac{\sqrt{2}}{2}\sin\sqrt{2}x$.

习题 8

1. 提示:先求出 y'',再将 y'', y 代入微分方程.

2. (1) $y=0$ 或 $y=\frac{1}{C+\cos x}$ (C 为任意常数);(2) $y=C\mathrm{e}^{\arctan x}$ (C 为任意常数);(3) $y=C\mathrm{e}^{-2\mathrm{e}^x}$ (C 为任意常数);(4) $\sin y=C\sin x$ (C 为任意常数);(5) $y=C\mathrm{e}^{\frac{1}{2}x^2}-1$ (C 为任意常数);(6) $y=\frac{1}{2}(\sin x-\cos x)+C\mathrm{e}^{-x}$ (C 为任意常数);(7) $y=\mathrm{e}^{-x}(x+C)$ (C 为任意常数);(8) $2x=y^3+Cy$ (C 为任意常数)及 $y=0$.

3. (1) $y=\frac{1}{2}\ln(\mathrm{e}^{2x}+\mathrm{e}^2-1)$; (2) $y=\mathrm{e}^{2(\csc x-\cot x)}$; (3) $y=\pm x$; (4) $y=\mathrm{e}^{1+x+\frac{1}{2}x^2+\frac{1}{3}x^3}$.

4. (1) $y=\frac{1}{12}x^4+C_1x+C_2$,其中,$C_1$, C_2 为任意常数;(2) $y=\mathrm{e}^x(x-2)+C_1x+C_2$,其中,$C_1$, C_2 为任意常数;(3) $y=C_1\mathrm{e}^x-\frac{1}{2}x^2-x+C_2$,其中,$C_1$, C_2 为任意常数;(4) $y^2=2(C_1x+C_2)$ (C_1, C_2 为任意常数).

5. (1) $y=-\frac{1}{3}\mathrm{e}^3+\frac{1}{3}\mathrm{e}^{3x}$; (2) $y=\frac{4\mathrm{e}+\mathrm{e}^3}{2+\mathrm{e}^3}\mathrm{e}^{-x}+\frac{2\mathrm{e}-1}{2+\mathrm{e}^3}\mathrm{e}^{2x}$; (3) $y=\cos 2x+\frac{3}{2}\sin 2x$; (4) $y=2\mathrm{e}^{-x}(x+2)$.

6. $y^3=\frac{1}{2}\left(3x+\frac{1}{2}\right)^2$.

第 9 章　行列式

练习 9.1

1. (1) $x=94$, $y=39$; (2) $x=2$, $y=1$; (3) $x=\frac{7}{4}$, $y=-2$, $z=\frac{11}{4}$; (4) $x=-12$, $y=9$, $z=16$.

2. (1) 6,4; (2) 21.

3. (1) a^2+b^2; (2) $abc-a^3-b^3-c^3$; (3) 24; (4) x^2-x^2y.

练习 9.2

1. (1) -58; (2) 0; (3) -5.

2. (1) -7; (2) 48.　3. 0.

练习 9.3

1. (1) 0; (2) -12.　2. (1) -3; (2) $(b-a)(c-a)(d-a)(c-b)(d-b)(d-c)$.

3. 提示:将第2,3,4列加到第1列,提出公因式,再将第1行乘以−1加到第2,3,4行.

练习 9.4

1. (1) 2; (2) 8; (3) 25.　2*. (1) $x^4+6a^2x^2+a^4$; (2) x^2y^2.

练习 9.5

1. (1) $x_1=1,\ x_2=1,\ x_3=1,\ x_4=1$; (2) $x_1=\frac{11}{5},\ x_2=\frac{18}{5},\ x_3=\frac{13}{5},\ x_4=\frac{6}{5}$.

2. $\lambda\neq 1$.

习题 9

1. (1) $i=8,\ k=3$; (2) C_n^2-I; (3) 0; (4) 1.
2. (1) C. (2) B. (3) D. (4) A.
3. (1) $x_1=1,\ x_2=-1$; (2) $x_1=1,\ x_2=2$; (3) $x_1=\frac{3}{2},\ x_2=\frac{1}{2},\ x_3=-\frac{1}{2}$; (4) $x_1=-\frac{11}{2},\ x_2=\frac{7}{4},\ x_3=\frac{5}{2}$.
4. (1) 0; (2) 21; (3) 8; (4) 1; (5) −8; (6) 12.
5*. (1) $(2-n)n!$; (2) $x^2y^2+2xy^2-2x^2y$.
6. $x=0$ 或 $x=1$ 或 $x=2$.
7. (1) $x_1=\frac{3}{7},\ x_2=\frac{1}{7},\ x_3=\frac{3}{7}$; (2) $x_1=\frac{5}{2},\ x_2=-1,\ x_3=-\frac{1}{4},\ x_4=\frac{3}{4}$.
8. $\lambda=2$ 或 $\lambda=-4$.

第10章　矩阵与线性方程组

练习 10.1

1. $\begin{pmatrix}-1&-2&-3&-4\\0&1&-2&-5\\-2&-1&3&0\end{pmatrix}$.　2. $a=1,\ b=1$; $\begin{pmatrix}2&-2\\-2&3\end{pmatrix}$.

练习 10.2

1. $\begin{pmatrix}3&3&-1\\3&5&1\end{pmatrix}$, $\begin{pmatrix}-4&1&-2\\1&10&7\end{pmatrix}$.　2. $\begin{pmatrix}2&-3\\-4&6\\4&-7\end{pmatrix}$.　3. $\boldsymbol{A}$ 和 $\boldsymbol{B}$ 可交换.

4. $\begin{pmatrix}6&4\\-9&-6\end{pmatrix}$, $\begin{pmatrix}6&4\\-9&-6\end{pmatrix}$.　5. $\begin{pmatrix}5&-10\\-5&-5\end{pmatrix}$, $\begin{pmatrix}6&12\\-18&-6\end{pmatrix}$.

练习 10.3

1. (1) $\begin{pmatrix} 4 & -2 \\ -3 & 1 \end{pmatrix}$; (2) $\begin{pmatrix} 1 & 1 & -1 \\ 1 & 1 & -1 \\ -3 & -3 & 3 \end{pmatrix}$. 2. 可逆, $\begin{pmatrix} -\frac{5}{2} & \frac{3}{2} & -\frac{1}{2} \\ -\frac{3}{2} & \frac{1}{2} & -\frac{1}{2} \\ \frac{1}{2} & -\frac{1}{2} & -\frac{1}{2} \end{pmatrix}$.

3. $\frac{1}{2}\boldsymbol{A}$.

练习 10.4

1. (1) $\begin{pmatrix} 1 & 0 & 0 \\ 0 & 1 & 0 \\ 0 & 0 & 1 \end{pmatrix}$; (2) $\begin{pmatrix} 1 & 0 & 0 & 0 \\ 0 & 1 & 0 & 0 \\ 0 & 0 & 1 & 0 \\ 0 & 0 & 0 & 1 \end{pmatrix}$. 2. $\begin{pmatrix} -\frac{5}{4} & -\frac{1}{4} & -\frac{5}{4} \\ -\frac{1}{2} & \frac{1}{2} & \frac{1}{2} \\ \frac{1}{4} & \frac{1}{4} & \frac{1}{4} \end{pmatrix}$. 3. $\begin{pmatrix} -12 \\ -3 \\ -5 \end{pmatrix}$.

练习 10.5

1. $\begin{pmatrix} 1 & -2 & 1 & 2 & -1 \\ 0 & 7 & -5 & -1 & 5 \\ 0 & 0 & 4 & -6 & -3 \\ 0 & 0 & 0 & 7 & 6 \end{pmatrix}$. 2. (1) $R(\boldsymbol{A}) = 3$; (2) $R(\boldsymbol{A}) = 3$. 3. $\mu = 5$, $\lambda = 1$.

练习 10.6

1. (1) $\boldsymbol{A} = \begin{pmatrix} 2 & 3 \\ 4 & -1 \end{pmatrix}$, $\overline{\boldsymbol{A}} = \left(\begin{array}{cc:c} 2 & 3 & 5 \\ 4 & -1 & 6 \end{array}\right)$, $\begin{cases} 2x + 3y = 5, \\ 7y = 4; \end{cases}$

(2) $\boldsymbol{A} = \begin{pmatrix} 1 & 3 & -2 \\ -1 & 3 & -2 \\ 2 & -1 & 1 \end{pmatrix}$, $\overline{\boldsymbol{A}} = \left(\begin{array}{ccc:c} 1 & 3 & -2 & -2 \\ -1 & 3 & -2 & 5 \\ 2 & -1 & 1 & 3 \end{array}\right)$, $\begin{cases} x + 3y - 2z = -2, \\ y - z = -4, \\ 2z = 27. \end{cases}$

2. (1) $\begin{cases} 2x + 3y = -5, \\ -x + 2y = 4; \end{cases}$ (2) $\begin{cases} 2x - y = 2, \\ 3y - 2z = 1, \\ 3x + 2z = -3. \end{cases}$ 3. (1) 有唯一解; (2) 仅有零解.

练习 10.7

1. (1) $x_1 = 1$, $x_2 = 1$, $x_3 = -1$; (2) $x_1 = 0$, $x_2 = -1$, $x_3 = 0$. 2. $\begin{cases} x_1 = 0, \\ x_2 = -5C, \\ x_3 = -7C, \\ x_4 = C, \\ x_5 = C \end{cases}$ (C 为任意常数).

习题 10

1. (1) $\boldsymbol{E}$; (2) $\begin{pmatrix} 2 & 8 \\ 1 & 4 \\ -3 & -12 \end{pmatrix}$; (3) $\begin{pmatrix} 1 & -1 \\ 3 & 2 \end{pmatrix}$, $\left(\begin{array}{cc:c} 1 & -1 & -6 \\ 3 & 2 & 4 \end{array}\right)$.

2. (1) B. (2) C. (3) D. (4) C. (5) A. (6) B.

3. $\begin{pmatrix} 1 & 3 & 0 \\ -2 & 2 & 0 \end{pmatrix}$, $\begin{pmatrix} 5 & -3 & -8 \\ -2 & 8 & -2 \end{pmatrix}$. 4. $\begin{pmatrix} 1 & 0 \\ -1 & -4 \\ 5 & 4 \end{pmatrix}$. 5. $\begin{pmatrix} 25 & -26 \\ -36 & 32 \\ -8 & 26 \end{pmatrix}$.

6. (1) $\begin{pmatrix} 1 & -3 \\ -2 & 4 \end{pmatrix}$, $\begin{pmatrix} 0 & -1 \\ 1 & 2 \end{pmatrix}$; (2) $\begin{pmatrix} 2 & -3 \\ -7 & 2 \end{pmatrix}$; (3) $\begin{pmatrix} -3 & -7 \\ 4 & 10 \end{pmatrix}$, $\begin{pmatrix} 2 & -4 \\ -3 & 5 \end{pmatrix}$.

7. (1) 可逆, $\begin{pmatrix} \frac{2}{5} & -\frac{1}{5} \\ -\frac{1}{10} & \frac{3}{10} \end{pmatrix}$; (2) 可逆, $\begin{pmatrix} 0 & -1 \\ 1 & 2 \end{pmatrix}$; (3) 可逆, $\begin{pmatrix} 0 & 2 & -1 \\ -1 & 0 & 0 \\ 0 & -1 & 1 \end{pmatrix}$;

(4) 可逆, $\begin{pmatrix} 1 & \frac{1}{2} & 0 \\ 0 & \frac{1}{2} & \frac{1}{3} \\ 0 & 0 & \frac{1}{3} \end{pmatrix}$.

8. (1) $\begin{pmatrix} \frac{1}{2} & -\frac{1}{2} & -\frac{1}{2} \\ \frac{1}{4} & -\frac{1}{4} & -\frac{1}{4} \\ \frac{1}{4} & \frac{1}{4} & \frac{3}{4} \end{pmatrix}$; (2) $\begin{pmatrix} \frac{13}{10} & \frac{9}{10} & \frac{7}{10} \\ \frac{6}{5} & \frac{3}{5} & \frac{4}{5} \\ -\frac{7}{10} & -\frac{1}{10} & -\frac{3}{10} \end{pmatrix}$;

(3) $\begin{pmatrix} \frac{3}{2} & -\frac{1}{2} & 0 & 0 \\ -\frac{1}{2} & \frac{1}{2} & 0 & 0 \\ \frac{19}{2} & -\frac{9}{2} & 2 & -3 \\ -\frac{13}{2} & \frac{5}{2} & -1 & 2 \end{pmatrix}$; (4) $\begin{pmatrix} \frac{1}{4} & \frac{1}{4} & \frac{1}{4} & \frac{1}{4} \\ \frac{1}{4} & \frac{1}{4} & -\frac{1}{4} & -\frac{1}{4} \\ \frac{1}{4} & -\frac{1}{4} & \frac{1}{4} & -\frac{1}{4} \\ \frac{1}{4} & -\frac{1}{4} & -\frac{1}{4} & \frac{1}{4} \end{pmatrix}$.

9*. $\begin{pmatrix} 3 & 6 \\ -4 & -5 \\ 3 & 4 \end{pmatrix}$.

10. (1) $\begin{pmatrix} 1 & 0 & -\frac{7}{4} & \frac{7}{4} \\ 0 & 1 & -\frac{1}{4} & -\frac{3}{4} \\ 0 & 0 & 0 & 0 \end{pmatrix}$, $R(\boldsymbol{A}) = 2$; (2) $\begin{pmatrix} 1 & 0 & 0 & \frac{21}{4} & -\frac{11}{4} \\ 0 & 1 & 0 & -\frac{37}{4} & \frac{19}{4} \\ 0 & 0 & 1 & \frac{23}{4} & -\frac{9}{4} \end{pmatrix}$, $R(\boldsymbol{A}) = 3$;

(3) $\begin{pmatrix} 1 & 0 & 0 & 0 & -\frac{5}{8} \\ 0 & 1 & 0 & 0 & \frac{15}{8} \\ 0 & 0 & 1 & 0 & \frac{1}{4} \\ 0 & 0 & 0 & 1 & \frac{1}{4} \end{pmatrix}$, $R(\boldsymbol{A}) = 4$; (4) $\begin{pmatrix} 1 & 0 & 0 & 0 & 0 & -2 \\ 0 & 1 & 0 & 1 & 0 & 0 \\ 0 & 0 & 1 & -1 & 0 & 3 \\ 0 & 0 & 0 & 0 & 1 & 0 \end{pmatrix}$, $R(\boldsymbol{A}) = 4$.

11. (1) 有唯一解;(2) 有唯一解;(3) 有唯一解;(4) 有非零解.

12. (1) $\begin{cases} x_1 = -\frac{5}{7}C + \frac{1}{7}, \\ x_2 = \frac{1}{7}C + \frac{11}{7}, \\ x_3 = C \end{cases}$ (C 为任意常数);(2) $\begin{cases} x_1 = \frac{53}{12}, \\ x_2 = \frac{7}{6}, \\ x_3 = -\frac{1}{4}; \end{cases}$

(3) $x_1 = 0$, $x_2 = 0$, $x_3 = 0$; (4) $\begin{cases} x_1 = \frac{109}{49}C, \\ x_2 = -\frac{5}{49}C, \\ x_3 = -\frac{11}{7}C, \\ x_4 = C \end{cases}$ (C 为任意常数).

附录　希腊字母表

序号	字　母	英文注音	中文注音
1	A　α	alpha	阿尔法
2	B　β	beta	贝塔
3	Γ　γ	gamma	伽马
4	Δ　δ	delta	德尔塔
5	E　ε	epsilon	伊普西龙
6	Z　ζ	zeta	截塔
7	H　η	eta	艾塔
8	Θ　θ	theta	西塔
9	I　ι	iota	约塔
10	K　κ	kappa	卡帕
11	Λ　λ	lambda	兰布达
12	M　μ	mu	缪
13	N　ν	nu	纽
14	Ξ　ξ	xi	克西
15	O　o	omicron	奥密克戎
16	Π　π	pi	派
17	P　ρ	rho	洛
18	Σ　σ	sigma	西格马
19	T　τ	tau	陶
20	Υ　υ	upsilon	宇普西龙
21	Φ　ϕ	phi	佛爱
22	X　χ	chi	西
23	Ψ　ψ	psi	普西
24	Ω　ω	omega	欧米伽

参 考 文 献

[1] 姚慕生,高汝熹.高等数学(二)[M].武汉：武汉大学出版社,1989.

[2] 刘玉莲.数学分析讲义(上册)[M].北京：高等教育出版社,1991.

[3] 吕林根,许子道.解析几何[M].北京：高等教育出版社,1993.

[4] 王高雄,周之铭,朱思铭,等.常微分方程[M].北京：高等教育出版社,1994.

[5] 魏莹,刘学才.高等数学[M].武汉：华中科技大学出版社,2005.

[6] 侯风波.高等数学[M].北京：高等教育出版社,2006.

[7] 俞礼钧,王裕民.应用高等数学(上册)[M].武汉：华中科技大学出版社,2006.

[8] 赵白云,沈伟利,李万军.高等数学[M].长春：吉林人民出版社,2006.

[9] 陈水林,易同茂.高等数学[M].武汉：湖北科学技术出版社,2007.

[10] 钱椿林.线性代数[M].北京：高等教育出版社,2010.